涂料与颜料标准汇编

涂料产品

专用涂料卷
2016

全国涂料和颜料标准化技术委员会
中国石油和化学工业联合会 编
中国标准出版社

中国标准出版社

北 京

图书在版编目（CIP）数据

涂料与颜料标准汇编.2016.涂料产品.专用涂料卷/全
国涂料和颜料标准化技术委员会编.—北京:中国标准出
版社,2016.6
ISBN 978-7-5066-8270-1

Ⅰ.①涂… Ⅱ.①全… Ⅲ.①涂料—标准—汇编—中国
②颜料—标准—汇编—中国 Ⅳ.①TQ63-65②TQ62-65

中国版本图书馆 CIP 数据核字(2016)第 132133 号

中国标准出版社出版发行
北京市朝阳区和平里西街甲 2 号(100029)
北京市西城区三里河北街 16 号(100045)
网址 www.spc.net.cn
总编室:(010)68533533 发行中心:(010)51780238
读者服务部:(010)68523946
中国标准出版社秦皇岛印刷厂印刷
各地新华书店经销

*

开本 880×1230 1/16 印张 34.5 字数 1 036 千字
2016 年 6 月第一版 2016 年 6 月第一次印刷

*

定价 175.00 元

出版说明

涂料是现代合成材料和新材料的一个重要分支。涂料产品虽不是一种主体材料,但在国民经济各行业发展过程中发挥着十分重要的作用。涂料的应用范围广泛,几乎遍及所有的工业和民用领域,在航空航天、国防军事、核电设施等方面也发挥着不可替代的作用。2015 年我国涂料总产量已达 1 710 万吨,位居世界第一。

"十二五"是我国经济重要的结构调整和转型时期,人们对环境和健康安全更加关注,与环境保护、健康安全相关的标准和标准化工作引起人们的高度重视。"十二五"期间,全国涂料和颜料标准化技术委员会共组织完成 166 项国家标准和化工行业标准的制修订。经过多年的不断努力,目前已形成了涵盖 400 余项国家标准和化工行业标准组成的较为完整的涂料和颜料标准体系,基本满足了各类涂料和颜料在生产、应用以及国内外贸易中的使用需求,在提高产品质量、规范市场秩序方面正发挥着积极的作用,促进了涂料和颜料产业结构调整和优化升级,为建设环境友好型、资源节约型社会做出了应有的贡献,在我国涂料和颜料行业发展进程中发挥了极为重要的作用。

为使涂料相关单位及时了解标准内容,特重新编辑出版《涂料与颜料标准汇编 2016》。本套汇编按照系统完整的原则汇集了现行涂料颜料产品与试验方法标准,是同类标准汇编中的最新版本,是相关涂料、颜料研究机构、生产企业、涂料用户、检验机构等非常适用的首选工具书。

本套汇编将分为 9 册陆续出版,包括:

《涂料与颜料标准汇编 涂漆前底材处理及涂装技术规范 涂装卷 2016》

《涂料与颜料标准汇编 涂料有害物质限量及测试方法 有害物质限量卷 2016》

《涂料与颜料标准汇编 涂料产品及试验方法 建筑涂料卷 2016》

《涂料与颜料标准汇编 涂料试验方法 通用卷 2016》

《涂料与颜料标准汇编 涂料产品 专用涂料卷 2016》

《涂料与颜料标准汇编 涂料产品 通用涂料卷 2016》

《涂料与颜料标准汇编　涂料试验方法　液体和施工性能卷　2016》

《涂料与颜料标准汇编　涂料试验方法　涂膜性能卷　2016》

《涂料与颜料标准汇编　颜料产品和试验方法　颜料卷　2016》

本卷为《涂料与颜料标准汇编　涂料产品　专用涂料卷　2016》,共收录截至 2015 年 12 月底批准发布的国家标准及行业标准 63 项。其中国家标准 14 项,行业标准 49 项。

本汇编收集的国家标准与行业标准的属性已在目录上标明(GB 或 GB/T 或 HG/T 等)年代号用 4 位数字表示。鉴于部分标准是在标准清理整顿前出版的,现尚未修订,故正文部分仍保留原样;读者在使用这些标准时,其属性以目录上标明的为准(标准正文"引用标准"中的属性请读者注意查对)。

本套汇编收录的标准,由于出版的年代不同,其格式、计量单位乃至术语不尽相同,本次汇编只对原标准中技术内容上的错误以及其他明显不当之处做了更正。

编　者

2016 年 2 月

2012年版出版说明

涂料是现代合成材料和新材料的一个重要分支。涂料产品虽不是一种主体材料,但在国民经济各行业发展过程中发挥着十分重要的作用。涂料的应用范围广泛,几乎遍及所有的工业和民用领域,在航空航天、国防军事、核电设施等方面也发挥着不可替代的作用。2008年我国涂料总产量已达639万吨,仅次于美国位居世界第二,2009年我国涂料总产量首次突破700万吨大关,首次超过美国,这意味着我国已成为全球涂料总产量最多的国家。

"十一五"期间是我国标准化工作跨越式发展的重要时期,如此良好的发展机遇为涂料颜料标准化工作营造了广阔的拓展空间。按照国家标准委实施标准化战略和快速提升我国标准化水平的要求,在紧密跟踪研究国际和国外先进标准的基础上,根据涂料颜料行业的需要,全国涂料和颜料标准化技术委员会及时组织制定或修订了近200项国家标准和化工行业标准,进一步建立健全了涂料颜料标准体系。为使涂料相关单位及时了解标准内容,特重新编辑出版《涂料与颜料标准汇编》。本套汇编按照系统完整的原则汇集了全部现行涂料颜料产品与试验方法标准,是同类标准汇编中的最新版本,是相关涂料颜料生产企业、涂料用户、检验机构等非常适用的首选工具书。

本套汇编将分为7册陆续出版,包括:

《涂料与颜料标准汇编　涂料产品　建筑涂料卷》

《涂料与颜料标准汇编　涂料产品　通用涂料卷》

《涂料与颜料标准汇编　涂料产品　专用涂料卷》

《涂料与颜料标准汇编　颜料产品和试验方法　颜料卷》

《涂料与颜料标准汇编　涂料试验方法　涂膜性能卷》

《涂料与颜料标准汇编　涂料试验方法　液体和施工性能卷》

《涂料与颜料标准汇编　涂料试验方法　通用卷》

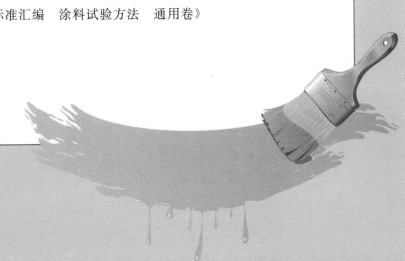

本汇编收集的国家标准的属性已在目录上标明（GB 或 GB/T），年代号用 4 位数字表示。鉴于部分国家标准是在国家标准清理整顿前出版的，现尚未修订，故正文部分仍保留原样；读者在使用这些国家标准时，其属性以目录上标明的为准（标准正文"引用标准"中的属性请读者注意查对）。

　　标准号中括号内的年代号，表示在该年度确认了该项标准，但没有重新出版。

　　本套汇编包括的标准，由于出版的年代不同，其格式、计量单位乃至术语不尽相同，本次汇编只对原标准中技术内容上的错误以及其他明显不当之处做了更正。

编　者

2012 年 5 月

目　录

ICS 87.040
G 51

中华人民共和国国家标准

GB/T 6745—2008
代替 GB/T 6745—1986

船　壳　漆

Topside paint

2008-05-14 发布

2008-10-01 实施

中华人民共和国国家质量监督检验检疫总局
中国国家标准化管理委员会　发　布

前　言

本标准代替 GB/T 6745—1986《船壳漆通用技术条件》。

本标准与 GB/T 6745—1986 的主要技术差异为：

——名称改为船壳漆；

——更新了原有项目的测试方法；

——增加了干燥时间、耐冲击性、光泽、耐盐水性、耐盐雾性、耐人工气候老化性指标；

——将产品检验分为出厂检验和型式检验。

本标准由中国石油和化学工业协会提出。

本标准由全国涂料和颜料标准化技术委员会归口。

本标准起草单位：海洋化工研究院、江苏兰陵高分子材料有限公司、中涂化工（上海）有限公司、上海开林造漆厂、中国船舶重工集团公司第七二五研究所、浙江飞鲸漆业有限公司、宁波飞轮造漆有限责任公司、中化建常州涂料化工研究院。

本标准主要起草人：王桂荣、苏春海、陈建刚、王磊、杜伟娜、张东亚、袁泉利、陆伯岑。

本标准于 1986 年 8 月首次发布，本次为第一次修订。

船 壳 漆

1 范围

本标准规定了船壳漆的要求、试验方法、检验规则、标志、包装、运输和贮存。

本标准适用于涂敷在船舶满载水线以上的建筑物外部所用的涂料,亦可用于桅杆和起重机械用涂料。

2 规范性引用文件

下列文件中的条款通过本标准的引用而成为本标准的条款。凡是注日期的引用文件,其随后所有的修改单(不包括勘误的内容)或修订版均不适用于本标准,然而,鼓励根据本标准达成协议的各方研究是否可使用这些文件的最新版本。凡是不注日期的引用文件,其最新版本适用于本标准。

GB/T 1250—1989　极限数值的表示方法和判定方法

GB/T 1725—2007　色漆、清漆和塑料　不挥发物含量的测定(ISO 3251:2003,IDT)

GB/T 1727—1992　漆膜一般制备法

GB/T 1728—1979　漆膜、腻子膜干燥时间测定法

GB/T 1731—1993　漆膜柔韧性测定法

GB/T 1765—1979　测定耐湿热、耐盐雾、耐候性(人工加速)的漆膜制备法

GB/T 1766—1995　色漆和清漆　涂层老化的评级方法(neq ISO 4628-1:1980)

GB/T 1771—2007　色漆和清漆　耐中性盐雾性能的测定(ISO 7253:1996,IDT)

GB/T 1865—1997　色漆和清漆　人工气候老化和人工辐射暴露(滤过的氙弧辐射)(eqv ISO 11341:1994)

GB/T 3186　色漆、清漆和色漆与清漆用原材料　取样(GB/T 3186—2006,ISO 15528:2000,IDT)

GB/T 5210—2006　色漆和清漆　拉开法附着力试验(ISO 4624:2002,IDT)

GB/T 6748　船用防锈漆通用技术条件

GB/T 6753.1—2007　色漆、清漆和印刷油墨　研磨细度的测定(ISO 1524:2000,IDT)

GB/T 9271—1988　色漆和清漆　标准试板(eqv ISO 1514:1984)

GB/T 9276—1996　涂层自然气候曝露试验方法(eqv ISO 2810)

GB/T 9278　涂料试样状态调节和试验的温湿度(GB/T 9278—2008,ISO 3270:1984,Paints and varnishes and their raw materials—Temperatures and humidities for conditioning and testing,IDT)

GB/T 9750—1998　涂料产品包装标志

GB/T 9754—2007　色漆和清漆　不含金属颜料的色漆漆膜的20°、60°和85°镜面光泽的测定(ISO 2813:1994,IDT)

GB/T 10834　船舶漆耐盐水性的测定　盐水和热盐水浸泡法

GB/T 13491—1992　涂料产品包装通则

GB/T 14522—1993　机械工业产品用塑料、涂料、橡胶材料人工气候加速试验方法

GB/T 20624.1—2006　色漆和清漆　快速变形(耐冲击性)试验　第1部分:落锤试验(大面积冲头)(ISO 6272-1:2002,IDT)

HG/T 2458—1993　涂料产品的检验、运输和贮存通则

3 要求

产品应符合表1的技术要求,配套底漆应符合GB/T 6748的规定。

表 1 技术要求

项 目			指 标
涂膜外观			正常
细度/μm		≤	40
不挥发物质量分数/%		≥	50
干燥时间/h	表干	≤	4
	实干	≤	24
耐冲击性			通过
柔韧性/mm			1
光泽(60°)/单位值			商定
附着力(拉开法)/MPa		≥	3.0
耐盐水性(天然海水或人造海水,27℃±6℃,48 h)			漆膜不起泡、不脱落、不生锈
耐盐雾性(单组分漆 400 h,双组分漆 1 000 h)			漆膜不起泡、不脱落、不生锈
耐人工气候老化性/级 (紫外 UVB-313:300 h 或商定; 或者氙灯:500 h 或商定)			漆膜颜色变化≤4 粉化≤2ᵃ 裂纹 0
耐候性(海洋大气曝晒,12 个月)/级			漆膜颜色变化≤4 粉化≤2ᵃ 裂纹 0
ᵃ 环氧类漆可商定。			

4 试验方法

4.1 取样

产品按 GB/T 3186 的规定取样,也可按商定方法取样。样品应分成两份,一份做检验用样品,另一份密封贮存备查。

4.2 试验环境

样板的状态调节和试验的温湿度应符合 GB/T 9278 的规定。

4.3 试验样板的制备

标准试板的准备按照 GB/T 9271—1988 规定进行,测定耐盐水性、耐盐雾性、耐人工气候老化性的试板,均按照 GB/T 1765—1979 规定制板。双组分漆要根据施工使用说明规定比例混合均匀后,按 GB/T 1727—1992 规定进行刷涂或喷涂,并与相应底漆配套。干膜厚度底漆控制在(50±10)μm,船壳漆控制在(60±10)μm,总干膜厚度控制在(100±10)μm。除另有规定外,所有试板制板后在 GB/T 9278 规定条件下放置 7 d 后进行测试。

4.4 操作方法

4.4.1 涂膜外观

样板在散射日光下目视观察,如果涂膜均匀,无流挂、发花、针孔、开裂和剥落等涂膜病态,则评为"正常"。

4.4.2 细度

按 GB/T 6753.1—2007 的规定进行。

4.4.3 不挥发物含量

按 GB/T 1725—2007 的规定进行,双组分漆按产品配比混合均匀后测定。

4.4.4 干燥时间

按 GB/T 1728—1979 的规定进行,其中表干按乙法,实干按甲法。

4.4.5 耐冲击性

按 GB/T 20624.1—2006 的规定进行。采用直径为(20±0.3)mm 的球形冲头,重锤质量为 1 kg,不装深度控制环,调整重锤自 500 mm 处落下,如在冲击的变形区域内无漆膜脱落和开裂,则该冲击点为通过。试验两块试板,每块板上冲击 5 个点,如其中有一块试板上有 3 个点及以上无漆膜脱落和开裂,则该试验项目评为"通过"。

4.4.6 柔韧性

按 GB/T 1731—1993 的规定进行。

4.4.7 光泽

按 GB/T 9754—2007 的规定进行。

4.4.8 附着力

按 GB/T 5210—2006 中 9.4.3 的规定进行。

4.4.9 耐盐水性

按 GB/T 10834 的规定进行。

4.4.10 耐盐雾性

按 GB/T 1771—2007 的规定进行。

4.4.11 耐人工气候老化性

耐紫外老化按 GB/T 14522—1993 的规定进行,辐照度为 0.68 W/m² ;耐氙灯老化按 GB/T 1865—1997 中 9.3 操作程式 A 的规定进行,结果的评定按 GB/T 1766—1995 规定进行。

4.4.12 耐候性

按 GB/T 9276—1996 的规定进行,结果的评定按 GB/T 1766—1995 规定进行。

5 检验规则

5.1 检验分类

产品检验分为出厂检验和型式检验。

5.1.1 出厂检验

出厂检验项目包括:涂膜外观、细度、不挥发物含量、干燥时间、耐冲击性、柔韧性共 6 项。

5.1.2 型式检验

型式检验项目包括表 1 中所列的全部技术要求,在正常生产情况下,每年至少进行一次型式检验(耐候性每两年至少进行一次型式检验)。有下列情况之一时应随时进行型式检验:

——新产品最初定型时;

——产品异地生产时;

——生产配方、工艺及原材料有较大改变时;

——停产三个月后又恢复生产时。

5.2 检验结果的判定

5.2.1 检验结果的判定按 GB/T 1250—1989 中修约值比较法进行。

5.2.2 所有项目的检验结果均达到本标准要求时,该产品为符合本标准要求。

6 标志、包装、运输和贮存

6.1 标志

按 GB/T 9750—1998 的规定进行,对于双组分漆,包装标志上应明确各组分配比。

6.2 包装

除合同或订单另有规定外,应按 GB/T 13491—1992 中一级包装要求的规定进行。

6.3 运输

运输中严防雨淋、日光曝晒,禁止接近火源,防止碰撞,保持包装完好无损,应符合 HG/T 2458—1993 中第 4 章的有关规定。

6.4 贮存

在贮存时应保持通风、干燥、防止日光直接照射,并应隔绝火源,远离热源。产品应根据类型定出贮存期,并在包装标志上明示。超过贮存期可按本标准规定进行检验,如结果符合本标准第 3 章要求,仍可使用。

ICS 87.040
G 51

中华人民共和国国家标准

GB/T 6746—2008
代替 GB/T 6746—1986

船 用 油 舱 漆

Oil tank paint for ship

2008-06-04 发布　　　　　　　　　　　　　　　2008-12-01 实施

中华人民共和国国家质量监督检验检疫总局
中国国家标准化管理委员会　　发 布

前　言

本标准代替 GB/T 6746—1986《船用油舱漆通用技术条件》。

本标准与 GB/T 6746—1986 相比主要技术差异为：

——名称改为船用油舱漆；

——增加了在容器中状态、涂膜外观、干燥时间、适用期的要求；

——删除了柔韧性、耐冲击性的要求；

——耐盐雾性项目要求有所提高；

——耐油性取消了煤油，明确规定了汽油和柴油的牌号等内容；

——耐盐水性试验方法不同；

——检验分为出厂检验和型式检验。

本标准由中国石油和化学工业协会提出。

本标准由全国涂料和颜料标准化技术委员会归口。

本标准起草单位：上海开林造漆厂、中海油常州涂料化工研究院、中涂化工（上海）有限公司、海虹老人牌（中国）有限公司、海洋化工研究院、中国船舶重工集团公司第七二五研究所、宁波飞轮造漆有限责任公司、浙江飞鲸漆业有限公司。

本标准主要起草人：许莉莉、苏春海、黄捷、李华刚、邱国胜、王桂荣、任润桃、袁泉利、严杰。

本标准于 1986 年 8 月首次发布。

船 用 油 舱 漆

1 范围

本标准规定了船用油舱漆的要求、试验方法、检验规则、标志、包装、运输、贮存。

本标准适用于装载除航空汽油、航空煤油等特种油品以外的石油烃类油舱内表面双组分船用油舱漆。

2 规范性引用文件

下列文件中的条款通过本标准的引用而成为本标准的条款。凡是注日期的引用文件,其随后所有的修改单(不包括勘误的内容)或修订版均不适用于本标准,然而,鼓励根据本标准达成协议的各方研究是否可使用这些文件的最新版本。凡是不注日期的引用文件,其最新版本适用于本标准。

GB 190 危险货物包装标志

GB/T 191 包装储运图示标志(GB/T 191—2000,eqv ISO 780:1997)

GB/T 1728 漆膜、腻子膜干燥时间测定法

GB/T 1766 色漆和清漆 涂层老化的评级方法

GB/T 1771 色漆和清漆 耐中性盐雾性能的测定(GB/T 1771—2007,ISO 7253:1996,IDT)

GB/T 3186 色漆、清漆和色漆与清漆用原材料 取样(GB/T 3186—2006,ISO 15528:2000,IDT)

GB/T 5210—2006 色漆和清漆 拉开法附着力试验(ISO 4624:2002,IDT)

GB/T 9271 色漆和清漆 标准试板(GB/T 9271—2008,ISO 1514:2004,MOD)

GB/T 9274 色漆和清漆 耐液体介质的测定(GB/T 9274—1988,eqv ISO 2812:1974)

GB/T 9278 涂料试样状态调节和试验的温湿度(GB/T 9278—2008,ISO 3270:1984,Paints and varnishes and their raw materials—Temperatures and humidities for conditioning and testing,IDT)

GB/T 9750 涂料产品包装标志

GB/T 10834 船舶漆耐盐水性的测定 盐水和热盐水浸泡法

GB/T 13491 涂料产品包装通则

HG/T 2458 涂料产品检验、运输和贮存通则

3 要求

产品应符合表 1 的要求。

表 1 要求

项 目		指 标
在容器中状态		搅拌后均匀无硬块
干燥时间/h	表干	≤6
	实干	≤24
涂膜外观		正常
适用期/h		商定
附着力/MPa		≥3
耐盐雾性(800 h)		漆膜不起泡、不生锈、不脱落,允许轻微变色

表 1（续）

项　　目	指　　标
耐盐水性（三个周期）	漆膜不起泡、不脱落
耐油性：21 d 　　耐汽油(120♯) 　　耐柴油(0♯)	漆膜不起泡、不脱落、不软化

4　试验方法

4.1　取样

产品按 GB/T 3186 的规定或商定的方法取样。样品应分成两份，一份做检验用样品，另一份密封贮存备查。

4.2　试验条件

试板的状态调节和试验的温、湿度应符合 GB/T 9278 的规定。

4.3　试验样板的制备

4.3.1　底材及底材处理

除另有规定外，干燥时间试验用底材为马口铁板，耐盐雾性、耐盐水性、耐油性试验用底材为钢板。附着力试验用底材为金属试柱。各种底材的要求和处理应符合 GB/T 9271 的规定。

4.3.2　制板要求

采用刷涂或喷涂。

除另有规定外，干燥时间试验涂装一道，漆膜厚度为(20～26)μm；附着力试验为底漆、面漆配套后测试，一底一面涂装两道，每道间隔 24 h，底漆干膜厚度为(40～70)μm，面漆干膜厚度为(40～70)μm；耐盐雾性、耐盐水性、耐油性试验均为底漆、面漆配套后测试，可多道涂装，每道间隔 24 h，底漆干膜厚度为(150～175)μm，面漆干膜厚度为(150～175)μm，总干膜厚度(300～350)μm。试板放置 7 d 后测试。

4.4　在容器中状态

打开容器，采用手工或动力搅拌，允许容器底部有沉淀，若经搅拌易于混合均匀，则评为"搅拌后均匀无硬块"。双组分涂料应分别进行检验。

4.5　干燥时间

表干按 GB/T 1728 中乙法规定进行，实干按 GB/T 1728 中甲法规定进行。

4.6　涂膜外观

在散射日光下目视观察样板，如果涂膜颜色均匀，表面平整，无气泡、缩孔及其他涂膜病态现象则评为"正常"。

4.7　适用期

将涂料各组分的温度预先调整到(23±2)℃，然后按产品规定的比例混合均匀后取出 300 mL 放入容量约为 500 mL 密封性良好的铁罐中，在(23±2)℃条件下放置规定的时间后，按 4.4 和 4.6 的要求考察容器中状态和涂膜外观。如果试验结果符合 4.4 和 4.6 的要求，同时在制板过程中施涂无障碍，则认为能使用，适用期合格。

4.8　附着力

按 GB/T 5210—2006 中 9.4.3 的规定进行。

4.9　耐盐雾性

按 GB/T 1771 进行试验，结果的评定按 GB/T 1766 规定进行。

4.10 耐盐水性

按 GB/T 10834 中盐水和热盐水浸泡法规定进行,共进行三个周期。试验样板在温度为 23℃±2℃ 的盐水中浸泡 7 d,然后将样板移入温度为 80℃±2℃ 的热盐水中浸泡 2 h,这样一个试验过程为一个 周期。

4.11 耐油性

按 GB/T 9274 中甲法(浸泡法)规定进行。

5 检验规则

5.1 检验分类

产品检验分为出厂检验与型式检验。

5.1.1 出厂检验

出厂检验项目包括在容器中状态、干燥时间、涂膜外观、适用期四项。

5.1.2 型式检验

型式检验项目包括表 1 中所列的全部要求,在正常的情况下,每四年至少进行一次型式检验。有下 列情况之一时应随时进行型式检验:

——新产品最初定型时;

——产品异地生产时;

——生产配方、工艺及原材料有较大改变时;

——停产一年后又恢复生产时。

5.2 检验结果的判定

所有项目的检验结果均达到本标准要求时,该产品为符合本标准要求。如产品检验结果不符合本 标准要求时,应按照 GB/T 3186 的规定重新取双倍量进行复验,如仍不符合本标准要求规定时,产品即 为不合格品。

6 标志、包装、运输、贮存

6.1 标志

产品的标志应符合 GB/T 9750 的要求。

6.2 包装

产品的包装应符合 GB 190、GB/T 191 和 GB/T 13491 的要求。

6.3 运输

产品在运输中应防止雨淋,日光曝晒,并应符合 HG/T 2458 的要求。

6.4 贮存

产品贮存应符合 HG/T 2458 的要求,贮存在通风、干燥的仓库内,防止日光直接照射,并应隔绝火 源,远离热源,夏季温度过高时应设法降温。产品应规定贮存期,并在包装标志上明示。超过贮存期可 按本标准规定进行检验,如结果符合本标准第 3 章要求,仍可使用。

————————

ICS 87.040
G 51

中华人民共和国国家标准

GB/T 6747—2008
代替 GB/T 6747—1986

船 用 车 间 底 漆

Shop primer for ship building

2008-05-14 发布

2008-10-01 实施

中华人民共和国国家质量监督检验检疫总局
中国国家标准化管理委员会 发布

前　言

本标准代替 GB/T 6747—1986《船用车间底漆通用技术条件》。

本标准与 GB/T 6747—1986 相比主要技术差异如下：

——标准名称改为《船用车间底漆》；

——本标准增加了对产品的分类；

——原标准中 GB 1764—1979《漆膜厚度测定法》改为 GB/T 13452.2—2008《色漆和清漆　漆膜厚度的测定》（ISO 2808:2007,IDT）；

——原标准中 GB/T 1766—1979《漆膜耐候性评级方法》中第 6 章改为 GB/T 1766—2008《色漆和清漆　涂层老化的评级方法》中 4.6；

——原标准中 GB/T 1767—1979《漆膜耐候性测定法》改为 GB/T 9276《涂层自然气候暴露试验方法》；

——原标准中 GB 3186—1982《涂料产品的取样》改为 GB/T 3186《色漆、清漆和色漆与清漆用原材料　取样》（ISO 15528:2000,IDT）；

——技术指标中增加含锌量指标，该指标定为"按产品技术要求"；

——技术指标中耐候性指标 3 级和 4 级改为 1 级，按车间底漆的耐候性将产品分为Ⅰ-3、Ⅰ-6、Ⅰ-12 三个等级；

——附录 A 的 A.2 和 A.3 部分合并，且采用中国船级社产品认证指南中车间底漆焊接试验方案，增加角焊接内容。

本标准的附录 A 为规范性附录。

本标准由中国石油和化学工业协会提出。

本标准由全国涂料和颜料标准化技术委员会归口。

本标准起草单位：中国船舶重工集团公司第七二五研究所、中涂化工（上海）有限公司、中远佐敦船舶涂料有限公司、海虹老人牌（中国）有限公司、江苏兰陵高分子材料有限公司、常州光辉化工有限公司、扬州美涂士金陵特种涂料有限公司、江苏长江涂料有限公司、上海国际油漆有限公司、江苏冶建防腐材料有限公司、宁波飞轮造漆有限责任公司、浙江飞鲸漆业有限公司、上海开林造漆厂、海洋化工研究院、上海船舶工艺研究所、中化建常州涂料化工研究院。

本标准起草人：苏雅丽、苏春海、叶章基、张一南、徐国强、王健、陈建刚、刘志文、卞直兵、李纯、任卫东、史优良、袁泉利、陆伯岑、许莉莉、钱叶苗、凌小桐、张东亚、陈凯锋。

本标准于 1986 年首次发布，本次为第一次修订。

船 用 车 间 底 漆

1 范围

本标准规定了船用车间底漆的分类、要求、试验方法、检验规则、标志、包装、运输、贮存。

本标准适用于船用钢板、型钢和成型件经抛丸(或喷砂)表面处理达到要求的等级后施涂的车间底漆。该车间底漆作为暂时保护钢材的防锈底漆。

2 规范性引用文件

下列文件中的条款通过本标准的引用而成为本标准的条款。凡是注日期的引用文件,其随后所有的修改单(不包括勘误的内容)或修订版均不适用于本标准,然而,鼓励根据本标准达成协议的各方研究是否可使用这些文件的最新版本。凡是不注日期的引用文件,其最新版本适用于本标准。

GB 190 危险货物包装标志

GB/T 191 包装储运图示标志(GB/T 191—2008,ISO 780:1997,MOD)

GB/T 1720 漆膜附着力测定法

GB/T 1727 漆膜一般制备法

GB/T 1728—1979 漆膜、腻子膜干燥时间测定法

GB/T 1766—2008 色漆和清漆 涂层老化的评级方法

GB/T 3186 色漆、清漆和色漆与清漆用原材料 取样(GB/T 3186—2006,ISO 15528:2000,IDT)

GB/T 8923—1988 涂装前钢材表面锈蚀等级和除锈等级(eqv ISO 8501-1:1988)

GB/T 9271 色漆和清漆 标准试板(GB/T 9271—2008,ISO 1514:2004,MOD)

GB/T 9276 涂层自然气候曝露试验方法(GB/T 9276—1996,eqv ISO 2810)

GB/T 9278 涂料试样状态调节和试验的温湿度(GB/T 9278—2008,ISO 3270:1984,Paints and varnishes and their raw materials—Temperatures and hunidities for conditioning and testing,IDT)

GB/T 9750 涂料产品包装标志

GB/T 13452.2 色漆和清漆 漆膜厚度的测定(GB/T 13452.2—2008,ISO 2808:2007,IDT)

GB/T 13491 涂料产品包装通则

HG/T 2458 涂料产品检验、运输和贮存通则

HG/T 3668—2000 富锌底漆

CB 3881 船舶涂装作业安全规程

3 分类

3.1 类型

车间底漆可分含锌粉和不含锌粉底漆两种。

Ⅰ型:含锌粉;

Ⅱ型:不含锌粉。

3.2 等级(仅适用于Ⅰ型)

Ⅰ-12级:在海洋性气候环境中曝晒12个月,生锈≤1级;

Ⅰ-6级:在海洋性气候环境中曝晒6个月,生锈≤1级;

Ⅰ-3级:在海洋性气候环境中曝晒3个月,生锈≤1级。

4 要求

4.1 一般要求

4.1.1 车间底漆的性能应符合表 1 要求。

4.1.2 为适应自动化流水线作业需要,车间底漆应能在较短的时间内干燥。

4.1.3 车间底漆应对下道漆种具有广泛的配套性,并对长期暴露的车间底漆旧漆膜有良好的重涂性。

4.1.4 车间底漆涂装中的劳动安全应符合 CB 3881 的有关规定。

4.1.5 切割速度的减慢不超过 15%。

4.2 技术要求

产品应符合表 1 技术指标。

表 1 车间底漆技术指标

项 目 名 称		技 术 指 标
干燥时间/min		≤5
附着力/级		≤2
漆膜厚度/μm	含锌粉	15~20
	不含锌粉	20~25
不挥发分中的金属锌含量(仅限Ⅰ型)		按产品技术要求
耐候性(在海洋性气候环境中)	Ⅰ-12 级,12 个月	生锈≤1 级
	Ⅰ-6 级,6 个月	
	Ⅰ-3 级,3 个月	
	Ⅱ型,3 个月	生锈≤3 级
焊接与切割		按 A.2 要求通过

5 试验方法

5.1 试验环境

按 GB/T 9278 规定进行。

5.2 试板制备

5.2.1 试板的材质及其表面处理

除另有规定外,试板均采用 GB/T 9271 中规定的普通碳素结构钢板。试板的表面处理应达到 GB/T 8923—1988 规定的 Sa2½级。

5.2.2 试验样板的制备

除另有规定外,按 GB/T 1727 中规定刷涂或喷涂,漆膜干膜厚度符合表 1 要求。除另有规定外,试验样板应在试验环境条件下放置 7d 后进行测试。

5.3 干燥时间

按 GB/T 1728—1979 中表面干燥时间测定法的乙法进行。

5.4 附着力

按 GB/T 1720 规定进行。

5.5 漆膜厚度

5.5.1 按 GB/T 13452.2 进行。

5.5.2 流水线中施涂于钢板上漆膜厚度的测定按附录 A 中 A.1 进行。

5.6 不挥发分中的金属锌含量

按 HG/T 3668—2000 中 5.13 进行。

5.7 耐候性

5.7.1 按 GB/T 9276 进行试验。

5.7.2 按 GB/T 1766—2008 中 4.6 进行测试结果评定。

5.8 焊接与切割

按附录 A 中 A.2 进行。

6 检验规则

6.1 检验责任

除合同或订单另有规定外,车间底漆生产厂应负责本标准规定的所有检验。必要时,定货方有权按本标准所述对任一检验项目进行检验。

6.2 检验分类

6.2.1 船用车间底漆检验分为型式检验和出厂检验。

6.2.2 型式检验为周期检验,出厂检验为每批次检验。

6.3 抽样

除另有规定外,船用车间底漆应按 GB/T 3186 的规定抽样,样品分为两份,一份密封储存备查,另一份作检验用样品。

6.4 型式检验

6.4.1 检验条件

车间底漆有下列情况之一时,应进行型式检验:

a) 正常生产时,每四年应进行一次型式检验;

b) 当产品新投产时;

c) 当材料、工艺有改变足以影响产品性能时;

d) 产品停产一年以上后重新恢复生产时。

6.4.2 检验项目

车间底漆按表 2 规定的项目进行型式检验。

6.5 出厂检验

6.5.1 检验条件

每批油漆均应进行出厂检验。

6.5.2 批次

出厂检验以批为单位,按每一贮漆槽为一批。

6.5.3 检验项目

车间底漆按表 2 规定的项目进行出厂检验。

表 2　车间底漆检验项目要求和方法

项 目 名 称	型式检验	出厂检验	要求章节	试验方法
干燥时间,表干		√		5.3
附着力		√		5.4
漆膜厚度	√	√	4.2	5.5
不挥发分中的金属锌含量				5.6
耐候性(在海洋性气候环境中)		—		5.7
焊接与切割				5.8

6.6 合格判定

油漆定货方在对油漆产品进行检验时,如发现产品质量不符合本标准技术要求规定时,供需双方应按照 GB/T 3186 的规定重新取双倍量进行复验,如仍不符合本标准技术要求规定时,产品即为不合格品。

7 标志、包装、运输、贮存

7.1 标志

车间底漆产品的标志应符合 GB/T 9750 的要求。

7.2 包装

车间底漆产品的包装应符合 GB 190、GB/T 191 和 GB/T 13491 的要求。

7.3 运输

车间底漆产品在运输中应符合 HG/T 2458 的要求,防止雨淋、日光暴晒。

7.4 贮存

车间底漆产品应符合 HG/T 2458 的要求,贮存在通风、干燥的仓库内,防止日光直接照射,并应隔绝火源。产品在原包装封闭的条件下,自生产完成之日起,贮存期为 6 个月(或按照产品技术要求)。超过贮存期的产品可按本标准规定的出厂检验项目进行检验,如检验合格,仍可使用。

附　录　A

（规范性附录）

车间底漆特性的检验方法

A.1　车间底漆的漆膜厚度测定

A.1.1　钢板经抛丸流水线除锈后,在涂装前,于其正反两面用胶带贴上光滑的钢质检验板 70 mm×300 mm×1 mm,使检验板与钢板同时被喷涂车间底漆,干燥后作漆膜厚度测定。

A.1.2　钢板上检验板的贴置应具有代表性,参见图 A.1。

单位为毫米

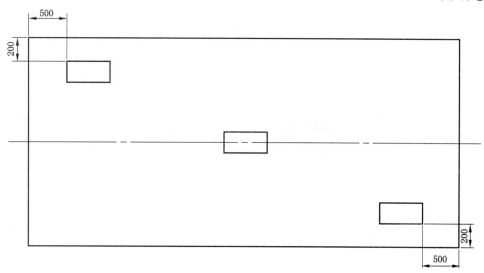

图 A.1　检验板粘贴位置

A.1.3　每块检验板上,应测定不在同一直线上的五个任意点的漆膜厚度。

A.1.4　用于车间底漆漆膜厚度测定的测厚仪,其测量误差应小于 5%。

A.1.5　操作方法按下述操作步骤进行:

    a)　按照测厚仪说明书规定的方法校准测厚仪;

    b)　用浸渍溶剂的棉球擦拭已磨平的钢板,将涂漆样板用胶带固定于这钢板的三处,经喷涂干燥后取下样板,在样板的五个点上测定厚度;

    c)　测定结果的表达:每块样板的五个测厚点的平均厚度即为干膜的厚度。

A.1.6　除了进行测定的结果外,测定记录应指明本标准中未规定的操作细节以及可能影响测定结果的情况。

A.2　焊接与切割

A.2.1　试验条件

A.2.1.1　试板:试板材料为船用钢板,厚度为 20 mm,应持有 CCS 证书。

A.2.1.2　焊接材料:焊接材料应持有 CCS 证书。焊接材料等级和试验用钢级别见表 A.1,试验用钢韧性级别可选低于表中要求的材料。

A.2.1.3　焊接方法:手工电弧焊。

A.2.1.4　试板接头形式:对接、角接。

A.2.1.5　试板表面状态:切割后,试板经坡口加工、喷砂(或抛丸)处理达 Sa2½ 级后,涂装车间底漆,涂漆部位包括坡口。

A.2.1.6 漆膜厚度分别为:甲:按制造厂的说明书喷涂;乙:喷涂厚度大约为制造厂说明书厚度的两倍;丙:喷砂不喷涂。

A.2.2 试验项目和数量

试验项目和数量见表 A.2。

表 A.1 钢焊接材料认可试验用钢材级别

焊接材料等级	试验用钢级别	焊接材料等级	试验用钢级别
1	A	5Y50	F500
2	B、D	3Y55	D550
3	E	4Y55	E550
4	F	5Y55	F550
1Y	A32、A36	3Y62	D620
2Y	D32、D36	4Y62	E620
3Y	E32、E36	5Y62	F620
4Y	F32、F36	3Y69	D690

表 A.2 试验项目和数量

编号	接头形式	焊接方法	数量/组	漆膜厚度
1-1	对接	手工焊	1	甲
1-2				乙
1-3				丙
1-4	角接			甲
1-5				乙
1-6				丙

A.2.3 焊接

A.2.3.1 对接焊试板:试板经火焰切割后,宽度不小于 100 mm,长度应足够提供截取规定数量和尺寸的试样,再按甲、乙、丙三种要求涂漆,待船用车间底漆晾干后装配。

A.2.3.2 对焊接步骤

  a) 采用平对接焊,用 4 mm 焊条焊接;

  b) 焊满反面铲根,并用 4 mm 焊条封底,正反焊缝加强高度不大于 3 mm;

  c) 为使焊后样板平直,试板在焊前可预制反变形,焊接过程中,每焊完一道,试板应放置在静止的空气中,使焊缝冷却到 250℃ 以下,然后再焊一道;

  d) 按图 A.2 截取 2 个横向拉伸试样,2 个弯曲试样和冲击试样 3 组(每组 3 个),并按图 A.3、图 A.4、图 A.5 分别进行加工,进行拉伸、正反弯曲和冲击试验。

A.2.3.3 对接焊试验的项目和结果要求

  a) 外观检查:用 5 倍放大镜进行焊缝全长观察,焊缝表面应成形均匀,无裂纹、无明显的焊瘤和咬边等有害缺陷。

  b) 无损检测:焊缝内部应无不允许存在的缺陷。

  c) 机械性能检验:对接焊试验的力学性能应满足表 A.3 的规定及下列要求:

    1) 拉伸试验:横向拉伸试样二个,其抗拉强度应不低于母材规定的最小抗拉强度;

    2) 正反弯曲试验:正反弯曲试样各一个,弯曲角度为 120°,试样的受拉表面上出现的裂纹或缺陷长度不大于 3 mm；

3) 冲击试验：冲击试样三组（每组三个），缺口位置分别位于焊缝中心、熔合线和距熔合线 2 mm 的热影响区。冲击试验的单个值应不低于规定值的 70%，三个平均值应大于规定值。

单位为毫米

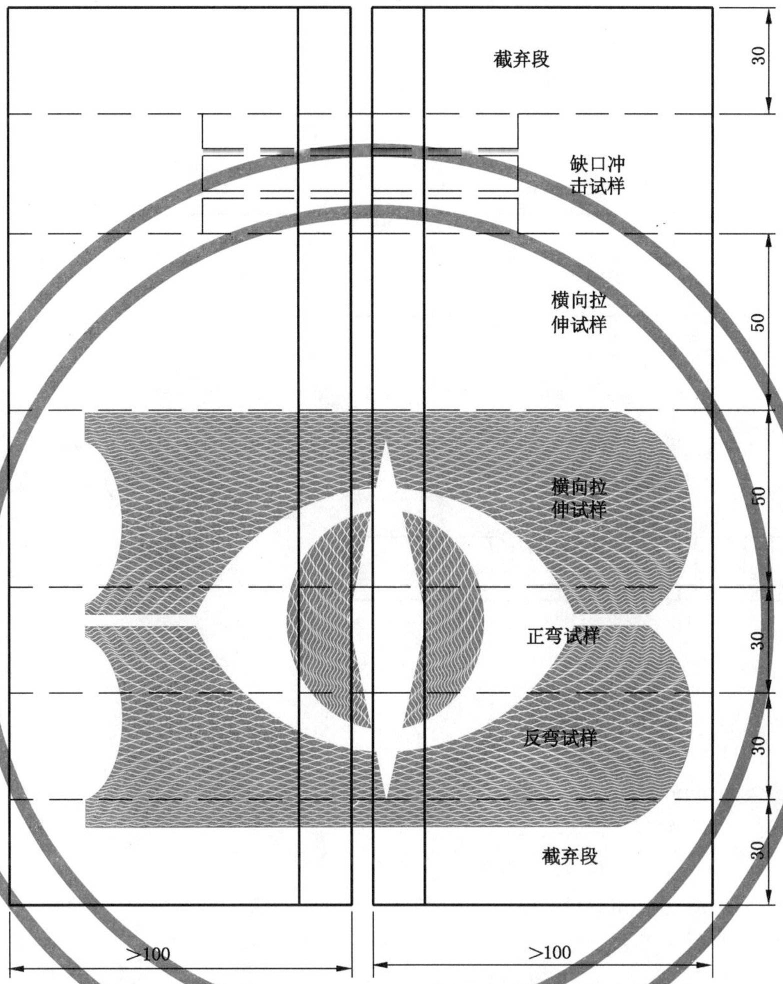

图 A.2 对焊接试样截取图

单位为毫米

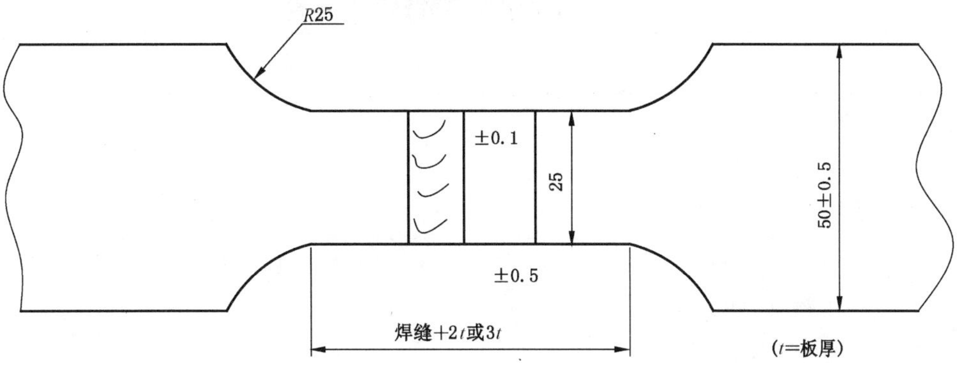

图 A.3 横向拉伸试样加工

单位为毫米

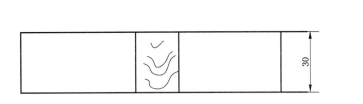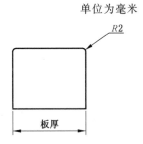

图 A.4 正、反冷弯试样加工

单位为毫米

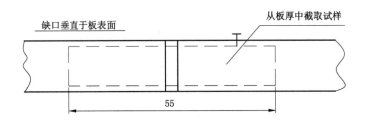

缺口垂直于板表面　　　　从板厚中截取试样

55

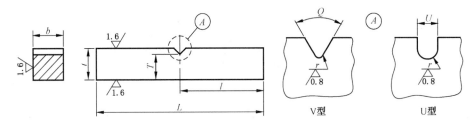

V型　　　　U型

L——长度,(55±0.60)mm;

b——宽度,(10±0.11)mm;

t——厚度,(10±0.06)mm;

Q——缺口角度,夏比 V 型缺口试样(45±2)°;

U——缺口宽度,夏比 U 型缺口试样(2±0.14)mm;

T——缺口以下的厚度,夏比 V 型缺口试样(8±0.06)mm,夏比 U 型缺口试样(5±0.09)mm;

r——缺口根部半径,夏比 V 型缺口试样(0.25±0.025)mm,夏比 U 型缺口试样(1±0.07)mm;

l——试样端部至缺口中心距离,(27.5±0.42)mm。

注:缺口对称面与试样纵向轴线间的角度,(90±2)°。

图 A.5 冲击试样加工(V 型或 U 型)

表 A.3 结构钢焊接材料力学性能

	焊接材料级别		1、2、3、4	1Y、2Y、3Y、4Y[a]
对焊接试验	接头抗拉强度/(N/mm²)		≥400	≥490
	夏比 V 型缺口冲击试验	试验温度/℃	b	
		平均冲击功/J	≥47	
	弯曲试验		试验后,试样表面上出现的裂纹或其他缺陷长度应不大于 3 mm	

[a] 手工焊条应符合 2Y 级以上要求。

[b] 1Y 级焊接材料的冲击试验温度为 20℃;
　2Y 级焊接材料的冲击试验温度为 0℃;
　3Y 级焊接材料的冲击试验温度为 -20℃;
　4Y 级焊接材料的冲击试验温度为 -40℃。

A.2.3.4 角接焊试板：按甲、乙种要求涂漆和丙种要求不涂漆然后装配焊接，试板宽度为 150 mm，长度应能保证充分焊完直径最大焊条的全部长度。

A.2.3.5 角焊接步骤：两面均单道焊接，焊脚尺寸 6 mm。

A.2.3.6 角接焊试验的项目和试验结果要求：

a) 按图 A.6 截取三个长度为 25 mm 的断面宏观检查试样。

b) 硬度试验：如图 A.7 将一个断面宏观检查试样的端面磨光，做硬度测试，以测定焊接接头的硬度，测点的间距为 0.5 mm～2 mm。硬度测试的结果应不超过 HV350。

c) 角焊缝破断试验：在余下的 2 个分段中，取其在两侧焊缝处分别受检。当一侧焊缝受检时，另一侧焊缝加工掉。两侧检查破断焊缝根部的缺陷情况。破断面应显示出焊缝熔合良好，无裂纹和疏松等缺陷，若焊缝中出现夹渣或气孔，应将这类缺陷的数量大小、位置和密集程度记入报告，角接焊应显示出焊缝成形良好、完全熔合。

单位为毫米

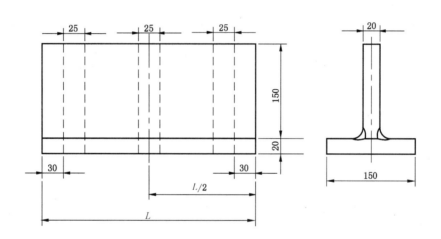

图 A.6 角焊接试样截取图

单位为毫米

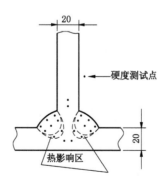

图 A.7 断面宏观检查试样

A.2.4 切割

A.2.4.1 试板尺寸：305 mm×300 mm×20 mm。

23

A.2.4.2 切割要求:氧气压力不大于 0.6 MPa,切割速度为 20 cm/min,将试板切割成 150 mm×305 mm。

A.2.4.3 试验结果要求:按制造厂说明书漆膜厚度要求喷涂船用车间底漆后试验,其切割速度的减慢不超过 15%,且焊接或切割缝两边漆膜的损坏宽度不超过 20 mm。

————————

ICS 87.040
G 51

中华人民共和国国家标准

GB/T 6748—2008
代替 GB/T 6748—1986

船 用 防 锈 漆

Anticorrosive paint for ship

2008-06-04 发布

2008-12-01 实施

中华人民共和国国家质量监督检验检疫总局
中国国家标准化管理委员会   发 布

前　言

本标准代替 GB/T 6748—1986《船用防锈漆通用技术条件》。

本标准与 GB/T 6748—1986 相比主要技术差异如下：

——标准名称改为"船用防锈漆"；

——标准使用范围变更为船舶船体设计水线以上部位及内部结构（液舱除外）以及海洋平台设计水线以上部位及内部结构（液舱除外）；

——增加对产品的分类；

——附着力试验方法由划圈法改为拉开法；

——增加了"密度、黏度、闪点、干燥时间、适用期、耐盐雾性"要求；

——"对面漆的适应性"增加了无咬底和渗色现象的评价；

——检验方式分型式检验和出厂检验两种。

本标准由中国石油和化学工业协会提出。

本标准由全国涂料和颜料标准化技术委员会（SAC/TC 5）归口。

本标准起草单位：中国船舶重工集团公司第七二五研究所、中海油常州涂料化工研究院、常州光辉化工有限公司、江苏长江涂料有限公司、中涂化工（上海）有限公司、江苏兰陵高分子材料有限公司、宁波飞轮造漆有限责任公司、浙江飞鲸漆业有限公司、江苏冶建防腐材料有限公司、深圳市展辰达化工有限公司、北京展辰化工有限公司、上海富臣化工有限公司、上海开林造漆厂、海洋化工研究院。

本标准主要起草人：叶章基、苏春海、曹玉峰、王晶晶、欧伯兴、钱叶苗、邱绕生、沈澜、陈建刚、袁泉利、严杰、史优良、叶荣森、赵从华、陈寿生。

本标准于 1986 年首次发布。

船 用 防 锈 漆

1 范围

本标准规定了船舶船体设计水线以上部位及内部结构(液舱除外)用防锈漆的分类、要求、试验方法、检验规则、标志、包装、运输和贮存。

本标准适用于船舶船体设计水线以上部位及内部结构(液舱除外)用防锈漆,也适用于海洋平台设计水线以上部位及内部结构(液舱除外)用防锈漆。

2 规范性引用文件

下列文件中的条款通过本标准的引用而成为本标准的条款。凡是注日期的引用文件,其随后所有的修改单(不包括勘误的内容)或修订版均不适用于本标准,然而,鼓励根据本标准达成协议的各方研究是否可使用这些文件的最新版本。凡是不注日期的引用文件,其最新版本适用于本标准。

GB 190 危险货物包装标志

GB/T 191 包装储运图示标志(GB/T 191—2008,ISO 780:1997,MOD)

GB/T 1723 涂料粘度测定法

GB/T 1725 色漆、清漆和塑料 不挥发物含量的测定(GB/T 1725—2007,ISO 3251:2003,IDT)

GB/T 1727 漆膜一般制备法

GB/T 1728 漆膜、腻子膜干燥时间测定法

GB/T 1731 漆膜柔韧性测定法

GB/T 1771 色漆和清漆 耐中性盐雾性能的测定(GB/T 1771—2007,ISO 7253:1996,IDT)

GB/T 3186 色漆、清漆和色漆与清漆用原材料 取样(GB/T 3186—2006,ISO 15528:2000,IDT)

GB/T 5208 涂料闪点测定法 快速平衡闭杯法(GB/T 5208—2008,ISO 3679:2004,IDT)

GB/T 5210—2006 色漆和清漆 拉开法附着力试验(ISO 4624:2002,IDT)

GB/T 6750 色漆和清漆 密度的测定 比重瓶法(GB/T 6750—2007,ISO 2811-1:1997,Paints and varnishes—Determination of density—Part 1:Pyknometer method,IDT)

GB/T 8923—1988 涂装前钢材表面锈蚀等级和除锈等级(eqv ISO 8501-1:1988)

GB/T 9269 建筑涂料粘度的测定 斯托默粘度计法

GB/T 9271 色漆和清漆 标准试板(GB/T 9271—2008,ISO 1514:2004,MOD)

GB/T 9278 涂料试样状态调节和试验的温湿度(GB/T 9278—2008,ISO 3270:1984 Paint&varnishes&their raw materials-temperatures and humidities for conditioning and testing,IDT)

GB/T 9750 涂料产品包装标志

GB/T 9751.1 色漆和清漆 用旋转黏度计测定黏度 第1部分:以高剪切速率操作的锥板黏度计(GB/T 9751.1—2008,ISO 2884-1:1999,IDT)

GB/T 10834 船舶漆耐盐水性的测定 盐水和热盐水浸泡法

GB/T 13288—1991 涂装前钢材表面粗糙度等级的评定(比较样块法)(neq ISO 8503-2:1988)

GB/T 13491 涂料产品包装通则

HG/T 2458 涂料产品检验、运输和贮存通则

3 分类

产品分为Ⅰ型和Ⅱ型:

Ⅰ型：双组分油漆。

Ⅱ型：单组分油漆。

4 要求

4.1 船用防锈漆应能与船用车间底漆配套。

4.2 船用防锈漆应符合表1的要求。

表 1 船用防锈漆技术要求

项 目		技 术 指 标
固体含量(质量分数)/%		商定
密度/(g/mL)		
黏度		
闪点/℃		
干燥时间/h	表干	商定
	实干	≤24
适用期(Ⅰ型)		商定
附着力/MPa	Ⅰ型	≥5
	Ⅱ型	≥3
柔韧性/mm		≤2
耐盐水性(27±6)℃,96 h		漆膜无剥落、无起泡、无锈点， 允许轻微变色、失光
耐盐雾性	Ⅰ型,336 h	漆膜无起泡、无脱落、无锈蚀
	Ⅱ型,168 h	
对面漆适应性		无不良现象
施工性		通过

5 试验方法

5.1 试验条件

按 GB/T 9278 的规定进行。

5.2 试验样板制备

5.2.1 试验样板的材质及其表面处理

除另有规定外,干燥时间、柔韧性试验用底材为马口铁板,耐盐雾性、耐盐水性试验用底材为钢板。附着力底材为钢板或金属试柱。各种底材的要求和处理应符合 GB/T 9271 的规定。试板的表面清洁度应达到 GB/T 8923—1988 规定的 Sa2½级,表面粗糙度应达到 GB/T 13288—1991 规定的 R_y(40～70)μm。

5.2.2 试验样板的涂装

采用刷涂和喷涂。

除另有规定外,干燥时间、柔韧性涂装一道,漆膜厚度为(20～26)μm;附着力试验涂装一道,干膜厚度为(40～70)μm;耐盐雾性、耐盐水性可单道涂装,也可多道涂装,每道间隔 24 h,干膜总厚度为(100～150)μm。

5.2.3 状态调节时间

除另有规定外,试板放置 7 d 后进行测试。

5.3 固体含量

按 GB/T 1725 规定进行。

5.4 密度

按 GB/T 6750 规定进行。

5.5 黏度

按 GB/T 1723 或 GB/T 9269 或 GB/T 9751.1 或商定方法进行。

5.6 闪点

按 GB/T 5208 规定进行。

5.7 干燥时间

表干按 GB/T 1728 中乙法规定进行，实干按 GB/T 1728 中甲法规定进行。

5.8 适用期

将涂料各组份的温度预先调整到(23±2)℃，然后按产品规定的比例混合后均匀取出 300 mL 放入容量约为 500 mL 密封性良好的铁罐中，在(23±2)℃条件下放置规定的时间后，考察漆膜外观，如漆膜颜色均匀，表面平整，无气泡、缩孔及其他漆膜病态现象，同时在制板过程中施涂无障碍，则认为能使用，适用期合格。

5.9 附着力

按 GB/T 5210—2006 的 9.4.3 进行。

5.10 柔韧性

按 GB/T 1731 规定进行。

5.11 耐盐水性

按 GB/T 10834 规定进行，试验盐水温度为(27±6)℃。

5.12 耐盐雾性

按 GB/T 1771 规定进行。

5.13 对面漆适应性

选用相应配套的面漆，按 GB/T 1727 的规定进行刷涂，先刷涂一道船用防锈漆，按产品技术要求干燥后，刷涂一道面漆，在刷涂时观察涂刷性。待面漆干燥 24 h 后，观察漆膜表面，如无缩孔、裂纹、针眼、起泡、剥落、咬底和渗色等现象，则判定为无不良现象。

5.14 油漆的施工性

可按产品规定要求进行刷涂、喷涂、辊涂，应具有良好的流动性和涂布性，湿膜不应出现流挂，干燥后的漆膜应平整、均匀。

6 检验规则

6.1 抽样

应按 GB/T 3186 的规定抽样，也可按商定方法进行，样品分为两份，一份密封储存备查，另一份作检验用样品。

6.2 检验分类

6.2.1 检验分为型式检验和出厂检验。

6.2.2 出厂检验项目包括固体含量、密度、黏度、干燥时间。

6.2.3 型式检验项目包括本标准所列的全部要求。有下列情况之一时，应进行型式检验：

    a) 正常生产时，每四年应进行一次型式检验；

    b) 当产品新投产时；

    c) 当材料、工艺有改变足以影响产品性能时；

    d) 产品停产一年以上后重新恢复生产时。

6.3 合格判定

在对产品进行检验时,如发现产品质量不符合要求规定时,供需双方应按照 GB/T 3186 的规定重新取双倍量进行复验,如仍不符合本标准技术要求规定时,产品即为不合格品。

7 标志、包装、运输、贮存

7.1 标志

产品的标志应符合 GB/T 9750 的要求。

7.2 包装

产品的包装应符合 GB 190、GB/T 191 和 GB/T 13491 的要求。

7.3 运输

产品在运输中应符合 HG/T 2458 的要求,防止雨淋、日光暴晒。

7.4 贮存

产品应符合 HG/T 2458 的要求,贮存在通风、干燥的仓库内,防止日光直接照射,并应隔绝火源。产品在原包装封闭的条件下,自生产完成之日起,贮存期为 1 年(或按照产品技术要求)。超过贮存期的产品可按本标准规定的出厂检验项目进行检验,如检验合格,仍可使用。

ICS 87.040
G 51

中华人民共和国国家标准

GB/T 6822—2014
代替 GB/T 6822—2007

船体防污防锈漆体系

Antifouling and anticorrosive paint systems for ship hull

2014-07-08 发布　　　　　　　　　　　　　　　2014-12-01 实施

中华人民共和国国家质量监督检验检疫总局
中国国家标准化管理委员会　发布

前　言

本标准按照 GB/T 1.1—2009 给出的规则起草。

本标准代替 GB/T 6822—2007《船体防污防锈漆体系》，与 GB/T 6822—2007 相比，除编辑性修改外主要技术变化如下：

——修改了防污漆体系的分类方法，改为防污漆类型和防污剂类型，在防污漆类型中增加了Ⅲ型不含防污剂的非自抛光型或非磨蚀型的防污漆(Foul Release Coating，简称 FRC)(见 3.1.1，2007 版的第 3 章)；

——取消了防锈漆体系分类的使用期效和类别(见 2007 版的 3.2.3)；

——增加连接漆分类(见 3.3)；

——删除原附录 C 和附录 D(见 2007 版的附录 C、附录 D)；

——增加了附录 C、附录 D、附录 E、附录 F(见附录 C、附录 D、附录 E、附录 F)；

——修改了范围(见第 1 章，2007 版的第 1 章)；

——修改表 1(见 4.1.1.1，2007 版的 4.1.2.4)；

——修改与阴极保护性的有关要求、试验方法和结果判定(见 4.2.2、4.3.4、5.16，2007 版的 4.3.4、5.11、5.15)；

——修改了耐浸泡性的评定，补充了量化指标(见 4.3.2，2007 版的 4.3.2)；

——修改了型式检验周期(见 6.3.1，2007 版的 6.4.1)。

本标准由中国石油和化学工业联合会提出。

本标准由全国涂料和颜料标准化技术委员会(TC 5)归口。

本标准的负责起草单位：中国船舶重工集团公司第七二五研究所。

本标准参加起草单位：中国船级社、上海开林造漆厂、庞贝捷涂料(昆山)有限公司、海虹老人涂料(中国)有限公司、海洋化工研究院有限公司、中远佐敦船舶涂料有限公司、中海油常州涂料化工研究院、厦门双瑞船舶涂料有限公司、上海国际油漆有限公司、中涂化工(上海)有限公司、浙江鱼童新材料股份有限公司。

本标准主要起草人：金晓鸿、龚暄威、欧伯兴、杨琳、钱叶苗、王健、苏春海、郑添水、叶章基、姚敬华、吴海荣、危春阳、孙凌云、王磊、杨亚良、陶乃旺。

本标准所代替标准的历次版本发布情况为：

——GB/T 6822—1986、GB/T 6822—2007；

——GB/T 13351—1992。

船体防污防锈漆体系

1 范围

本标准规定了船体设计水线以下和水线部位外表面用防污防锈漆体系(包括防污漆、防锈漆和连接漆)的分类、要求、试验方法、检验规则及标志、包装、运输和贮存。

本标准适用于各类船体材料的船舶设计水线以下和水线部位的防污防锈漆体系(包括防污漆、防锈漆和连接漆)。

2 规范性引用文件

下列文件对于本文件的应用是必不可少的。凡是注日期的引用文件,仅注日期的版本适用于本文件。凡是不注日期的引用文件,其最新版本(包括所有的修改单)适用于本文件。

GB 190 危险货物包装标志

GB/T 191 包装储运图示标志

GB/T 1723 涂料粘度测定法

GB/T 1725—2007 色漆、清漆和塑料 不挥发物含量的测定

GB/T 1728 漆膜、腻子膜干燥时间测定法

GB/T 1766 色漆和清漆 涂层老化的评级方法

GB/T 3186 色漆、清漆和色漆与清漆用原材料 取样

GB/T 5208 闪点的测定 快速平衡闭杯法

GB/T 5210—2006 色漆和清漆 拉开法附着力试验

GB/T 5370—2007 防污漆样板浅海浸泡试验方法

GB/T 6750 色漆和清漆 密度的测定 比重瓶法

GB/T 6753.3 涂料贮存稳定性试验方法

GB/T 7789—2007 船舶防污漆防污性能动态试验方法

GB/T 7790—2008 色漆和清漆 暴露在海水中的涂层耐阴极剥离性能的测定

GB/T 9269 涂料黏度的测定 斯托默黏度计法

GB/T 9272 色漆和清漆 通过测量干涂层密度测定涂料的不挥发物体积分数

GB/T 9750 涂料产品包装标志

GB/T 9751.1 色漆和清漆 用旋转黏度计测定黏度 第 1 部分:以高剪切速率操作的锥板黏度计

GB/T 9761 色漆和清漆 色漆的目视比色

GB/T 10834—2008 船舶漆 耐盐水性的测定 盐水和热盐水浸泡法

GB/T 13491 涂料产品包装通则

GB/T 23985 色漆和清漆 挥发性有机化合物(VOC)含量的测定 差值法

GB/T 23986 色漆和清漆 挥发性有机化合物(VOC)含量的测定 气相色谱法

GB/T 25011 船舶防污漆中滴滴涕含量测试及判定

GB/T 26085 船舶防污漆锡总量的测试及判定

HG/T 2458　涂料产品检验、运输和贮存通则

HG/T 3668—2009　富锌底漆

3　分类

3.1　防污漆体系

3.1.1　防污漆类型

Ⅰ型:含防污剂的自抛光型或磨蚀型防污漆。

Ⅱ型:含防污剂的非自抛光型或非磨蚀型防污漆。

Ⅲ型:不含防污剂的非自抛光型或非磨蚀型的防污漆(Foul Release Coating,简写FRC)。

3.1.2　防污剂类型

A类:铜和铜化合物。

B类:不含铜和铜化合物。

C类:其他。

3.1.3　使用期效

短期效:3年以下使用期。

中期效:3年及3年以上,5年以下使用期。

长期效:5年及5年以上使用期。

3.1.4　分类说明

防污漆体系的组成和分类的详细说明参见附录A。

3.2　防锈漆体系

3.2.1　防锈漆型别

Ⅰ型:双组分油漆。

Ⅱ型:单组分油漆。

3.2.2　分类说明

防锈漆体系的组成和分类的详细说明参见附录B。

3.3　连接漆

3.3.1　连接漆型别

Ⅰ型:双组分油漆。

Ⅱ型:单组分油漆。

3.3.2　分类说明

连接漆体系的组成和分类的详细说明参见附录C。

4 要求

4.1 防污防锈漆体系一般要求

4.1.1 防污防锈漆的技术性能

4.1.1.1 本标准规定的船体防污防锈漆体系产品应均匀一致,配套应用。油漆的技术性能应符合表 1 的规定。油漆制造方按表 1 的规定提供油漆技术性能要求。

表 1 油漆的技术性能

序号	检测项目		防污漆	防锈漆	连接漆
1	防污剂	铜总量[a]	按产品的技术要求	—	—
		不含铜的杀生物剂			
2	不挥发分的体积分数/%		按产品的技术要求	按产品的技术要求	按产品的技术要求
3	挥发性有机化合物(VOC)		按产品的技术要求	按产品的技术要求	按产品的技术要求
4	密度/(g/mL)		按产品的技术要求	按产品的技术要求	按产品的技术要求
5	颜色		按产品的技术要求	按产品的技术要求	按产品的技术要求
6	黏度		按产品的技术要求	按产品的技术要求	按产品的技术要求
7	闪点/℃		按产品的技术要求	按产品的技术要求	按产品的技术要求
8	干燥时间/h	表干	按产品的技术要求	按产品的技术要求	按产品的技术要求
		实干[b]	≤24	≤24	≤24
9	适用期		按产品的技术要求	按产品的技术要求	按产品的技术要求
10	有机锡防污剂/(mg/kg)		不得使用[c]	—	—
11	滴滴涕(DDT)/(mg/kg)		不得使用[d]	—	—
12	磨蚀率/((μm/月)[e]		按产品的技术要求	—	—

[a] 仅适用于 A 类防污剂。

[b] Ⅲ型防污漆产品按各自规定的技术要求。

[c] 按照 GB/T 26085 方法检测到的锡总量≤2 500 mg/kg,可认为没有添加有机锡防污剂。

[d] 按照 GB/T 25011 方法检测到的滴滴涕含量≤1 000 mg/kg,可认为没有添加滴滴涕作为防污剂。

[e] 磨蚀率仅适用于自抛光型防污漆(Ⅰ型),方法参见附录 D。

4.1.1.2 表 1 中列出的性能,如不挥发分、挥发性有机化合物(VOC)、密度、颜色、黏度、闪点和干燥时间应符合产品的技术要求。

4.1.1.3 适用期(适用于多组分的防污漆Ⅲ型、防锈漆Ⅰ型和连接漆Ⅰ型):油漆产品按照 HG/T 3668—2009 中 5.8 方法试验,符合产品技术要求。

4.1.1.4 磨蚀率应符合自抛光型防污漆的技术要求。

4.1.2 在容器中状态

在用机械混和器搅拌 5 min 之内,油漆应很容易地混合成均匀的状态。油漆应无坚硬的沉底、结皮、起颗粒或其他不适合使用的现象。

4.1.3 贮存稳定性

原封、未开桶包装的油漆按照 GB/T 6753.3 方法试验,在自然环境条件下贮存 1 年后(或按照产品技术要求),或者在加速条件下贮存 30 d 后,使用时应该满足下列性能:

a) 用机械混和器搅拌,在 5 min 之内很容易地混合成均匀的状态;

b) 无粗粒子、颗粒,无硬质或胶质沉淀物、结皮、硬的颜料沉底和持续的泡沫。

4.1.4 油漆的施工性

4.1.4.1 喷涂性能

油漆体系的每一种单独的油漆,按照产品规定要求混合,进行喷涂试验时,喷涂时油漆能雾化均匀。湿膜不应出现流挂,干燥后的漆膜应平整、均匀。

4.1.4.2 刷涂性能

油漆体系的每一种单独的油漆,按照产品规定要求混合,进行刷涂试验时,应容易涂刷,应具有良好的流动性和涂布性。湿膜不应出现流挂,干燥后的漆膜应平整、均匀。

4.1.4.3 辊涂性能

油漆体系的每一种单独的油漆,按照产品规定要求混合,进行辊涂试验时,应容易辊涂,应具有良好的流动性和涂布性。湿膜不应出现流挂,干燥后的漆膜应平整、均匀。

4.2 防污漆体系的涂层性能

4.2.1 防污性能

4.2.1.1 浅海浸泡性(不适用于Ⅲ型防污漆)

Ⅰ型和Ⅱ型的防污漆在按照 5.15.1 进行试验时,应符合下列要求:

a) 防锈涂层应无剥落和片落;

b) 防污漆的性能按 GB/T 5370—2007 方法评定。

4.2.1.2 防污涂层抛光(磨蚀)性(不适用于Ⅱ型和Ⅲ型防污漆)

Ⅰ型防污漆在按照 5.15.2 进行试验时,防污涂层的抛光或磨蚀率应与鉴定特征性能相一致。

4.2.1.3 动态模拟试验(适用于所有类型的防污漆)

4.2.1.3.1 短期效防污漆体系

在按照 5.15.3 进行试验时,试验周期为 3 个,并且在每个试验周期结束后检查评级 1 次,最后一个周期应在海生物生长旺季。防污防锈漆体系应符合下列要求:

a) 防锈涂层应无剥落和片落;

b) 防污漆的性能按 GB/T 5370—2007 方法评定。在试验结束时,Ⅰ型和Ⅱ型防污漆应符合 GB/T 5370—2007 中 6.1.7 要求;Ⅲ型防污漆的试验样板的硬壳污损生物(藤壶、硬壳苔藓虫、盘管虫等)覆盖面积应不大于 25%(注明适用的最长的海港静态浸泡时间)。

4.2.1.3.2 中期效防污漆体系

在按照 5.15.3 进行试验时,试验周期为 5 个,并且在每个试验周期结束后检查评级 1 次,最后一个周期应在海生物生长旺季。防污防锈漆体系应符合下列要求:

a) 防锈涂层应无剥落和片落；

b) 防污漆的性能按 GB/T 5370—2007 方法评定。在试验结束时，Ⅰ型和Ⅱ型防污漆应符合 GB/T 5370—2007 中 6.1.7 要求；Ⅲ型防污漆的试验样板的硬壳污损生物（藤壶、硬壳苔藓虫、盘管虫等）覆盖面积应不大于 25%（注明适用的最长的海港静态浸泡时间）。

4.2.1.3.3 长期效防污漆体系

在按照 5.15.3 进行试验时，试验周期为 8 个，并且在每个试验周期结束后检查评级 1 次，最后一个周期应在海生物生长旺季。防污防锈漆体系应符合下列要求：

a) 防锈涂层应无剥落和片落；

b) 防污漆的性能按 GB/T 5370—2007 方法评定。在试验结束时，Ⅰ型和Ⅱ型防污漆应符合 GB/T 5370—2007 中 6.1.7 要求；Ⅲ型防污漆的试验样板的硬壳污损生物（藤壶、硬壳苔藓虫、盘管虫等）覆盖面积应不大于 25%（注明适用的最长的海港静态浸泡时间）。

4.2.2 与阴极保护相容性

在按照 5.16 进行试验时，防污涂层与防锈涂层之间（包括连接涂层）的剥离在人造漏涂孔外缘起 10 mm 范围内；同时防锈漆涂层从钢基体表面的剥离在人造漏涂孔外缘起 8 mm 范围内，即在整个人造漏涂孔周围被剥离涂层的计算等效圆直径为 19 mm 范围内。本试验仅适用于钢基材的防污漆体系。Ⅲ型防污漆的与阴极保护相容性应符合产品的技术要求。

4.3 防锈漆体系的涂层性能

4.3.1 附着力（Ⅱ型沥青系除外）

船体防锈漆体系与基体材料的附着力，按照 GB/T 5210—2006 中 9.4.3 方法试验时，防锈漆体系应大于 3.0 MPa。

4.3.2 耐浸泡性（Ⅱ型沥青系除外）

防锈漆体系按 5.10 进行试验，结果按照 GB/T 1766 方法评定。浸泡试验的前 10 个周期（70 d）起泡不超过 1(S2)级或其他表面缺陷，但增长速率很慢或不明显，可以不计在内。浸泡 20 周期（140 d）结束后，漆膜生锈不超过 1(S2)级，起泡不超过 2(S3)级，外观颜色变化不超过 1 级。浸泡后重涂面防锈漆体系附着力应不小于未重涂面附着力的 50%。

4.3.3 抗起泡性（适用于Ⅰ型）

防锈漆体系经热盐水浸泡试验，不应出现起泡。

4.3.4 耐阴极剥离试验（适用于Ⅰ型）

本条仅对船体防锈漆体系而言，防锈漆体系应与船舶的阴极保护方法相适应，采用锌阳极，试验时间 182 d。试验后被剥离涂层距人造漏涂孔外缘的平均距离不大于 8 mm，即在整个人造漏涂孔周围被剥离涂层的计算等效圆直径为 19 mm。如防锈漆体系与配套的防污漆一同进行耐阴极保护性试验，试验方法和要求按照 5.15 和 4.2.2 进行，不再单独做防污漆的耐阴极剥离性试验。

5 试验方法

5.1 防污剂

5.1.1 铜类（铜和铜化合物）防污剂

防污漆中铜总量的测定按照附录 E 进行，其结果应符合表 1 第 1 项的要求。

5.1.2 有机锡含量

防污漆样品的锡总量的测定按照 GB/T 26085 方法进行,其结果应符合表1第10项的要求。

5.1.3 滴滴涕(DDT)含量

防污漆中滴滴涕(DDT)的测定按照 GB/T 25011 方法进行,其结果应符合表1第11项的要求。

5.1.4 不含铜的防污剂(杀生物剂)

防污漆中不含铜的防污剂(杀生物剂)的测定按照各产品的技术方法进行,其结果应符合各产品的技术要求。

5.2 不挥发物体积分数

防污漆、防锈漆和连接漆的不挥发物的测定按照 GB/T 9272 方法,其结果应符合表1第2项的要求。

5.3 挥发性有机化合物(VOC)

防污漆、防锈漆和连接漆的挥发性有机化合物的测定按照 GB/T 23985 或 GB/T 23986 的方法进行,其结果应符合表1第3项要求。

5.4 密度

防污漆、防锈漆和连接漆的密度的测定按照 GB/T 6750 方法进行,其结果应符合表1第4项的要求。

5.5 颜色

防污漆的颜色测定和表示按照 GB/T 9761 的方法进行,其结果应符合表1第5项的要求。

5.6 黏度

防污漆、防锈漆和连接漆的黏度测定按照 GB/T 1723、或 GB/T 9269、或 GB/T 9751.1 或按照产品规定的测试方法进行,其结果应符合表1第6项的要求。

5.7 闪点

防污漆、防锈漆和连接漆的闪点测定按照 GB/T 5208 方法进行,其结果应符合表1第7项的要求。

5.8 干燥时间

防污漆、防锈漆和连接漆的干燥时间测定按照 GB/T 1728 方法进行,其结果应符合表1第8项的要求。

5.9 附着力

防锈漆体系的附着力测定按照 GB/T 5210—2006 中9.4.3方法进行,其结果应符合4.3.1的要求。

5.10 耐浸泡性

5.10.1 试样制备及试验条件:试样尺寸为 150 mm×300 mm×3 mm,表面粗糙度为 40 μm～80 μm。试样制备和试验条件按 GB/T 10834—2008 的第4章、5.1 和 5.2.1 规定进行。

5.10.2 试验程序及评定:涂漆样板经 20 个周期(每周期 7 d)浸泡试验(或至失效前),每周期均记录涂层情况。如果在 20 个周期后,涂层情况完好,则用软布和自来水轻擦表面,干燥,然后用金刚砂布(100♯)手工轻磨每块样板其中的一面,对打磨面再清洗、干燥,用涂层体系面漆一道(如适合,则涂底漆一道、面漆一道),重涂该面中心向上的三分之一,并封边 13 mm。状态处理 7 d,然后增加 5 个周期全浸试验。全浸试验后分别进行原涂层和重涂涂层的附着力测试。其结果应符合 4.3.2 的要求。

5.11 抗起泡性

试样制备及试验用盐水溶液按 GB/T 10834—2008 规定进行,第一个周期试验温度 88 ℃±3 ℃,条件保持 14 d。取出样板,洗涤、干燥,然后用金刚砂布(100♯)手工轻磨每块样板其中的一面,对打磨面再清洗、干燥,再涂面漆一道,干燥 7 d 后,进行第二周期试验,样板浸入 38 ℃±2 ℃盐水或天然海水中 14 d。取出样板,检查并记录起泡程度(边缘向内 6 mm 不计)。其结果应符合 4.3.3 的要求。

5.12 耐阴极剥离性

防锈漆体系的耐阴极剥离性测定按照 GB/T 7790 方法进行,其结果应符合 4.3.4 的要求。

5.13 适用期

按照 HG/T 3668—2009 中 5.8 进行,其结果应符合 4.1.1.3 的要求。

5.14 贮存稳定性

按照 GB/T 6753.3 规定的方法进行,其结果应符合 4.1.3 的要求。

5.15 防污性能

5.15.1 浅海浸泡性

5.15.1.1 浮筏浸泡法

按照 GB/T 5370 规定的方法进行,其结果应符合 4.2.1.1 的要求。

5.15.1.2 试验时间

5.15.1.2.1 短期效防污漆

要求经过 1 个海生物生长旺季,并且至少每半年检查评级一次,油漆体系应符合 4.2.1.1 要求。仅含 B 类防污剂的Ⅰ型和Ⅱ型防污漆的浮筏浸泡试验结果应符合产品的技术要求。

5.15.1.2.2 中期效防污漆

要求经过 2 个海生物生长旺季,并且至少每半年检查评级一次,油漆体系应符合 4.2.1.1 要求。仅含 B 类防污剂的Ⅰ型和Ⅱ型防污漆的浮筏浸泡试验结果应符合产品的技术要求。

5.15.1.2.3 长期效防污漆

要求经过 3 个海生物生长旺季,并且至少每半年检查评级一次,油漆体系应符合 4.2.1.1 要求。仅含 B 类防污剂的Ⅰ型和Ⅱ型防污漆的浮筏浸泡试验结果应符合产品的技术要求。

5.15.2 防污涂层抛光(磨蚀)性

防污涂层抛光(磨蚀)性的测定按照附录 E 的要求进行,其结果应符合表 1 第 12 项和 4.2.1.2 的要求。

5.15.3 动态模拟试验

按照 GB/T 7789 方法要求进行,其中 I 型和 II 型防污漆的试验程序按照 GB/T 7789—2007 的 4.3 试验程序要求,III 型防污漆的试验程序是先将试样放入试验浮筏进行防污漆浅海浸泡试验 10 d 到 2 个月(根据产品技术要求确定,并在检验结果中注明适用的最长的海港静态浸泡时间),检查试样表面的硬壳污损生物(藤壶、硬壳苔藓虫、盘管虫等)覆盖面积和其他类型的污损生物,并记录拍照;然后将样板移到动态试验装置,调整试样表面的线速度为(18±2)knot(简称 kn),试样连续运转相当于航行(4 000± 50)kn,检查试样表面保留的硬壳污损生物(藤壶、硬壳苔藓虫、盘管虫等)覆盖面积并记录拍照。依此作为动态试验的一个周期。其结果应符合 4.2.1.3 的要求。

5.16 与阴极保护相容性

防污防锈漆体系的与阴极保护相容性的测定按照 GB/T 7790—2008 的方法 B 进行。试验结果应符合 4.2.2 的要求。

6 检验规则

6.1 检验分类

船体防污防锈漆检验分为型式检验和出厂检验。

6.2 抽样规则

船体防污防锈漆应按 GB/T 3186 的规定抽样,样品分为两份,一份密封储存备查,另一份作检验用样品。

6.3 型式检验

6.3.1 检验周期

本油漆体系中每一种单一涂料有下列情况之一时,应进行型式检验:
a) 正常生产时,每四年应进行一次型式检验;中、长期效防污漆的浅海浸泡性试验每八年进行一次型式检验;
b) 当产品新投产时;
c) 当材料、工艺有改变足以影响产品性能时;
d) 产品停产一年以上后重新恢复生产时;
e) 出厂检验结果与上次型式检验有较大差异时;
f) 国家质量监督机构提出型式检验要求时。

6.3.2 检验项目

防污漆体系按表 2 规定的项目进行型式检验;船体防锈漆体系按表 3 规定的项目进行型式检验,船体连接漆按表 4 规定的项目进行型式检验。其中表 2 的第 10 项浅海浸泡性为首次型式检验项目,对中长期效防污漆可采用动态模拟试验作为防污性检验的必检项目。

6.4 出厂检验

6.4.1 组批规则

出厂检验以批为单位,按每一贮漆槽为一批。

6.4.2 检验项目

按表2、表3和表4的规定分别进行出厂检验。

6.5 检验结果的判定

油漆定货方在对油漆产品进行检验时,如发现产品质量不符合本标准技术要求规定时,供需双方应按照 GB/T 3186 的规定重新取双倍量进行复验,如仍不符合本标准技术要求规定时,产品即为不合格品。

表 2 船体防污漆体系检验项目

序号	检验项目	型式检验	出厂检验	要求章条号	试验方法章条号
1	防污剂/%	●	—	4.1.1.1	5.1
2	不挥发分的体积分数/%	●	—	4.1.1.1	5.2
3	挥发性有机化合物(VOC)	●	—	4.1.1.1	5.3
4	密度/(g/mL)	●	●	4.1.1.1	5.4
5	颜色	●	●	4.1.1.1	5.5
6	黏度	●	●	4.1.1.1	5.6
7	闪点/℃	●	—	4.1.1.1	5.7
8	干燥时间/h	●	●	4.1.1.1	5.8
9	贮存稳定性	●	—	4.1.3	5.14
10	浅海浸泡性[a]	●	—	4.2.1.1	5.15.1
11	防污涂层抛光(或磨蚀)性(适用于Ⅰ型)	●	—	4.2.1.2	5.15.2
12	动态模拟试验[a]	●	—	4.2.1.3	5.15.3
13	与阴极保护相容性[a]	●	—	4.2.2	5.16
14	适用期	●	—	4.1.1.3	5.13
15	锡总量	●	—	4.1.1.1	5.1.2
16	滴滴涕(DDT)	●	—	4.1.1.1	5.1.3
注:"●"为必检项目;"—"为不检项目。					
[a] 与防锈漆配套试验。					

表 3 船体防锈漆体系检验项目

序号	检验项目	型式检验	出厂检验	要求章条号	试验方法章条号
1	不挥发分的体积分数/%	●	—	4.1.1.1	5.2
2	挥发性有机化合物(VOC)	●	—	4.1.1.1	5.3
3	密度/(g/mL)	●	●	4.1.1.1	5.4
4	黏度	●	●	4.1.1.1	5.6
5	闪点/℃	●	—	4.1.1.1	5.7

表 3（续）

序号	检验项目	型式检验	出厂检验	要求章条号	试验方法章条号
6	干燥时间/h	●	●	4.1.1.1	5.8
7	附着力	●	—	4.3.1	5.9
8	耐浸泡性	●	—	4.3.2	5.10
9	抗起泡性	●	—	4.3.3	5.11
10	耐阴极剥离性	●	—	4.3.4	5.12
11	适用期	●	—	4.1.1.3	5.13
12	贮存稳定性	●	—	4.1.3	5.14
注："●"为必检项目；"—"为不检项目。					

表 4　船体连接漆检验项目

序号	检验项目	型式检验	出厂检验	要求章条号	试验方法章条号
1	不挥发分的体积分数/%	●	—	4.1.1.1	5.2
2	挥发性有机化合物（VOC）	●	—	4.1.1.1	5.3
3	密度/(g/mL)	●	●	4.1.1.1	5.4
4	黏度	●	●	4.1.1.1	5.6
5	闪点/℃	●	—	4.1.1.1	5.7
6	干燥时间/h	●	●	4.1.1.1	5.8
7	适用期	●	—	4.1.1.3	5.13
注："●"为必检项目；"—"为不检项目。					

7　标志、包装、运输和贮存

7.1　标志

船体防污防锈漆体系产品的标志应符合 GB/T 9750 的要求。

7.2　包装

船体防污防锈漆体系产品的包装应符合 GB 190、GB/T 191 和 GB/T 13491 的要求。

7.3　运输

船体防污防锈漆体系产品在运输中应符合 HG/T 2458 的要求，防止雨淋、日光曝晒。

7.4　贮存

船体防污防锈漆体系产品应符合 HG/T 2458 的要求，贮存在通风、干燥的仓库内，防止日光直接照射，并应隔绝火源。产品在原包装封闭的条件下，自生产完成之日起，贮存期为 1 年（或按照产品技术要求）。超过贮存期的产品可按本标准规定的出厂检验项目进行检验，如检验合格，仍可使用。

8 安全要求

8.1 安全技术说明书

作为船体防污防锈漆体系产品,提供的安全技术说明书(MSDS)应包括采用的防污剂。

8.2 有害化学物质

油漆产品不含有国家有关部门禁用的有害化学物质。

附　录　A
（资料性附录）
防污漆体系组成和分类说明

A.1　组成

A.1.1　预定直接涂在金属底材上的防锈漆体系或连接漆之上的防污漆。

A.1.2　应用非金属材料表面上，不需要与防锈漆配套，可以直接涂装防污漆或用附着力增进涂层（或称中间涂层、连接涂层）进行配套。

A.2　分类说明

A.2.1　防污漆类型

三种类型的防污漆的防污机理如下：

Ⅰ型：Ⅰ型是一种具有自抛光型防污漆的油漆体系，防污作用的过程应是水解的、抛光的、磨耗的或者在厚度上是减少的。其主要防污功能应是通过防污剂渗出过程来达到，也可以采用机械水下冲刷进行防污漆面层的更新；

Ⅱ型：Ⅱ型是一类非自抛光型防污漆，它们在使用中不减少涂层厚度。其主要防污功能应是通过防污剂渗出过程来达到，也可以采用机械水下冲刷进行防污漆面层的更新；

Ⅲ型：Ⅲ型是一类不含防污剂的非自抛光型或非磨蚀型的防污漆（Foul Release Coating）。其主要机理是形成一个非常光滑的、低摩擦力的表面，从而使污损生物难以附着或者容易地被一定速度的水流冲刷掉，也可采用合适的水下清洗方法进行防污漆面层的更新。

A.2.2　防污剂类型

按照防污剂的化学组成分成3类防污剂：

A类：铜和铜化合物；

B类：不含铜和铜化合物的防污剂；

C类：其他。

A.2.3　使用期效

按照防污漆体系的使用期效分短期效、中期效和长期效3种：

短期效：油漆体系应具有3年以下的使用期，并且没有因附着力损失、起泡、片落，由于过量磨蚀或防污能力的降低而造成的防污失效（从水线到轻载水线少量的海泥和污损除外）；

中期效：油漆体系应具有3年和3年以上，5年以下的使用期，并且没有因附着力损失、起泡、片落，由于过量磨蚀或防污能力降低而造成的防污失效（从水线到轻载水线少量的海泥和污损除外）；

长期效：油漆体系应具有5年和5年以上的使用期，并且没有因附着力损失、起泡、片落，由于过量磨蚀或防污能力降低而造成的防污失效（从水线到轻载水线少量的海泥和污损除外）。

附 录 B

（资料性附录）

防锈漆体系组成和分类说明

B.1 组成

船体防锈漆体系可以是多道的单一防锈漆产品,也可以由防锈底漆和防锈面漆组成的体系。

B.2 分类说明

B.2.1 型别

按照防锈漆的成膜机理,防锈漆可分成下面两种型别:

Ⅰ型:防锈漆由两种组分构成,在涂装施工前按照规定比例,均匀混合两种组分,经过一定时间的预反应后即可进行涂装施工,通过两种组分反应固化而干燥成膜;

Ⅱ型:防锈漆为单组分,涂装施工后,通过漆膜内的溶剂挥发或其他方式干燥成膜。

附　录　C

（资料性附录）

连接漆的组成和分类说明

C.1　组成

连接漆通常是单一的油漆产品。

C.2　分类说明

C.2.1　型别

按照连接漆的成膜机理，连接漆可分成下面两种型别：

Ⅰ型：连接漆由两种组分构成，在涂装施工前按照规定比例，均匀混合两种组分，经过一定时间的预反应后即可进行涂装施工，通过两种组分反应固化而干燥成膜；

Ⅱ型：连接漆为单组分，涂装施工后，通过漆膜内的溶剂挥发或其他方式干燥成膜。

附 录 D

（规范性附录）

防污涂层抛光（磨蚀）性的测定方法

D.1 适用范围

本方法适用于测定具有自抛光性能的防污涂层的抛光（磨蚀）率。

D.2 术语和定义

D.2.1

基材 substrate

制备试样的材料，如环氧玻璃纤维复合材料板。

D.2.2

样板 panel

采用基材材料加工而成平板，作为制备涂层的试样的基体。

D.2.3

试样 specimen

在样板上面涂覆试验的防污漆，形成的具有单面防污涂层的试验样板。

D.2.4

抛光（磨蚀）率 Rate of polishing（or ablative）

防污涂层试样在连续运动（如旋转）的单位时间段（月或年）内平均的防污涂层膜厚减少值。

D.2.5

抛光（磨蚀）性 ability of polishing

防污涂层试样在连续运动（如旋转）的单位时间段（月或年）的防污涂层抛光（减少）的性能。

D.3 方法原理

以防污涂层试样板的基材表面为基准面，测量防污涂层在进行抛光试验前后涂膜的厚度变化，计算防污涂层的抛光（磨蚀）率，评价自抛光防污漆的抛光（磨蚀）性。

D.4 试样制备及设备

D.4.1 样板的材料和加工

选择在海水中不易腐蚀的材料，如环氧玻璃纤维复合材料板作为样板的基材。材料表面平整、无弯曲、不易磨损变形。每块样板的尺寸为 95 mm×60 mm×3 mm，样板四周距边缘 10 mm 处各开一个 $\phi6$ mm 的通孔。见图 D.1。

D.4.2 试样的制备

D.4.2.1 样板的涂漆部位用 120 目的砂纸打磨拉毛后，用丙酮或无水乙醇将样板表面灰尘及油污擦洗干净,晾干备用。

单位为毫米

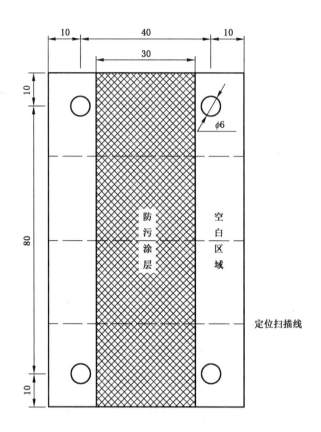

图 D.1　样板制备方式(虚线为测试线位置)

D.4.2.2　用胶带纸覆盖样板空白区域,采用喷涂或漆膜制备器在样板上均匀涂装 2 道防污漆。防污涂层表干后,揭去覆盖的胶带纸,要求涂层平整,无漏涂,无起泡,厚度要求达到 $100~\mu m \sim 150~\mu m$。按防污漆产品技术要求干燥涂层或放置在温度为$(23\pm2)℃$,湿度为$(50\pm5)\%$的室内干燥 7 d 后,完成试样的制备。

D.4.3　试样的标记

在每块试样上做好标记和编号,作为安装和测试的定位标记。以保证每次进行检测时仪器扫描的测试曲线或测量点的位置一致。

D.4.4　检测仪器

D.4.4.1　CCD 激光位移传感器,也称激光平整度检测仪(测量精度为$\pm1~\mu m$)。

D.4.4.2　转子试验机,也称防污漆动态试验装置,见 GB/T 7789—2007 的 4.1.2 和附录 A。

D.5　试样防污涂层膜厚的测试程序

D.5.1　定位

将试样按 D.4.3 的定位标记放置在测试平台上,设置并固定每次测量的起点坐标和终点坐标,确保不同试验周期扫描数据线的重合。

D.5.2 测量记录原始数据

开始试验前，按定位要求进行一次测量，得到初始涂层数据。

D.5.3 试验步骤

D.5.3.1 将每组3块平行试样用铜质螺栓固定在一块260 mm×150 mm×3 mm的惰性基材底板上，再将底板安装在转子试验机上。如图D.2所示。

D.5.3.2 将转子浸泡于天然海水中，控制转子顶端距水面≥1 m，以(18±2)kn线速度连续旋转30 d。

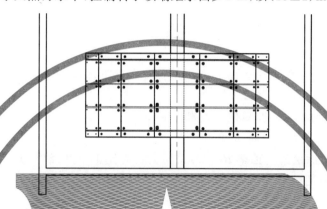

图 D.2　试样安装示意图

D.5.3.3 旋转结束后，取出试样，在自来水下用柔软毛刷清洗干净，平放于温度(23±2)℃，相对湿度(50±5)%的室内干燥2 d，按D.5.1进行防污涂层膜厚的定位测量，得到防污涂层抛光1个周期后的膜厚 h_i。

D.5.3.4 测量结束后，按D.5.3.2和D.5.3.3步骤重复试验，得到不同试验周期的涂层厚度值。

D.5.3.5 整个试验的周期数最小为4个，最大为6个。

D.6 计算

D.6.1 防污涂层初始膜厚

涂层初始膜厚 Δh_0：

$$\Delta h_0 = h_0 - h_0' \qquad\qquad\qquad\qquad\text{(D.1)}$$

式中：

h_0 ——防污涂层初始测量厚度，单位为微米(μm)；

h_0' ——样板基准面的测量厚度，单位为微米(μm)。

D.6.2 第1周期涂层磨蚀厚度

第1周期后涂层的厚度 Δh_1：

$$\Delta h_1 = h_1 - h_1' \qquad\qquad\qquad\qquad\text{(D.2)}$$

第1周期后涂层的磨蚀厚度 ΔH_1：

$$\Delta H_1 = \Delta h_0 - \Delta h_1 \qquad\qquad\qquad\qquad\text{(D.3)}$$

式中：

h_1 ——第1周期试验后防污漆涂层的测量厚度，单位为微米(μm)；

h_1' ——样板基准面的测量厚度，单位为微米(μm)。

D.6.3 其他周期涂层磨蚀厚度

按 D.6.2 类推,可得到第 2、3······6 周期的磨蚀厚度。

试验结束时,得到防污涂层在天然海水中以 18 kn 线速度旋转 6 个月后,漆膜的磨蚀总厚度为:

$$\Delta H = h_0 - h_6 \qquad\qquad \cdots\cdots\cdots\cdots\cdots\cdots\cdots\cdots\cdots\cdots\cdots\cdots\text{(D.4)}$$

D.6.4 绘制防污涂层磨蚀厚度与试验时间的关系曲线

根据各个周期测得的漆膜磨蚀厚度与试验时间作图,得到防污涂层漆膜厚度随时间的变化曲线,或按总磨蚀厚度求算漆膜的月平均磨蚀率。

$$R = \Delta H / t \qquad\qquad \cdots\cdots\cdots\cdots\cdots\cdots\cdots\cdots\cdots\cdots\cdots\cdots\text{(D.5)}$$

式中:

R ——在(23±2)℃天然海水中,(18±2)kn 线速度条件下,防污涂层的月磨蚀率,单位为微米每月(μm/月);

ΔH——防污涂层磨蚀的总厚度,单位为微米(μm);

t ——防污涂层旋转试验总时间,6,单位为月。

由式(D.5)可得到防污涂层的磨蚀率 R(μm/月),分析对比 1 个月、2 个月······试验数据的变化趋势,即可评判防污涂层的抛光性。

附　录　E
（规范性附录）
船舶防污漆铜总量测定法——火焰原子吸收光谱法

E.1　基本原理

防污漆干膜样品用适宜的酸溶液进行密闭微波消解,经赶酸、定容处理后,采用火焰原子吸收光谱法(FAAS)或能满足精度的现行有效方法(如 ICP、XRF 等)对每个样品中的铜总量进行检测分析,即可得到防污漆膜中的铜总量或含铜质量分数。

E.2　试剂

除另有说明外,在分析中所用试剂均为分析纯,水为蒸馏水或相当纯度的水。涉及的试剂如下:
a)　盐酸,ρ 为 1.19 g/mL;
b)　硝酸,ρ 为 1.42 g/mL;
c)　硫酸,ρ 为 1.84 g/mL;
d)　10％(体积分数)盐酸溶液:用盐酸[a]和蒸馏水以体积比 1：9 的配比制备 10％(体积分数)的盐酸溶液;
e)　铜标准溶液:可选用符合要求的市售标准溶液或按以下方法制备:
　　铜标准溶液Ⅰ:准确称取 1.341 8 g $CuCl_2 \cdot 2H_2O$(优级纯),放置于烧杯中,用 50 mL 水溶解后转移至 250 mL 容量瓶中,加入 2.5 mL 硝酸[b],混匀,用水稀释至刻度,得到稳定的铜离子标准储备液。此标准储备溶液铜离子浓度为 2 mg/mL。

E.3　仪器设备

E.3.1　密闭微波消解仪:配有聚四氟乙烯(PTFE)样品消解罐。
E.3.2　智能控温电加热器:温度设定范围为室温至 200 ℃。
E.3.3　火焰原子吸收光谱仪。
E.3.4　鼓风烘箱:控温精度为±1 ℃。
E.3.5　精密天平:称量精度应达到 0.000 1 g。
E.3.6　其他,包括:
　　a)　pH 计或 pH 试纸;
　　b)　烧杯、锥形瓶、容量瓶、载玻片等实验室玻璃仪器。

E.4　取样

E.4.1　取样要求

测试样品既可从产品容器内的液态油漆样品中采取,也可从船底的干油漆层上采取。

E.4.2　液态油漆样品取样

E.4.2.1　液态油漆样品的取样按 GB/T 3186 的相关要求进行。

E.4.2.2 液态油漆干膜试样的制备:将防污涂料样品均匀涂抹于载玻片上,按 GB/T 1725—2007 中表1、表2的要求烘干样品或在室内温度(23±2)℃、相对湿度(50±5)%条件下干燥7 d。

E.4.3 现场船底取样

E.4.3.1 对船底干油漆层进行取样前,应用水和海绵清除涂层表面积垢,以防止样品污染;如果取样在船坞内进行,则应先对船底用自来水进行冲洗。

E.4.3.2 船底干油漆层的取样点应选择在覆盖完整的防污漆涂层代表区域,避免在有明显破损的防污涂层处或船舶平底设有标志的地方取样;根据船舶大小和船底部位的可达性,以沿船底长度方向均匀分布为原则,至少应设定四个取样点;如果取样在船坞内进行,除船底旁垂直取样外,还应对船舶平底区域进行取样。

E.5 试验步骤

E.5.1 试样溶液的制备

E.5.1.1 干膜样品的预消解

将按 E.4.2.2 制备的干膜样品用工具刀从载玻片表面刮下,或将按 E.4.3 现场船底取样样品,放入陶瓷研臼中研磨均匀,准确称取(0.1±0.000 2)g 的干膜样品放入消解罐中,加入3 mL硝酸[E.2b)]和9 mL盐酸[E.2a)]或根据涂料样品特性选用其他适宜的酸溶液体系,混合均匀,再加入1 mL硫酸[E.2c)],室温放置30 min或至无剧烈反应为止,然后盖上密封塞和罐盖。

在将研磨后的干膜样品放入消解罐中时,应尽量避免样品粉末粘附在罐体内壁。若有粘附,则在加入酸溶液时可将酸液沿罐壁加入,应尽量将样品冲洗到消解罐底部,并浸泡于酸溶液中。此项操作应在通风橱内进行。

E.5.1.2 试样溶液的微波消解

将装有样品酸液的消解罐按要求装入微波消解仪内腔,根据样品特性、酸液体积和样品数量等相关条件设定消解参数,开始进行微波消解。

示例:以6个消解罐为例,参数设定参见表 E.1。

表 E.1 微波消解参数设定

功率 W	功率输出 %	升温时间 min	消解温度 ℃	消解时间 min	风冷时间 min
400	100	15	180	20	15

微波消解停止后,取出消解罐,在通风橱内打开罐盖,观察罐内防污涂料样品是否完全溶解,若仍有涂料固体样品存在,则按 E.5.1.2 的步骤再次进行消解,若二次消解仍有不溶物,则应向消解罐内再加酸溶液或重新取样换用其他适宜的酸溶液体系重新进行消解。消解程序应确保防污涂料干膜样品完全溶解于酸溶液中。

E.5.1.3 赶酸

确认防污漆干膜样品完全消解后,用蒸馏水少量多次冲洗罐壁,将消解罐直接放入智能控温电加热器的消解罐插槽内,恒温(120±2)℃,加热至罐内留有约5 mL~10 mL溶液为止。在赶酸过程中,应随时注意样品溶液状况,避免出现干烧现象。

E.5.1.4 定容

沿消解罐内壁旋转加入约 20 mL 蒸馏水稀释罐内溶液,振荡均匀后,将稀释溶液转移至 1 000 mL 容量瓶中,然后应用蒸馏水清洗消解罐至少 3 次以上,清洗液一并转入到容量瓶中,加入硝酸[E.2b)] 1 mL,用蒸馏水定容至刻度线,混匀。

E.5.2 空白试验

在不加入防污漆干膜样品的情况下,按 E.5.1.1~E.5.1.4 的步骤与测试样品同步进行试样溶液的 制备,得到试样空白溶液。

E.5.3 测试分析

E.5.3.1 标准曲线的绘制

E.5.3.1.1 标准参比溶液的配制

E.5.3.1.1.1 取 5 mL 铜标准溶液 I [E.2e)]于 1 000 mL 容量瓶中,用符合要求的蒸馏水定容至刻度, 得铜标准溶液 II,此标准溶液铜离子浓度为 10 mg/L。进行分析试验时,根据试验需求取铜标准溶液 II 配制一组铜离子浓度适宜的标准参比溶液。

表 E.2 铜标准溶液的配制

溶液名称	加入铜标准溶液 II 的体积/mL	加入 10%(体积分数)盐酸溶液的体积/mL	蒸馏水稀释至最终体积/mL	铜标准溶液浓度/mg/L
S0	0	10	50	0.00
S1	1	9	50	0.20
S2	2	8	50	0.40
S3	3	7	50	0.60
S4	4	6	50	0.80
S5	5	5	50	1.00
注:由于待测样品各有不同,测试时可根据实际情况配制适宜浓度的标准溶液。				

E.5.3.1.1.2 以上溶液均应在使用当天配制。

E.5.3.1.2 仪器设置

E.5.3.1.2.1 将铜空心阴极灯安装在光谱仪 E.3.3 上,按仪器说明选定测定铜的最佳条件。为取得最大 吸收,单色器波长应设置于 324.8 nm。

E.5.3.1.2.2 根据吸入器和燃烧器的特性,调节燃气与助燃气的流量,点燃火焰。调整仪器,使浓度最 高的标准参比溶液吸光度达到最大值。

E.5.3.1.3 标准曲线

按仪器分析程序进行铜标准溶液(见表 E.2)和空白溶液(见 E.5.2)的分析,得到以浓度为横坐标, 以吸光度值为纵坐标的铜离子浓度标准曲线。

E.5.3.2 样品溶液测定

采用原子吸收光谱分析仪检测由步骤 E.5 所得样品溶液。必要时可对样品溶液进行稀释处理。
若同一样品测试结果的相对标准偏差大于 10%，重新取样进行分析。

E.5.3.3 精密度

E.5.3.3.1 重复性

同一操作者采用相同的仪器设备在相同操作条件下在短的时间间隔内，对同一试验样品所得到的
3 个结果之间的相对误差，在置信水平为 95%时应不超过 3%。

E.5.3.3.2 再现性

不同操作者在不同的实验室对同一试验样品所得到的 3 个结果之间的相对误差，在置信水平为
95%时应不超过 5%。

E.6 结果计算

铜总量以质量分数 ω_{Cu} 表示，数值以%表示，按式(E.1)计算：

$$\omega_{Cu}=\frac{\rho_{Cu}\times V\times 10^{-3}}{m}\times 100\% \quad\quad\quad\quad\quad\quad\quad (E.1)$$

式中：

ρ_{Cu}——样品溶液中铜的浓度平均值，单位为毫克每升(mg/L)；

V ——防污涂料干膜样品消解定容的样品溶液的体积值，单位为升(L)；

m ——防污涂料干膜样品的质量值，单位为克(g)。

计算结果保留 3 位有效数字。

E.7 试验报告

试样报告应至少包括以下内容：

a) 被试产品的型号和名称；

b) 注明采用本标准和使用的仪器及型号；

c) 注明参照在本标准中涉及的国家标准和其他文件；

d) 记录校准程序及与本试验规定程序的任何不同之处；

e) 试验结果；

f) 试验日期。

附　录　F
（资料性附录）
缩　略　语

AAS：原子吸收光谱法（atomic absorption spectrophotometry）

防污剂（Antifouling compound）

杀生物剂（Biocide）

DDT：二氯-二苯-三氯乙烷，滴滴涕（商品名）（dichlorodiphenyltrichloro-ethane）

FRC：污底易脱型防污漆，也有称不沾污型、污损释放型、和低表面能型涂料（防污漆）（Foul Release Coating，or Easy Release）

GC：气相色谱法（gas chromatography）

ICP：感应耦合等离子体（inductively coupled plasma）

IMO：国际海事组织（International Maritime Organization）

Kn：节（测航速的单位）＝1 海里/小时，合 1.85 km/h（Knot）

MEPC：海洋环境保护委员会（Marine Environment Protection Committee）

PSCO：当事国港监官员（port State control officer）

XRF：X 射线荧光分析（X-ray fluorescence anaysis）

参 考 文 献

[1] International Convention on the Control of Harmful Anti-fouling Systems on Ships,2001 (the AFS Convention)

ICS 87.040
G 51

中华人民共和国国家标准

GB/T 6823—2008
代替 GB/T 6823—1986

船 舶 压 载 舱 漆

Ballast tanks paint for ship

2008-06-04 发布

2008-12-01 实施

中华人民共和国国家质量监督检验检疫总局
中国国家标准化管理委员会 发布

57

前　言

本标准对应于《船舶专用海水压载舱和散货船双舷侧处所保护涂层性能标准》（简称 PSPC）〔2006 年 12 月 8 日国际海事组织（IMO）海事安全委员会（MSC）根据修订的海上生命安全公约（SOLAS）条款 Ⅱ-1/3-2 通过〕，与其一致性程度为非等效。

本标准代替 GB/T 6823—1986《船舶压载舱漆通用技术条件》。

本标准与 GB/T 6823—1986 相比主要技术差异如下：

——标准名称改为《船舶压载舱漆》；

——增加了适用范围；

——增加了规范性引用文件章节；

——增加了产品的分类；

——技术要求分为"涂料的要求"和"涂层的要求"。在"涂料的要求"中增加了"基料和固化剂组分鉴定、密度、不挥发物、贮存稳定性"的要求；在"涂层的要求"中取消了"耐冲击性、耐盐雾性、耐热盐水性"，增加了"外观与颜色、名义干膜厚度、模拟压载舱条件试验、冷凝试验"的要求；

——增加了对"取样"和"试验样板的制备"的详细规定；

——增加了"基料和固化剂组分鉴定、密度、不挥发物、储存稳定性、外观与颜色、名义干膜厚度、模拟压载舱条件试验、冷凝试验"等试验方法内容；

——在附录 A"模拟压载舱条件试验"和附录 B"冷凝试验"中增加了"起泡和锈蚀、针孔数量、附着力、内聚力、按重量损失计算的阴极保护需要电流、阴极剥离、划痕附近的腐蚀蔓延、U 型条"等检测试验内容；

——在"检验规则"中增加了检验分类，按检验方式分型式检验和出厂检验二种；

——增加了"附录 A　模拟压载舱条件试验"、"附录 B　冷凝试验"、"附录 C　人工海水配方"、"附录 D　牺牲阳极——锌合金的组成成分"。

本标准的附录 A、附录 B、附录 C 和附录 D 为规范性附录。

本标准由中国石油和化学工业协会提出。

本标准由全国涂料和颜料标准化技术委员会归口。

本标准起草单位：中国船舶重工集团公司第七二五研究所、中海油常州涂料化工研究院、中远佐敦船舶涂料有限公司、海虹老人牌（中国）有限公司、中涂化工（上海）有限公司、江苏海耀化工有限公司、上海国际油漆有限公司、中国船级社、海洋化工研究院、上海开林造漆厂、宁波飞轮造漆有限责任公司、浙江飞鲸漆业有限公司、江苏冶建防腐材料有限公司。

本标准主要起草人：黄淑珍、苏春海、王健、徐国强、王玉珏、刘才方、王一任、吴海荣、钱叶苗、杜伟娜、袁泉利、严杰、史优良。

本标准于 1986 年首次发布。

船 舶 压 载 舱 漆

1 范围

本标准规定了船舶压载舱漆的分类、要求、试验方法、检验规则、标志、包装、运输和贮存。

本标准适用于不小于 500 t 的所有类型船舶专用海水压载舱和船长不小于 150 m 的散货船双舷侧处所保护涂层。

2 规范性引用文件

下列文件中的条款通过本标准的引用而成为本标准的条款。凡是注日期的引用文件,其随后所有的修改单(不包括勘误的内容)或修订版均不适用于本标准,然而,鼓励根据本标准达成协议的各方研究是否可使用这些文件的最新版本。凡是不注日期的引用文件,其最新版本适用于本标准。

GB 190 危险货物包装标志

GB/T 191 包装储运图示标志(GB/T 191—2000,eqv ISO 780:1997)

GB 712 船体用结构钢

GB/T 1725 色漆、清漆和塑料 不挥发物含量的测定 (GB/T 1725—2007,ISO 3251:2003,IDT)

GB/T 1765 测定耐湿热、耐盐雾、耐候性(人工加速)的漆膜制备法

GB/T 1766 色漆和清漆 涂层老化的评级方法

GB/T 3186 色漆、清漆和色漆与清漆用原材料 取样(GB/T 3186—2006,ISO 15528:2000,IDT)

GB 3097 海水水质标准

GB/T 5210—2006 色漆和清漆 拉开法附着力试验 (ISO 4624:2002,IDT)

GB/T 6747 船用车间底漆

GB/T 6750 色漆和清漆 密度的测定 比重瓶法(GB/T 6750—2007,ISO 2811-1:1997 Paints and varnishes-determination of density-part 1:pyknometer method,IDT)

GB/T 6753.3 涂料贮存稳定性试验方法

GB/T 8923 涂装前钢材表面锈蚀等级和除锈等级(GB/T 8923—1988,eqv ISO 8501-1:1988)

GB/T 9271 色漆和清漆 标准试板(GB/T 9271—2008,ISO 1514:2004,MOD)

GB/T 9278 涂料试样状态调节和试验的温湿度(GB/T 9278—2008,ISO 3270:1984,Paints and varnishes and their raw materials—Temperatures and hunidities for conditioning and testing,IDT)

GB/T 9750 涂料产品包装标志

GB/T 13288 涂装前钢材表面粗糙度等级的评定(比较样块法)(GB/T 13288—1991,eqv ISO 8503:1995)

GB/T 13452.2 色漆和清漆 漆膜厚度的测定法(GB/T 13452—2008,ISO 2808:2007,IDT)

GB/T 13491 涂料产品包装通则

GB/T 13893 色漆和清漆 耐湿性的测定 连续冷凝法(GB/T 13893—2008,ISO 6270-1:1998,IDT)

GB/T 18570.3 涂覆涂料前钢材表面处理 表面清洁度的评定试验 第 3 部分:涂覆涂料前钢材表面的灰尘评定(压敏粘带法)(GB/T 18570.3—2005,ISO 8502-3:1992,IDT)

GB/T 18570.9 涂覆涂料前钢材表面处理 表面清洁度的评定试验 第 9 部分:水溶性盐的现场

电导率测定法(GB/T 18570.9—2005,ISO 8502-9:1999,IDT)

　　HG/T 2458　涂料产品检验、运输和贮存通则

3　分类

　　产品按基料和固化剂组分分为两种类型：

　　a)　环氧基涂层体系；

　　b)　非环氧基涂层体系。

4　要求

4.1　一般要求

4.1.1　产品涂层的目标使用寿命为 15 a。

4.1.2　产品配套体系的组成由涂料供应商确定。

4.1.3　产品应能和无机硅酸锌车间底漆或等效的涂料配套,车间底漆与主涂层系统的相容性应由涂料供应商确认。

4.1.4　产品应能在通常的自然环境条件下施工和干燥。

4.1.5　产品应适应无空气喷涂,施工性能良好,无流挂。

4.2　涂料的要求

　　涂料的性能应符合表 1 的要求。

表 1　涂料的要求

检测项目		环氧基涂层体系	非环氧基涂层体系
基料和固化剂组分鉴定		环氧基体系	非环氧基体系
密度/(g/mL)		商定	商定
不挥发物/%			
储存稳定性	自然环境条件,1 a	通过	通过
	(50±2)℃条件,30 d	通过	通过

4.3　涂层的要求

　　涂层的性能应符合表 2 的要求。

表 2　涂层的要求

检测项目	环氧基涂层体系	非环氧基涂层体系
外观与颜色	漆膜平整。 多道涂层系统,每道涂层的颜色要有对比,面漆应为浅色。	漆膜平整。 多道涂层系统,每道涂层的颜色要有对比,面漆应为浅色。
名义干膜厚度	涂层在 90/10 规则下达到 320 μm	商定
模拟压载舱条件试验	通过	通过
冷凝舱试验	通过	通过

5 试验方法

5.1 取样

除另有规定,船舶压载舱漆应按 GB/T 3186 的规定抽样。样品分为两份,一份密封储存备查,另一份作检验用样品。

5.2 试验样板的制备

5.2.1 试验样板基材

除另有规定外,试验板材应采用 GB 712 中的热轧普通碳素钢。

5.2.2 样板基材的表面处理

5.2.2.1 试验样板钢板应在下列环境条件下,采用喷砂或抛丸进行钢板表面处理:

    a) 空气相对湿度不超过 85%;
    b) 钢板表面温度高于露点温度 3℃以上。

5.2.2.2 试验样板钢板经表面处理后,在进行车间底漆涂装前按 GB/T 8923 规定方法检测钢板表面除锈等级应达到 Sa2½;按 GB/T 18570.3 规定方法检测表面清洁度应达到灰尘分布量为 1 级、灰尘尺寸不大于 2 级,目视检查无油污;按 GB/T 13288 规定方法检测表面粗糙度应达到 Ra30 μm ~75 μm。

5.2.2.3 试验样板钢板经表面处理后,应按 GB/T 18570.9 规定方法进行钢板表面水溶性盐检测,当钢板表面水溶性盐含量不大于 50 mg/m² NaCl 时,方可进行车间底漆的涂装。

5.2.3 车间底漆的涂装

除另有规定或商定,应按 GB/T 1765 的规定采用喷涂方式进行涂装。应选择由涂料供应商确认的无机硅酸锌车间底漆或等效涂料,车间底漆的厚度和性能应符合 GB/T 6747 规定的要求。

5.2.4 车间底漆的老化

已涂装车间底漆的试验样板应放在露天环境中自然老化至少 2 个月。

5.2.5 二次表面处理

采用低压水清洗或其他温和的方法,对老化后的试验样板表面进行清洁处理,然后将其置于通风干燥环境中干燥。不可采用扫掠式喷射或高压水清洗等其他去除底漆的方法。

5.2.6 压载舱漆的涂装

5.2.6.1 除另有规定或商定,应在已经做过露天环境自然老化的试验样板上,采用喷涂方式进行压载舱涂层涂装。涂层配套体系、涂装道数、涂装间隔等按相关产品技术要求或涂料供应商要求进行。

5.2.6.2 涂层体系中每道涂层干膜厚度都应进行测量,直到上道涂层厚度达到规定要求,方可进行下一道涂装(不含车间底漆涂层厚度)。

5.2.6.3 试板背面应涂适当的保护涂料或受试涂料,试板的四周应以适当的方法封边,避免对试验结果产生影响。

5.2.7 涂层厚度的检测

5.2.7.1 最后一道压载舱涂层完全干燥后,应使用非破坏性的测厚仪,按 GB/T 13452.2 规定的方法测定压载舱涂层的总干膜厚度,以在 150 cm ×150 cm 的平面上均匀地分布 9 个测量点的方式进行。

5.2.7.2 环氧基涂层体系的名义干膜厚度在 90/10 规则下应达到 320 μm(不含车间底漆涂层厚度),非环氧基涂层体系的名义干膜厚度应符合供应商产品技术要求。

> 注:90/10 规则意指所有测点的 90% 测量结果应不小于名义干膜厚度,余下 10% 测量结果应大于 0.9 倍的名义干膜厚度。

5.2.7.3 用 90 V 低压湿海绵针孔检测仪,检测压载舱涂层针孔数量应为零。

5.2.8 试验样板的状态调节

除另有规定,应按 GB/T 9278 规定条件状态调节 7 d 后,方可投入试验。

5.3 基料和固化剂组分鉴定

采用红外法进行鉴定。

5.4 密度的测定

按 GB/T 6750 规定方法进行。

5.5 不挥发物的测定

按 GB/T 1725 规定的方法进行。

5.6 储存稳定性的测定

按照 GB/T 6753.3 规定方法进行试验。原封、未开桶包装的涂料在自然环境条件下贮存 1 a 或在 (50 ± 2)℃加速条件下贮存 30 d 后,开封检查涂料应满足下列要求:

    a) 用机械混和器搅拌,在 5 min 之内很容易成均匀的状态;

    b) 无硬块或胶质沉淀物。

5.7 外观与颜色

目视检查。

5.8 干膜厚度的测定

按照 5.2.7 规定方法进行检测。

5.9 模拟压载舱条件试验

按附录 A《模拟压载舱条件试验》规定的试验方法,进行试验和合格性判定。

5.10 冷凝舱试验

按附录 B《冷凝舱试验》规定的试验方法,进行试验和合格性判定。

6 检验规则

6.1 检验分类

6.1.1 检验分为型式检验和出厂检验。

6.1.2 出厂检验项目包括密度、不挥发物、外观与颜色。

6.1.3 型式检验包括本标准所列的全部要求。有下列情况之一时,应进行型式检验:

    a) 正常生产时,每四年应进行一次型式检验;

    b) 当产品新投产时;

    c) 当材料、工艺有改变足以影响产品性能时;

    d) 产品停产一年以上后重新恢复生产时。

6.2 合格判定

在对产品进行检验时,如发现产品质量不符合本标准技术要求规定时,供需双方应按照GB/T 3186的规定重新取双倍量进行复验,如仍不符合本标准技术要求规定时,产品即为不合格品。

7 标志、包装、运输、贮存

7.1 标志

产品的标志应符合 GB/T 9750 的要求。

7.2 包装

产品的包装应符合 GB 190、GB/T 191 和 GB/T 13491 的要求。

7.3 运输

产品的运输应符合 HG/T 2458 的要求,防止雨淋、日光暴晒。

7.4 贮存

产品应符合 HG/T 2458 的要求,贮存在通风、干燥的仓库内,防止日光直接照射,并应隔绝火源。产品在原包装封闭的条件下,自生产完成之日起,贮存期为一年(或按照产品技术要求)。超过贮存期的产品可按本标准规定的出厂检验项目进行检验,如检验合格,仍可使用。

附 录 A
（规范性附录）
模拟压载舱条件试验

A.1 适用范围

附录 A 提供了本标准第 4 章、第 5 章所涉及的模拟压载舱条件试验程序的详细步骤，包括试验条件、试验程序、验收标准和试验报告等。

附录 A 适用于不小于 500 t 的所有类型船舶专用海水压载舱保护涂层。

A.2 试验条件

A.2.1 试验期为 180 d。

A.2.2 试验样板五块，每块样板尺寸为 200 mm×400 mm×3 mm。

A.2.3 模拟压载舱条件试验装置——压载舱涂层试验波浪舱的技术要求和 1#～4# 试验样板放置情况如图 A.1 所示：

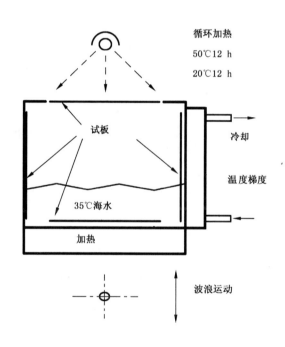

图 A.1 压载舱涂层试验波浪舱

A.2.4 模拟真实压载舱的条件，一个试验循环为二个星期装载天然或人工海水，一个星期空载。海水温度保持在(35±2)℃。

A.2.5 试验海水为符合 GB/T 3097 中第一类经过滤的天然海水或人工海水，人工海水配方见附录 C（规范性附录）。

A.2.6 样板 1#：模拟上甲板的状况，试板背部(50±2)℃/12 h 加(20±2)℃/冷却 12 h 循环；试验样板周期性的用天然或人工海水泼溅，模拟船舶纵摇和横摇运动，泼溅间隔为 3 s 或更短；板上有划破涂层至底材的、横贯宽度的划线。

A.2.7 样板 2#：固定锌牺牲阳极以评估阴极保护效果，锌牺牲阳极尺寸为 φ20 mm×25 mm，锌牺牲阳极材料应符合附录 D 的要求；试验样板上距离阳极 100 mm 处开有直径为 8 mm 的至底材的圆形人工漏涂孔;试验样板循环浸泡在天然或人工海水中。

A.2.8 样板 3#:背面冷却,形成一个大约为 20℃ 温度梯度,以模拟一个压载舱的冷却舱壁;用天然或人工海水泼溅,模拟船舶纵摇和横摇运动,泼溅间隔为 3s 或更短;板上有划破涂层至底材的、横贯宽度的划线。

A.2.9 样板 4#:用天然或人工海水循环泼溅,模拟船前后颠簸和摇摆的运动,泼溅间隔为 3 s 或更短;板上有划破涂层至底材的、横贯宽度的划线。

A.2.10 在样板 3# 和 4# 各焊上一条 U 型条(见图 A.2),U 型条距一条短边 120 mm,距长边各 80 mm。

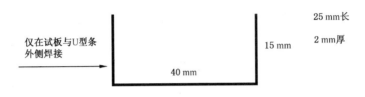

图 A.2 U 型条

A.2.11 样板 5#:模拟双层底加热的燃料舱和压载水舱之间的隔板,放在干燥且温度为(70±2)℃ 条件下暴露 180 d。

A.3 试验程序

A.3.1 试验样板制备

按 5.1～5.2 要求制备模拟压载舱条件试验的五块试验样板。

A.3.2 试验样板放置

将已制备完成的 1#～4# 试验样板按图 1 所示放入模拟压载舱条件试验装置——压载舱涂层试验波浪舱中规定位置并固定牢固;将 5# 样板另外放入干燥且温度为(70±2)℃ 的恒温试验箱中。

A.3.3 试验

A.3.3.1 开启压载舱涂层试验波浪舱和恒温试验箱,按试验条件要求设定各系统试验运行参数。试验过程中应随时检查、调整和记录各系统试验参数。

A.3.3.2 试验过程中,在每个试验循环周期结束时,应检查并记录所有试验样板表面的锈蚀、起泡、开裂情况,必要时拍照片记录。

A.3.3.3 试验结束时,应小心取出所有试验样板,用自来水冲洗去除盐迹,用滤纸或软布擦干,必要时拍照片记录。

A.3.4 试验结果检测

A.3.4.1 起泡和锈蚀

按 GB/T 1766 规定的试验方法对 1#～5# 试验样板进行检测和评级。

A.3.4.2 针孔数量

采用 90 V 低压湿海绵针孔检测仪对 1#～5# 试验样板进行检测。

A.3.4.3 附着力和内聚力

按 GB/T 5210 中 9.4.2 规定的方法对 1#～5# 各试验样板进行检测。

A.3.4.4 阴极保护需要电流

按重量损失计算阴极保护需要电流。

A.3.4.5 阴极剥离

A.3.4.5.1 仔细检查 2# 样板涂层并记录漆膜起泡情况,若样板反面也涂装了受试涂料,那么也应对样板反面进行检查。按照 GB/T 1766 规定的评级标准,记录下样板的起泡等级及起泡与人造孔之间的距离。注意区分因人造孔所致的起泡及人造孔之外的起泡。

A.3.4.5.2 在人造孔处用锋利的小刀在基材与漆膜之间划两道痕(交叉于人造孔)以评估人造孔处漆膜附着力的降低情况。用小刀尽可能地把人造孔周围的漆膜剥起。记录下漆膜与基材的附着力是否降低,以及被剥离漆膜与人造孔之间的最大距离(mm)。

A.3.4.6 划痕附近的腐蚀蔓延

仔细检查 1#、3#、4# 样板划痕处附近涂层锈蚀、起泡、脱落情况,按照 GB/T 1766 规定的评级标准,记录下样板的锈蚀、起泡等级及与划痕处之间的距离(mm)。测量每块样板沿划痕两边的腐蚀蔓延并确定腐蚀蔓延的最大值,三个最大值的平均值作为验收值。

A.3.4.7 U 型条效应

仔细检查并记录焊接在 3#、4# 样板上的 U 型焊条的所有角落或焊缝处是否存在缺陷、开裂或剥离等情况。

A.4 验收标准

船舶压载舱漆涂层的模拟压载舱条件试验的试验结果应满足下表 A.1 要求。

表 A.1 验收标准

项　目	环氧基体系	非环氧基体系
起泡	0级	0级
锈蚀	0级	0级
针孔数量	0	0
附着力	>3.5 MPa 基材和涂层间或各道涂层之间的脱开面积在 60% 或以上	>5.0 MPa 基材和涂层间或各道涂层之间的脱开面积在 60% 或以上
内聚力	>3.0 MPa 涂层中的内聚破坏面积在 40% 或以上	>5.0 MPa 涂层中的内聚破坏面积在 40% 或以上
阴极保护需要电流	<5 mA/m²	<5 mA/m²
阴极保护;人工漏涂处的剥离	<8 mm	<5 mm
划痕附近的腐蚀蔓延	<8 mm	<5 mm
U 型条	若在角上或焊缝处有缺陷、开裂或剥离都将判定系统不合格	若在角上或焊缝处有缺陷、开裂或剥离都将判定系统不合格

A.5 试验报告

试验报告应包括下列内容:

a) 生产商名称。

b) 试验日期。

c) 涂料和底漆的产品名称/标识。

d) 批号。

e) 钢板表面处理的数据,包括:

　　——表面处理方式;

　　——水溶性盐含量;

　　　　——灰尘和磨料嵌入物。

f)　涂层体系涂装的数据,包括下列数据:

　　　　——车间底漆;

　　　　——涂层道数;

　　　　——涂装间隔;

　　　　——试验前的干膜厚度;

　　　　——稀释剂;

　　　　——气温、湿度、钢板温度。

g)　模拟压载舱条件试验的试验结果,包括:

　　　　——样板起泡;

　　　　——样板锈蚀;

　　　　——针孔数量;

　　　　——附着力;

　　　　——内聚力;

　　　　——按重量损失计算的阴极保护需要电流;

　　　　——阴极保护,人工漏涂处的剥离;

　　　　——划痕附近的腐蚀蔓延;

　　　　——U 型条。

h)　按验收标准判断的结果。

附 录 B
（规范性附录）
冷凝舱试验

B.1 适用范围

附录 B 提供了本标准第 4 章、第 5 章所涉及的冷凝舱条件试验程序的详细步骤，包括试验条件、试验程序、验收标准和试验报告等。

附录 B 适用于不小于 500 t 的所有类型船舶专用海水压载舱及船长 150 m 及以上散货船的双舷侧处所（非专用海水压载舱）的保护涂层。

B.2 试验条件

冷凝舱试验依据 GB/T 13893 标准进行，试验条件如下：

a) 暴露时间为 180 d；

b) 两块试板，每块试板尺寸为 150 mm×150 mm×3 mm；

c) 冷凝舱条件试验的试验装置技术要求和试验样板放置情况如图 B.1 所示：

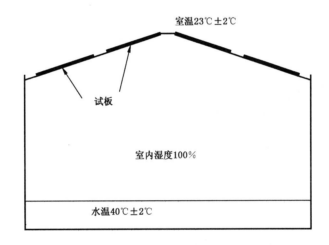

图 B.1 冷凝舱试验

B.3 试验程序

B.3.1 按 5.1、5.2 要求制备冷凝舱试验的 2 块试验样板。

B.3.2 将已制备完成的样板按图 B.1 所示放入冷凝舱中规定位置。

B.3.3 开启冷凝试验舱，按试验条件要求设定各系统试验运行参数。试验过程中应随时检查并记录各系统试验参数的运行情况。

B.3.4 试验过程中，要定期检查并记录所有试验样板表面的锈蚀、起泡、开裂等情况，必要时应拍照片记录。

B.3.5 试验结束时，应小心取出所有试验样板，用滤纸或软布轻轻擦干，然后按下列规定试验方法进行试验结果检测。

B.3.5.1 起泡和锈蚀的检测

按 GB/T 1766 规定的试验方法进行检测和评级。

B.3.5.2 针孔数量的检测

采用 90 V 低压湿海绵针孔检测仪板进行检测。

B.3.5.3 附着力和内聚力的检测

按 GB/T 5210—2006 中 9.4.2 规定的方法进行检测。

B.4 验收标准

船舶压载舱漆涂层的冷凝舱试验的结果应满足表 B.1 要求。

表 B.1 验收标准

项 目	环氧基系统	非环氧基系统
起泡	0 级	0 级
锈蚀	0 级	0 级
针孔数量	0	0
附着力	>3.5 MPa 基材和涂层间或各道涂层之间的脱开面积在 60% 或以上	>5.0 MPa 基材和涂层间或各道涂层之间的脱开面积在 60% 或以上
内聚力	>3.0 MPa 涂层中的内聚破坏面积在 40% 或以上	>5.0 MPa 涂层中的内聚破坏面积在 40% 或以上

B.5 试验报告

试验报告应包括下列内容：

a) 生产商名称。

b) 试验日期。

c) 涂料和底漆的产品名称/标识。

d) 批号。

e) 钢板表面处理的数据,包括：

——表面处理方式；

——水溶性盐含量；

——灰尘和磨料嵌入物。

f) 涂层体系涂装的数据,包括下列数据：

——车间底漆；

——涂层道数；

——涂装间隔；

——试验前的干膜厚度；

——稀释剂；

——气温、湿度、钢板温度。

g) 压载条件试验的试验结果,包括：

——样板起泡；

——样板锈蚀；

——针孔数量；

——附着力；

——内聚力。

h) 按验收标准判断的结果。

附　录　C
（规范性附录）
人工海水配方

用下列分析纯级试剂溶于蒸馏水并稀释至总量为 1 L：

24.53 g 氯化钠（NaCl）；

11.11 g 六水合氯化镁（MgCl$_2$·6H$_2$O）；

4.09 g 无水硫酸钠（Na$_2$SO$_4$）；

1.16 g 无水氯化钙（CaCl$_2$）；

0.70 g 氯化钾（KCl）；

0.20 g 碳酸氢钠（NaHCO$_3$）；

0.10 g 溴化钾（KBr）。

附　录　D
（规范性附录）
牺牲阳极——锌合金的组成成分

合金中各成分的质量分数（%）：

铅	≤0.006
铁	≤0.005
钙	0.025～0.070
铜	≤0.005
铝	0.10～0.50
其他	≤0.10
锌（纯度99.99%）	余下部分

ICS 47.020.01；89.040
U 05

中华人民共和国国家标准

GB/T 7788—2007
代替 GB/T 7788—1987

船舶及海洋工程阳极屏涂料
通用技术条件

General specification for anodic shield coating of
ship and marine engineering

2007-01-05 发布

2007-06-01 实施

中华人民共和国国家质量监督检验检疫总局
中国国家标准化管理委员会　发布

前　言

本标准代替 GB/T 7788—1987《船舶及海洋工程阳极屏涂料通用技术条件》。

本标准与 GB/T 7788—1987 相比有如下重大技术变化：

——本标准对部分技术指标进行了修订：

    a)　附着力指标不小于 2.5 MPa 修改为不小于 10 MPa；

    b)　耐冲击试验方法参照 BS 标准修订为按照 ASTM D2794 规定进行；

    c)　耐盐雾性能指标 600 h 修改为 1 000 h；

    d)　增加了外观、密度、干燥时间及适用期技术指标。

——本标准对附录 A 中试验装置进行修改。

本标准附录 A 为规范性附录。

本标准由中国石油和化学工业协会提出。

本标准由全国涂料和颜料标准化技术委员会归口。

本标准起草单位：中国船舶重工集团公司第七二五研究所。

本标准主要起草人：吴净、叶美琪、林志坚、柯清良、许春生。

本标准于 1987 年 4 月首次发布。

船舶及海洋工程阳极屏涂料
通用技术条件

1 范围

本标准规定了船舶及海洋工程用阳极屏涂料的要求、试验方法、检验规则、标志、包装、运输和贮存。本标准适用于船舶及海洋工程外加电流阴极保护系统辅助阳极的屏蔽涂料。

2 规范性引用文件

下列文件中的条款通过本标准的引用而成为本标准的条款。凡是注日期的引用文件,其随后所有的修改单(不包括勘误的内容)或修订版均不适用于本标准,然而,鼓励根据本标准达成协议的各方研究是否可使用这些文件的最新版本。凡是不注日期的引用文件,其最新版本适用于本标准。

GB/T 1727 漆膜一般制备法

GB/T 1728 漆膜、腻子膜干燥时间测定法

GB/T 1765 测定耐湿热、耐盐雾、耐候性(人工加速)的漆膜制备法

GB/T 1771 色漆和清漆 耐中性盐雾性能的测定(GB/T 1771—1991,eqv ISO 7253:1984)

GB 3097 海水水质标准

GB/T 3186 色漆、清漆和色漆与清漆用原材料 取样(GB/T 3186—2006,ISO 15528:2000,IDT)

GB/T 5210 色漆和清漆 拉开法附着力试验(GB/T 5210—2006,ISO 4624:2002,IDT)

GB/T 6750 色漆和清漆 密度的测定(GB/T 6750—1986,eqv ISO 2811:1974)

GB/T 6753.3 涂料贮存稳定性试验方法

GB/T 8923—1988 涂装前钢材表面锈蚀等级和除锈等级(eqv ISO 8501-1:1988)

GB/T 9750 涂料产品包装标志

GB/T 13491 涂料产品包装通则

ASTM D2794 有机涂层抗快速变型(冲击)的作用

3 要求

3.1 技术指标

技术指标应符合表1的要求。

表 1 技术指标

序号	项目名称		技术指标
1	外观		光滑均匀
2	密度/(g/mL)		1.20～1.40
3	干燥时间[(23±2)℃]/h		表干:≤4 实干:≤24
4	适用期(23℃)/h	≥	1
5	附着力/MPa	≥	10
6	耐冲击/(kg·m)	≥	0.408
7	耐盐雾,1 000 h		无起泡、无脱落、无生锈

表 1(续)

序号	项 目 名 称	技 术 指 标
8	耐电位[(−3.50±0.02)V](相对于银/氯化银参比电极),30 d	无起泡、无剥落、无生锈
9	贮存期　　　　　　　　　　　　　　　　≥	1 年

4 试验方法

4.1 试板制备

4.1.1 试板表面处理

按 GB/T 8923—1988 的 Sa2.5 或 St3 级的规定进行试板表面处理。

4.1.2 漆膜制备

按 GB/T 1727、GB/T 1765 的规定进行漆膜制备。耐冲击、耐盐雾及耐电位性能试验干膜厚度应为(1 000±50)μm。

4.2 颜色外观试验

自然光下目测,其结果应符合 3.1 的要求。

4.3 密度测定

按 GB/T 6750 的规定测定密度,其结果应符合 3.1 的要求。

4.4 干燥时间测定

按 GB/T 1728 规定的进行,其结果应符合 3.1 的要求。

4.5 适用期检验

环境温度为(23±2)℃,相对湿度(50±5)%条件下,进行适用期检验,其结果应符合 3.1 的要求。

4.6 附着力试验

按 GB/T 5210 的规定进行附着力试验,其结果应符合 3.1 的要求。

4.7 耐冲击试验

按 ASTM D2794 的规定进行耐冲击试验,其结果应符合 3.1 的要求。

4.8 耐盐雾试验

按 GB/T 1771 的规定进行耐盐雾试验,其结果应符合 3.1 的要求。

4.9 耐电位试验

按附录 A 的规定进行耐电位性能试验,其结果应符合 3.1 的要求。

4.10 贮存期检验

按 GB/T 6753.3 的规定进行贮存期检验,其结果应符合 3.1 的要求。

5 检验规则

5.1 抽样

按 GB/T 3186 规定的进行取样,取样量应不得少于 4 kg,分成两份,分别装入干燥、清洁容器中,一份供检验用,一份密封贮存以备查。

5.2 检验分类

检验分为型式检验和出厂检验。

5.3 型式检验

5.3.1 检验条件

有下列情况之一时应进行型式检验:

a) 产品新投产时;

b) 正式生产后,产品的原材料、制备工艺有重大变化影响产品性能时;

c) 产品连续生产三年时;

d) 产品停产一年后恢复生产时。

5.3.2 检验项目

按表2的规定进行型式检验。

5.4 出厂检验

5.4.1 检验条件

每批涂料应进行出厂检验。

5.4.2 组批

检验以批为单位,以一个生产批次为一批,每批应不超过500 kg。

5.4.3 检验项目

按表2的规定进行出厂检验。

5.4.4 合格判定

检验项目不符合规定时。应按GB/T 3186的规定重新取双倍试样进行复验,如仍有项目不符合规定,产品即为不合格品。

表 2 检验项目

序号	检验项目名称	出厂检验	型式检验	要求章节	试验方法
1	外观	•	•	3.1	4.2
2	密度	•	•	3.1	4.3
3	干燥时间	•	•	3.1	4.4
4	适用期	•	•	3.1	4.5
5	附着力	—	•	3.1	4.6
6	耐冲击	—	•	3.1	4.7
7	耐盐雾	—	•	3.1	4.8
8	耐电位	—	•	3.1	4.9
9	贮存期	—	•	3.1	4.10
注：•应检项目;—不检项目。					

6 标志、标签、包装、运输和贮存

6.1 标志

涂料标志应符合GB/T 9750的规定。

6.2 标签

阳极屏涂料包装容器应附有标签,注明产品标准号、型号、名称、质量、批号、贮存期、生产厂名、厂址及生产日期。

6.3 包装

涂料包装应符合GB/T 13491的规定。

6.4 运输

阳极屏涂料在运输时,应防止雨淋、日光曝晒等。

6.5 贮存

阳极屏涂料存放时应保持通风、干燥,防止日光直接照射,并应隔绝火源。阳极屏涂料在原包装封闭条件下,自生产之日起,有效贮存期为一年,超过贮存期可按本标准的规定进行出厂检验,若检验合格仍可使用。

附　录　A

（规范性附录）

阳极屏涂层耐电位性能试验方法

A.1　试验装置

阳极屏涂层耐电位性能试验装置参见图 A.1。

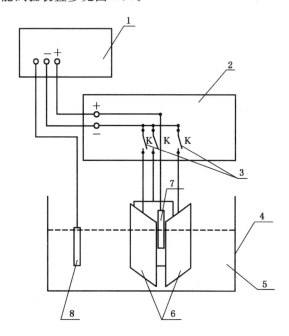

1——恒电位仪；

2——接线板；

3——开关；

4——水槽；

5——海水介质；

6——样板；

7——碳电极；

8——参比电极（银/氯化银参比电极）。

图 A.1　耐电位性能试验装置

A.2　试验条件

试验条件如下：

a)　实验介质应符合 GB 3097 的要求；

b)　试验温度应为常温；

c)　恒电位控制范围：$(-7\sim7)$V；输出电流：$(0\sim\pm200)$mA；输山电压：$(0\sim\pm10)$V。

d)　试验电位应为(-3.5 ± 0.02)V（相对于银/氯化银参比电极）。

A.3　试验样板的制备

A.3.1　试板材料

试板材料应为普通低碳钢板。

A.3.2 试样制备方法

试样按如下规定制备：

a) 试样数量:试验样板数量为 3 块;

b) 试板尺寸:试板尺寸按图 A.2 规定,厚度为(1.5～2)mm;

c) 试板表面处理:按 GB/T 8923—1988 的 Sa2.5 或 St3 级的规定进行试板表面处理;

单位为毫米

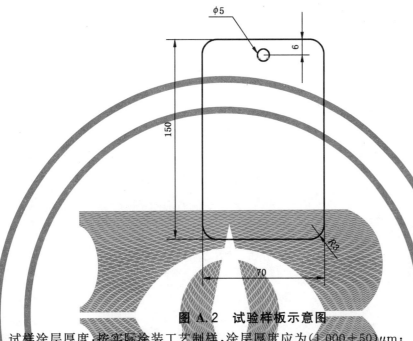

图 A.2 试验样板示意图

d) 试样涂层厚度:按实际涂装工艺制样,涂层厚度应为(1 000±50)μm;

e) 漆膜干燥条件:涂层干燥温度为(23±2)℃,相对湿度为(50±5)%条件下,放置 7 d。

A.4 试验步骤

试验步骤如下:

a) 将试样置于水槽中,介质浸到样板的三分之二,用并联的方式将试样接入恒电位仪负极,正极为碳电极。

b) 将试样围住碳电极,距离不大于 300 mm,并使样板的考察面正对碳电极。

c) 将电流表接在开关的两端的接线柱上,断开开关,读取读数;合上开关,取下电流表。

d) 每天观察试样测量电流并记录。在试验过程中如发现涂层有起泡、脱落等现象,试验中止。

A.5 试验报告

试验报告应包括试验名称、相关标准及其名称、试验日期、试验条件、试验结果等。

ICS 87.040
G 51

中华人民共和国国家标准

GB/T 9260—2008
代替 GB/T 9260—1988

船 用 水 线 漆

Boottopping paint for ship

2008-06-04 发布
2008-12-01 实施

中华人民共和国国家质量监督检验检疫总局
中国国家标准化管理委员会 发布

前　言

本标准代替 GB/T 9260—1988《船用水线漆通用技术条件》。

本标准与 GB/T 9260—1988 的主要技术差异为：

——名称改为船用水线漆；

——更新了原有项目的试验方法；

——增加了涂膜外观、干燥时间、耐冲击性、耐人工气候老化性要求；

——耐划水性试验装置的线速度由"32.78 km/h(约 18 节)"提高到"38.24 km/h(约 21 节)"；

——将产品检验分为出厂检验和型式检验。

本标准的附录 A 为规范性附录。

本标准由中国石油和化学工业协会提出。

本标准由全国涂料和颜料标准化技术委员会归口。

本标准起草单位：海洋化工研究院、中海油常州涂料化工研究院、海虹老人牌(中国)有限公司、中涂化工(上海)有限公司、宁波飞轮造漆有限责任公司、浙江飞鲸漆业有限公司、上海开林造漆厂、中国船舶重工集团公司第七二五研究所。

本标准主要起草人：钱叶苗、苏春海、王桂荣、邱国胜、王磊、袁泉利、严杰、李华刚、叶章基。

本标准于 1988 年 4 月首次发布，本次为第一次修订。

船 用 水 线 漆

1 范围

本标准规定了船用水线漆的要求、试验方法、检验规则、标志、包装、运输和贮存。

本标准适用于船舶满载水线和轻载水线之间船壳外表面的水线漆,不适用于具有防污作用的水线漆。

2 规范性引用文件

下列文件中的条款通过本标准的引用而成为本标准的条款。凡是注日期的引用文件,其随后所有的修改单(不包含勘误的内容)或修订版均不适用于本标准,然而,鼓励根据本标准达成协议的各方研究是否可使用这些文件的最新版本。凡是不注日期的引用文件,其最新版本适用于本标准。

GB/T 1727　漆膜一般制备法

GB/T 1728—1979　漆膜、腻子膜干燥时间测定法

GB/T 1765—1979　测定耐湿热、耐盐雾、耐候性(人工加速)的漆膜制备法

GB/T 1766　色漆和清漆　涂层老化的评级方法

GB/T 1771　色漆和清漆　耐中性盐雾性能的测定(GB/T 1771—2007,ISO 7253:1996,IDT)

GB/T 1865—1997　色漆和清漆　人工气候老化和人工辐射暴露(滤过的氙弧辐射)(eqv ISO 11341:1994)

GB/T 3186　色漆、清漆和色漆与清漆用原材料　取样(GB/T 3186—2006,ISO 15528:2000,IDT)

GB/T 5210—2006　色漆和清漆　拉开法附着力试验(ISO 4624:2002,IDT)

GB/T 6748　船用防锈漆

GB/T 9271　色漆和清漆　标准试板(GB/T 9271—2008,ISO 1514:2004,MOD)

GB/T 9274—1988　色漆和清漆　耐液体介质的测定(eqv ISO 2812:1974)

GB/T 9276—1996　涂层自然气候曝露试验方法(eqv ISO 2810)

GB/T 9278　涂料试样状态调节和试验的温湿度(GB/T 9278—2008,ISO 3270:1984,Paints and varnishes and their raw materials—Temperatures and humidities for conditioning and testing,IDT)

GB/T 9750　涂料产品包装标志

GB/T 10834　船舶漆耐盐水性的测定　盐水和热盐水浸泡法

GB/T 13491—1992　涂料产品包装通则

GB/T 14522—1993　机械工业产品用塑料、涂料、橡胶材料人工气候加速试验方法

GB/T 20624.1—2006　色漆和清漆　快速变形(耐冲击性)试验　第1部分:落锤试验(大面积冲头)(ISO 6272-1:2002,IDT)

HG/T 2458—1993　涂料产品的检验、运输和贮存通则

3 要求

产品应符合表1的要求,配套底漆应符合 GB/T 6748《船用防锈漆》的要求。

表 1　要求

项　　目		指　　标
涂膜外观		正常
干燥时间/h	表干	≤4
	实干	≤24
耐冲击性		通过
附着力/MPa		≥3
耐盐水性(天然海水或人造海水,27℃±6℃,7 d)		漆膜不起泡、不生锈、不脱落
耐油性(15W-40 号柴油机润滑油,48 h)		漆膜不起泡、不脱落
耐盐雾性(单组分漆 400 h,双组分漆 1 000 h)		漆膜不起泡、不脱落、不生锈
耐人工气候老化性ᵃ/级 (紫外 UVB-313:200 h 或商定; 　或者氙灯:300 h 或商定)		漆膜颜色变色ᵇ≤4 粉化ᵇ≤2 无裂纹
耐候性ᵃ(海洋大气曝晒,12 个月)/级		漆膜颜色变色ᵇ≤4 粉化ᵇ≤2 无裂纹
耐划水性,2 个周期		漆膜不起泡、不脱落

　　ᵃ 耐人工气候老化性和耐候性可任选一项。
　　ᵇ 环氧类漆可商定。

4　试验方法

4.1　取样

产品按 GB/T 3186 的规定取样,也可按商定方法取样。样品应分成两份,一份做检验用样品,另一份密封贮存备查。

4.2　试验环境

样板的状态调节和试验的温湿度应符合 GB/T 9278 的规定。

4.3　试验样板的制备

除另有规定外,干燥时间试验用底材为马口铁板,附着力试验用底材为金属试柱,其余试验项目所用底材均为钢板,各种底材的要求和处理方法应符合 GB/T 9271 规定。测定附着力、耐盐水性、耐油性、耐盐雾性、耐人工气候老化性、耐候性、耐划水性的试板,均按照 GB/T 1765—1979 规定制板,并与相应底漆配套。双组分漆要根据施工使用说明规定比例混合均匀后,按 GB/T 1727 规定进行刷涂或喷涂。试板的底面漆干膜厚度应按其相应的产品技术条件或说明书中规定的条件进行控制。除另有规定外,所有试板制板后在 GB/T 9278 规定条件下放置 7 d 后进行测试。

4.4　涂膜外观

样板在散射日光下目视观察,如果涂膜均匀,无流挂、发花、针孔、开裂和剥落等涂膜病态,则评为"正常"。

4.5　干燥时间

按 GB/T 1728—1979 的规定进行,其中表干按乙法,实干按甲法。

4.6　耐冲击性

按 GB/T 20624.1—2006 的规定进行。采用直径为(20±0.3)mm 的球形冲头,重锤质量为 1 kg,

不装深度控制环,调整重锤自 500 mm 处落下,如在冲击的变形区域内无漆膜脱落和开裂,则该冲击点为通过。试验两块试板,每块板上冲击 5 个点,如其中有一块试板上有 3 个点及以上无漆膜脱落和开裂,则该试验项目评为"通过"。

4.7 附着力

按 GB/T 5210—2006 中 9.4.3 的规定进行。

4.8 耐盐水性

按 GB/T 10834 的规定进行。

4.9 耐油性

按 GB/T 9274—1988 中甲法的规定进行,介质为 15W-40 号柴油机润滑油。

4.10 耐盐雾性

按 GB/T 1771 的规定进行。

4.11 耐人工气候老化性

耐紫外老化按 GB/T 14522—1993 规定进行,辐照度为 0.68 W/m²;耐氙灯老化按 GB/T 1865—1997 中 9.3 操作程式 A 的规定进行,结果的评定按 GB/T 1766 规定进行。

4.12 耐候性

按 GB/T 9276—1996 的规定进行,结果的评定按 GB/T 1766—1995 规定进行。

4.13 耐划水性

按附录 A 的规定进行。

5 检验规则

5.1 检验分类

产品检验分为出厂检验和型式检验。

5.1.1 出厂检验

出厂检验项目包括:涂膜外观、干燥时间、耐冲击性共三项。

5.1.2 型式检验

型式检验项目包括表 1 中所列的全部要求,在正常生产情况下,每四年进行一次型式检验。有下列情况之一时应随时进行型式检验:

——新产品最初定型时;

——当材料、工艺有改变足以影响产品性能时;

——产品停产一年以上又重新恢复生产时。

5.2 检验结果的判定

所有项目的检验结果均达到本标准要求时,该产品为符合本标准要求;如发现产品质量不符合要求规定时,供需双方应按照 GB/T 3186 的规定重新取双倍量进行复验,如仍不符合本标准要求规定时,产品即为不合格品。

6 标志、包装、运输和贮存

6.1 标志

按 GB/T 9750 的规定进行。对于双组分漆,包装标志上应明确各组分配比。

6.2 包装

除合同或订单另有规定外,应按 GB/T 13491—1992 中一级包装要求的规定进行。

6.3 运输

运输中严防雨淋、日光曝晒,禁止接近火源,防止碰撞,保持包装完好无损,应符合 HG/T 2458—1993 中第四章的有关规定。

GBT 9260—2008

6.4 贮存

在贮存时应保持通风、干燥、防止日光直接照射,并应隔绝火源,远离热源。产品应根据类型定出贮存期,并在包装标志上明示。超过贮存期可按本标准规定的出厂检验项目进行检验,如结果符合本标准第 3 章要求,仍可使用。

附 录 A

（规范性附录）

划 水 试 验

A.1 试验装置

如图 A.1 所示。一个 1 200 mm×1 200 mm×1 200 mm 的水池,其上装有电动机,通过传动装置带动池内的样板架。动力和传动装置必须使样板线速度达到 38.24 km/h(约 21 节)。

样板架的转动轴垂直于池的底面,固定安装在水池内。轴的位置距一边为边长的二分之一,距该边的邻边为边长的三分之一。

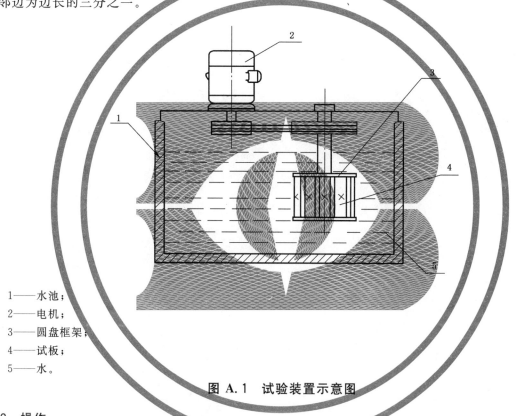

1——水池;
2——电机;
3——圆盘框架;
4——试板;
5——水。

图 A.1 试验装置示意图

A.2 操作

试验前,在样板中心处划一"×"形划痕(必须裸露底板),划线长度为 50 mm,两线相互垂直,划线与样板边成 45°。同一试样要用三块样板进行平行试验。

将样板沿轴向排列,使受试面朝外,固定在样板架上。使样板全部浸入(23±2)℃的自来水中,放置 24 h。启动电机 8 h,停机后静置 16 h,重复三次。总共 96 h 为一试验周期。

A.3 样板检验

在每个试验周期结束后,应检验样板的涂漆表面并作记录(检查时应扣除样板边缘 10 mm 内及划线两测 3 mm 内的区域)。样板出现漆膜脱落、起泡和生锈等缺陷时,则应终止试验。

A.4 试验结果

试验结束后,以不少于两块试验样板的结果一致为准。

ICS 87.040
G 51

中华人民共和国国家标准

GB/T 9261—2008
代替 GB/T 9261—1988

甲　板　漆

Deck paint

2008-05-14 发布

2008-10-01 实施

中华人民共和国国家质量监督检验检疫总局
中国国家标准化管理委员会　发布

前　言

本标准代替 GB/T 9261—1988《甲板漆通用技术条件》。

本标准与 GB/T 9261—1988 的主要技术差异为：

——名称改为甲板漆；

——更新了原有项目的测试方法；

——将耐 1%仲烷基磺酸钠溶液改为耐十二烷基苯磺酸钠；

——增加了不挥发物含量、干燥时间、耐冲击性、耐人工气候老化性指标；

——将产品检验分为出厂检验和型式检验。

本标准由中国石油和化学工业协会提出。

本标准由全国涂料和颜料标准化技术委员会归口。

本标准起草单位：海洋化工研究院、中涂化工（上海）有限公司、上海开林造漆厂、中国船舶重工集团公司第七二五研究所、宁波飞轮造漆有限责任公司、浙江飞鲸漆业有限公司、中化建常州涂料化工研究院。

本标准起草人：钱叶苗、苏春海、欧伯兴、沈澜、陆伯岑、袁泉利、张东亚。

本标准于 1988 年 4 月首次发布，本次为第一次修订。

甲　板　漆

1　范围

本标准规定了甲板漆的要求、试验方法、检验规则、标志、包装、运输和贮存。

本标准适用于船舶甲板、码头及其他海洋设施的钢铁表面用漆。

2　规范性引用文件

下列文件中的条款通过本标准的引用而成为本标准的条款。凡是注日期的引用文件,其随后所有的修改单(不包括勘误的内容)或修订版均不适用于本标准,然而,鼓励根据本标准达成协议的各方研究是否可使用这些文件的最新版本。凡是不注日期的引用文件,其最新版本适用于本标准。

GB/T 1250—1989　极限数值的表示方法和判定方法

GB/T 1725—2007　色漆、清漆和塑料　不挥发物含量的测定(ISO 3251:2003,IDT)

GB/T 1727—1992　漆膜一般制备法

GB/T 1728—1979(1989)　漆膜、腻子膜干燥时间测定法

GB/T 1765—1979(1989)　测定耐湿热、耐盐雾、耐候性(人工加速)的漆膜制备法

GB/T 1766—1995　色漆和清漆　涂层老化的评级方法(neq ISO 4628-1:1980)

GB/T 1768—2006　色漆和清漆　耐磨性的测定　旋转橡胶砂轮法(ISO 7784-2:1997,IDT)

GB/T 1771—2007　色漆和清漆　耐中性盐雾性能的测定(ISO 7253:1996,IDT)

GB/T 1865—1997　色漆和清漆　人工气候老化和人工辐射暴露(滤过的氙弧辐射)(eqv ISO 11341:1994)

GB/T 3186　色漆、清漆和色漆与清漆用原材料　取样(GB/T 3186—2006,ISO 15528:2000,IDT)

GB/T 5210—2006　色漆和清漆　拉开法附着力试验(ISO 4624:2002,IDT)

GB/T 6748　船用防锈漆通用技术条件

GB/T 9263—1988　防滑甲板漆防滑性的测定

GB/T 9271—1988　色漆和清漆　标准试板(eqv ISO 1514:1984)

GB/T 9274—1988　色漆和清漆　耐液体介质的测定(eqv ISO 2812:1974)

GB/T 9276—1996　涂层自然气候曝露试验方法(eqv ISO 2810)

GB/T 9278　涂料试样状态调节和试验的温湿度(GB/T 9278—2008,ISO 3270:1984,Paints and varnishes and their raw materials—Temperatures and humidities for conditioning and testing,IDT)

GB/T 9750—1998　涂料产品包装标志

GB/T 10834　船舶漆耐盐水性的测定　盐水和热盐水浸泡法

GB/T 13491—1992　涂料产品包装通则

GB/T 14522—1993　机械工业产品用塑料、涂料、橡胶材料人工气候加速试验方法

GB/T 20624.1—2006　色漆和清漆　快速变形(耐冲击性)试验　第1部分:落锤试验(大面积冲头)(ISO 6272-1:2002,IDT)

HG/T 2458—1993　涂料产品的检验、运输和贮存通则

3　要求

产品应符合表1的技术要求,配套底漆应符合 GB/T 6748 的规定。

表 1 技术要求

项　目		指　标
涂膜外观		正常
不挥发物质量分数/% ≥		50
干燥时间/h	表干　　≤	4
	实干　　≤	24
耐冲击性		通过
附着力/MPa ≥		3.0
耐磨性(500 g/500 r)/mg ≤		100
耐盐水性(天然海水或人造海水,27℃±6℃,48 h)		漆膜不起泡、不脱落、不生锈
耐柴油性(0#柴油,48 h)		漆膜不起泡、不脱落
耐十二烷基苯磺酸钠(1%溶液,48 h)		漆膜不起泡、不脱落
耐盐雾性(单组分漆 400 h,双组分漆 1 000 h)		漆膜不起泡、不脱落、不生锈
耐人工气候老化性/级 (紫外 UVB-313:300 h 或商定; 或者氙灯:500 h 或商定)		漆膜颜色变化≤4 粉化≤2[a] 裂纹 0
耐候性(海洋大气曝晒,12 个月)/级		漆膜颜色变化≤4 粉化≤2[a] 裂纹 0
防滑性(干态摩擦因数)[b]		≥0.85

　　[a] 环氧类漆可商定。
　　[b] 仅适用于防滑型甲板漆。

4　试验方法

4.1　取样

　　产品按 GB/T 3186 的规定取样,也可按商定方法取样。样品应分成两份,一份做检验用样品,另一份密封贮存备查。

4.2　试验环境

　　样板的状态调节和试验的温湿度应符合 GB/T 9278 的规定。

4.3　试验样板的制备

　　标准试板的准备按照 GB/T 9271—1988 规定进行,测定耐盐水性、耐柴油性、耐十二烷基苯磺酸钠、耐盐雾性、耐人工气候老化性的试板,均按照 GB/T 1765—1979(1989)规定制板,双组分漆要根据施工使用说明规定比例混合均匀后,按 GB/T 1727—1992 规定进行刷涂或喷涂,并与相应底漆配套。干膜厚度底漆控制在(50±10)μm,甲板漆控制在(60±10)μm,总干膜厚度控制在(100±10)μm。除另有规定外,所有试板制板后在 GB/T 9278 规定条件下放置 7 d 后进行测试。

4.4　操作方法

4.4.1　涂膜外观

　　样板在散射日光下目视观察,如果涂膜均匀,无流挂、发花、针孔、开裂和剥落等涂膜病态,则评为"正常"。

4.4.2 不挥发物含量

按 GB/T 1725—2007 的规定进行,双组分漆按产品配比混合均匀后测定。

4.4.3 干燥时间

按 GB/T 1728—1979(1989)的规定进行,其中表干按乙法,实干按甲法。

4.4.4 耐冲击性

按 GB/T 20624.1—2006 的规定进行。采用直径为(20±0.3)mm 的球形冲头,重锤质量为 1 kg,不装深度控制环,调整重锤自 500 mm 处落下,如在冲击的变形区域内无漆膜脱落和开裂,则该冲击点为通过。试验两块试板,每块板上冲击 5 个点,如其中有一块试板上有 3 个点及以上无漆膜脱落和开裂,则该试验项目评为"通过"。

4.4.5 附着力

按 GB/T 5210—2006 中 9.4.3 的规定进行。

4.4.6 耐磨性

按 GB/T 1768—2006 的规定进行,所用橡胶砂轮的型号为 CS-10。

4.4.7 耐盐水性

按 GB/T 10834 的规定进行。

4.4.8 耐柴油性

按 GB/T 9274—1988 中甲法的规定进行,介质为 0♯柴油。

4.4.9 耐十二烷基苯磺酸钠

按 GB/T 9274—1988 的规定进行,介质为 1%的十二烷基苯磺酸钠溶液。

4.4.10 耐盐雾性

按 GB/T 1771—2007 的规定进行。

4.4.11 耐人工气候老化性

耐紫外老化按 GB/T 14522—1993 规定进行,辐照度为 0.68 W/m²;耐氙灯老化按 GB/T 1865—1997 中 9.3 操作程式 A 的规定进行,结果的评定按 GB/T 1766—1995 规定进行。

4.4.12 耐候性

按 GB/T 9276—1996 的规定进行,结果的评定按 GB/T 1766—1995 规定进行。

4.4.13 防滑性

对防滑型甲板漆,应测定该漆对橡胶的干态摩擦因数,橡胶应是 60～80(邵 A)硬度范围的硫化橡胶。对试验样板均匀地施加 15 kg 负载,按照 GB/T 9263—1988 中 5.2 规定的试验方法进行试验,摩擦因数(μ)按式(1)计算。

$$\mu = \frac{W}{15 \times 9.8} \quad \cdots\cdots\cdots\cdots\cdots\cdots\cdots (1)$$

式中:

μ——摩擦因数;

W——试块从静止到起动所需的拉力,单位为牛顿(N);

15——对样板施加的负载,单位为千克(kg)。

5 检验规则

5.1 检验分类

产品检验分为出厂检验和型式检验。

5.1.1 出厂检验

出厂检验项目包括:涂膜外观、不挥发物含量、干燥时间、耐冲击性共 4 项。

5.1.2 型式检验

型式检验项目包括表 1 中所列的全部技术要求,在正常生产情况下,每年至少进行一次型式检验

（耐候性每两年至少进行一次型式检验）。有下列情况之一时应随时进行型式检验：

  ——新产品最初定型时；

  ——产品异地生产时；

  ——生产配方、工艺及原材料有较大改变时；

  ——停产三个月后又恢复生产时。

5.2 检验结果的判定

5.2.1 检验结果的判定按 GB/T 1250—1989 中修约值比较法进行。

5.2.2 所有项目的检验结果均达到本标准要求时，该产品为符合本标准要求。

6 标志、包装、运输和贮存

6.1 标志

按 GB/T 9750—1998 的规定进行。对于双组分漆，包装标志上应明确各组分配比。

6.2 包装

除合同或订单另有规定外，应按 GB/T 13491—1992 中一级包装要求的规定进行。

6.3 运输

运输中严防雨淋、日光曝晒，禁止接近火源，防止碰撞，保持包装完好无损，应符合 HG/T 2458—1993 中第 4 章的有关规定。

6.4 贮存

在贮存时应保持通风、干燥、防止日光直接照射，并应隔绝火源，远离热源。产品应根据类型定出贮存期，并在包装标志上明示。超过贮存期可按本标准规定进行检验，如结果符合本标准第 3 章要求，仍可使用。

———————————

ICS 87.040
G 51

中华人民共和国国家标准

GB/T 9262—2008
代替 GB/T 9262—1988

船 用 货 舱 漆

Cargo hold paint for ship

2008-06-04 发布 2008-12-01 实施

中华人民共和国国家质量监督检验检疫总局
中国国家标准化管理委员会 发 布

前　言

本标准代替 GB/T 9262—1988《货舱漆通用技术条件》。

本标准与 GB/T 9262—1988 相比主要技术差异为：

——名称改为船用货舱漆；

——增加了对产品的分类；

——增加了在容器中的状态和适用期的要求；

——改变了附着力测试方法；

——耐盐雾性要求有所提高；

——产品检验分为出厂检验和型式检验。

本标准由中国石油和化学工业协会提出。

本标准由全国涂料和颜料标准化技术委员会归口。

本标准起草单位：上海开林造漆厂、中海油常州涂料化工研究院、海洋化工研究院、中涂化工（上海）有限公司、宁波飞轮造漆有限责任公司、浙江飞鲸漆业有限公司、中国船舶重工集团公司第七二五研究所。

本标准主要起草人：杜伟娜、苏春海、钱叶苗、欧伯兴、张一南、袁泉利、严杰、任润桃。

本标准于 1988 年 8 月首次发布。

船 用 货 舱 漆

1 范围

本标准规定了船用货舱漆的要求、试验方法、检验规则、标志、包装、运输、贮存。

本标准适用于船舶干货舱及舱内的钢结构部位防护用漆。

2 规范性引用文件

下列文件中的条款通过本标准的引用而成为本标准的条款。凡是注日期的引用文件,其随后所有的修改单(不包括勘误的内容)或修订版均不适用于本标准,然而,鼓励根据本标准达成协议的各方研究是否可使用这些文件的最新版本。凡是不注日期的引用文件,其最新版本适用于本标准。

GB 190　危险货物包装标志

GB/T 191　包装储运图示标志（GB/T 191—2000,eqv ISO 780:1997）

GB/T 1728　漆膜、腻子膜干燥时间测定法

GB/T 1731　漆膜柔韧性测定法

GB/T 1732　漆膜耐冲击测定法

GB/T 1766　色漆和清漆　涂层老化的评级方法

GB/T 1768　色漆和清漆　耐磨性的测定　旋转橡胶砂轮法（GB/T 1768—2006,ISO 7784-2:1997,IDT）

GB/T 1771　色漆和清漆　耐中性盐雾测定法（GB/T 1771—2007,ISO 7253:1996,IDT）

GB/T 3186　色漆、清漆和色漆与清漆用原材料　取样（GB/T 3186—2006,ISO 15528:2000,IDT）

GB/T 5210—2006　色漆和清漆　拉开法附着力试验（ISO 4624:2002,IDT）

GB/T 6748　船用防锈漆

GB/T 9271　色漆和清漆　标准试板（GB/T 9271—2008,ISO 1514:2004,MOD）

GB/T 9278　涂料试样状态调节和试验的温湿度　（GB/T 9278—2008,ISO 3270:1984,Paints and varnishes and their raw materials—Temperatures and humidities for conditioning and testing, IDT）

GB/T 9750　涂料产品包装标志

GB/T 13491　涂料产品包装通则

HG/T 2458　涂料产品检验、运输和贮存通则

中华人民共和国食品卫生法(1995 年)

3 分类

船用货舱漆分为Ⅰ型和Ⅱ型,Ⅰ型为单组分漆,Ⅱ型为双组分漆。

4 要求

4.1 与货舱漆配套的各类防锈漆性能应符合 GB/T 6748《船用防锈漆》的技术要求。

4.2 装载散装谷物食品时,应选用符合"中华人民共和国食品卫生法"[1995]中有关条例的货舱漆。

4.3 产品应符合表 1 的要求。

表 1 要求

项 目		指 标	
		Ⅰ型	Ⅱ型
涂膜外观		正常	
在容器中状态		搅拌后均匀无硬块	
干燥时间/h	表干	≤4	
	实干	≤24	
附着力/MPa		≥3	
耐磨性(500 g,500 转)/mg		≤100	
适用期/h		—	商定
柔韧性/mm		≤3	—
耐冲击性/cm		≥40	商定
耐盐雾性		500 h 无剥落,允许变色不大于3级,起泡 1(S2),生锈 1(S3)	1 000 h 无剥落,允许变色不大于3级,起泡 1(S1),生锈 1(S1)

5 试验方法

5.1 取样

产品按 GB/T 3186 的规定或商定的方法取样。样品应分成两份,一份做检验用样品,另一份密封贮存备查。

5.2 试验条件

试板的状态调节和试验的温湿度应符合 GB/T 9278 的规定。

5.3 试验样板的制备

5.3.1 底材及底材处理

干燥时间、柔韧性试验用底材为马口铁板;耐磨性底材为玻璃板或铝板;耐冲击性、耐盐雾性试验用底材为钢板;附着力试验用底材为金属试柱。各种底材的要求和处理应符合 GB/T 9271 的规定。

5.3.2 制板要求

采用刷涂或喷涂。

除另有规定外,干燥时间、柔韧性、耐冲击性(Ⅰ型)三项试验涂装一道,干膜厚度为(20~26)μm;耐磨性试验涂装两道,每道间隔 24 h,干膜厚度(70~80)μm。

除另有规定外,附着力试验为底漆、面漆配套后测试,每道涂膜的涂装间隔时间为 24 h,底漆干膜厚度为(35~40)μm,面漆干膜厚度为(35~40)μm,总干膜厚度(70~80)μm。

除另有规定外,耐盐雾性试验为底漆、面漆配套后测试,每道漆膜的涂装间隔时间为 24 h,底漆干膜厚度为(75~100)μm,面漆干膜厚度为(75~100)μm,总干膜厚度(150~200)μm。

除另有规定外,Ⅰ型产品放置 48 h 后测试,Ⅱ型产品放置 7 d 后测试。

5.4 涂膜外观

在散射日光下目视观察试板,如果涂膜颜色均匀,表面平整,无气泡、缩孔及其他涂膜病态现象则评为"正常"。

5.5 在容器中状态

打开容器,采用手工或动力搅拌,允许容器底部有沉淀,若经搅拌易于混合均匀,则评为"搅拌后均匀无硬块"。双组分涂料应分别进行检验。

5.6 干燥时间

表干按 GB/T 1728 中乙法规定进行,实干按 GB/T 1728 中甲法规定进行。

5.7 附着力

按 GB/T 5210—2006 中 9.4.3 的规定进行。

5.8 耐磨性

按 GB/T 1768 规定进行,使用型号为 CS-10 的橡胶砂轮。

5.9 适用期

将涂料各组份的温度预先调整到(23±2)℃,然后按产品规定的比例混合后均匀后取出 300 mL 放入容量约为 500 mL 密封性良好的铁罐中,在(23+2)℃条件下放置规定的时间后,按 5.4 和 5.5 的要求考察涂膜的外观和容器中的状态。如果实验结果符合 5.4 和 5.5 的要求,同时在制板过程中喷涂无障碍,则认为能使用,适用期合格。

5.10 柔韧性

按 GB/T 1731 规定进行。

5.11 耐冲击性

按 GB/T 1732 规定进行。

5.12 耐盐雾

按 GB/T 1771 进行试验,结果评定按 GB/T 1766 进行。

6 检验规则

6.1 检验分类

产品检验分为出厂检验与型式检验。

6.1.1 出厂检验

出厂检验项目包括涂膜外观、在容器中状态、干燥时间、柔韧性、耐冲击性。

6.1.2 型式检验

型式检验项目包括表 1 中所列的全部要求,在正常的情况下,每四年至少进行一次型式检验。有下列情况之一时应随时进行型式检验:

——新产品最初定型时;

——产品异地生产时;

——生产配方、工艺及原材料有较大改变时;

——停产一年后又恢复生产时。

6.2 检验结果的判定

所有项目的检验结果均达到本标准要求时,该产品为符合本标准要求。如产品检验结果不符合本标准要求时,应按照 GB/T 3186 的规定重新取双倍量进行复验,对于仍不符合本标准要求规定时,产品即为不合格品。

7 标志、包装、运输和贮存

7.1 标志

产品的标志应符合 GB/T 9750 的要求。

7.2 包装

产品的包装应符合 GB 190、GB/T 191 和 GB/T 13491 的要求。

7.3 运输

产品在运输中应防止雨淋,日光曝晒,并应符合 HG/T 2458 的要求。

7.4 贮存

货舱漆贮存应符合 HG/T 2458 的要求,贮存时应保证通风、干燥的仓库内,防止日光直接照射,并应隔绝火源,远离热源,夏季温度过高时应设法降温。产品应根据类型定出贮存期,并在包装标志上明示。超过贮存期可按本标准规定进行检验,如结果符合本标准第 4 章要求,仍可使用。

中华人民共和国国家标准

GB/T 13492—92

各 色 汽 车 用 面 漆

Finish for automobiles

1 主题内容与适用范围

本标准规定了不同类型汽车面漆的技术要求、试验方法、检验规则、标志、包装、贮存等。

本标准适用于各种货车、客车的车身、车箱表面涂饰的涂料。

2 引用标准

GB 1727 漆膜一般制备法

GB 1729 漆膜颜色及外观测定法

GB 1764 漆膜厚度测定法

GB 1765 测定耐湿性、耐盐雾、耐候性（人工加速）的漆膜制备法

GB 1766 漆膜耐候性评级法

GB 1767 漆膜耐候性测定法

GB 1865 漆膜老化（人工加速）测定法

GB 1922 溶剂油

GB 3186 涂料产品的取样

GB 5209 色漆和清漆耐水性的测定 浸水法

GB 6682 试验室用水规格

GB 6739 漆膜硬度铅笔测定法

GB 6753.1 涂料研磨细度测定法

GB 6753.3 涂料贮存稳定性试验方法

GB 9271 色漆和清漆 标准试板

GB 9274 色漆和清漆 耐液体介质的测定

GB 9278 涂料试样状态调节和试验的温湿度

GB 9286 色漆和清漆 漆膜的划格试验

GB 9750 涂料产品的包装标志

GB 9753 色漆和清漆 杯突试验

GB 9754 色漆和清漆 不含金属颜料的色漆漆膜之 20°、60°和 85°镜面光泽的测定

3 产品分型

产品分为 I、II、III型。

4 技术要求

产品应符合下列技术要求：

国家技术监督局1992-06-09批准　　　　　　　　　　　　　1993-06-01实施

表 1

项 目		指 标		
		Ⅰ 型	Ⅱ 型	Ⅲ 型
容器中的物料状态		应无异物、硬块,易搅起的均匀液体	应无异物、硬块,易搅起的均匀液体	应无异物、硬块,易搅起的均匀液体
细度,μm	不大于	10	20	20
贮存稳定性,级	不小于			
沉淀性,		8	8	8
结皮性,		10	10	10
划格试验,级	不大于	1	1	1
铅笔硬度		H	HB	B
弯曲试验,mm	不大于	2	2	2
光泽(60°),	不小于	白色 85,其他色 90	白色 85,其他色 90	白色 85,其他色 90
杯突试验,mm	不小于	3	4	5
耐水性(240 h)		不起泡,不起皱、不脱落,允许轻微变色、失光	不起泡、不起皱、不脱落,允许轻微变色、失光	
耐汽油性,(4 h)		不起泡、不起皱、不脱落,允许轻微变色		
(2 h)			不起泡、不起皱、不脱落,允许微变色	不起泡、不起皱、不脱落,允许微变色
耐温变性,级	不大于	2	商定	
耐候性(广州地区 24 个月)		应无明显龟裂、允许轻微变色,抛光后失光率≤30%	应无明显龟裂、变色≤3级,失光率≤60%	
人工加速老化(800)		应无明显龟裂、允许轻微变色、抛光后失光率≤30%	应无明显龟裂、变色≤3级,失光率≤60%	
鲜映性,Gd 值		0.6～0.8		

5 试验方法

5.1 试验的一般条件

5.1.1 取样按 GB 3186 规定进行。

5.1.2 状态调节和试验环境规定按 GB 9278 规定进行。

5.1.3 标准试板按 GB 9271 规定进行。

5.1.4 漆膜厚度按 GB 1764 规定进行。

5.1.5 漆膜制备

在对漆膜性能测试时,除对弯曲试验、铅笔硬度两项采用在马口铁板上制备漆膜外,其他各项均采用经锌盐薄层磷化处理的 08# 钢板,按 GB 1727 规定中 3.0 方法制板,并涂有配套的阴极电泳底漆(厚度 20～23 μm),干燥后再涂面漆。面漆厚度为 30～40 μm。

5.2 容器中物料的状态

按 GB 3186 中 4 规定进行。

5.3 细度

按 GB 6753.1 规定进行。

5.4 贮存稳定性

按 GB 6753.3 规定进行。

5.5 划格试验

按 GB 9286 规定(切割间距 2 mm)划格后,用绘图用透明粘胶带将划格粘贴后,以拇指轻压胶带排出下面气泡,在 60～120 s 内拿住胶带没粘着的一端,并将其翻转到尽可能接近 180°角的位置上,迅速地(不要猛然一拉)将胶带撕下,观察划格处漆膜情况。

5.6 铅笔硬度

按 GB 6739 规定,在底材为马口铁板的试板上进行。

5.7 弯曲试验

按 GB 6742 规定进行。

5.8 光泽

按 GB 9754 规定进行。

5.9 杯突试验

按 GB 9753 规定进行。

5.10 耐水性

按 GB 5209 规定在 GB 6682 三级水中进行。

5.11 耐汽油性

按 GB 9274 规定中 5 浸泡在符合 GB 1922 规定的 120 号溶剂汽油中进行。

5.12 耐温变性

按 5.3 规定制备好漆膜后,放入 90±2℃恒温箱中 240 h,取出室温下放置 0.5 h 后,放入—40±2℃低温箱中 24 h,再取出于室温下放置 0.5 h 后测试 2 mm 划格试验。

5.13 加速老化试验

按 GB 1765 规定制板后,按 GB 1865 规定进行。

5.14 耐候性

按 GB 1765 规定制板后,按 GB 1767 规定进行。

5.15 鲜映性

以鲜映性测定仪测定之,步骤为:

5.15.1 起动电源开关,观察电压计,调整电压用电位器,使指针处于电压计界线相一致的位置,若调整后指针仍处于分界线的左侧,则应更换电源。

5.15.2 将标准镜面放于桌上,把本机底部的测定窗放于该镜面上,然后启动电源开关,从目视筒观察映照在镜面上的标准板,确认可以清晰地读取该板上的 Gd 值 10 之数字。

5.15.3 将测定窗放于被测涂面上,启动电源开关,从目视筒观察映照在涂膜上的标准板,读数可以清晰地数字即为 Gd 值。

5.15.4 重复测定五次,取平均值作为结果。

6 检验规则

6.1 本标准中所列的全部技术要求项目为型式检验项目。在正常生产情况下,至少一年进行一次型式检验。容器中的物料状态、细度、划格试验、铅笔硬度、弯曲试验、光泽、杯突试验、耐汽油性、鲜映性为出厂检验项目。

6.2 产品由生产厂的检验部门按本标准的规定进行检验。生产厂应保证所有出厂产品都应符合本标准的技术要求,产品应有合格证,必要时另附使用说明及注意事项。

6.3 接受部门有权按本标准的规定,对产品进行检验,如发现质量不符合本标准技术要求规定时,供需双方共同按 GB 3186 重新取样进行复验,如仍不符合本标准技术要求规定时,产品即为不合格,接受部门有权退货。

6.4 产品按 GB 3186 进行取样,样品应分成两份,一份密封贮存一年备查,另一份作检验用样品。

6.5 产品出厂时应对产品包装、数量及标志检验核对,如发现包装有损漏、数量有出入、标志不符合规定等现象时,应及时进行处理。

6.6 供需双方在产品质量上发生争议时,由产品监督检验机构执行仲裁检验。

7 标志

按 GB 9750 进行。

8 包装、贮存和运输

8.1 产品应贮存于清洁、干燥、密封的容器中,装量不大于容积的 95%。产品在存放时,应保持通风、干燥、防止日光直接照射,并应隔绝火源远离热源,夏季温度过高时应设法降温。

8.2 产品在运输时,应防止雨淋,日光曝晒,并应符合有关规定。

8.3 产品在符合 8.1、8.2 的贮存条件下,自生产之日起,有效贮存期为一年

9 安全、卫生规定

该漆含有二甲苯、丁醇、芳烃等有机溶剂,属易燃液体,并且有一定的毒害性,施工现场应注意通风、采取防火、防静电、预防中毒等安全措施,遵守涂装作业,安全操作规程和有关规定。

附 录 A
施 工 参 考
（参考件）

A1 由于本标准仅规定了客、货汽车用面漆的主要技术指标,对于产品的粘度、干燥条件、遮盖力等项要求,可由用户与生产厂按不同类型的产品具体协商确定。

A2 调整粘度的稀释剂可按具体产品类型选择配套的或专用的稀释剂。

A3 产品超过贮存期,可按本标准进行检验,如结果符合要求仍可使用。

附加说明:

本标准由中华人民共和国化学工业部提出。

本标准由全国涂料和颜料标准化技术委员会归口。

本标准由沈阳油漆厂负责起草。

本标准主要起草人于同兰、赵生旗、徐雅芹、周德翔。

中华人民共和国国家标准

GB/T 13493—92

汽 车 用 底 漆

Primer for automobiles

1 主题内容与适用范围

本标准规定了汽车用底漆的技术要求、试验方法、检验规则、标志、包装、贮存等。

本标准适用于各种汽车车身、车箱及其零部件的底层涂饰的涂料。

2 引用标准

GB 1727 漆膜一般制备法

GB 1728 漆膜、腻子膜干燥时间测定法

GB 1729 漆膜颜色及外观测定法

GB 1740 漆膜耐湿热测定法

GB 1764 漆膜厚度测定法

GB 1765 测定耐湿性、耐盐雾、耐候性(人工加速)的漆膜制备法

GB 1770 底漆腻子打磨性测定法

GB 1922 溶剂油

GB 3186 涂料产品的取样

GB 5208 涂料闪点测定法 快速平衡法

GB 5209 色漆和清漆耐水性的测定 浸水法

GB 6682 试验室用水规格

GB 6739 漆膜硬度铅笔测定法

GB 6741 均匀漆膜制备法(旋转涂漆器法)

GB 6753.1 涂料研磨细度测定法

GB 6753.3 涂料贮存稳定性试验方法

GB 6753.4 涂料流出时间的测定 ISO 流量杯法

GB 9271 色漆和清漆 标准试板

GB 9274 色漆和清漆 耐液体介质的测定

GB 9278 涂料试样状态调节和试验的温湿度

GB 9286 色漆和清漆 漆膜的划格试验

GB 9750 涂料产品的包装标志

GB 9753 色漆和清漆 杯突试验

3 技术要求

产品应符合下列技术要求:

国家技术监督局1992-06-09批准　　　　　　　　　　　　1993-06-01实施

表 1

项 目		指 标
容器中的物料状态		应无异物、无硬块、易搅拌成粘稠液体
粘度(6#杯),s	不小于	50
细度,μm	不大于	60
贮存稳定性,级	不小于	
沉降性		6
结皮性		10
闪点,℃	不低于	26
颜色及外观		色调不定、漆膜平整、无光或半光
干燥时间,h,	不大于	
实干		24
烘干(120±2℃)		1
铅笔硬度,	不小于	B
杯突试验,mm,	不小于	5
划格试验,级		0
打磨性,(20次)		易打磨不粘砂纸
耐油性,(48 h)		外观无明显变化
耐汽油性,(6 h)		不起泡、不起皱,允许轻微变色
耐水性,(168 h)		不起泡、不生锈
耐酸性,(0.05 mol/L H₂SO₄ 中,7 h)		不起泡、不起皱,允许轻微变色
耐碱性,(0.1 mol/L NaOH 中,7 h)		不起泡、不起皱,允许轻微变色
耐硝基漆性		不咬起、不渗红
耐盐雾性,(168 h)级		切割线一侧 2 mm 外,通过一级
耐湿热性,(96 h)级,	不大于	1

4 试验方法

4.1 试验的一般条件

4.1.1 取样按 GB 3186 规定进行。

4.1.2 状态调节和试验环境规定按 GB 9278 规定进行。

4.1.3 标准试板按 GB 9271 规定进行。

4.1.4 漆膜厚度按 GB 1764 规定进行。

4.1.5 漆膜一般制备按 GB 1727 规定进行,仲裁按 GB 6741 规定进行。

4.2 容器中物料的状态

按 GB 3186 中 4 规定进行。

4.3 粘度

按 GB 6753.4 规定进行。

4.4 细度

按 GB 6753.1 规定进行。

4.5 贮存稳定性

按 GB 6753.3 规定进行。

4.6 闪点

按 GB 5208 规定进行。

4.7 颜色与外观

按 GB 1729 规定进行。

4.8 干燥时间

按 GB 1728 规定(3)中乙法进行。

4.9 铅笔硬度

按 GB 6739 规定在底材为马口铁板的试板上进行。

4.10 杯突试验

按 GB 9753 规定进行。

4.11 划格试验

按 GB 9286 规定(切割间距 1 mm)划格后,用绘图透明胶带将划格粘贴后,以拇指轻压胶带,排出下面气泡。在 60～120 s 内拿住胶带没有粘着的一端,并将其翻转到尽可能接近 180°角的位置上,迅速地(不要猛然一拉)将胶带撕下,观察划格处漆膜情况。

4.12 打磨性

按 GB 1770 规定用 300 号水砂纸进行打磨。

4.13 耐水性

按 GB 5209 规定,漆膜先喷一道漆,静置 10～15 min,在 120±2℃ 烘 1 h。待冷却至室温后以 320 目的水砂纸轻轻水磨后,于 60±2℃ 烘 30 min。取出冷至室温再喷一道漆,静置 10～15 min,于 120±2℃ 烘 1 h。冷却至室温后在符合 GB 6682 三级水中进行(漆膜总厚度为 45±5 μm)。

4.14 耐油性

按 GB 9274 规定中 5 浸泡法并按 4.13 制板后浸入符合 GB 4851 规定的 HQ-10 油中进行。

4.15 耐汽油性

按 GB 9274 规定中 5 浸泡法,并按 4.13 制板后浸入符合 GB 1922 规定的 120 号溶剂汽油中进行。

4.16 耐酸性

按 GB 9274 规定中 5 浸泡法,在 4.13 制板条件下进行。

4.17 耐碱性

按 GB 9274 规定中 5 浸泡法,在 4.13 制板条件后进行。

4.18 耐硝基性

在制备好的干燥漆膜上喷涂粘度约 18 s(涂-4)的 Q 04-2 白硝基外用磁漆后,待漆膜干燥后观察。

4.19 耐盐雾性

按 GB 1765 规定,在经锌盐薄层磷化处理的 08 号钢板上制备漆膜后,中心部位用锐利的刀片按 60 度夹角划两条交叉透底的切割线,以与垂直线 30 度角放置在盐水浓度为 5±1%,pH 为 6.5～7.2,温度为 35～36.7℃ 的盐雾箱中。盐雾箱中盐雾沉降量为 80 cm² 内 1～2 mL/1h。连续试验 48 h 检查一次,两次检查后,每隔 72 h 检查一次,每次检查后样板应变换位置。检查时应注意观察沿切割线漆膜下面锈蚀蔓延情况,以单侧蔓延锈蚀及起泡情况不超过 2 mm 为准。

4.20 耐湿热性

按 GB 1740 规定进行。

5 检验规则

5.1 本标准中所列的全部技术要求项目为型式检验项目。在正常生产情况下至少每年进行一次型式检验。粘度、细度、闪点、漆膜颜色及外观、干燥时间、铅笔硬度、杯突试验、划格试验、打磨性、耐油性、耐汽油性、耐酸性、耐碱性、耐硝基性为出厂检验项目。

5.2 产品由生产厂的检验部门按本标准的规定进行检验。生产厂应保证所有出厂产品都应符合本标准的技术要求。产品应有合格证。必要时另附使用说明及注意事项。

5.3 接受部门有权按本标准的规定,对产品进行检验。如发现质量不符合本标准技术指标规定时,供需双方共同按 GB 3186 重新取样进行复验。如仍不符合本标准技术要求规定时,产品即为不合格,接受部门有权退货。

5.4 产品按 GB 3186 进行取样,样品应分成两份,一份密封贮存一年备查,另一份作检验用样品。

5.5 产品出厂时应对产品包装、数量及标志检验核对,如发现包装有损漏、数量有出入、标志不符合规定等现象时,应及时进行处理。

5.6 供需双方在产品质量上发生争议时,由产品监督检验机构执行仲裁检验。

6 标志

按 GB 9750 进行。

7 包装、贮存和运输

7.1 产品应贮存于清洁、干燥、密封的容器中,装量不大于容积的 95%。产品在存放时,应保持通风、干燥、防止日光直接照射,并应隔绝火源远离热源、夏季温度过高时应设法降温。

7.2 产品在运输时,应防止雨淋,日光曝晒。并应符合有关规定。

7.3 产品符合 7.1、7.2 的贮存条件下,自生产之日起,有效贮存期为一年。

8 安全、卫生规定

该漆含有二甲苯、200 号溶剂油等有机溶剂,属易燃液体,并具有一定的毒害性,施工现场应注意通风、采取防火、防静电、预防中毒等安全措施,遵守涂装作业,安全操作规程和有关规定。

附 录 A
施 工 参 考
（参考件）

A1 调整粘度的稀释剂可按具体产品类型选择配套的或专用的稀释剂。

A2 产品超过贮存期,可按本标准进行检验,如结果符合要求仍可使用。

附加说明:

本标准由中华人民共和国化学工业部提出。

本标准由全国涂料和颜料标准化技术委员会归口。

本标准由沈阳油漆厂负责起草。

本标准主要起草人于同兰、赵生旗、徐雅芹、周德翔。

ICS 47.020.05
U 05

中华人民共和国国家标准

GB/T 14616—2008
代替 GB/T 14616—1993

机舱舱底涂料通用技术条件

General specification for engine-room bottom coating

2008-07-30 发布 2009-02-01 实施

中华人民共和国国家质量监督检验检疫总局
中国国家标准化管理委员会 发 布

前　言

本标准代替 GB/T 14616—1993《机舱舱底涂料通用技术条件》。

本标准与 GB/T 14616—1993 相比，主要有下列变化：

——引用标准中增加了 GB/T 13491、GB/T 9274—1988、HG/T 2458，取消了 GB/T 1727—1992、
　　GB/T 1765—1979、GB/T 1734—1993、GB/T 1763—1979、GB/T 1732—1993、GB/T 8923—1988；

——增加了固体含量技术指标规定；

——调整了技术指标中的耐盐雾性试验时间；

——取消了黏度、密度和耐冲击性等技术指标规定。

本标准由中国船舶重工集团公司提出。

本标准由全国海洋船标准化技术委员会船用材料应用工艺分技术委员会归口。

本标准负责起草单位：中国船舶重工集团公司第七二五研究所。

本标准参加起草单位：上海开林造漆厂、武昌造船厂。

本标准主要起草人：陈凯锋、陈乃红、欧伯兴、姚晓红、孙祖信。

本标准所代替标准的历次版本发布情况为：

——GB/T 14616—1993。

机舱舱底涂料通用技术条件

1 范围

本标准规定了机舱舱底涂料(以下简称涂料)的技术要求、试验方法、检验规则、标志、包装、运输和贮存等。

本标准适用于钢船主机、辅机及泵舱舱底的涂料体系。

2 规范性引用文件

下列文件中的条款通过本标准的引用而成为本标准的条款。凡是注日期的引用文件,其随后所有的修改单(不包括勘误的内容)或修订版均不适用于本标准,然而,鼓励根据本标准达成协议的各方研究是否可使用这些文件的最新版本。凡是不注日期的引用文件,其最新版本适用于本标准。

GB/T 1724 涂料细度测定法

GB/T 1725 色漆、清漆和塑料 不挥发物含量的测定(GB/T 1725—2007,ISO 3251:2003,IDT)

GB/T 1728 漆膜、腻子膜干燥时间测定法

GB/T 1771 色漆和清漆 耐中性盐雾性能的测定(GB/T 1771—2007,ISO 7253:1996,IDT)

GB/T 3186 色漆、清漆和色漆与清漆用原材料 取样(GB/T 3186—2006,ISO 15528:2000,IDT)

GB/T 5210 色漆和清漆 拉开法附着力试验(GB/T 5210—2006,ISO 4624:2002,IDT)

GB/T 9274—1988 色漆和清漆 耐液体介质的测定(eqv ISO 2812:1974)

GB/T 9750 涂料产品包装标志

GB/T 10834 船舶漆耐盐水性的测定 盐水和热盐水浸泡法

GB/T 13491 涂料产品包装通则

HG/T 2458 涂料产品检验、运输和贮存通则

3 要求

3.1 一般要求

3.1.1 涂料应能在通常的环境和确保安全条件下施工和干燥。

3.1.2 在温度(23±2)℃下,双组分涂料混合后其适用期按各产品生产厂技术要求规定。

3.1.3 涂料从制造之日起至少一年内,产品在原容器中应能用人工或机械搅拌均匀。

3.1.4 涂料应能和常用车间底漆配套。

3.1.5 涂料应适用于刷涂、辊涂和高压无气喷涂等方式施工,在规定的漆膜厚度内施工应不发生流挂。

3.1.6 涂料自然老化或破坏时,应能用原涂料体系进行修补。

3.1.7 涂料用稀释剂应按生产厂技术要求执行。

3.2 技术指标

3.2.1 涂料技术指标

涂料技术指标应符合表1要求。

表 1　涂料技术指标

项目名称		技术指标
细度		≤80 μm(鳞片涂料除外)
固体含量		≥70%
干燥时间	表干	≤8 h
	实干	≤24 h

3.2.2 涂层技术指标

涂层技术指标应符合表2要求。

表 2　涂层技术指标

项目名称	技术指标
附着力	≥3 MPa
耐盐雾性(600 h)	涂膜无起泡、龟裂、剥落、起皱和锈斑等
耐热盐水性[(40±2)℃,336 h]	
耐柴油性[(23±2)℃,0.5 a]	涂膜无起泡、软化、剥落和锈斑等

4　试验方法

4.1　细度

细度的测定按 GB/T 1724 的规定进行。结果应符合 3.2.1 的要求。

4.2　固体含量

固体含量的测定按 GB/T 1725 的规定进行。结果应符合 3.2.1 的要求。

4.3　干燥时间

干燥时间的测定按 GB/T 1728 的规定进行。结果应符合 3.2.1 的要求。

4.4　附着力

附着力的测定按 GB/T 5210 的规定进行。结果应符合 3.2.2 的要求。

4.5　耐盐雾性

耐盐雾性的测定按 GB/T 1771 的规定进行。结果应符合 3.2.2 的要求。

4.6　耐热盐水性

耐热盐水性的测定按 GB/T 10834 的规定进行。结果应符合 3.2.2 的要求。

4.7　耐柴油性

耐柴油性的测定按 GB/T 9274—1988 甲法(浸泡法)的规定进行。结果应符合 3.2.2 的要求。

5　检验规则

5.1　检验分类

涂料检验分为型式检验和出厂检验。

5.2　型式检验

5.2.1　检验项目

涂料的型式检验项目为 3.2 规定的所有技术指标项目。

5.2.2　检验要求

涂料有下列之一情况时,应进行型式检验:

a)　正常生产时,每三年至少应进行一次型式检验;

b)　当产品配方有改变,新投产时;

c) 当材料、工艺有较大改变,足以影响涂料性能时;

d) 产品停产半年重新恢复生产时。

5.2.3 判定规则

涂料的型式检验项目全部符合 3.2 要求时,判定型式检验合格。若有一项不符合要求,则判定为涂料型式检验不合格。

5.3 出厂检验

5.3.1 检验项目

涂料的出厂检验项目为 3.2.1 规定的所有技术指标项目。

5.3.2 组批规则

涂料按每一贮漆槽为一批,检验以批为单位。

5.3.3 取样

涂料按 GB/T 3186 的规定进行取样,样品应分为两份,一份密封贮存备查,另一份用作检验。

5.3.4 判定规则

每批涂料的出厂检验项目全部符合 3.2.1 要求时,判定该批涂料的出厂检验合格。若有一项不符合要求,则判定该批涂料出厂检验不合格。

6 标志、包装、运输和贮存

6.1 标志

涂料产品标志应符合 GB/T 9750 的要求。

6.2 包装

涂料产品的包装应符合 GB/T 13491 的要求。

6.3 运输

涂料产品的运输应符合 HG/T 2458 的要求。

6.4 贮存

涂料的贮存应符合 HG/T 2458 的要求。涂料在原包装封闭的条件下,贮存期自生产完成之日起为一年。超过贮存期可按本标准规定的项目进行检验,若检验合格,仍可使用。

ICS 87.040
G 51

中华人民共和国国家标准

GB/T 24100—2009

X、γ 辐射屏蔽涂料

X、γ radiation shielding coating

2009-06-02 发布

2010-02-01 实施

中华人民共和国国家质量监督检验检疫总局
中国国家标准化管理委员会 发布

前　言

本标准由中国石油和化学工业协会提出。

本标准由全国涂料和颜料标准化技术委员会(SAC/TC 5)归口。

本标准起草单位:北京金铠盾防辐射技术有限公司、哈尔滨龙江劳动防护科技开发公司。

本标准主要起草人:刘冬凌、刘洪刚、刘景尧、宋文强、张海涛。

X、γ 辐射屏蔽涂料

1 范围

本标准规定了 X、γ 辐射屏蔽涂料的技术要求、检验规则、包装、标志、运输及贮存等。

本标准适用于粉状、膏状、砂浆状 X、γ 辐射屏蔽涂料,采用抹涂、刮涂的施工方法。

2 规范性引用文件

下列文件中的条款通过本标准的引用而成为本标准的条款。凡是注日期的引用文件,其随后所有的修改单(不包括勘误的内容)或修订版均不适用于本标准,然而,鼓励根据本标准达成协议的各方研究是否可使用这些文件的最新版本。凡是不注日期的引用文件,其最新版本适用于本标准。

GB/T 12573 水泥取样方法

GB/T 17671 水泥胶砂强度检验方法(ISO 法)

GB 18582—2008 室内装饰装修材料 内墙涂料中有害物质限量

GB 50212 建筑防腐蚀工程施工及验收规范

GBZ/T 147 X 射线防护材料衰减性能的测定

JGJ 70 建筑砂浆基本性能试验方法

3 术语和定义

下列术语和定义适用于本标准。

3.1

电离辐射 ionizing radiation

在辐射防护领域,指能在生物物质中产生离子对的辐射。

3.2

铅当量 lead equivalent

在相同照射条件下,具有与被测防护材料等同屏蔽能力的铅层厚度。单位以 mm Pb 表示。

3.3

体积密度 bulk density

在规定条件下,材料单位体积(包括所有孔隙在内)的质量。

3.4

挥发性有机化合物 volatile organic compounds

VOC

在 101.3 kPa 标准压力下,任何初沸点低于或等于 250 ℃的有机化合物。

3.5

挥发性有机化合物含量 volatile organic compounds content

按规定的测试方法测试产品所得到的挥发性有机化合物的含量。

4 技术要求

4.1 产品外观

无潮湿,无结块,无杂质。

4.2 产品铅当量、物理力学性能

产品铅当量、物理力学性能应符合表1的规定。

表 1 铅当量、物理力学性能要求

项　　目		要　　求
铅当量/(mm Pb/10 mm 涂层)	≥	0.9
体积密度/(kg/m³)	≥	2 850
抗压强度/MPa	≥	20.0
抗折强度/MPa	≥	3.0
抗拉强度/MPa	≥	2.0
粘接强度(混凝土)/MPa	≥	0.20

4.3 产品中有害物质含量

产品中有害物质含量应符合表2的规定。

表 2 有害物质含量要求

项　　目			要　　求
挥发性有机化合物(VOC)/(g/L)	≤		120
苯、甲苯、乙苯、二甲苯总和/(mg/kg)	≤		300
游离甲醛/(mg/kg)	≤		100
可溶性重金属/(mg/kg)	≤	铅 Pb	90
		镉 Cd	75
		铬 Cr	60
		汞 Hg	60

5 试验方法

5.1 涂料取样

按 GB/T 12573 的规定进行。

5.2 外观质量

在正常自然光或 200 lx 光源条件下,用目视方法观察。

5.3 铅当量

按 JGJ 70 中抗压强度试验规定,制备面积为 200 mm×200 mm,厚度 10 mm～20 mm 试件 3 块,在不通风的室内自然养护,室温 20 ℃±5 ℃,相对湿度 60%～80%,保持试件潮湿的状态下,养护 7 d,然后按 GBZ/T 147 的规定进行试验。管电压 120 kV,2.5 mmAl 过滤片。

5.4 体积密度

按 JGJ 70 中抗压强度试验规定,制备 200 mm×200 mm×15 mm 试件 3 块。将试件放入温度为 105 ℃±5 ℃的烘干箱中烘干至恒重,计算出单位体积的质量,体积密度由 3 次试验结果的算术平均值确定。

5.5 抗压强度

按 JGJ 70 的规定进行。

5.6 抗折强度

按 GB/T 17671 的规定进行。

5.7 抗拉强度和粘接强度

按 GB 50212 的规定进行。

5.8 有害物质限量

按 GB 18582—2008 的规定进行。

6 检验规则

6.1 检验分类

6.1.1 产品检验分出厂检验和型式检验。

6.1.2 出厂检验项目包括：

本标准条款中 4.1、7.1、7.2。

6.1.3 型式检验项目包括本标准所列全部技术要求。在正常生产情况下，每年至少进行一次型式检验。有下列情况之一时，应进行型式检验：

a) 新产品定型鉴定时；

b) 产品主要原材料及用量或生产工艺重大变更时；

c) 产品停产半年后恢复生产时；

d) 国家质量监督检验机构提出型式检验要求时。

6.2 检验结果的判定

如检验结果中有某项不合格时，应重新取样进行复检，仍存在下列条款之一者，则判该产品为不合格产品。

a) 铅当量和表 2 各项中有一项不合格；

b) 表 1 各项（铅当量除外）和本标准条款中 4.1、7.1、7.2 中有两项不合格。

7 包装、标志、运输和贮存

7.1 产品外包装使用防水编织袋包装，包装袋上应有如下标志：

a) 产品名称；

b) 商标；

c) 每袋净重；

d) 执行标准号；

e) 生产日期或批号；

f) 厂名、厂址及邮政编码。

7.2 产品出厂应附有产品检验合格证和使用说明书。检验合格证包括以下内容：

a) 产品名称；

b) 生产厂名称、地址；

c) 生产日期；

d) 检验员代号等。

7.3 运输和贮存时勿日晒、雨淋。严禁与酸、碱等腐蚀物接触。

7.4 产品应贮存在干燥通风库房内，离地垫高 100 mm 以上。

7.5 产品在上述条件下，自生产之日起，产品贮存期为 6 个月。超过贮存期可按本标准进行型式试验，合格后方可销售和使用，但贮存期限最多不得超过 12 个月。

前　言

随着我国经济的发展,道路里程的快速增加,道路用标线涂料的使用越来越普及。由于标线涂料的质量直接关系到道路交通的安全,为了规范道路标线涂料的生产、促进产品质量的提高,特制定本标准。

本标准与 GN 47—89、GN 48—89 相比改变了以下几项主要内容:

增加了对道路标线涂料产品逆反射性能、附着力性能的要求,并规定了相应的试验方法、检验规则。对相对密度测定、外观检验及外观和颜色检验等性能的试验方法重新做了规定。

本标准由中华人民共和国公安部交通管理局提出并归口。

本标准由公安部交通管理科学研究所负责起草,海虹老人牌涂料(深圳)有限公司参与起草。

本标准主要起草人:吴云强、包勇强、邱红桐、赵卫兴、王军华。

中华人民共和国公共安全行业标准

道 路 标 线 涂 料　　　　　　　　　　GA/T 298—2001

Pavement marking paint

1 范围

本标准规定了道路标线涂料产品的分类与命名、技术要求、试验方法、检验规则、标志、使用说明书、包装、运输及贮存。

本标准适用于道路标线涂料(以下简称涂料)。

2 引用标准

下列标准所包含的条文,通过在本标准中引用而构成为本标准的条文。本标准出版时,所示版本均为有效。所有标准都会被修订,使用本标准的各方应探讨使用下列标准最新版本的可能性。

GB/T 1720—1979　漆膜附着力测定法

GB/T 1725—1979　涂料固体含量测定法

GB/T 1726—1979　涂料遮盖力测定法

GB/T 1727—1992　漆膜一般制备方法

GB/T 1731—1993　漆膜柔韧性测定法

GB/T 1733—1993　漆膜耐水性测定法

GB/T 1768—1979　漆膜耐磨性测定法

GB 3186—1982　涂料产品的取样

GB/T 8416—1987　视觉信号表面色

GB/T 9269—1988　建筑涂料粘度的测定　斯托默粘度计法

GB/T 9284—1988　色漆和清漆用漆基　软化点的测定　环球法

GB/T 9750—1998　涂料产品包装标志

HG/T 2458—1993　涂料产品检验、运输和贮存通则

3 定义

本标准采用下列定义。

3.1 遮盖力　hieling power

使所涂覆物体表面不再能透过涂膜而显露出来的能力。

3.2 反射比　reflect ratio

在规定的照明和观察条件下,物体表面亮度与完全漫反射或完全漫透射的亮度之比。

3.3 逆反射　retroreflection

反射光线从靠近入射光线的反方向向光源反回的反射,见图1。

中华人民共和国公安部 2001-03-28 批准　　　　　　　　　　　　　　　2001-10-01 实施

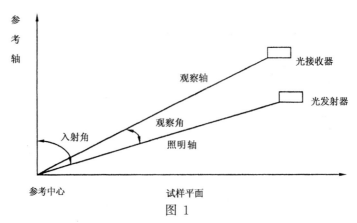

图 1

3.4 参考中心 reference center

在确定逆反射材料特性时,试样的中心或接近中心的一个点,见图1。

3.5 参考轴 reference axis

起始于参考中心,垂直于被测试样反射面的直线,见图1。

3.6 观察轴 observation axis

连接参考中心和光接收器中心的直线,见图1。

3.7 照明轴 illumination angle

连接参考中心和光源中心的直线,见图1。

3.8 入射角 entrance angle

照明轴与参考轴之间的夹角,见图1。

3.9 观察角 observation angle

观察轴与照明轴之间的夹角,见图1。

3.10 逆反射系数 coefficient of retroreflection

平面逆反射表面上的发光强度与其表面法向照度和表面面积之比,即单位面积的逆反射系数。

3.11 固体含量 non-volatile

涂料在一定温度下加热焙烘后剩余物质量与试样质量的比值,以百分数表示。

4 分类

道路标线涂料的分类见表1。

表 1

种 类		施工条件	使 用 方 法	涂料状态
常温型标线涂料	A	常温	涂料中不含玻璃珠,施工时也不撒布玻璃珠	液态
	B		涂料中不含玻璃珠,施工时随涂料喷涂后撒布玻璃珠于湿膜上	
加热型标线涂料	A	加热 (40~60℃)	涂料中不含玻璃珠,加热施工时也不撒布玻璃珠	液态
	B		涂料中不含玻璃珠或含15%以下的玻璃珠,加热施工时随涂料喷涂后撒布玻璃珠于湿膜上	
热熔型涂料	A	加热	涂料中不含玻璃珠或含15%以下的玻璃珠,加热施工时也不撒布玻璃珠	固态
	B		涂料中含15%~23%的玻璃珠,加热施工时再在涂膜上撒布玻璃珠	

5 技术要求

5.1 常温型、加热型标线涂料的技术要求应符合表 2 规定。

表 2

项目 \ 种类		常温型标线涂料		加热型标线涂料	
		A	B	A	B
容器中状态		应无结块、结皮现象、易于搅匀			
稠度/KU		≥60	≥75	90～130	
施工性能		刷涂、空气或无空气喷涂施工性能良好		加热至 40～60℃时无空气喷涂性能良好	
漆膜颜色及外观		应无发皱、泛花、起泡、开裂、发粘等现象,颜色范围应符合 GB/T 8416 的规定			
不粘胎干燥时间 min		≤15		≤10	
遮盖力 g/m²	白色	≤190			
	黄色	≤200			
固体含量(%)		≥60		≥65	
附着力		≤5 级		≤4 级	
耐磨性 mg		≤40(200 r/1 000 g 磨耗减重)			
耐水性		漆膜经蒸馏水 24 h 浸泡后应无开裂、起泡、孔隙、起皱等异常现象			
耐碱性		在氢氧化钙饱和溶液中浸泡 18 h 应无开裂、起泡、孔隙、剥离、起皱及严重变色等异常现象			
漆膜柔韧性		经 5 mm 直径圆棒屈曲试验,应无龟裂、剥离等异常现象			
玻璃珠撒布试验		—	玻璃珠应均匀附在漆膜上	—	玻璃珠应均匀附在漆膜上
玻璃珠牢固附着率		—	玻璃珠应有 90% 以上牢固附着率	—	玻璃珠应有 90% 以上牢固附着率
逆反射系数 mcd·lx⁻¹·m⁻²	白	—	≥200	—	≥200
	黄	—	≥100	—	≥100

5.2 热熔型标线涂料的技术要求应符合表 3 规定。

表 3

项目 \ 种类	热 熔 型 涂 料	
	A	B
相对密度	1.8～2.3	
软化点 ℃	90～140	
涂膜颜色及外观	涂膜冷却后应无皱纹、斑点、起泡、裂纹、脱落及表面无发粘等现象,颜色范围应符合 GB/T 8416 的规定	
不粘胎干燥时间 min	≤3	

表 3（完）

种类 项目	热 熔 型 涂 料	
	A	B
抗压强度 Pa	$\geqslant 1.2 \times 10^7$	
耐磨性 mg	$\leqslant 60(200\ r/1\ 000\ g\ 磨耗减重)$	
白色度	$\geqslant 65$	
耐碱性	在氢氧化钙饱和溶液中浸泡 18 h 应无开裂、起泡、孔隙、剥离、起皱及严重变色等异常现象	
加热残留份(%)	$\geqslant 99$	
逆反射系数 mcd·lx^{-1}·m^{-2}	白	—	$\geqslant 200$
	黄	—	$\geqslant 100$

5.3 玻璃珠的品质应符合表 4 的规定。

表 4

种类 项目	A		B	
容器中玻璃珠状态	粒状或松散团状			
密度 (在 23℃±2℃的二甲苯中)	2.4～2.6			
粒径	标准筛筛号(目)	筛余物(%)	标准筛筛号(目)	筛余物(%)
	20	0	30	0
	20～30	5～30		
	30～50	30～80	30～50	40～90
	50～140	10～40		
	140 以下	95～100	100	95～100
外观	无色透明球状,扩大 10～50 倍观察时,熔融团、片状、尖状物,有色气泡等瑕疵珠不应超过总量的 20%。			
折射率(20℃浸渍法)	$\geqslant 1.5$			
耐水性	取 10 g 样品放于 100 mL 蒸馏水中,于沸腾水浴中加热 1 h 后冷却,玻璃珠表面不应出现糊状。中和这 100 mL 水所需 0.01 M 的盐酸应在 10 mL 以下。			
注:对玻璃珠品质要求仅供厂家参考,在型式检验中不作为检验项目。				

6 试验方法

如无特殊要求,所有试验均在下述大气条件下进行:

环境温度:23℃±2℃

环境相对湿度:50%±5%

6.1 常温型道路标线涂料试验方法

取样按 GB 3186 进行。

6.1.1 容器中状态

用调刀检查容器中试样有无结皮、结块,是否易于搅匀。

6.1.2 稠度

按 GB/T 9269 进行。

6.1.3 施工性能

施工性能与漆膜制备按 GB/T 1727 进行。在制作过程中,可分别用喷涂、刷涂等方法在镀锌铁板、玻璃板、或沥青毡上进行涂布。涂膜时可在试样中加入生产厂家推荐的稀释剂进行稀释,所用量不应超过厂家规定的限度。根据经验和漆膜外观评价施工性能。

6.1.4 漆膜颜色及外观

外观:将试样涂布于镀锌铁板或玻璃板上,放置 24 h 后,在自然光下观察漆膜表面是否有皱纹、泛花、气泡、开裂等现象,并用手指试验有无粘着性。与经同样处理的标准样板比较,观察两块试板上孔隙、粒度的差异程度。

色度性能:在已充分干燥的漆面上任意取三点,用 D_{65} 光源 45°/0°色度计测其反射比和色品坐标,并取其平均值,颜色范围应符合 GB/T 8416 规定。

6.1.5 不粘胎干燥时间

将试样涂布于玻璃片(200 mm×150 mm×5 mm)上,涂成与玻璃片的短边平行在长边中心处成一条 80 mm 宽的带状见图 3。湿漆膜厚度为 200 μm±20 μm。涂后,立刻按下秒表,10 min 后把测定仪自试板的短边一端中心处向另一端滚动 1 s,立刻用肉眼观察测定仪的轮胎有无粘漆,若有粘漆,立刻用丙酮或甲乙酮湿润过的棉布擦净轮胎,此后每 30 s 重复一次试验,直至轮胎不粘漆时,停止秒表记时,该时间即为该试样的"不粘胎时间"。滚动仪器时,应两手轻轻持柄,避免仪器自重以外的任何力加于漆面上。滚动方向如图 3 所示。

注:图 2 所示为不粘胎时间测定仪,轮子外边装有合成橡胶的平滑轮胎,轮的中心有轴,其两端为手柄,仪器总质量为 15.8 kg±0.2 kg,该轮为两侧均质。

6.1.6 遮盖力

按 GB/T 1726 进行。

6.1.7 固体含量(%)

按 GB/T 1725 进行。

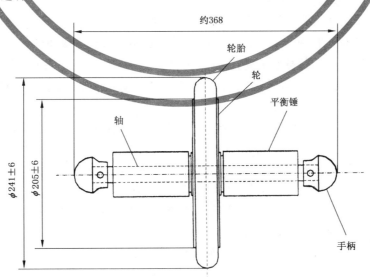

图 2 不粘胎时间测定仪

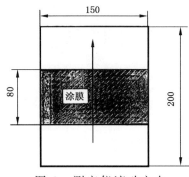

图 3　测定仪滚动方向

6.1.8　附着力

试验设备应能满足 GB/T 1720 的要求。

按 GB/T 1720 的规定方法制备试样,在漆膜附着力测定仪上进行圆滚划痕,依据评级方法判定其附着力级别。

6.1.9　耐磨性

按 GB/T 1768 进行。

6.1.10　耐水性

按 GB/T 1733 进行。

6.1.11　耐碱性

检测时将试样涂布于玻璃片(100 mm×100 mm×2 mm)上,干膜厚约 50 μm,放置 72 h,供作试片用,周围不封边。将试片部分置于氢氧化钙饱和溶液中,放置 18 h,然后取出试片,立即用水轻轻洗净,风干 1 h 后检查漆膜表面是否有开裂、起泡、剥离、孔隙等现象。

6.1.12　漆膜柔韧性

按 GB/T 1731 进行。

6.1.13　玻璃珠撒布试验

将试样涂布于玻璃片(200 mm×150 mm×2 mm)上,将漆面向上,保持水平放置。取约 30 g 的玻璃珠(规格由企业自定)自高约 100 mm 处均匀撒布在漆面上,干燥 1 h 后,用干净毛刷扫掉未粘附在漆面上的多余玻璃珠,观察漆膜表面玻璃珠分布是否均匀。

6.1.14　玻璃珠牢固附着率

将试样涂布在玻璃片(约 430 mm×170 mm×3 mm)的中心部位覆盖长约 400 mm,宽约 80 mm 的一块面积上,立即将漆面向上,保持水平放置,准确称取 100 g 如表 4 所规定的玻璃珠自高约 100 mm 处均匀撒布在漆面上,使漆面向上干燥 1 h 后,用干净毛刷扫掉未粘附在漆膜上多余玻璃珠,测定其质量,算出粘附在漆面上的玻璃珠质量。

涂好试样后试片干燥 72 h,将试片漆面向上放至冲刷试验机(见图 4)的试验台上,用毛刷在干燥状态下摩擦漆面。

注:冲刷试验机可用建筑涂料的耐洗涤(耐磨)试验机代替,试验机毛刷质量为 450 g±1 g,在约 300 mm 区间以 1 min 往复 37～40 次的速率经过中心部位约 100 mm 处作匀速运动。

毛刷往复 100 次后,将试片自冲刷试验机取下,收集脱落的玻璃珠,进行水洗、干燥、称其质量。

玻璃珠牢固附着率按下式计算:

$$F = \frac{H - T}{H} \times 100\%$$

式中:F——玻璃珠牢固附着率,%;

H——试验前粘附在漆面上的玻璃珠质量,g;

T——试验后,自漆面上脱落的玻璃珠质量,g。

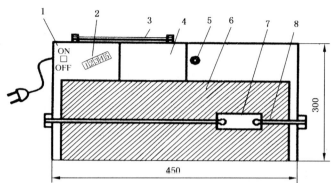

1—电源开关;2—往复多次记录仪;3—传动杆;4—电机;5—回转轴;

6—试片托盘;7—毛刷固定架;8—钢丝绳

图 4　冲刷试验机

6.1.15　逆反射系数

按GB/T 1727制备试片,试片在入射角为86.5°、观察角为1°的照明观测的几何条件下进行检测,测得的逆反射系数,应符合5.1要求。

6.2　加热型道路标线涂料试验方法

加热型道路标线涂料测试时应预加热至40～60℃,检测项目及试验方法同6.1。

6.3　热熔型道路标线涂料试验方法

6.3.1　相对密度

将烧融试样注入图5所示的模型中,冷却至室温,取出,供作试片用,试片称质 W 准确度应达到1 mg。

将预先煮沸除掉空气的水加入烧杯中,精确测量烧杯液面为 L_1 ,称其重量为 W_1 。将试样放入烧杯中后,测量烧杯液面为 L_2 ,然后秤与 L_2 同体积的水的重量为 W_2 。依下式求出相对密度:

$$d = W/(W_2 - W_1)$$

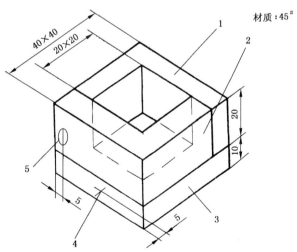

1—制样器右框;2—制样器左框;3—制样器底板;

4—十字槽沉头螺钉 2-M5×16 钢;5—十字槽盘头螺钉 2-M5×16 钢

图 5　制样器-1

6.3.2　软化点测定

按GB/T 9284进行。

6.3.3　漆膜颜色及外观

外观:在镀锌铁板(约 150 mm×70 mm×1 mm)上将熔融试样沿长边方向制成宽约 60 mm,厚约1.5 mm 的漆膜,放置 1 h,供作试片。在自然光下目测试片是否有皱纹、斑点、起泡、裂纹、剥离。

色度性能:在已充分干燥的漆膜面上任意取三点,用 D_{65} 光源 45°/0°色度计测其反射比和色品坐标,并取其平均值,颜色范围应符合 GB/T 8416 规定。

6.3.4 不粘胎干燥时间

将熔融试样在镀锌铁板(约 300 mm×150 mm×1.6 mm)上,涂成宽约 150 mm,长约 200 mm 厚约 1.5 mm 的漆膜。涂后 3 min,用测定仪测试,方法同 6.1.5。

6.3.5 抗压强度

将烧融试样注入图 5 所示的模型中,冷却至室温。用稍加热的小刀削掉上端表面的突出部分,用 100 号砂纸将各面磨平,供作试片(约 20 mm×20 mm×20 mm)。

用精度为 0.02 mm 的游标卡尺测量试样块的外形尺寸精确至 0.01 mm。

将试片放置在材料试验机基板上,使试片与加压片中心线在同一垂线上,且试片的上下端与压缩试验装置的加压面应保持平行。

为使试片的成型加压面承受垂直负荷,对安装在十字头中心的压缩试验装置上的加压片按 30 mm/min 的速度加上荷重。加荷重到屈服值时为止,按下式计算抗压强度:

$$\delta = F/S$$

式中:δ——抗压强度,Pa;

  F——屈服点荷重,N;

  S——加压前试样承载面积,m^2。

在 23 C±2 C 温度条件下测定三个试片,取其平均值。

试验用材料试验机,其标准荷重的允许误差为±1%,屈服点荷重应为容量的 20%以上。

6.3.6 耐磨性

在一块中心开孔(ϕ6.5 mm)薄钢板(约 100 mm×100 mm×1 mm 或直径 100 mm,厚 1 mm)上,涂上厂家规定底油,待底油干后,放上图 6 所示的制样器-2,将已熔融的试料注入制样器,并趁热软时在中心处开一个直径 7 mm 的圆孔,冷却后,移开制样器,可制得直径 100 mm 厚 2~3 mm 的样板。同样方法制作两块,放置 24 h,按 GB/T 1768 中规定的方法进行磨耗试验,两块样板各进行一次,测定磨耗减量,取平均值。

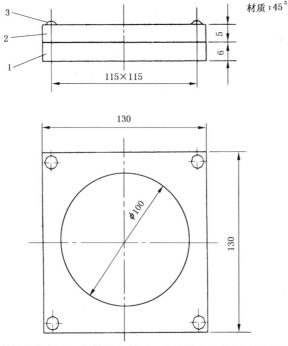

1—制样器底板;2—制样器上板;3—十字槽盘头螺钉 4-M5×10 钢

图 6　制样器-2

6.3.7 白色度

将熔融试样注入图 6 所示的制样器-2 中,保温 3～5 min,令其表面平坦光滑,然后冷至室温,取出作试片。同一个试样应制作试片两块,测量后取其平均值。

测试可采用带三刺激值积分器的分光光度计或用测色色差计读出试片的 Z 值。用下面公式计算出白色度:

$$WH = Z/1.18$$

式中:WH——白色度。

6.3.8 耐碱性

将熔融试样注入图 6 所示的制样器-2 中,冷却至室温,取出供作试片。

将试片部分置于饱和氢氧化钙溶液中,试验环境温度保持在 $23\,℃\pm5\,℃$,放置 18 h。然后取出试片,立即用水轻轻洗净,风干 1 h 后检查试样浸水部分的变色情况。

6.3.9 加热残留份

用天平秤取约 10 g 试样,放入精确秤重过的表面皿中,再精确秤重至 0.001 g。将装有试样的烧杯放入烘箱内加热,于 105～110℃中恒温 3 h 后,取出放于干燥器中冷至室温,精确秤重至 0.001 g。在 105～110℃中再恒温 0.5 h,取出精确称重,反复加热称重至恒质。按下式计算加热残留份:

$$M_0 = (M_1/M_2) \times 100\%$$

式中:M_0——加热残留份,%;

M_1——经加热恒质后的试样质量,g;

M_2——加热前的试样质量,g。

6.3.10 逆反射系数

按 GB/T 1727 制备试片,试片在入射角为 80°、观察角为 0.2°的照明观测的几何条件下检测,测得的逆反射系数,应符合 5.2 要求。

7 检验规则

7.1 检验分类

道路标线涂料检验分型式检验和出厂检验。

7.2 型式检验

7.2.1 道路标线涂料的型式检验在有以下几种情况之一时进行:

    a)产品新设计试生产;

    b)转产;

    c)转厂;

    d)停产后复产;

    e)材料或工艺有重大改变;

    f)合同规定等。

7.2.2 进行型式检验需由申请产品型式检验者提供:

    a)产品使用说明书。说明书中应给出详细的使用、施工方法等内容,还应给出可能会影响使用者人身安全的有关提示信息;

    b)样品 2 kg。

7.2.3 组批与抽样

组批与抽样按 GB 3186 及 HG/T 2458 进行。

7.2.4 判定规则

按表 1 及表 2 规定的试验项目及顺序进行型式检验,如果有一项试验不符合要求则判定为型式检验不合格。

7.3 出厂检验

7.3.1 型式检验合格后,生产厂在产品出厂前,应按 GB 3186 的规定随机抽取足够量的样品进行出厂检验,以保证出厂产品质量符合本标准的要求。

7.3.2 一个检验批可由一个生产批构成,或符合下述条件的几个生产批构成:

    a) 这些生产批是在基本相同的材料、工艺、设备等条件下制造出来的;

    b) 若干个生产批构成一个检验批的时间通常不超过一周,除非有关详细规范允许,但也不得超过一个月。

7.3.3 出厂检验项目为表 1 中的稠度、漆膜颜色及外观、不粘胎干燥时间、遮盖力、漆膜柔韧性及表 2 中的相对密度、软化点、漆膜颜色及外观、不粘胎干燥时间、抗压强度、白色度。出厂检验合格产品应附有合格证。

7.3.4 检验结果判定

    若试样检验结果全部符合要求,则该批产品判定为合格产品。若检验结果有一项不符合要求,则应从同一批产品中加倍抽取试样,进行该不合格项的复检。若复检合格,则该批产品判定为合格;若复检不合格,则该批产品判定为不合格。

8 标志、包装、储存和运输

8.1 标志按 GB/T 9750 进行。

8.2 常温型标线涂料和加热型标线涂料采用瓶装或桶装。热熔型涂料采用编织袋包装或桶装。

8.3 产品在存放时应保持通风、干燥、防止日光直接照射,并应隔绝火源。

8.4 产品在运输时,应防止雨淋、日光曝晒,并符合运输部门有关的规定。

8.5 产品自生产之日起有效存期为一年。在符合 8.3 和 8.4 的存放和运输条件下,超过储存期可按产品标准规定的项目进行检验,如结果符合要求仍可使用。

中华人民共和国化工行业标准

HG/T 2003—91

电 子 元 件 漆

1 主题内容与适用范围

本标准规定了电阻器、电容器及电位器用的电子元件漆的技术要求,试验方法,检验规则及标志、包装、贮存、运输要求等。

本标准适用于以醇酸、酚醛、环氧、有机硅等树脂为漆基的电阻器,电容器,电位器等电子元件漆。

2 引用标准

GB 1721 清漆、清油及稀释剂外观和透明度测定法

GB 1727 漆膜一般制备法

GB 1728 漆膜、腻子膜干燥时间测定法

GB 1729 漆膜颜色及外观测定法

GB 1735 漆膜耐热性测定法

GB 1736 绝缘漆漆膜制备法

GB 1738 绝缘漆漆膜吸水率测定法

GB 1740 漆膜耐湿热测定法

GB 1981 电工绝缘有溶剂漆试验方法

GB 3186 涂料产品的取样

GB 6742 漆膜弯曲试验(圆柱轴)

GB 6751 色漆和清漆 挥发物和不挥发物的测定

GB 6753.1 涂料研磨细度的测定

GB 6753.4 涂料流出时间的测定 ISO 流量杯法

GB 9286 色漆和清漆 漆膜的划格试验

GB 9750 涂料产品包装标志

3 产品的类别、型号

该电子元件漆分为电阻器漆、电容器漆及电位器漆,电阻器漆又可分为流水线型及非流水线型。

4 技术要求

产品应符合表1列出的技术要求:

中华人民共和国化学工业部1991-06-27批准　　　　　　　　　　　1992-02-01实施

表 1

项　　　　目		指　　　标		
		电阻器漆	电容器漆	电位器漆
原漆外观及透明度,级 　　　　　　　不大于		—	—	无机械杂质 2
漆膜颜色及外观		符合标准样板及色差范围,平整光滑		—
粘度(6号杯),s　　不小于		30	30	—
（4号杯),s　　不小于		—	—	60
细度,μm　　　　不大于		35	35	—
柔韧性,mm　　　不大于		3	3	—
附着力,级　　　　不大于		2	—	—
干燥时间:		流水线型	非流水线型	
120±2　℃,h　　不大于		—	—	3	—
140±2　℃,h　　不大于		—	—	2	—
150±2　℃,h　　不大于		—	3.5	—	1
160±2　℃,min　不大于		5	—	—
180±2　℃,min　不大于		3	—	—
不挥发物,%　　　不小于		—	—	40
吸水率,%　　　　不大于		—	—	1
耐湿热性:				
醇酸、酚醛类(48h),级　不大于		1	1	—
环氧类(240h),级　不大于		1	1	—
有机硅类(360h),级　不大于		1	1	—
耐温变性: 　3个周期		漆膜不开裂,不鼓泡,不脱落		—
体积电阻率:				
常态,Ω·cm　　不小于		—	$1×10^{13}$	—
浸水,Ω·cm　　不小于		—	$1×10^{11}$	—

注:若产品的干燥时间、耐湿热性、耐温变性、体积电阻率四项测试条件另有规定(或要求)时,则可按其规定(或要求)进行试验。

5　试验方法

5.1　原漆外观及透明度
按 GB 1721 规定进行。

5.2　漆膜颜色及外观
按 GB 1729 规定进行。

5.3　粘度
按 GB 6753.4 规定,用 4 号杯或 6 号杯进行测试。

5.4　细度

按 GB 6753.1 规定进行。

5.5 柔韧性

按 GB 6742 规定进行。

5.6 附着力

按 GB 9286 规定进行。

5.7 干燥时间

按 GB 1728 规定中实际干燥时间之甲法进行。

5.8 不挥发物

按 GB 6751 规定进行。

5.9 吸水率

按 GB 1738 规定进行。

5.10 耐湿热性

5.10.1 测试条件:温度 40±2℃,相对湿度(96±2)%。

5.10.2 底材为薄钢板,试验时间视产品规定。

5.10.3 按 GB 1740 规定进行测试。

5.11 耐温变性

5.11.1 测试条件:23±1℃,15min;
—55±2℃,30min;
23±1℃,15min;
85±2℃,30min。

5.11.2 底材为马口铁板。

5.11.3 将制备好的试板于 23±1℃ 温度下放置 15min 后,置入温度为—55±2℃ 的冷柜中 30min,再取出于温度 23±1℃ 下放置 15min,然后再置入温度为 85±2℃ 的烘箱中放置 30min。经上述四个阶段之温度、时间为一个试验周期。

5.11.4 按 GB 1735 规定进行检验、评定。

5.12 体积电阻率

5.12.1 按 GB 1736 规定制备漆膜。

5.12.2 按 GB 1981 中规定进行测试。

6 检验规则

6.1 本标准中所列的技术要求全部项目为型式检验项目。各类漆除耐湿热性、耐温变性及体积电阻率三项(每年抽检不得少于一次)外,其余项目为出厂检验项目。

6.2 产品由生产厂检验部门按本标准规定进行检验,生产厂应保证所有出厂产品都符合本标准技术要求。产品应有合格证,必要时另附使用说明及注意事项。

6.3 接收部门有权按本标准的规定对产品进行检验。如发现质量不符合本标准技术要求规定时,供需双方共同按 GB 3186 重新取样进行复验,如仍不符合本标准技术要求规定时,产品即为不合格,接收部门有权退货。

6.4 产品按 GB 3186 规定取样,样品应分成两份,一份密封贮存备查,另一份作检验用样品。

6.5 供需双方应对产品包装、数量及标志检查核对,如发现包装有损漏、数量有出入、标志不符合规定等现象时,应及时通知有关部门进行处理。

6.6 供需双方在产品质量上发生争议时,由产品质量监督检验机构执行仲裁检验。

7 标志

按 GB 9750 规定执行。

8 包装、贮存和运输

8.1 产品应贮存于清洁、干燥、密封的容器中,装量不大于容积的 95％。产品在存放时,应保持通风、干燥、防止日光直接照射,并应隔绝火源,远离热源。夏季温度过高时,应设法降温。

8.2 产品在运输时,应防止雨淋、日光曝晒,并应符合有关规定。

8.3 产品在符合 8.1、8.2 条的贮存条件下,有效贮存期自生产之日起计,视产品而定。超过贮存期可按本标准规定的项目进行检验,如结果符合要求仍可使用。

9 安全、卫生、环保规定

9.1 本产品含有苯类、醇类、酮类等有机溶剂,属易燃易爆有毒物品。

9.2 施工场所应采用通风、防火、防静电、防中毒等安全措施,并遵守涂装作业安全操作规程及有关规定。

9.3 施工中常用有毒物质在空气中的最高允许浓度和防爆防火安全参数列于表 2:

表 2

名　　称	闪　　点 ℃	允许最高浓度 mg/m³	稳定性	爆炸极限 ％	自燃点 ℃
二甲苯	25	100	易燃易爆	1～7	525
丁　醇	29	200	易燃	1.4～10	340
环己酮	43	50	易燃易爆	1.3～9.4	430

附 录 A

施 工 参 考

（参考件）

A1　各种元件漆，必须在产品规定的使用期内使用。

A2　电阻器漆、电容器漆必须调节到适合涂覆不同规格元件的漆液粘度，或按产品说明书的规定调节粘度。

A3　元件浸漆后，应除去表面多余的漆滴，待表干后方可将其置入烘房。

A4　电位器漆由使用单位加入炭黑，或乙炔黑研磨调节其所需电阻值。

A5　稀释剂为二甲苯、丁醇、环己酮，或为二甲苯∶丁醇＝3∶1(重量比)的混合溶剂。

附加说明：

本标准由中华人民共和国化学工业部科技司提出。

本标准由全国涂料和颜料标准化技术委员会归口。

本标准由上海开林造漆厂负责起草。

本标准主要起草人徐馠玺。

中华人民共和国化工行业标准

HG/T 2004—91

水 泥 地 板 用 漆

1 主题内容与适用范围

本标准规定了水泥地板用漆的技术要求、试验方法、检验规则以及标志、包装、贮存、运输要求等。

本标准适用于聚氨酯、酚醛或环氧树脂为漆基的水泥地板用漆。该漆主要用于水泥地板,也可用于木制地板的涂装。

2 引用标准

GB 1726 涂料遮盖力测定法

GB 1727 漆膜一般制备法

GB 1728 漆膜、腻子膜干燥时间测定法

GB 1729 漆膜颜色及外观测定法

GB 1768 漆膜耐磨性测定法

GB 3186 涂料产品的取样

GB 6682 实验室用水规格

GB 6739 涂膜硬度铅笔测定法

GB 6740 涂料挥发物和不挥发物的测定

GB 6753.1 涂料研磨细度的测定

GB 6753.2 涂料表面干燥试验 小玻璃球法

GB 6753.4 涂料流出时间的测定 ISO 流量杯法

GB 6753.5 涂料及有关产品闪点测定法 闭口杯平衡法

GB 9266 建筑涂料涂层耐洗刷性的测定

GB 9271 色漆和清漆 标准试板

GB 9274 色漆和清漆 耐液体介质的测定

GB 9286 色漆和清漆 漆膜的划格试验

GB 9750 涂料产品包装标志

3 产品分类

Ⅰ型为聚氨酯漆类。

Ⅱ型为酚醛漆类、环氧漆类。

4 技术要求

产品应符合表1所列各项技术要求:

中华人民共和国化学工业部1991-06-27批准　　　　　　　　　　1992-02-01实施

表 1

项 目		指 标	
		Ⅰ 型	Ⅱ 型
容器中状态		搅拌后无硬块	
刷涂性		刷涂后无刷痕,对底材无影响	
漆膜颜色及外观		漆膜平整、光滑	
粘度,s		30～70	
细度,μm	不大于	30	40
干燥时间,h	不大于		
表干		1	6
实干		4	24
硬度	不小于	B	2B
附着力,级	不大于	0	
遮盖力,g/m²	不大于	70	
耐水性(Ⅰ型48h,Ⅱ型24h)		不起泡、不脱落	
耐磨性,g	不大于	0.030	0.040
耐洗刷性,次	不小于	10 000	

5 试验方法

5.1 容器中状态

打开容器用调刀搅拌,允许容器底部有部分沉淀,经搅拌易于混合均匀时,可定为"搅拌后无硬块"。

5.2 刷涂性

制水泥(硅酸盐)混凝土板 200mm×100mm×30mm 两块,养护 7d。再用 107 胶将水泥调成粘稠状,均匀地涂在水泥板上,其涂覆尺寸为 100mm×100mm 或 200m×50mm,干燥 48h 后刷涂水泥地板用漆,该漆在水泥胶和混凝土板上下两部分板面均应能分布均匀,并且伸展(渗散)良好时,可定为"刷涂后无刷痕,对底材无影响"。

5.3 漆膜颜色及外观

按 GB 1729 规定进行。

5.4 粘度

按 GB 6753.4 规定,用 6 号杯进行测试。

5.5 细度

按 GB 6753.1 规定,用 0～100μm 细度计进行测试。

5.6 干燥时间

按 GB 6753.2 和 GB 1728 规定进行,温度为 23±2℃,湿度为(50±5)％。

5.7 硬度

按 GB 6739 规定进行。

5.8 附着力

按 GB 9286 规定进行,刀具间隔为 1mm 并加透明胶带粘撕。

5.9 遮盖力

按 GB 1726 规定进行。

5.10 耐水性

按 GB 9274 第 5 章规定进行。

5.11 耐磨性

按 GB 1768 规定进行,测试时加 750g 砝码,砂轮共转 300 转。

5.12 耐洗刷性

按 GB 9266 规定进行,洗刷介质为自来水。

6 验收规则

6.1 本标准中所列的全部技术要求项目为型式检验项目。其中液态漆的粘度、细度、干燥时间、遮盖力、漆膜的颜色及外观、硬度、附着力、耐水性、耐磨性九项列为出厂检验项目。正常生产时,每半年进行一次型式检验。

6.2 每一配漆槽中产品为一批产品,每一批产品由生产厂的检验部门按本标准规定检验,并生产厂应保证所有产品都应符合本标准的技术要求,产品应有合格证,必要时另附使用说明及注意事项。

6.3 接收部门有权按本标准的规定对产品进行检验,如发现质量不符合本标准技术要求规定时,供需双方共同按 GB 3186 重新取样进行复验,如仍不符合本标准技术要求规定时,则该批产品即为不合格,接收部门有权退货。

6.4 产品按 GB 3186 规定取样。样品应分成两份,一份密封贮存备查,另一份作检验用样品。

6.5 供需双方应对产品包装、数量及标志进行检查核对,如发现包装有损漏、数量有出入、标志不符合规定等现象时,应及时通知有关部门进行处理。

6.6 供需双方在产品质量上发生争议时,由产品质量监督机构进行仲裁检验。

7 标志

按 GB 9750 规定进行。

8 包装、贮存和运输

8.1 产品应贮存于清洁、干燥、密封的容器中,装置不大于容积的 95％。产品在存放时,应保持通风、干燥,防止日光直接照射,并应隔绝火源,远离热源。

8.2 产品在运输时,应防止雨淋、日光曝晒,并应符合有关规定。

8.3 产品在符合 8.1 和 8.2 条的贮运条件下,自生产之日起,Ⅰ型有效贮存期为半年,Ⅱ型为一年。超过贮存期可按本标准规定项目进行检验,如结果符合要求,仍可使用。

9 安全、卫生、环保规定

该漆含有二甲苯、200 溶剂油等有机溶剂,属于易燃液体,并且具有一定毒害性。施工场地应注意通风。采取防火、防静电、预防中毒等措施,遵守涂装作业安全操作规程和有关规定。

施工场地空气中有毒物质的最高允许浓度和防火防爆参数列于表 2。

表 2

名　称	最高允许浓度 mg/m³	最大爆炸压力 kPa	爆炸极限(体积％)		爆炸危险度	闪点 ℃	自燃点 ℃
			上限	下限			
二甲苯	100	765	7.0	1.1	5.4	25	525
200 溶剂油	300	834	6.0	1.2	4.0	33	500

附 录 A
施 工 参 考
（参考件）

A1 该漆一般采用刷涂施工,刷涂之前必须将漆搅拌均匀。

A2 水泥混凝土底材必须养护 7d 以上,并且经过适当的中和等表面处理。刷涂前底材的含水量不大于 10%,pH 值不大于 8,表面干净无水、泥等污物。

A3 Ⅰ型漆为双组分漆时,应现用现配,用多少配多少,并在规定的适用期内用完。施工用具应立即用规定溶剂洗刷干净。

附加说明：

本标准由中华人民共和国化学工业部科技司提出。

本标准由全国涂料和颜料标准化技术委员会归口。

本标准由大连油漆厂负责起草。

本标准主要起草人张秀卿、宫世岩。

中华人民共和国化工行业标准

HG/T 2005—91

电 冰 箱 用 磁 漆

1. 主题内容与适用范围

本标准规定了电冰箱用磁漆的技术要求、试验方法、检验规则、标志、包装、贮存和运输等。

本标准适用于涂覆电冰箱的冷冻室门、冷藏室门及箱体部位的磁漆。

2 引用标准

GB 1727　漆膜一般制备法

GB 1728　漆膜、腻子膜干燥时间测定法

GB 1729　漆膜颜色及外观测定法

GB 1740　漆膜耐湿热测定法

GB 1764　漆膜厚度测定法

GB 1765　测定耐湿性、耐盐雾、耐候性(人工加速)的漆膜制备法

GB 1771　漆膜耐盐雾测定法

GB 2771　医用橡皮膏

GB 3186　涂料产品的取样

GB 5208　涂料闪点测定法　快速平衡法

GB 6682　实验室用水规格

GB 6739　涂膜硬度铅笔测定法

GB 6741　均匀漆膜制备法(旋转涂漆器法)

GB 6751　色漆和清漆　挥发物和不挥发物的测定

GB 6753.1　涂料研磨细度的测定

GB 6753.4　涂料流出时间的测定　ISO 流量杯法

GB 9271　色漆和清漆标准试板

GB 9274　色漆和清漆　耐液体介质的测定

GB 9278　涂料试样状态调节和试验的温湿度

GB 9286　色漆和清漆漆膜的划格试验

GB 9750　涂料产品包装标志

GB 9753　色漆和清漆　杯突试验

GB 9754　色漆和清漆　不含金属颜料的色漆　漆膜之 20°、60°和 85°镜面光泽的测定

3 产品型号

Ⅰ型为一般电冰箱磁漆。

Ⅱ型为高固体分电冰箱磁漆。

中华人民共和国化学工业部 1991-06-27 批准　　　　　　　　　　　1992-02-01 实施

4 技术要求

产品应符合表 1 中列出的技术要求:

表 1

项　　　目		指　　标	
		Ⅰ 型	Ⅱ 型
漆膜颜色及外观		漆膜平整、光滑,符合标准样板及色差范围	
粘度(6 号杯),s	不小于	35	
细度,μm	不大于	20	
不挥发物,%	不小于	50	65
烘干温度、时间		按品种而定	
光泽,单位值	不小于	80	
硬度	不小于	2H	
附着力,级	不大于	1	
杯突,mm	不小于	5	
耐水性(100h)		不起泡,允许轻微变色	
耐碱性(38±1℃,10g/LNaOH),20h		不起泡	
耐盐雾性(168h),级　　　(200h)	不大于	2	1
耐湿热性(240h),级　　　(200h)	不大于	3	1
防食物侵蚀性:			
西红柿酱(24h)		允许出现轻微色斑	
咖啡(24h)		允许出现轻微色斑	
耐乙醇性		漆层不得出现软化现象、磨损迹象和永久性脱色现象	
闪点,℃	不低于	25	

5 试验方法

5.1 试验样板的制备

5.1.1 试板的选材及表面处理

使用 GB 1727 中规定的钢板,经磷化工艺处理(磷化膜厚 4~8μm),于 24h 内进行涂漆。

5.1.2 漆膜制备

将试样用规定的稀释剂稀释至 19±2s(涂-4 杯),在试板上喷涂均匀的漆膜,于室温下放置 15~20min,移入恒温干燥箱中,烘干温度、时间按品种而定。干膜厚度为 30~50μm。

5.2 试验的一般条件

5.2.1 取样

按 GB 3186 规定进行。

5.2.2 制板方法

按 GB 1727 规定进行。

5.2.3 标准试板

按 GB 9271 规定。

5.2.4 状态调节和试验的环境

按 GB 9278 规定。

5.2.5 漆膜厚度测定

按 GB 1764 规定进行。

5.3 漆膜颜色及外观

按 GB 1729 中甲法规定进行。

5.4 粘度

按 GB 6753.4 规定,用 6 号杯进行测试。

5.5 细度

按 GB 6753.1 规定,用 $0\sim50\mu m$ 细度计进行测试。

5.6 不挥发物

按 GB 6751 规定进行。

5.7 烘干温度、时间

按 GB 1728 规定测定实干(甲法)来计。

5.8 光泽

按 GB 9754 规定,以 60°角进行测试。

5.9 硬度

按 GB 6739 规定进行。

5.10 附着力

按 GB 9286 规定进行,其刀具间隔为 1mm,胶带应符合 GB 2771 规定。

5.11 杯突

按 GB 9753 规定进行。

5.12 耐水性

按 GB 9274 中第 5 章规定进行。

5.13 耐碱性

按 GB 9274 中第 5 章规定进行。

5.14 耐盐雾性

按 GB 1765 规定制板,按 GB 1771 规定进行测定,按 GB 1740 规定进行评定。

5.15 耐湿热性

按 GB 1765 规定制板,按 GB 1740 规定进行测定、评定。

5.16 防食物侵蚀性

用西红柿酱、咖啡与漆膜接触,用玻璃罩盖上,在 23 ± 2℃下试验 24h,进行检查。

5.17 耐乙醇性

用浸透乙醇的脱脂棉,在样板的涂漆面上来回摩擦 20 次后进行检查。

5.18 闪点

按 GB 5208 规定进行。

6 检验规则

6.1 本标准中所列的全部技术要求项目为型式检验项目。其中,漆液的粘度、细度、不挥发物、烘干温度和时间,漆膜颜色及外观、光泽、硬度、附着力、杯突九项列为出厂检验项目。正常生产时,每年进行一次型式检验。

6.2 产品由生产厂的检验部门按本标准规定进行检验,并生产厂应保证所有出厂产品都符合本标准的技术要求。产品应有合格证,必要时另附使用说明及注意事项。

6.3 接收部门有权按本标准的规定对产品进行检验。如发现质量不符合本标准技术要求规定时,供需双方共同按 GB 3186 重新取样进行复验,如仍不符合本标准技术要求规定时,产品即为不合格,接收部门有权退货。

6.4 产品按 GB 3186 规定取样,样品应分成两份,一份密封贮存备查,另一份作检验用样品。

6.5 供需双方应对产品包装、数量及标志检查核对,如发现包装有损漏、数量有出入、标志不符合规定等现象时,应及时通知有关部门进行处理。

6.6 供需双方在产品质量上发生争议时,由产品质量监督检验机构执行仲裁检验。

7 标志

按 GB 9750 规定进行。

8 包装、贮存和运输

8.1 产品应贮存于清洁、干燥、密封的容器中,装量不大于容积的 95%。产品在存放时,应保持通风、干燥,防止日光直接照射,并应隔绝火源、远离热源,夏季温度过高时应设法降温。

8.2 产品在运输时应防止雨淋、日光曝晒,并应符合有关规定。

8.3 产品在符合 8.1、8.2 条的贮运条件下,自生产之日起,有效贮存期为一年。超过贮存期可按本标准规定的项目进行检验,如结果符合要求,仍可使用。

9 安全、卫生、环保规定

该产品含有二甲苯、丁醇、乙二醇丁醚等有机溶剂,属易燃液体,并具有一定的毒害性。施工现场应注意通风,采取防火、防静电、预防中毒等措施,遵守涂装作业安全操作规程和有关规定。

施工场地空气中有毒物质的最高允许浓度和防火防爆参数列于表2:

表 2

名 称	最高允许浓度 mg/m³	最大爆炸压力 kPa	爆炸极限(体积%)		爆炸危险度	闪点 ℃	自燃点 ℃
			上限	下限			
二甲苯	100	765	7.0	1.1	5.4	25	525
丁醇	200		11.0	1.7		29	366
乙二醇丁醚	240		10.6 (180℃)	1.1 (170℃)		60	244

附 录 A
施 工 参 考
（参考件）

A1　冰箱外壳经过磷化处理烘干后进行喷涂，为了保证涂膜的光洁度和物理机械性能，要求磷化膜洁净，严禁手摸。磷化膜厚度最好为 8μm。

A2　喷涂前将喷漆室的温度调节为 20～30℃，以利于漆膜流平。

A3　从喷漆室到烘道之间的流平段要尽量缩短被涂物件暴露于环境中的时间，否则由于被涂物件的静电效应吸附大量灰尘而影响漆膜光洁度。

A4　该漆在使用前要用配套专用稀释剂调节粘度，使其控制在 20～24s（涂-4 粘度计）。

A5　采用两喷两烘工艺，要求第二道喷涂雾化程度高于第一道。

A6　链速的选择要根据烘道的长短而定，一定要满足烘烤温度为 120～130℃，烘烤时间为 25～35min。

A7　流平段的排风压力和温度要以物件进烘道之前漆膜略粘手为宜，否则表干太快，会不利于流平。

附加说明：
本标准由中华人民共和国化学工业部科技司提出。
本标准由全国涂料和颜料标准化技术委员会归口。
本标准由天津油漆厂负责起草。
本标准主要起草人陆秀敏。

ICS 87.040
G 51
备案号：18195—2006

中华人民共和国化工行业标准

HG/T 2006—2006
代替 HG/T 2006—91,HG/T 2597—94

热固性粉末涂料

Thermosetting powder coatings

2006-07-26 发布   2007-03-01 实施

中华人民共和国国家发展和改革委员会   发布

前　言

本标准非等效采用日本工业标准 JIS K 5981—1992《热塑性和热固性粉末涂料》。

本标准是由 HG/T 2006—1991《电冰箱用粉末涂料》和 HG/T 2597—1994《环氧-聚酯粉末涂料》两个标准合并修订而成。

本标准与以上两个标准的主要技术差异为：

——适用于所有通用型热固性粉末涂料，较前两个标准适用范围广；

——增加了产品分类和产品分级；

——增加了在容器中状态、粒径分布、胶化时间、流动性、耐沸水性、耐人工气候老化性、重金属等检验项目；

——"光泽"项目由规定具体指标改为商定；

——按光泽高低分别规定了耐冲击性、弯曲试验和杯突项目的要求；

——部分项目技术指标与前两个标准相比有所变化；

——与 HG/T 2006—1991 相比，删除了固化温度、固化时间和耐划痕性检验项目。

本标准由中国石油和化学工业协会提出。

本标准由全国涂料和颜料标准化技术委员会归口。

本标准负责起草单位：中国化工建设总公司常州涂料化工研究院、阿克苏·诺贝尔·长诚涂料（宁波）有限公司、杜邦华佳化工有限公司、广州擎天粉末涂料实业有限公司、南宝树脂（中国）有限公司、廊坊市燕美化工有限公司、杭州中法化学有限公司、奉化南海药化集团宁波南海化学有限公司、巴陵石油化工有限责任公司环氧树脂事业部。

本标准参加起草单位：中国化工学会涂料涂装专业委员会、氰特表面技术（上海）有限公司、DSM 涂料树脂公司、佛山市顺德新松美化工有限公司、深圳松辉化工有限公司、江苏华光粉末有限公司、东营鲁能方大精细化学工业有限责任公司、广东格兰士企业集团有限公司、广东美的集团制冷家电集团、裕东机械工程公司、美国 Q-Panel lab Products 公司、北京圣联达金属粉末有限公司。

本标准主要起草人：冯世芳、黄俊锋、汪鹏、高庆福、林永正、陈君、董亿政、胡宁先、邓海波、刘泽曦、蒋文群、贾林、朱鹏、钱锦林、潘剑亮、马迎春、高敏坚、张恒、滕景军。

本标准自实施之日起，同时代替 HG/T 2006—1991、HG/T 2597—1994。

本标准委托全国涂料和颜料标准化技术委员会负责解释。

热固性粉末涂料

1 范围

本标准规定了热固性粉末涂料产品的分类、分级、要求、试验方法、检验规则、标志、包装和贮存等内容。

本标准适用于以合成树脂为主要成膜物，并加入颜料、填料、助剂等制成的热固性、涂膜呈平面状的通用型粉末涂料[1]。

2 规范性引用文件

下列文件中的条款通过本标准的引用而成为本标准的条款。凡是注日期的引用文件，其随后所有的修改单（不包括勘误的内容）或修订版均不适用于本标准，然而，鼓励根据本标准达成协议的各方研究是否可使用这些文件的最新版本。凡是不注日期的引用文件，其最新版本适用于本标准。

GB/T 1250—1989　极限数值的表示方法和判定方法

GB/T 1732—1993　漆膜耐冲击测定法

GB/T 1733—1993　漆膜耐水性测定法

GB/T 1740　漆膜耐湿热测定法

GB/T 1766—1995　色漆和清漆　涂层老化的评级方法（neq ISO 4628:1980）

GB/T 1771　色漆和清漆　耐中性盐雾性能的测定（GB/T 1771—1991,eqv ISO 7253:1984）

GB/T 1865—1997　色漆和清漆　人工气候老化和人工辐射暴露（滤过的氙弧辐射）（eqv ISO 11341:1994）

ISO 15184:1998　色漆和清漆——铅笔法测定漆膜硬度

GB/T 6742　漆膜弯曲试验（圆柱轴）（GB/T 6742—1986,neq ISO 1519:1973）

GB/T 9271—1988　色漆和清漆　标准试板（eqv ISO 1514:1984）

GB/T 9274—1988　色漆和清漆　耐液体介质的测定（eqv ISO 2812:1974）

GB 9278　涂料试样状态调节和试验的温湿度（GB 9278—1988,eqv ISO 3270:1984,Paint and Varnish and their raw materials—Temperatures and humidities for conditioning and testing）

GB/T 9286—1998　色漆和清漆　漆膜的划格试验（eqv ISO 2409:1992）

GB/T 9750—1998　涂料产品包装标志

GB/T 9753　色漆和清漆　杯突试验（GB/T 9753—1988,eqv ISO 1520:1973）

GB/T 9754　色漆和清漆　不含金属颜料的色漆漆膜之 20°、60°和 85°镜面光泽的测定（GB/T 9754—1988,eqv ISO 2813:1978）

GB/T 13491—1992　涂料产品包装通则

GB/T 16995—1997　热固性粉末涂料在给定温度下胶化时间的测定（eqv ISO 8130—6:1992）

GB 18581—2001　室内装饰装修材料　溶剂型木器涂料中有害物质限量

ISO 15528:2000　色漆、清漆和色漆与清漆用原材料——取样

ISO 8130—5:1992　粉末涂料——第 5 部分:粉末/空气混合物流动性的测定

ISO 8130—13:2001　粉末涂料——第 13 部分:激光衍射法分析粒径分布

---

1) 通用型粉末涂料不包括功能型和含金属、珠光颜料的粉末涂料。

3 产品分类、分级

本标准根据粉末涂料涂装产品的使用场合分为室内用粉末涂料和室外用粉末涂料两种类型;每种类型又根据涂膜性能分为优等品和合格品两个等级。

4 要求

产品应符合表1的要求。

表1 要求

项　　目	指　　标			
	室　内　用		室　外　用	
	合格品	优等品	合格品	优等品
在容器中状态	色泽均匀,无异物,呈松散粉末状		色泽均匀,无异物,呈松散粉末状	
筛余物(125μm)	全部通过		全部通过	
粒径分布	商定		商定	
胶化时间	商定		商定	
流动性	商定		商定	
涂膜外观	涂膜外观正常		涂膜外观正常	
硬度(擦伤) ≥	F	H	F	H
附着力/级 ≤	1		1	
耐冲击性/cm				
光泽(60°)≤60	≥40	50	≥40	50
光泽(60°)>60	50	正冲50,反冲50	50	正冲50,反冲50
弯曲试验/mm				
光泽(60°)≤60	≤4	2	≤4	2
光泽(60°)>60	2	2	2	2
杯突/mm				
光泽(60°)≤60 ≥	4	6	4	6
光泽(60°)>60 ≥	6	8	6	8
光泽(60°)	商定		商定	
耐碱性(5%NaOH)	168 h无异常		商定	
耐酸性(3%HCl)	240 h无异常		240 h无异常	500 h无异常
耐沸水性	商定		商定	
耐湿热性	500 h无异常		500 h无异常	1 000 h无异常
耐盐雾性	500 h 划线处:单向锈蚀 ≤2.0 mm 未划线区:无异常		500 h 划线处:单向锈蚀 ≤2.0 mm 未划线区:无异常	
耐人工气候老化性	—		500 h 变色≤2级 失光≤2级 无粉化、起泡、开裂、剥落等异常现象	800 h 变色≤2级 失光≤2级 无粉化、起泡、开裂、剥落等异常现象
重金属/(mg/kg)				
可溶性铅 ≤	90		90	
可溶性镉 ≤	—	75	—	75
可溶性铬 ≤	60		60	
可溶性汞 ≤	60		60	

5 试验方法

5.1 取样

产品按 ISO 15528:2000 规定取样。取样量根据检验需要确定。

5.2 试验样板的制备

5.2.1 底材的选用

除另有商定外,弯曲试验选用马口铁板,其余项目选用碳钢板制备样板。马口铁板和碳钢板应符合 GB/T 9271—1988 的规定。马口铁板的厚度应为 0.2 mm～0.3 mm,杯突项目用碳钢板的厚度应为 0.3 mm～1.25 mm,耐盐雾性、耐湿热性和耐人工气候老化性项目用碳钢板的厚度应为 0.8 mm～ 1.5 mm,其余项目用碳钢板的厚度应为 0.45 mm～0.55 mm。商定的底材材质类型和厚度应在检验报告中注明。

5.2.2 底材的处理

除另有商定外,按 GB/T 9271—1988 中 3.4 和 4.3 的规定进行底材的处理。耐盐雾性试验用底材除按 GB/T 9271—1988 中 3.4 处理外,还需经磷化处理,经磷化处理后的磷化板按 GB/T 1771 进行 2 h 盐雾试验应无破坏。耐盐雾性仲裁检验可选用牌号为 $RB_{\circ}26S/NL60/O$ 的 BONDER 板,即经磷化、钝化处理后的冷轧钢板作为喷涂粉末涂料的基材。商定的底材处理方法应在检验报告中注明。

5.2.3 试验样板的制备

将处理好的底材、磷化板和 BONDER 板放在喷粉柜中,用喷枪等设备进行喷涂。按粉末涂料供应商提供的固化条件,将喷涂好的样板放入有鼓风的恒温干燥箱中进行固化。除另有商定外,涂膜厚度控制在 60 μm～80 μm。

5.3 试验样板的状态调节和试验环境

从恒温干燥箱中取出的样板,应在 GB 9278 规定的条件下调节 24 h 后,按有关检验方法进行性能测试。硬度、附着力、耐冲击性、弯曲试验、杯突项目应在 GB 9278 规定的条件下进行测试,耐碱性、耐酸性应在 GB 9278 规定的温度条件下进行测试,其余项目按相关检验方法标准规定的条件进行测试。

5.4 在容器中状态

打开包装袋,目视检查,样品中应无异物,样品应呈色泽均匀的松散粉末状。

5.5 筛余物

称取约 100 g(精确至 0.1 g)试样,将试样放到附有底盘的 125 μm(120 目)的试验筛中,盖好筛盖,以手工拍打振动试验筛,直至在试验筛下面的白纸上无落下的粉末为止。小心地把盖打开,目视观察,试样应全部通过试验筛,不允许有筛余物。

5.6 粒径分布

按 ISO 8130—13:2001 的规定进行。

5.7 胶化时间

按 GB/T 16995—1997 的规定进行。

5.8 流动性

按 ISO 8130—5:1992 的规定进行。

5.9 涂膜外观

在散射阳光下目视观察样板,如果涂膜平整或有轻微橘皮,颜色符合客户要求或用仪器测试在商定的色差范围内,则可评为"涂膜外观正常"。

5.10 硬度

按 ISO 15184:1998 规定进行,铅笔为 101 中华牌绘图铅笔。

5.11 附着力

按 GB/T 9286—1998 规定进行。

5.12 耐冲击性

按 GB/T 1732—1993 规定进行。正冲时样板涂膜朝上平放在冲击器的铁砧上进行冲击试验,反冲时样板涂膜朝下平放在冲击器的铁砧上进行冲击试验。

5.13 弯曲试验

按 GB/T 6742 规定进行。

5.14 杯突

按 GB/T 9753 规定进行。

5.15 光泽

按 GB/T 9754 的规定,以 60°角进行测试。

5.16 耐碱性

按 GB/T 9274—1988 中甲法(浸泡法)进行。将样板浸入 5%(质量分数)氢氧化钠(化学纯)溶液中至规定的时间,取出样板,用流水轻轻地冲洗后立即目视观察涂膜。如三块样板中有两块未出现起泡、开裂、剥落、掉粉、明显变色、明显失光等涂膜病态现象,则评为"无异常"。如出现以上涂膜病态现象按 GB/T 1766—1995 进行描述。

5.17 耐酸性

按 GB/T 9274—1988 中甲法(浸泡法)进行。将样板浸入 3%(质量分数)盐酸(化学纯)溶液中至规定的时间,取出样板,用流水轻轻地冲洗后立即目视观察涂膜。如三块样板中有两块未出现起泡、开裂、剥落、掉粉、明显变色、明显失光等涂膜病态现象,则评为"无异常"。如出现以上涂膜病态现象按 GB/T 1766—1995 进行描述。

5.18 耐沸水性

按 GB/T 1733—1993 中乙法的规定进行。将样板浸入沸水中至商定的时间后取出,用流水冲掉粘在涂膜表面的异物后立即目视观察涂膜,如三块样板中有两块未出现起泡、开裂、剥落、掉粉、明显变色、明显失光等涂膜病态现象,则评为"无异常"。如出现以上涂膜病态现象按 GB/T 1766—1995 进行描述。

5.19 耐湿热性

按 GB/T 1740 规定进行。目视检查样板,如三块试板中有两块未出现起泡、开裂、剥落、掉粉、明显变色等涂膜病态现象,则评为"无异常"。如出现以上涂膜病态现象按 GB/T 1766—1995 进行描述。

5.20 耐盐雾性

按 GB/T 1771 规定进行,除另有商定外,样板投试前应划两道交叉线,并划透至底材。试验结束后检查样板划线处涂膜表面单向锈蚀蔓延程度和未划线区涂膜破坏现象,也可采用商定的方法对划线处漆膜进行处理,除去底材已腐蚀和已失去附着力的涂层,以评价底材自划线处蔓延的腐蚀或涂层的损失,底材蔓延的腐蚀或涂层的损失程度也应满足要求。未划线区指样板划线处 2 mm 外至样板周边 5 mm 以内的区域,如三块试板中有两块未出现起泡、开裂、剥落、掉粉、明显变色、明显失光等涂膜病态现象,则评为"无异常"。如出现以上涂膜病态现象按 GB/T 1766—1995 进行描述。

5.21 耐人工气候老化性

按 GB/T 1865—1997 表 3 中操作程式 A 的规定进行。结果的评定按 GB/T 1766—1995 进行。

5.22 重金属

按 GB 18581—2001 中附录 B 规定进行,直接用粉末涂料测试。结果以每千克粉末涂料中所含可溶性重金属的毫克数表示。

6 检验规则

6.1 检验分类

6.1.1 产品检验分为出厂检验和型式检验。

6.1.2 出厂检验项目包括在容器中状态、筛余物、涂膜外观、硬度、附着力、耐冲击性、弯曲试验、光泽。

6.1.3 型式检验项目包括本标准所列的全部要求。在正常生产情况下,每年至少检验一次。

6.2 检验结果的判定

6.2.1 检验结果的判定按 GB/T 1250—1989 中修约值比较法进行。

6.2.2 所有项目的检验结果均达到本标准要求时,该试验样品为符合本标准要求。

7 标志、包装和贮存

7.1 标志

按 GB/T 9750—1989 的规定进行。

7.2 包装

按 GB/T 13491—1992 中二级包装要求的规定进行。

7.3 贮存

产品贮存时应保证通风、干燥,防止日光直接照射并应隔绝火源,远离热源。产品应根据类型定出贮存期,并在包装标志上明示。

中华人民共和国化工行业标准

HG/T 2243—91

机 床 面 漆

1 主题内容与适用范围

本标准规定了机床面漆的技术要求、试验方法、检验规则、包装标志、贮存和运输等。

本标准适用于各种机床表面的保护和装饰涂料。

2 引用标准

GB 443 机械油

GB 1727 漆膜一般制备法

GB 1728 漆膜、腻子膜干燥时间测定法

GB 1732 漆膜耐冲击测定法

GB 1740 漆膜耐湿热测定法

GB 1764 漆膜厚度测定法

GB 1765 测定耐湿热、耐盐雾、耐候性（人工加速）的漆膜制备法

GB 1771 漆膜耐盐雾测定法

GB 3186 涂料产品的取样

GB 5208 涂料闪点测定法 快速平衡法

GB 6144 合成切削液

GB 6739 涂膜硬度铅笔测定法

GB 6751 色漆和清漆 挥发物和不挥发物的测定

GB 6753.1 涂料研磨细度的测定

GB 6753.2 涂料表面干燥试验——小玻璃球法

GB 6753.3 涂料贮存稳定性试验方法

GB 6753.4 涂料流出时间的测定 ISO 流量杯法

GB 9271 色漆和清漆 标准试板

GB 9274 色漆和清漆 耐液体介质的测定

GB 9278 涂料试样状态调节和试验的温湿度

GB 9286 色漆和清漆 漆膜的划格试验

GB 9750 涂料产品包装标志

GB 9754 色漆和清漆 不含金属颜料的色漆漆膜之 20°、60°和 85°镜面光泽的测定

GB 9761 色漆和清漆 色漆的目视比色

3 产品分类

机床面漆分为：Ⅰ型，过氯乙烯漆类；

Ⅱ型，聚氨酯漆类。

中华人民共和国化学工业部1991-11-12批准　　　　　　　　　　　　1992-07-01实施

4 技术要求

产品应符合下表技术要求。

表 1

项 目		指　　标	
		Ⅰ 型	Ⅱ 型
漆膜颜色及外观		符合标准色板平整光滑	
流出时间(6 号杯),s	不小于	20	30
细度,μm	不大于	50	30
不挥发物含量,%	不小于		
红、蓝、黑		28	—
其他色		33	—
划格试验,1mm,级		1	0
铅笔硬度		B	B
冲击强度,kg·cm		50	50
干燥时间	不大于		
表干,min		15	90
实干,h		3	24
遮盖力,g/m²	不大于		
黑		20	—
红、黄		80	—
白、正蓝		60	—
浅复色		50	50
深复色		40	40
耐油性(30d)		不起泡、不脱落、允许轻微变色	
耐切削液			
23±2℃,3d		不起泡、不脱落、允许轻微发白	—
23±2℃,7d		—	不起泡、不脱落、允许轻微发白
耐盐雾,级			
14d		2	—
21d		—	1
耐湿热,级			
14d		2	—
21d		—	1
光泽(60°)	不小于	80	90
贮存稳定性(沉降性),级		6	6

5 试验方法

5.1 试验的一般条件

5.1.1 取样按 GB 3186 规定进行。

5.1.2 试验温湿度按 GB 9278 中的 23±2℃,相对湿度 50±5% 规定进行。

5.1.3 漆膜制备按 GB 1727 及 GB 9271,23±3μm 制板,24h 后测试。

5.1.4 漆膜厚度按 GB 1764 规定进行。

5.2 流出时间

按 GB 6753.4 规定进行测定。

5.3 细度

按 GB 6753.1 规定进行测定。

5.4 不挥发物含量

按 GB 6751 规定进行测定。

5.5 漆膜颜色及外观

按 GB 9761 规定进行评定。

5.6 划格试验

按 GB 9286 规定进行。

5.7 铅笔硬度

按 GB 6739 规定进行测定。

5.8 冲击强度

按 GB 1732 规定进行测定。

5.9 干燥时间

表干按 GB 6753.2 规定,实干按 GB 1728 规定进行测定。

5.10 遮盖力

按 GB 1726 规定进行测定。

5.11 光泽

按 GB 9754 规定进行评定。

5.12 耐油性

按 GB 9274 规定进行,浸入 GB 443 中规定的 20 号机油中。

5.13 耐切削液

干漆膜厚度为 23±3μm,干燥 24h 后浸入符合 GB 6144 要求的合成切削液中。

5.14 耐湿热

按 GB 1740 规定进行试验。

5.15 耐盐雾

按 GB 1771 规定进行,按 GB 1740 的规定评级。

5.16 贮存稳定性

按 GB 6753.3 规定进行试验。

6 检验

6.1 本标准所列全部技术指标项目为型式检验项目,正常生产情况下,每半年进行一次型式检验。流出时间、细度、不挥发物含量、漆膜颜色及外观、划格试验、铅笔硬度、冲击强度、干燥时间、遮盖力、光泽为出厂检验项目。

6.2 产品由生产厂的检验部门按本标准规定检验。生产厂保证所有产品符合标准。产品应有合格证,必要时另附使用说明及注意事项。

6.3 接收部门有权按本标准规定对产品进行检验,如发现质量不符合本标准技术指标规定时,供需双方共同按 GB 3186 重新取样进行复验,如仍不符合本标准技术指标规定时,产品即为不合格,接收部门有权退货。

6.4 产品按 GB 3186 进行取样,样品分两份,一份密封备查,另一份作检验用品。

6.5 产品出厂时应对包装及数量、标志进行检验核对。如发现包装有损漏,数量有出入,标志不符合等现象应及时处理。

6.6 供需双方在产品质量上发生争议时由产品质量监督检验机构执行仲裁检验。

7 标志

按 GB 9750 规定。

8 包装、贮存和运输

8.1 产品应贮存于清洁、干燥、密封的容器中,装置不大于容积的 95%。产品在存放时应保持通风、干燥、防止日光直接照射并应隔离火源,夏季温度过高时应设法降温。

8.2 产品在运输中应防止雨淋,日光曝晒,并应符合运输部门有关规定。

8.3 产品在符合 8.1 及 8.2 条贮运条件下,自生产之日起贮存期为一年。

9 安全、卫生规定

9.1 本产品含有苯类、酯类、酮类等有机溶剂,其属易燃液体,具有一定的毒害性。

9.2 施工现场应注意通风、防火、防静电、防中毒等安全措施,并遵守涂装作业安全操作规程等有关规定。

附 录 A
施 工 参 考
（参考件）

A1 使用前应将漆（配好）搅拌均匀。

A2 该漆适用于喷涂。粘度过稠时，Ⅰ型漆可用 X-3 过氯乙烯稀释剂，Ⅱ型漆可用聚氨酯漆稀释剂或无水二甲苯与无水环己酮(1∶1)配合，调整施工粘度。

A3 Ⅰ型漆若在相对湿度大于70％的场合下施工，则需加适量 F-2 防潮剂以防漆膜发白。

A4 Ⅱ型漆若为双组分，按照规定比例配漆。用多少，配多少。

A5 该面漆可与醇酸腻子，过氯乙烯腻子机床底漆配套使用。

A6 超过贮存期可按本标准规定的指标进行检验。如结果符合要求，仍可使用。

附加说明：

本标准由中华人民共和国化学工业部科技司提出。

本标准由全国涂料和颜料标准化技术委员会归口。

本标准由西北油漆厂负责起草。

本标准主要起草人李建威、沈宗兰、路富华、李晓兰、殷方成。

中华人民共和国化工行业标准

HG/T 2244—91

机 床 底 漆

1 主题内容与适用范围

本标准规定了机床底漆的技术要求、试验方法、验收规则、标志、包装、贮存和运输等。

本标准适用于各种机床表面打底用涂料。

2 引用标准

GB 1726 涂料遮盖力测定法

GB 1727 漆膜一般制备法

GB 1728 漆膜、腻子膜干燥时间测定法

GB 1764 漆膜厚度测定法

GB 3186 涂料产品的取样

GB 5208 涂料闪点测定法 快速平衡法

GB 6739 涂膜硬度铅笔测定法

GB 6751 色漆和清漆 挥发物和不挥发物的测定

GB 6753.1 涂料研磨细度的测定

GB 6753.2 涂料表面干燥试验——小玻璃球法

GB 6753.3 涂料贮存稳定性试验方法

GB 6753.4 涂料流出时间的测定 ISO 流量杯法

GB 9271 色漆和清漆 标准试板

GB 9274 色漆和清漆 耐液体介质的测定

GB 9278 涂料试样状态调节和试验的温湿度

GB 9286 色漆和清漆 漆膜的划格试验

GB 9750 涂料产品包装标志

GB 9761 色漆和清漆 色漆的目视比色

3 产品分类

机床底漆分为：Ⅰ型,过氯乙烯底漆;

Ⅱ型,环氧酯底漆。

4 技术要求

产品应符合下表技术要求。

中华人民共和国化学工业部1991-11-12批准　　　　　　　　　　　　　1992-07-01实施

项 目			指 标	
			Ⅰ型	Ⅱ型
漆膜颜色及外观			色调不定漆膜平整	
流出时间(6 号杯),s		不小于	40	30
细度,μm		不大于	80	60
不挥发物含量,%		不小于	45	45
干燥时间		不大于		
表干,min			10	—
实干,h			1	24
遮盖力,g/m²		不大于	40	40
划格试验(1mm),级			0	0
铅笔硬度			B	HB
耐盐水(3%NaCl)				
24h			不起泡、不脱落、允许轻微发白	—
48h			—	不起泡、不脱落、允许轻微发白
贮存稳定性				
结皮性,级			—	10
沉降性,级			6	6
闪点,℃		不低于	—	23

5 试验方法

5.1 试验的一般条件

5.1.1 取样按 GB 3186 的规定进行。

5.1.2 试验温湿度按 GB 9278 中温度 23±2℃,相对湿度 50±5%。

5.1.3 漆膜一般制备按 GB 1727 的规定进行。

5.1.4 漆膜厚度按 GB 1764 规定。

5.2 流出时间

按 GB 6753.4 规定进行测定。

5.3 细度

按 GB 6753.1 的规定进行测定。

5.4 不挥发物含量

按 GB 6751 的规定进行测定。

5.5 漆膜颜色及外观

按 GB 9761 规定进行评定。

5.6 干燥时间

表干按 GB 6753.2 规定进行,实干按 GB 1728 的规定进行。

5.7 遮盖力

按 GB 1726 的规定进行测定。

5.8 划格试验

按 GB 9286 的规定进行。

5.9 铅笔硬度

按 GB 6739 的规定进行测定。

5.10 耐盐水

按 GB 9274 的规定进行试验。

5.11 贮存稳定性

按 GB 6753.3 规定进行试验。

5.12 闪点

按 GB 5208 规定进行测定。

6 检验

6.1 本标准所列全部技术指标项目为型式检验项目。正常生产情况下,每半年进行一次型式检验。流出时间、细度、不挥发物含量、漆膜颜色及外观、干燥时间、遮盖力、划格试验、铅笔硬度、耐盐水性为出厂检验项目。

6.2 产品由生产厂的检验部门按本标准规定进行检验。生产厂所有出厂产品都应符合本标准的技术要求。产品应有合格证,必要时另附使用说明及注意事项。

6.3 接收部门有权按本标准规定对产品进行检验,如发现质量不符合本标准技术指标规定时,供需双方共同按 GB 3186 重新取样进行复验,如仍不符合本标准技术指标规定时,产品即为不合格,接收部门有权退货。

6.4 产品按 GB 3186 进行取样,样品应分成两份,一份密封备查,另一份作检验用样品。

6.5 产品出厂时,应对包装、数量及标志进行检查核对。如发现包装有损漏,数量有出入,标志不符合规定等现象时应及时进行处理。

6.6 供需双方在产品质量上发生争议时,由产品质量监督检验机构执行仲裁检验。

7 标志

按 GB 9750 规定。

8 包装、贮存和运输

8.1 产品应贮存于清洁、干燥、密封的容器中,装量不大于容积的 95%。产品在存放时应保持通风、干燥、防止日光直接照射,并应隔离火源,夏季温度过高时应设法降温。

8.2 产品在运输时应防止雨淋,日光曝晒,并应符合运输部门有关规定。

8.3 产品在符合 8.1 及 8.2 贮运条件下,自生产之日起有效贮存期为一年。

9 安全、卫生规定

9.1 本产品含有苯类、酯类等有机溶剂。其属易燃液体,具有一定的毒害性。

9.2 施工现场注意通风,防火、防静电,防中毒等安全措施并遵守涂装作业安全操作规定和有关规定。

附　录　A
施　工　参　考
（参考件）

A1　金属表面可采用打磨喷砂、酸洗、磷化等方法处理。除净铁锈和油污做到金属表面洁净。

A2　可采用喷涂法和刷涂法施工。

A3　施工时 I 型漆可用 X-3 过氯乙烯漆稀释剂调整粘度，在相对湿度大于 70% 场合下施工要加入适量 F-2 过氯乙烯防潮剂以防漆膜发白。

A4　Ⅱ 型漆可用环氧漆稀释剂稀释施工。

A5　可与机床面漆配套使用。

A6　超过贮存期可按本标准规定的指标进行检验，如结果符合要求仍可使用。

附加说明：
本标准由中华人民共和国化学工业部科技司提出。
本标准由全国涂料和颜料标准化技术委员会归口。
本标准由西北油漆厂负责起草。
本标准主要起草人李建威、沈宗兰、路富华、李晓兰、殷方成。

ICS 87.040
G 51
备案号：37860—2013

中华人民共和国化工行业标准

HG/T 2245—2012
代替 HG/T 2245—1991、HG/T 2246—1991

硝 基 铅 笔 漆

Pyroxyline lacquers for pencils

2012-11-07 发布

2013-03-01 实施

中华人民共和国工业和信息化部 发布

前　言

本标准按照 GB/T 1.1—2009 给出的规则起草。

本标准代替 HG/T 2245—1991《各色硝基铅笔漆》和 HG/T 2246—1991《各色硝基铅笔底漆》，与 HG/T 2245—1991、HG/T 2246—1991 相比主要技术差异如下：

——提高了面漆"流出时间"的技术指标（见表1，HG/T 2245—1991 中第3章）；

——提高了面漆"不挥发物含量"的技术指标（见表1，HG/T 2245—1991 中第3章）；

——删除了"闪点"、"总铅含量"两个检验项目（见1991年版中4.7、4.8）；

——修改了"干燥时间"的测试方法（见5.4.3）；

——增加了"划格试验"项目（见5.4.5）；

——删除了附录 A（见 HG/T 2245—1991 与 HG/T 2246—1991 中附录 A）。

本标准由中国石油和化学工业联合会提出。

本标准由全国涂料和颜料标准化技术委员会（SAC/TC 5）归口。

本标准起草单位：中海油常州涂料化工研究院、浙江环达漆业集团有限公司、江苏皓月涂料有限公司、广东巴德士化工有限公司。

本标准主要起草人：刘琳、邱玉清、沈祥梅、严修才。

本标准于1991年首次发布，本次为第一次修订。

硝 基 铅 笔 漆

1 范围

本标准规定了硝基铅笔漆的分类、要求、试验方法、检验规则、标志、包装和贮存等内容。

本标准适用于由硝化棉加适量其他合成树脂为主要成膜物质,制成的硝基铅笔漆。主要用于木质铅笔笔杆表面的保护与装饰。

2 规范性引用文件

下列文件对于本文件的应用是必不可少的。凡是注日期的引用文件,仅注日期的版本适用于本文件。凡是不注日期的引用文件,其最新版本(包括所有的修改单)适用于本文件。

GB/T 1725—2007 色漆、清漆和塑料 不挥发物含量的测定

GB/T 1728—1979(1989) 漆膜、腻子膜干燥时间测定法

GB/T 1735—2009 色漆和清漆 耐热性的测定

GB/T 3186 色漆、清漆和色漆与清漆用原材料 取样

GB/T 6753.4—1998 色漆和清漆 用流出杯测定流出时间

GB/T 8170 数值修约规则与极限数值的表示和判定

GB 8771—2007 铅笔涂层中可溶性元素最大限量

GB/T 9271—2008 色漆和清漆 标准试板

GB/T 9278 涂料试样状态调节和试验的温湿度

GB/T 9286—1998 色漆和清漆 漆膜的划格试验

GB/T 9750 涂料产品包装标志

GB/T 13452.2 色漆和清漆 漆膜厚度的测定

GB/T 13491 涂料产品包装通则

3 产品分类

硝基铅笔漆分为硝基铅笔底漆与硝基铅笔面漆两大类,其中硝基铅笔面漆分为清漆和色漆。

4 要求

4.1 产品应符合 GB 8771—2007《铅笔涂层中可溶性元素最大限量》的安全要求。

4.2 产品性能应符合表1的技术要求。

表 1　要求

项　　目		指　　标		
		面漆		底漆
		清漆	色漆	
流出时间(ISO 6 号杯)/s　　　≥		商定	30	18
不挥发物含量/%　　　≥		28	黑色　30 其他色　40	50
干燥时间/min　　　≤ 　表干 　实干			3 —	1 20
涂膜外观		正常		
划格试验/级　　　≤		2		
耐热性[(45±2)℃/30 min]		漆膜无裂痕		

5　试验方法

5.1　取样

除另有商定,产品按 GB/T 3186 的规定取样。取样量根据检验需要确定。

5.2　试验环境

试板的状态调节和试验的温湿度应符合 GB/T 9278 的规定。

5.3　试验样板的制备

5.3.1　底材及底材处理

干燥时间项目用马口铁板,涂膜外观、划格试验、耐热性项目用浅色贴面胶合板。除另有商定外,马口铁板应符合 GB/T 9271—2008 的要求,并按 GB/T 9271—2008 中 4.3 的规定进行处理。浅色贴面胶合板(符合 GB/T 15104—2006 技术要求),使用前在 5.2 环境条件下放置 7 d 以上。商定的底材材质类型和底材处理方法应在检验报告中注明。

5.3.2　制板要求

除另有商定外,采用喷涂法制板,试板材质、喷涂量等可参考表 2。厚度的测试按 GB/T 13452.2 的规定进行。如需配套时,由涂料供应商提供需配套的品种及制备方法。

表 2　试验样板的制板

项目	底材	底材尺寸/mm	涂装要求
涂膜外观、划格试验 耐热性	浅色贴面胶合板ᵃ	150×70	清漆:干膜厚度为(20±3)μm 色漆:干膜厚度为(23±3)μm 放置 48 h 后测试(以同时喷涂在钢板上的漆膜厚度计)
干燥时间	马口铁板	50×120×(0.2～0.3)	清漆:干膜厚度为(20±3)μm 色漆:干膜厚度为(23±3)μm
ᵃ　推荐采用白桦、白枫木、白橡木等浅色品种。			

5.4　操作方法

5.4.1　流出时间

按 GB/T 6753.4—1998 中的规定,用 X-1 硝基漆稀释剂与试样以 1∶1(质量比)稀释后测试。建议稀释剂配比:醋酸丁酯∶丁醇∶甲苯=3∶2∶5。

5.4.2 不挥发物含量

按 GB/T 1725—2007 的规定进行。烘烤温度为(80±2)℃,烘烤时间为1 h,称样量(1±0.1)g。

5.4.3 干燥时间

按 GB/T 1728—1979 中表干乙法,实干甲法的规定进行。

5.4.4 涂膜外观

样板在散射日光下目视观察,如果涂膜均匀、无流挂、发花、针孔、开裂和剥落等涂膜病态,则评为"正常"。

5.4.5 划格试验

按 GB/T 9286—1998 的规定进行,划格间距为2 mm。

5.4.6 耐热性

按 GB/T 1735—2009 的规定进行。

6 检验规则

6.1 检验分类

6.1.1 产品检验分出厂检验和型式检验项目。

6.1.2 出厂检验项目包括流出时间、不挥发物含量、干燥时间、涂膜外观。

6.1.3 型式检验项目包括本标准所列的全部技术要求。在正常生产情况下,划格试验、耐热性每年至少检验一次。

6.2 检验结果的判定

6.2.1 检验结果的判定按 GB/T 8170 中修约值比较法进行。

6.2.2 所有检验项目的检验结果均达到本标准要求时,该试验样品为符合本标准要求。

7 标志、包装和贮存

7.1 标志

按 GB/T 9750 的规定进行。

7.2 包装

按 GB/T 13491 中一级包装要求的规定进行。

7.3 贮存

产品贮存时应保证通风、干燥,防止日光直接照射并应隔绝火源,远离热源。产品应根据类型定出贮存期,并在包装标志上明示。

参 考 文 献

[1]　GB/T 15104—2006　装饰单板饰面人造板.

ICS 87.040
G 51
备案号：37870—2013

中华人民共和国化工行业标准

HG/T 3655—2012
代替 HG/T 3655—1999

紫外光（UV）固化木器涂料

Ultraviolet curing coatings for woodenware

2012-11-07 发布
2013-03-01 实施
中华人民共和国工业和信息化部　发布

前　言

本标准按照 GB/T 1.1—2009 给出的规则起草。

本标准代替 HG/T 3655—1999《紫外光(UV)固化木器漆》。本标准与 HG/T 3655—1999 相比技术差异如下：

——增加了产品分类(见第 3 章)；

——增加了对"贮存稳定性"、"打磨性"、"耐碱性"、"耐污染性"和"耐黄变性"的要求(见表 1)；

——"摆杆硬度"项目改为"铅笔硬度"(见表 1,1999 年版的表 1)；

——改变了"耐水性"和"耐醇性"的试验方法(见 5.4.13 和 5.4.15,1999 年版的 4.9 和 4.10)；

——改变了漆膜制备的规定(见 5.3,1999 年版的 4.1.3)；

——删除了附录 A 和附录 B(见 1999 年版的附录 A 和附录 B)。

本标准由中国石油和化学工业联合会提出。

本标准由全国涂料和颜料标准化技术委员会(SAC/TC 5)归口。

本标准起草单位:中海油常州涂料化工研究院、广东华润涂料有限公司、江苏大象东亚制漆有限公司、展辰涂料集团股份有限公司、广东嘉宝莉化工集团有限公司、三棵树涂料股份有限公司、恒昌涂料(浙江)有限公司、深圳市广田环保涂料有限公司、山东东佳集团股份有限公司、广东巴德士化工有限公司。

本标准主要起草人:黄逸东、顾斌、梁马龙、杨少武、刘志刚、王代民、罗启涛、刘文华、宋梓琪、李化全、严修才。

本标准于 1999 年首次发布,本次为第一次修订。

紫外光(UV)固化木器涂料

1 范围

本标准规定了紫外光(UV)固化木器涂料产品的分类、要求、试验方法、检验规则及标志、包装和贮存等内容。

本标准适用于由活性低聚物、活性稀释剂、光引发剂和其他成分等组成的紫外光固化木器涂料。产品适用于室内用木质地板、家具等木器的装饰与保护。

本标准不适用于水性紫外光固化木器涂料。

2 规范性引用文件

下列文件对于本文件的应用是必不可少的。凡是注日期的引用文件,仅注日期的版本适用于本文件。凡是不注日期的引用文件,其最新版本(包括所有的修改单)适用于本文件。

GB/T 1728—1979 漆膜、腻子膜干燥时间测定法

GB/T 1766 色漆和清漆 涂层老化的评级方法

GB/T 1768—2006 色漆和清漆 耐磨性的测定 旋转橡胶砂轮法

GB/T 3186 色漆、清漆和色漆与清漆用原材料取样

GB/T 4893.1—2005 家具表面耐冷液测定法

GB/T 4893.3—2005 家具表面耐干热测定法

GB/T 6682 分析试验室用水规格和试验方法

GB/T 6739—2006 色漆和清漆 铅笔法测定漆膜硬度

GB/T 6753.1—2007 色漆、清漆和印刷油墨 研磨细度的测定

GB/T 8170 数值修约规则与极限数值的表示和判定

GB/T 9271 色漆和清漆 标准试板

GB/T 9278 涂料试样状态调节和试验的温湿度

GB/T 9286—1998 色漆和清漆 漆膜的划格试验

GB/T 9750 涂料产品包装标志

GB/T 9754—2007 色漆和清漆 不含金属颜料的色漆漆膜的20°、60°和85°镜面光泽的测定

GB/T 13491 涂料产品包装通则

GB/T 15104—2006 装饰单板贴面人造板

GB/T 23983—2009 木器涂料耐黄变性测定法

3 产品分类

本标准根据紫外光(UV)固化木器涂料的主要用途,分为地板用面漆、家具等木器用面漆和通用底漆。

4 要求

产品性能应符合表1的要求。

表 1 要求

项 目		指 标		
		地板用面漆	家具等木器用面漆	通用底漆
在容器中状态		搅拌后均匀无硬块		
细度/μm	≤	35 或 商定	清漆和透明色漆:30 或 商定 色漆:40 或 商定	70 或 商定
贮存稳定性(50 ℃,7 d)		无异常		
固化性能/(mJ/cm²)		通过		
涂膜外观		正常		—
打磨性		—		易打磨
光泽(60°)/单位值		商定		
耐磨性(1 000 g,500 r)/g	≤	0.010		—
铅笔硬度(擦伤)	≥	H		
划格试验(划格间距 2 mm)/级	≤	2		
耐干热性[(90±2)℃,15 min]/级	≤	—	2	—
耐水性(24 h)		无异常		—
耐碱性(2 h)		无异常		—
耐醇性(8 h)		无异常		—
耐污染性(1 h)	醋	无异常		
	茶	无异常		
耐黄变性(168 h)ΔE*	≤	6.0		
注:"耐黄变性"项目仅限标称具有耐黄变功能的涂料品种。				

5 试验方法

5.1 取样

产品按 GB/T 3186 的规定取样,也可按商定方法取样。取样量根据检验需要确定。

5.2 试验环境

试板的状态调节和试验的温湿度应符合 GB/T 9278 的规定。

5.3 试验样板的制备

5.3.1 底材及底材处理

固化性能、光泽、铅笔硬度项目用玻璃板,耐磨性项目用铝板或玻璃板,耐黄变性项目用白色外用瓷质砖,其余项目均用浅色贴面胶合板(符合 GB/T 15104—2006 技术要求)。玻璃板、铝板的要求及处理应符合 GB/T 9271 中的规定,白色外用瓷质砖要求符合 GB/T 23983—2009 中 6.1 的要求,浅色贴面胶合板使用前在 5.2 条件下放置 7 d 以上。

注:浅色贴面胶合板可采用白桦、白枫木、白橡木等浅色品种,胶合板应保证在试验过程中不发生变形。

5.3.2 制板要求

一般采用线棒涂布器进行刮涂制板,经商定,也可采用淋涂、辊涂、喷涂、刷涂等方式进行涂装。单涂层用规格为 40 的线棒,复合涂层用规格为 20 的线棒,各项目制板要求可参考表 2。报告中需注明紫外光固化的条件。

注:规格为 40、20 的线棒对应的缠绕钢丝直径为 0.40 mm 和 0.20 mm。

5.3.2.1 单涂层试板的制备

固化性能、打磨性、光泽、耐磨性、铅笔硬度、划格试验(底漆)、耐黄变性项目以单一涂料刮涂一道,刮涂后需静置,具体条件由双方商定,然后用紫外光固化装置固化。

5.3.2.2 复合层试板的制备

除按单涂层要求制板的项目外,其他项目施涂两道(即一底一面)。经双方商定,也可以用面漆刮涂两道。刮涂第二道前需用 400 号水砂纸打磨平整并擦去样板表面的浮灰,紫外光固化涂料每次刮涂后需静置,具体条件由双方商定,然后用紫外光固化装置固化。

注:底漆可以是紫外光固化底漆也可以是非紫外光固化底漆,非紫外光固化底漆的制板条件由有关双方商定。

表 2　制板要求

项　　目	底材	尺寸/mm	养护时间
涂膜外观、划格试验、耐水性、耐碱性、耐醇性、耐污染性、打磨性	浅色贴面胶合板	150×70	打磨性固化后养护 10 min 测试,其余项目固化后养护 24 h测试
耐干热性		150×150	
耐黄变性	白色外用瓷质砖	95×45	
耐磨性	铝板或玻璃板	直径 100	
铅笔硬度、光泽	玻璃板(清漆测光泽时采用喷有无光黑漆的玻璃板)	150×100×3	

5.4　操作方法

5.4.1　一般规定

所用试剂均为化学纯以上,所用水均为符合 GB/T 6682 规定的三级水,试验用溶液在试验前预先调整到试验温度。

5.4.2　在容器中状态

打开容器,用调刀或搅棒搅拌,允许容器底部有沉淀,若经搅拌易于混合均匀,则评为"搅拌后均匀无硬块"。

注:多组分涂料,主剂和固化剂应分别进行检验。

5.4.3　细度

按 GB/T 6753.1—2007 规定进行。

注:多组分涂料,主剂和固化剂应分别进行检验。

5.4.4　贮存稳定性

将约 0.5 L 的样品装入密封良好的铁罐中,罐内留有约 10% 的空间,密封后放入(50±2)℃恒温干燥箱中,7 d 后取出在(23±2)℃下放置 3 h,按 5.4.2 检查"在容器中状态",如果贮存后试验结果与贮存前无明显差异,则评为"无异常"。

注:多组分涂料,主剂和固化剂应分别进行检验。

5.4.5　固化性能

可用单一的紫外灯或生产线用紫外光固化装置进行测量,固化性能测量单位为 mJ/cm^2(用 UV 能量计测试)。

固化性能的判定按 GB/T 1728—1979 实干中甲法规定进行,在双方商定的固化条件下,漆膜如果能够干燥即判为"通过"。

5.4.6 涂膜外观

样板在散射日光下目视观察,如果涂膜均匀,无流挂、发花、针孔、开裂和剥落等涂膜病态,则评为"正常"。

5.4.7 打磨性

用 400# 水砂纸手工干磨 10 次(往复 1 次算 1 次),如涂膜易打磨成平整光滑表面,则评为"易打磨"。

5.4.8 光泽(60°)

按 GB/T 9754—2007 规定进行。

5.4.9 耐磨性

按 GB/T 1768—2006 规定进行。所用砂轮型号为 CS-10。

注:也可使用与 CS-10 磨耗作用相当的其他橡胶砂轮。

5.4.10 铅笔硬度

按 GB/T 6739—2006 规定进行。铅笔为中华牌 101 绘图铅笔。

5.4.11 划格试验

按 GB/T 9286—1998 规定进行。划格间距为 2 mm。

5.4.12 耐干热性

按 GB/T 4893.3—2005 规定进行。试验温度为(90±2)℃,试验时间 15 min。

5.4.13 耐水性

按 GB/T 4893.1—2005 规定进行。试液为蒸馏水,试验区域取每块板的中间部位,在每个试验区域上分别放上五层滤纸片,试验过程中需保持滤纸湿润,必要时在玻璃罩和试板接触部位涂上凡士林加以密封。24 h 后取掉滤纸,吸干,放置 2 h 后在散射日光下目视观察,如 3 块试板中有 2 块未出现起泡、开裂、剥落等涂膜病态现象,但允许出现轻微变色和轻微光泽变化,则评为"无异常"。如出现以上涂膜病态现象按 GB/T 1766 进行描述。

5.4.14 耐碱性

测试及结果评定方法同耐水性,试液为 50 g/L 的 Na_2CO_3 溶液,试验时间为 2 h,试验后放置 1 h 后观察。

5.4.15 耐醇性

测试及结果评定方法同耐水性,试液为 70%(体积分数)乙醇水溶液,试验时间为 8 h,试验后放置1 h 后观察。

5.4.16 耐污染性

测试及结果评定方法同耐水性,试验时间均为 1 h,试验后放置 1 h 后观察。

耐醋:试液为酿造食醋。

注:推荐使用符合 GB 18187—2000 的酿造食醋。

耐茶:试液为红茶水,在 2 g 红茶中加入 250 mL 沸水,室温放置 5 min 后立即用茶水进行试验。

注:推荐使用袋装立顿红茶。

5.4.17 耐黄变性

按 GB/T 23983—2009 中规定进行。

6 检验规则

6.1 检验分类

6.1.1 产品检验分出厂检验和型式检验。

6.1.2 出厂检验项目包括在容器中状态、细度、固化性能、打磨性、涂膜外观、光泽。

6.1.3 型式检验项目包括本标准所列的全部技术要求。在正常生产情况下,贮存稳定性、耐磨性、铅笔硬度、划格试验、耐干热、耐水性、耐碱性、耐醇性、耐污染性每半年至少检验一次,耐黄变性每年至少检验一次。

6.2 检验结果的判定

6.2.1 检验结果的判定按 GB/T 8170 中修约值比较法进行。

6.2.2 应检项目的检验结果均达到本标准要求时,该试验样品为符合本标准要求。

7 标志、包装和贮存

7.1 标志

按 GB/T 9750 的规定进行。

7.2 包装

按 GB/T 13491 中一级包装要求的规定进行。

7.3 贮存

产品贮存时应保证通风、干燥、避光,防止日光直接照射并应隔绝火源,远离热源。产品应根据类型定出贮存期,并在包装标志上明示。

参 考 文 献

[1]　GB 18187—2000　酿造食醋

参 考 文 献

前　　言

　　钢结构桥梁漆由于其特殊性能而广泛用于钢结构桥梁上,起着保护和装饰的作用,近年来在我国发展较快,但一直没有一个统一的标准。为稳定和提高此类产品的质量,满足不同用户的需求,特制定本标准。

　　本标准是根据国内主要钢结构桥梁漆生产企业的产品质量要求,并参照国内外有关标准而制定的。

　　由于钢结构桥梁漆包括的品种繁多,因此本标准制定为通用技术条件。

　　本标准的附录 A 为提示的附录。

　　本标准由中华人民共和国原化学工业部技术监督司提出。

　　本标准由全国涂料和颜料标准化技术委员会归口。

　　本标准主要起草单位:天津灯塔涂料股份有限公司、沈阳应用技术实验厂、中国船舶总公司 725 研究所。

　　本标准参加起草单位:化工部常州涂料化工研究院、上海开林造漆厂、无锡霸润涂料化工有限公司、武汉双虎涂料股份有限公司、重庆三峡油漆股份有限公司、天津市东光特种涂料总厂、江苏省武进市凯星涂料厂、江苏省武进市芙蓉防腐材料厂、湖南省金属材料总公司湖南金盛化工防腐研究中心、杭州油漆厂。

　　本标准主要起草人:陆秀敏、翟惠棠、袁小波、王爱玲、方俊珍。

中华人民共和国化工行业标准

钢 结 构 桥 梁 漆

HG/T 3656—1999

Paints for steel structure bridge

1 范围

本标准规定了钢结构桥梁漆产品的要求、试验方法、检验规则及标志、标签、包装、运输、贮存。

本标准适用于钢结构桥梁用面漆、底漆、中间漆的通用技术条件,也适用于在大气环境下其他钢结构涂装用面漆、底漆、中间漆。

2 引用标准

下列标准所包含的条文,通过在本标准中引用而构成为本标准的条文。本标准出版时,所示版本均为有效。所有标准都会被修订,使用本标准的各方应探讨使用下列标准最新版本的可能性。

GB/T 1728—1979(1989) 漆膜、腻子膜干燥时间测定法

GB/T 1732—1993 漆膜耐冲击性测定法

GB/T 1733—1993 漆膜耐水性测定法

GB/T 1763—1979(1989) 漆膜耐化学试剂性测定法

GB/T 1765—1979(1989) 测定耐湿热、耐盐雾、耐候性(人工加速)的漆膜制备法

GB/T 1766—1995 色漆和清漆 涂层老化的评级方法(neq ISO 4628-1～4628-5:1980)

GB/T 1771—1991 色漆和清漆 耐中性盐雾性能的测定(eqv ISO 7253:1984)

GB/T 1865—1997 色漆和清漆 人工气候老化和人工辐射曝露(滤过的氙弧辐射)
(eqv ISO 11341:1994)

GB 3186—1982(1989) 涂料产品的取样(neq ISO 1512:1974)

GB/T 6742—1986 漆膜弯曲试验(圆柱轴)(neq ISO 1519:1973)

GB/T 6753.1—1986 涂料研磨细度的测定(eqv ISO 1524:1983)

GB/T 6753.3—1986 涂料贮存稳定性试验方法

GB/T 6753.6—1986 涂料产品的大面积刷涂试验(eqv ISO/TR 3172:1974)

GB/T 9271—1988 色漆和清漆 标准试板(eqv ISO 1514:1984)

GB 9278—1988 涂料试样状态调节和试验的温湿度(eqv ISO 3270:1984)

GB/T 9286—1998 色漆和清漆 漆膜的划格试验(eqv ISO 2409:1972)

GB/T 13452.2—1992 色漆和清漆 漆膜厚度的测定(eqv ISO 2808:1974)

GB/T 13491—1992 涂料产品包装通则

HG/T 2458—1993 涂料产品检验、运输和贮存通则

3 产品分类

产品分普通型和长效型二类。

3.1 普通型

按使用年限在 5 年～15 年,通称为普通型(包括底漆和面漆)。

国家石油和化学工业局 1999-06-16 批准　　　　　　　　　　　　　　　　　2000-06-01 实施

3.2 长效型

按使用年限在 15 年以上,通称为长效型(包括底漆、中间漆和面漆)。

4 要求

4.1 面漆产品性能应符合表 1 的规定。

表 1 性能要求

项　　目	指　　标	
	普通型面漆	长效型面漆
在容器中状态	搅拌后无硬块,呈均匀状态	
漆膜外观	漆膜平整	
细度,μm ≤ 含片状(金属)颜料漆 其他	80 60	
附着力(划格法),级 ≤	1	
耐弯曲性,mm	2,无破坏	商定
耐冲击性,cm	50	
干燥时间,h ≤ 表干 实干	10 24	商定 商定
耐水性	8 h 不起泡、不脱落,允许轻微 失光和变色	12 h 不起泡、不脱落,允许轻微 失光和变色
施工性	喷涂、刷涂无障碍	喷涂、刷涂无障碍
贮存稳定性 结皮性,级 沉降性(1 y),级	8 6	10 8
人工加速老化	400 h 不起泡、不开裂、允许二 级变色和二级粉化	800 h 不起泡、不开裂、允许二 级变色和二级粉化
耐盐雾性	—	1 000 h 不起泡、不脱落

4.2 底漆、中间漆产品性能应符合表 2 的规定。

表 2 性能要求

项　　目	指　　标		
	普通型底漆	长效型底漆	长效型中间漆
在容器中状态	搅拌后无硬块,呈均匀状态		
漆膜外观	漆膜平整,允许略有刷痕		
细度,μm ≤ 含片状(金属)颜料漆 其他	90 60		
附着力(划格法),级 ≤	1		
耐弯曲性,mm	2		

177

表 2（完）

项　目	指　标		
	普通型底漆	长效型底漆	长效型中间漆
耐冲击性,cm　　　　　　　　　　　≥	40		
干燥时间,h　　　　　　　　　　　≤			
表干	4		
实干	24		
耐盐水性(3%NaCl 溶液)	144 h 不起泡、不生锈	240 h 不起泡、不生锈	—
贮存稳定性			
结皮性,级	8	—	—
沉降性(1 y),级	6		
施工性	喷涂、刷涂无障碍		

5　试验方法

5.1　采样

产品按 GB 3186 规定进行采样。所采样品应分为两份,一份密封贮存备查,另一份作检验用。如发现产品质量不符合标准技术指标规定时,供需双方共同按 GB 3186 规定重新采样。

5.2　试验条件

按 GB 9278 规定。

5.3　试验样板的制备

5.3.1　试验用底板按 GB/T 9271 的规定进行处理。干燥时间、附着力、耐弯曲性、耐冲击性、耐水性试验为马口铁板(尺寸为 120 mm×50 mm×0.3 mm)。施工性试验,按 GB/T 6753.6 规定进行。其余试验为钢板(除另有规定外,尺寸为 150 mm×70 mm×1 mm)。

5.3.2　漆膜厚度测定按 GB/T 13452.2 规定进行。附着力、耐弯曲性、耐冲击性、耐水性测定,应在漆膜制备 48 h 后进行,漆膜厚度要求(35±2)μm。其他性能测定应在漆膜制备 168 h 后进行。

5.3.3　人工加速老化、耐盐雾性测定,要求底漆、中间漆、面漆配套后测定,每道间隔时间、漆膜总厚度、涂漆前板材处理等均按各厂配套要求进行。

5.4　在容器中状态

打开容器,用调刀或搅棒搅拌,允许容器底部有沉淀,若经搅拌易于混合均匀,则评为"搅拌后无硬块,呈均匀状态。"

5.5　漆膜外观

目测。

5.6　细度

按 GB/T 6753.1 规定进行。

5.7　附着力

按 GB/T 9286 规定进行,划格间距为 2 mm。

5.8　耐弯曲性

按 GB/T 6742 规定进行。

5.9　耐冲击性

按 GB/T 1732 规定进行。

5.10　干燥时间

按 GB/T 1728 规定,其中表干按甲法,实干按乙法进行。

5.11 耐水性

按 GB/T 1733 规定进行。

5.12 施工性

按 GB/T 6753.6 规定进行。

5.13 贮存稳定性

5.13.1 沉降性

按 GB/T 6753.3 规定进行。

5.13.2 结皮性

将约 90 mL 试样倒入 120 mL 带盖广口瓶中,将瓶盖立即盖好,将瓶放于暗处 24 h,然后取出瓶,打开盖,将瓶倾斜并用玻璃棒触及试样的表面,检查表层的流动性,如表层仍呈现液态时,则评定为"不结皮"。评级按 GB/T 6753.3 规定进行。

5.14 人工加速老化

按 GB/T 1765 制备漆膜;按 GB/T 1865 进行测定;按 GB/T 1766 进行评级。

5.15 耐盐雾性

按 GB/T 1765 制备漆膜;按 GB/T 1771 进行测定。

5.16 耐盐水性

按 GB/T 1763 规定进行。

6 检验规则

6.1 按 HG/T 2458 进行。

6.2 本标准所列全部性能要求项目为型式检验项目。其中在容器中状态、漆膜外观、细度、附着力、耐弯曲性、耐冲击性、干燥时间、耐水性为出厂检验项目。施工性、贮存稳定性、人工加速老化、耐盐雾性、耐盐水性一年进行一次检验。

7 标志、标签、包装、运输、贮存

7.1 标志、标签

产品应附有标志、标签,标明:产品的标准号、型号、名称、净含量、质量合格标记、生产厂厂名、厂址及生产日期、批号、配比、使用说明。

7.2 包装

按 GB/T 13491 进行。

7.3 运输、贮存

按 HG/T 2458 进行,贮存期由各生产厂根据各自产品要求制定,在标志上标明。

附 录 A
（提示的附录）
施 工 参 考

A1 要求

钢结构桥涂装时，要求钢梁表面清洗干净，以喷砂或抛丸除锈方法将氧化皮、铁锈及其他杂质清除干净，喷砂处理至 Sa2.5 级；涂层厚度、涂装间隔等要求按各自配套体系要求规定。

A2 钢结构桥涂装实例

例 1：国内某桥（总长 8346 m）的配套涂装情况

在钢结构制造厂车间内的涂装：

喷砂或抛丸除锈达 Sa2.5 级，粗糙度 40 μm～80 μm

第一道	环氧富锌底漆	80 μm
第二道	环氧云母氧化铁底漆	100 μm
第三道	氯化橡胶厚膜漆（橘红色）	45 μm

在现场的涂装：

首先修补运输安装过程中损伤的漆膜

第四道　氯化橡胶厚膜漆（橘红色）　　　　　　　　45 μm

合计漆膜总厚度为 270 μm

例 2：环氧富锌底漆＋云铁环氧厚膜漆＋铁红氯化橡胶厚膜漆＋铝粉氯化橡胶丙烯酸磁漆

例 3：环氧富锌厚膜漆＋云铁环氧厚膜漆＋灰云铁丙烯酸聚氨酯磁漆

漆膜厚度为底漆 90 μm、中间漆 100 μm、面漆 75 μm，漆膜总厚度为 265 μm，耐候年限达 20 年。

例 4：环氧富锌底漆＋环氧防锈漆＋环氧云母厚浆底漆 ＋氯化橡胶面漆或丙烯酸聚氨酯面漆

漆膜厚度为底漆 40 μm、防锈漆 80 μm、厚浆底漆 100 μm、面漆 70 μm 或 100 μm，漆膜总厚度为 260 μm 左右。

A3 国内钢结构桥普通型配套涂层实例

例 1：红丹醇酸防锈漆＋灰云铁醇酸面漆

漆膜厚度为底漆 80 μm、面漆 120 μm，总厚度 200 μm。

例 2：红丹酚醛防锈漆或云铁酚醛防锈漆＋灰云铁醇酸面漆

总厚度 200 μm。

例 3：红丹酚醛防锈漆＋灰铝锌醇酸磁漆

漆膜厚度为底漆 80 μm、面漆 120 μm。

A4 普通型底漆、面漆，长效型底漆、中间漆、面漆品种介绍

普通型底漆品种采用红丹醇酸防锈漆、红丹酚醛防锈漆、云铁酚醛防锈漆、棕黄聚氨酯防锈漆等。

普通型面漆品种采用灰云铁醇酸磁漆、灰铝锌醇酸磁漆、灰铝粉石墨醇酸磁漆。

长效型底漆品种采用环氧富锌底漆、环氧富锌厚膜漆、氯化橡胶底漆、环氧云母氧化铁厚浆型底漆、环氧防锈底漆、云铁环氧防锈漆、环氧聚氨酯防腐底漆、无机富锌底漆。

长效型中间漆品种采用环氧厚膜漆、云铁环氧厚膜漆、氯化橡胶厚膜漆、环氧中涂漆、氯化橡胶中涂漆、环氧沥青中涂漆。

长效型面漆品种采用丙烯酸聚氨酯磁漆、云铁有机硅醇酸磁漆、云铁氯化橡胶醇酸磁漆、氯化橡胶丙烯酸磁漆、氯化橡胶面漆、氯化橡胶厚膜面漆、环氧聚氨酯防腐面漆。

A5 多组分涂料

按产品说明书要求使用前均匀调配,且须按配比混合搅匀,随配随用,在规定的时间内用完。

ICS 87.040
G 51
备案号：18199—2006

中华人民共和国化工行业标准

HG/T 3830—2006

卷 材 涂 料

Coil coatings

2006-07-26 发布 　　　　　　　　　　　　　　2007-03-01 实施

中华人民共和国国家发展和改革委员会　发　布

HG/T 3830—2006

前　言

本标准附录 A、附录 B 为规范性附录。

本标准由中国石油和化学工业协会提出。

本标准由全国涂料和颜料标准化技术委员会归口。

本标准负责起草单位：中国化工建设总公司常州涂料化工研究院、上海振华造漆厂、江苏鸿业涂料科技产业有限公司、廊坊立邦涂料有限公司、永记造漆工业（昆山）有限公司、江苏兰陵化工集团有限公司、无锡市雅丽涂料有限公司、无锡万博涂料化工有限公司。

本标准参加起草单位：金刚化工（昆山）有限公司、宁波正良涂料实业有限公司、顺德先达合成树脂有限公司、武汉钢铁（集团）公司钢铁公司、攀钢集团成都彩涂板有限责任公司、美国 Q-Panel LabProducts 公司。

本标准主要起草人：黄宁、李大鸣、胡丕山、罗志刚、韩华、陈登远、高兴田、王建刚、夏范武、崔瑛、闫自林、阮继红、陈武、张恒。

本标准为首次发布。

本标准委托全国涂料和颜料标准化技术委员会负责解释。

卷 材 涂 料

1 范围

本标准规定了卷材涂料产品的定义、分类、要求、试验方法、检验规则、包装标志等。

本标准适用于采用连续辊涂方式涂覆在建筑用金属板上的液体有机涂料。涂覆在其他用途（如家电等）金属板上的液体有机涂料可参照使用。

2 规范性引用文件

下列文件中的条款通过本标准的引用而成为本标准的条款。凡是注日期的引用文件，其随后所有的修改单（不包括勘误的内容）或修订版均不适用于本标准，然而，鼓励根据本标准达成协议的各方研究是否可使用这些文件的最新版本。凡是不注日期的引用文件，其最新版本适用于本标准。

GB/T 1250—1989 极限数值的表示方法和判定方法

GB/T 1723—1993 涂料粘度测定法

GB/T 1724—1979(89) 涂料细度测定法

GB/T 1766—1995 色漆和清漆 涂层老化的评级方法(neq ISO 4628-1～5:1980)

GB/T 1771 色漆和清漆 耐中性盐雾性能的测定(GB/T 1771—1991,eqv ISO 7253:1984)

GB/T 1865—1997 色漆和清漆 人工气候老化和人工辐射暴露（滤过的氙弧辐射）(eqv ISO 11341:1994)

GB/T 2518—2004 连续热镀锌钢板及钢带

ISO 15184:1998 色漆和清漆 铅笔法测定漆膜硬度

GB/T 6751 色漆和清漆 挥发物和不挥发物的测定(eqv ISO 1515:1973)

GB/T 9272 液态涂料内不挥发分容量的测定(GB/T 9272—1988,eqv ISO 3233:1984)

GB/T 9274—1988 色漆和清漆 耐液体介质的测定(eqv ISO 2812:1974)

GB 9278 涂料试样状态调节和试验的温湿度(GB 9278—1988,eqv ISO 3270:1984,Paints and varnishes and their raw materials——Temperatures and humidities for conditioning and testing)

GB/T 9279 色漆和清漆 划痕试验(GB/T 9279—1988,eqv ISO 1518:1973)

GB/T 9286—1998 色漆和清漆 漆膜的划格试验(eqv ISO 2409:1992)

GB/T 9750—1998 涂料产品包装标志

GB/T 9753 色漆和清漆 杯突试验(GB/T 9753—1988,eqv ISO 1520:1973)

GB/T 9754 色漆和清漆 不含金属颜料的色漆漆膜之 20°、60° 和 85° 镜面光泽的测定(GB/T 9754—1988,eqv ISO 2813:1978)

GB/T 13452.2—1992 色漆和清漆 漆膜厚度的测定(eqv ISO 2808:1974)

GB/T 13491—1992 涂料产品包装通则

ISO 6272-2:2002 色漆和清漆 快速变形(耐冲击性)试验 第2部分:落锤试验(小面积冲头)

ISO 15528:2000 色漆、清漆和色漆与清漆用原材料 取样

ISO 11507:1997 色漆和清漆 涂层的人工气候老化 暴露于荧光紫外线和水

3 定义

下列定义适用于本标准。

3.1

基板

用于涂覆涂料的金属板或带。

3.2

彩涂板

在经过表面预处理的基板上连续涂覆有机涂料,然后经过烘烤固化而成的产品。

3.3

正面

通常指彩涂板两个表面中对颜色、涂层性能、表面质量等有较高要求的一面。

3.4

反面

彩涂板相对于正面的另一面。

3.5

卷材涂料

以连续辊涂方式在经过表面预处理的金属基板上涂覆的有机涂料。

3.6

底漆

直接涂在经过表面预处理的金属基板上的有机涂料。

3.7

面漆

涂在彩涂板正面的最上层的有机涂料。

3.8

背面漆

涂在彩涂板反面的最上层的有机涂料。

4 产品分类

本标准按卷材涂料的使用功能分为底漆、背面漆、面漆。再根据建筑用彩涂板正面实际使用时对耐久性的要求,将面漆分为:通用型和耐久型。通用型产品适用于一般用途的建筑内外用彩涂板,如室内装饰用吊顶板、屋面板、墙面板以及耐久性要求较低的外墙面板等;耐久型产品适用于耐久性要求较高的外用彩涂板,如门窗、外屋面板和墙面板等。

5 要求

产品性能应符合表1的要求。

表 1 要求

项 目	指 标			
	底漆	背面漆	面漆	
			通用型	耐久型
在容器中状态	搅拌后均匀无硬块			
黏度(涂-4 杯)/s	商定			
质量固体含量/% ≥	45	55	60(浅色a 漆) 50(深色漆) 45(闪光漆b)	
体积固体含量/% ≥	25	35	40(浅色a 漆) 35(深色漆) 35(闪光漆b)	
细度c/μm ≤	25			
漆膜外观	正常			
耐溶剂(MEK)擦拭/次 ≥	—	50	100 50(闪光漆b)	
涂膜色差	—	商定		
光泽(60°)/单位值	—	商定		
铅笔硬度(擦伤) ≥	—	2H	H	
反向冲击/(kg·cm)d ≥	—	60	90	
T 弯/T ≤	—	5	3	
杯突/mm ≥	—	4.0	6.0	
划格附着力/级(间距1 mm)	—	0		
耐划痕1 200 g	—	—	通过	
耐酸性	—	—	无变化	
耐中性盐雾	—	—	480 h,允许轻微变色,起泡等级≤2(S3),无其他漆膜病态现象	720 h,允许轻微变色,起泡等级≤2(S3),无其他漆膜病态现象
耐人工老化e 荧光紫外 UVA-340	—	—	600 h,无生锈、起泡、开裂,变色≤2 级,粉化≤1 级	960 h,无生锈、起泡、开裂,变色≤2 级,粉化≤1 级
荧光紫外 UVB-313			400 h,无生锈、起泡、开裂,变色≤2 级,粉化≤1 级	600 h,无生锈、起泡、开裂,变色≤2 级,粉化≤1 级
氙灯			800 h,无生锈、起泡、开裂,变色、失光≤2 级,粉化≤1 级	1 500 h,无生锈、起泡、开裂,变色、失光≤2 级,粉化≤1 级

a 浅色是指以白色涂料为主要成分,添加适量色浆后配制成的浅色涂料形成的涂膜所呈现的浅颜色,按 GB/T 15608—1995 中4.3.2 规定明度值为6～9 之间(三刺激值中的 Y_{D65}≥31.26)。

b 闪光漆是指含有金属颜料或珠光颜料的涂料。

c 特殊品种除外,如闪光漆、PVDF 类涂料、含耐磨助剂类涂料等。

d 1 kg·cm≈0.098 J。

e 三种试验方法中任选一种。

6 试验方法

6.1 取样

产品按 ISO 15528:2000 规定取样,也可按商定方法取样。取样量根据检验需要确定。

6.2 试验环境

制板后,待测试板在符合 GB 9278 的环境中放置 24 h 后进行试验。铅笔硬度、反向冲击、T 弯、杯突、划格附着力、耐划痕项目的试验环境应符合 GB 9278 的规定,其余检验项目的试验环境按照相关方法标准规定进行。

6.3 试验样板的制备

6.3.1 基板及基板处理

6.3.1.1 本标准推荐的基板为彩涂板用热镀锌钢板(HDG)[1],符合 GB/T 2518—2004 的规定。厚度:0.5 mm,镀层为双面等厚镀锌层,镀层质量:120 g/m²,表面结构为光整锌花。经有关方商定一致,也可选用其他类型的基板。检验用基板的尺寸和数量应满足各项检验的要求。

6.3.1.2 涂漆前基板须经表面处理。基板的预处理有两种方法:(1)生产线上预处理;(2)试验室预处理。生产线上预处理的基板按照生产商规定的贮存环境保存,并在规定的使用期限内涂覆涂料。试验室预处理基板的处理工序为:脱脂(用 1‰氢氧化钠水溶液或工业乙醇擦洗)→刷洗(如有必要)→水洗→钝化处理→干燥。预处理剂选用与生产线上相同的处理剂[2],用套有橡胶管的玻璃棒刮涂(或其他合适的方法)在基板上,应使涂膜均匀一致并尽量涂薄。放入烘箱内,经(100±2)℃/1 min 烘干。处理后的基板放在干燥器内贮存,并在处理后 48 h 内涂覆涂料。

6.3.2 制板要求

6.3.2.1 涂膜的制备采用不锈钢绕线刮棒刮涂法。选用合适的线棒刮涂制备试板,控制底漆干涂膜厚度为 5 μm~7 μm,背面漆干涂膜厚度为 7 μm~10 μm,面漆干涂膜厚度为 15 μm~18 μm。若需要其他厚度的干涂膜可由有关方商定,并在报告中注明。干涂膜厚度的测定按 GB/T 13452.2—1992 中规定的任一种方法进行。

6.3.2.2 固化条件由涂料供应商提供,包括最高基板温度(PMT)、停留时间,以及底漆与面漆或背面漆的涂装间隔时间。

6.3.2.3 面漆各项干涂膜性能按底漆、面漆配套涂料体系制板后检验。

6.3.2.4 背面漆性能根据客户涂装要求,可对单一背面漆或底漆和背面漆配套涂料体系制板后检验。

6.4 试验方法

6.4.1 在容器中状态

打开容器,用调刀或搅棒搅拌,允许容器底部有沉淀,若经搅拌易于混合均匀,则评为"搅拌后均匀无硬块"。

6.4.2 黏度

按 GB/T 1723—1993 中的乙法规定进行。试样温度为(23±1)℃。

6.4.3 质量固体含量

按 GB/T 6751 的规定进行,烘烤条件为(150±2)℃/2 h。

6.4.4 体积固体含量

按 GB/T 9272 的规定进行,烘烤条件为(150±2)℃/2 h。

6.4.5 细度

按 GB/T 1724—1979(89)的规定进行。

---

1) 宝钢股份黄石涂镀板有限公司有售。

2) 如凯密特尔 C4504 处理剂,配比为 C4504:水=1:10(可根据钝化膜厚度调整比例)。

6.4.6 涂膜外观

在散射日光下目视观察试验样板,如果涂膜颜色均匀,表面平整,无气泡、缩孔及其他涂膜病态现象则评为"正常"。

6.4.7 耐溶剂(MEK)擦拭

按附录 A 的规定进行。对单涂层,结果以不露出基板的最高擦拭次数表示;对复合涂层,结果以最上层涂膜不破损的最高擦拭次数表示。

6.4.8 涂膜色差

用色差仪测试,与参照样板比较。测试仪器、测试条件及评价方法由有关方商定。

6.4.9 光泽(60°)

按 GB/T 9754 的规定进行。对闪光漆该方法不适用,仅作为参考方法。

6.4.10 铅笔硬度(擦伤)

按 ISO 15184:1998 的规定进行。铅笔为中华牌 101 绘图铅笔。

6.4.11 反向冲击

按 ISO 6272-2:2002 的规定进行。采用 15.9 mm 的球形冲头,冲后用宽为 25 mm,黏着力为(10±1)N/25 mm宽的胶带贴在被冲击后的变形区域。为确保胶带与涂膜接触良好,用手指尖用力蹭胶带,透过胶带看到涂膜与胶带完全有效接触,涂膜与胶带间无气泡。在贴上胶带 5 min 内,拿住胶带悬空的一端,并尽可能与试板面成 60°角,在 0.5 s~1.0 s 内迅速地撕下胶带,用 10 倍放大镜检查变形区有无涂膜脱落。结果以涂膜未出现脱落的最大冲击功[重锤的质量(kg)和冲击高度(cm)的乘积(kg·cm)]表示。

6.4.12 T弯

按附录 B 的规定进行。结果以弯曲处无涂膜脱落的最小 T 弯值表示。

6.4.13 杯突

按 GB/T 9753 的规定进行。冲后用宽为 25 mm,黏着力为(10±1)N/25mm 宽的胶带贴在被冲压后的变形区域。为确保胶带与涂膜接触良好,用手指尖用力蹭胶带,透过胶带看到涂膜与胶带完全有效接触,涂膜与胶带间无气泡。在贴上胶带 5 min 内,拿住胶带悬空的一端,并尽可能与试板面成 60°角,在 0.5 s~1.0 s 内迅速地撕下胶带,用 10 倍放大镜检查变形区有无涂膜脱落。结果以涂膜不出现脱落的最大压陷深度表示。

6.4.14 划格附着力

按 GB/T 9286—1998 的规定进行,划格间距为 1 mm。

6.4.15 耐划痕

按 GB/T 9279 的规定进行。

6.4.16 耐酸性

按 GB/T 9274—1988 中丙法的规定进行。滴 10 滴 10%(体积分数)的盐酸(由 37% 分析纯盐酸与蒸馏水配制)在涂膜上,盖上表面皿。酸溶液温度及试验温度应为 18 ℃~27 ℃。经 15 min 接触后,用流动的自来水冲洗,在散射光下目视观察,涂膜应无变化。

6.4.17 耐中性盐雾

按 GB/T 1771 的规定进行(试验样板不需划痕)。结果的评定按 GB/T 1766—1995 进行。

6.4.18 耐人工老化

6.4.18.1 荧光紫外 UVA-340

按 ISO 11507:1997 的规定进行。光源为 UVA-340,辐照度为 0.77 W/m²/nm。试验条件为黑板温度(60±3)℃下紫外光照 8 h,黑板温度(50±3)℃下冷凝 4 h 为一个循环,连续交替进行。结果的评定按 GB/T 1766—1995 进行。

6.4.18.2 荧光紫外 UVB-313

按 ISO 11507：1997 的规定进行。光源为 UVB-313，辐照度为 0.68 W/m²/nm。试验条件为黑板温度(60±3)℃下紫外光照 4 h，黑板温度(50±3)℃下冷凝 4 h 为一个循环，连续交替进行。结果的评定按 GB/T 1766—1995 进行。

6.4.18.3 氙灯

按 GB/T 1865—1997 中操作程式 A 的规定进行。结果的评定按 GB/T 1766—1995 进行。

7 检验规则

7.1 检验分类

7.1.1 产品检验分为出厂检验和型式检验。

7.1.2 出厂检验项目包括在容器中状态、黏度、细度、质量固体含量、耐溶剂(MEK)擦拭、涂膜色差、光泽、铅笔硬度、反向冲击、T 弯。

7.1.3 型式检验项目包括本标准所列的全部要求。在正常生产情况下，耐中性盐雾、耐人工老化可根据需要进行检验，其余项目每半年至少检验一次。

7.2 检验结果的判定

7.2.1 检验结果的判定按 GB/T 1250—1989 中修约值比较法进行。

7.2.2 所有项目的检验结果均达到本标准要求时，该试验样品为符合本标准要求。如有一项检验结果未达到本标准要求时，应对保存样品进行复验，如复验结果仍未达到标准要求时，该产品为不符合本标准要求。

8 标志、包装和贮存

8.1 标志

按 GB/T 9750—1998 的规定进行。

8.2 包装

按 GB/T 13491—1992 中一级包装要求的规定进行。

8.3 贮存

产品贮存时应保证通风、干燥，防止日光直接照射并应隔绝火源，远离热源。产品应根据类型定出贮存期，并在包装标志上明示。

附 录 A

（规范性附录）

耐溶剂(MEK)擦拭性试验方法

A.1 原理

本方法采用具有一定速度和摩擦压力的擦拭头(接触面包有用溶剂润湿的脱脂棉)在试板表面往复擦拭一定的距离,连续擦拭至涂膜破损或达到预定的往复擦拭次数为止,以此测定涂膜的耐溶剂擦拭性。

A.2 主要材料和仪器

A.2.1 擦拭用溶剂

丁酮(MEK),化学纯。

A.2.2 试验仪器

A.2.2.1 耐溶剂擦拭仪示意图见图A.1所示。

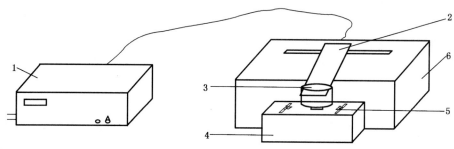

1——控制器;

2——滑动臂;

3——擦拭头;

4——试板台;

5——试板夹;

6——电机及机箱。

图 A.1 耐溶剂擦拭仪示意图

A.2.2.2 仪器参数:擦拭行程:(120±5)mm;擦拭头接触面直径:(14±0.5)mm;对试板负荷:(1 000±10)g;擦拭频率:(60±5)次往复/min。

A.3 试板尺寸

75 mm×200 mm。

A.4 试验环境

在 18 ℃～27 ℃的室温下进行。

A.5 试验步骤

A.5.1 取适量脱脂棉包在擦拭头(见图 A.2)的接触面上,再取适量脱脂棉,放入擦拭头内腔及溶剂导孔,滴入适量溶剂,直至擦拭头有溶剂渗出,然后将擦拭头固定在滑动臂上。

A.5.2 将试板固定在试验台上,调整前后位置,使擦拭头落在试板中间。

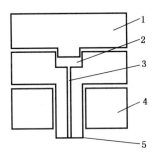

1——上螺母(固定擦拭头);

2——内腔;

3——溶剂导孔;

4——下螺母(固定脱脂棉);

5——接触面。

图 A.2 擦拭头截面示意图

A.5.3 连续擦拭至规定次数后(以一次往复运动记一次)或试板的中间长度 80 mm 的区域内(擦拭区域两端的涂膜破损不计)露出基材后,停止试验。试验过程中应保持脱脂棉湿润但不允许有溶剂滴下,否则应重新进行试验。

A.6 试板检查

在散射光下目视检查试板中间长度 80 mm 区域的涂膜,观察其是否破损或露出基板,摩擦区域两端的涂层破损不计。

A.7 结果评定

同一试样制备三块试验样板进行平行试验,以三块试验样板中有二块试验样板涂膜不破损或不露出基板的最高擦拭次数为被测试样的耐溶剂擦拭次数。

附　录　B
（规范性附录）
T 弯试验方法

B.1　原理

依次以被测试板厚度的 $n(n=0、1、2\cdots)$ 倍值为曲率半径，将试板绕自身弯曲 $180°$（涂膜在弯曲面外侧）后，在弯曲面粘贴具有一定黏着力的胶带，然后迅速撕下胶带，检查弯曲面处是否有漆膜脱落，以此测定试样的抗弯曲性能。

B.2　主要材料和仪器

B.2.1　胶带

宽为 25 mm，黏着力为(10±1)N/25 mm 宽。

B.2.2　试验仪器

T 弯仪器示意图见图 B.1 所示。

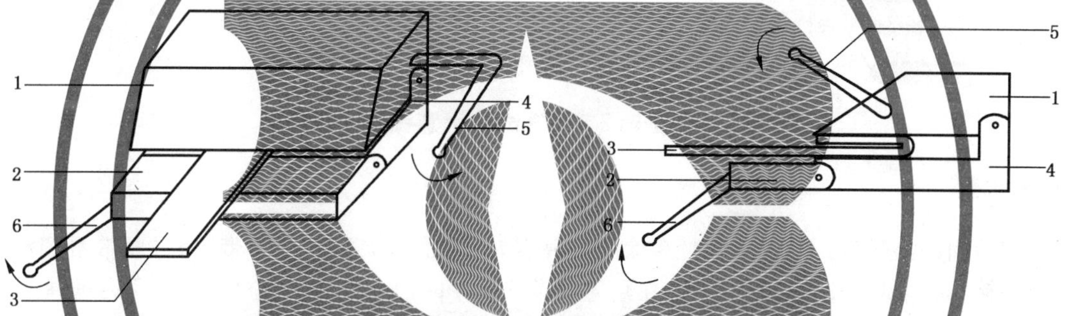

1——三角形压紧块；

2——方块形折弯块；

3——试验样板；

4——机座；

5——右手柄；

6——左手柄。

图 B.1　T 弯仪器示意图

B.3　试板尺寸

宽度不小于 50 mm，长度约为 150 mm（应能完成规定的 T 弯值试验）。

B.4　试验环境

符合 GB 9278 的规定。

B.5　试验步骤

B.5.1　将试板涂漆面向下，一端插入 T 弯仪中约 10 mm，转动右手柄压紧试板。再转动左手柄使方型折弯块将试板压紧到三角形压紧块的斜面上，使试板弯曲到锐角。

B.5.2　取出试板，再插入 T 弯仪中，转动右手柄将试板弯曲部分压平，取出试板，即完成"0T"弯曲。

B.5.3　沿着弯曲面贴上胶带。为确保胶带与涂膜接触良好，用手指尖用力蹭胶带，透过胶带看到涂膜与胶带完全有效接触，涂膜与胶带间无气泡。在贴上胶带 5 min 内，拿住胶带悬空的一端，并尽可能与试板面成60°角,在0.5 s～1.0 s内迅速地撕下胶带,用10倍放大镜检查弯曲面处有无涂膜脱落。

B.5.4 试样绕"0T"弯曲处重复B.5.1和B.5.2的步骤,继续弯曲180°,折叠处有一个试样厚度则为"1T"弯曲,按B.5.3的方法检查弯曲面处有无涂膜脱落。重复此操作,可进行2T、3T…弯曲。当试板经弯曲>1T后,重叠部分不应有空隙存在,否则需重新进行试验(见图B.2)。

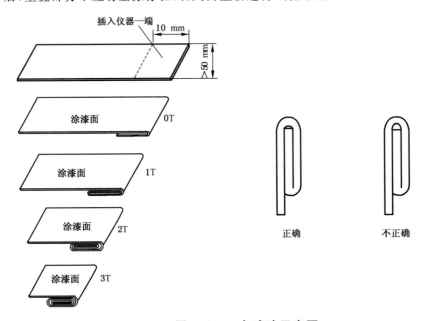

图 B.2　T 弯试验示意图

B.6　试板检查

沿着弯曲面贴上胶带。为确保胶带与涂膜接触良好,用手指尖用力蹭胶带,透过胶带看到涂膜与胶带完全有效接触,涂膜与胶带间无气泡。在贴上胶带5 min内,拿住胶带悬空的一端,并尽可能与试板面成60°角,在0.5 s～1.0 s内迅速地撕下胶带。用10倍放大镜检查弯曲面处有无涂膜脱落。离边缘处10 mm内的损伤不计。

B.7　结果评定

同一试样制备三块试板进行平行试验,以三块试板中有二块试板无涂膜脱落的最小T弯值为被测试样的T弯值。

ICS 87.040
G 51
备案号：18469—2006

中华人民共和国化工行业标准

HG/T 3832—2006

自 行 车 用 面 漆

Finishes for bicycles

2006-07-27 发布

2006-10-11 实施

中华人民共和国国家发展和改革委员会　发 布

前　言

本标准非等效采用日本标准 JIS K 5652—1983《氨基醇酸树脂磁漆》中第一类指标。

本标准由中国石油和化学工业协会提出。

本标准由全国涂料和颜料标准化技术委员会归口。

本标准负责起草单位:上海振华造漆厂。

本标准主要起草人:王和平、陈雅娥。

本标准为国家标准清理评价后由国家标准直接转化为化工行业标准,仅进行了编辑性修改,技术内容不变。

本标准于 1989 年以 GB/T 11183—1989 首次发布,本次直接转化为化工行业标准。

本标准委托全国涂料和颜料标准化技术委员会负责解释。

自 行 车 用 面 漆

1 范围

本标准规定了自行车用面漆的产品分类、技术要求、试验方法、检验规则、标志、包装、运输、贮存、安全、卫生及环保等。

本标准适用于由树脂、颜料、溶剂、助剂经研磨而成的主要用于自行车表面涂装的涂料。

2 规范性引用文件

下列文件中的条款通过本标准的引用而成为本标准的条款。凡是注日期的引用文件,其随后所有的修改单(不包括勘误的内容)或修订版均不适用于本标准,然而,鼓励根据本标准达成协议的各方研究是否可使用这些文件的最新版本。凡是不注日期的引用文件,其最新版本适用于本标准。

GB/T 1727 漆膜一般制备法

GB/T 1728 漆膜、腻子膜干燥时间测定法

GB/T 1732 漆膜耐冲击测定法

GB/T 1733 漆膜耐水性测定法

GB 1922 溶剂油

GB 2536 变压器油

GB 3186 涂料产品的取样[GB 3186—1982(1989),neq ISO 1512:1974]

GB/T 6739 漆膜硬度铅笔测定法

GB/T 6742 漆膜弯曲试验(圆柱轴)(GB/T 6742—1986,neq ISO 1519:1973)

GB/T 6751 色漆和清漆 挥发物和不挥发物的测定(GB/T 6751—1986,eqv ISO 1515:1973)

GB/T 6753.1 涂料研磨细度的测定(GB/T 6753.1—1986,eqv ISO 1524:1983)

GB/T 6753.4 涂料流出时间的测定 ISO 流量杯法(GB/T 6753.4—1986,eqv ISO 2431:1984)

GB/T 9274 色漆和清漆 耐液体介质的测定(GB/T 9274—1988,eqv ISO 2812:1974)

GB/T 9286 色漆和清漆 漆膜的划格试验(GB/T 9286—1998,eqv ISO 2409:1992)

GB/T 9750 涂料产品包装标志

GB/T 9754 色漆和清漆 不含金属颜料的色漆漆膜之 20°、60° 和 85°镜面光泽的测定(GB/T 9754—1988,eqv ISO 2813:1978)

HG/T 3343 漆膜耐油性测定法

GB/T 15894 化学试剂 石油醚

3 产品分类

Ⅰ型为各色氨基烘干磁漆或丙烯酸氨基烘干磁漆等同类产品。

Ⅱ型为沥青烘干清漆。

4 技术要求

产品应符合表 1 技术指标。

表1

项 目		指 标	
		Ⅰ型	Ⅱ型
容器中状态		搅拌以后无硬块	—
施工性		喷涂二道无障碍	—
干燥时间/h	130 ℃～150 ℃ ≤	0.5	—
	(200±2)℃ ≤	—	0.5
漆膜颜色和外观		符合标准样板及色差范围，平整光滑	
黏度(ISO 6 号杯)/s ≥		40	50
细度/μm ≤		20	30
光泽(60°) ≥		85	90
冲击强度/cm ≥		50	
硬度(擦伤) ≥		HB	
柔韧性/mm ≤		2	
附着力(划格法)/级 ≤		1	
耐挥发油性(浸于 GB/T 15894 石油醚中 24 h)		无异常	—
耐水性(23±2)℃		60 h 不起泡，不脱落，允许其他轻微变化	48 h 不起泡，不脱落，允许其他轻微变化
固体含量/% ≥		50	45
漆膜加热试验		通过直径 10 mm 弯曲	—
耐汽油性（浸于 GB 1922 NY-120 号溶剂油中 24 h）		—	不起泡，不起皱，不脱落，允许其他轻微变化
耐油性（浸于 GB 2536 10 号变压器油中 24 h）		—	不起泡，不起皱，不脱落，允许其他轻微变化

注：漆膜加热试验为型式检验项目，每半年抽检一次。

5 试验方法

5.1 容器中状态

5.1.1 打开容器用刮刀或搅棒搅拌，允许在容器底部有沉淀，经搅拌易于混合均匀时可评定为"搅拌以后无硬块"。

5.2 施工性

5.2.1 按照本标准规定的条件，喷涂一道时，应使样板短边与水平成85°竖放，经检查在涂布操作中无特别困难时可根据涂布方法评定为"喷涂无障碍"。

5.2.2 把已涂好一道漆的试板按照本标准中规定的干燥时间干燥后，涂二道，方法同前。检查涂布中有无障碍，如操作没有感到特别困难时，依照涂一道评定为"喷涂二道无障碍"。

5.3 干燥时间

按 GB/T 1728 规定中压滤纸法进行。

5.4 漆膜颜色和外观

在散射日光下目视观察样板。

5.5 黏度

按 GB/T 6753.4 规定进行。Ⅰ型用 ISO 6 号杯。Ⅱ型将原漆加 20％二甲苯稀释后用 ISO 6 号杯。

5.6 细度

按 GB/T 6753.1 规定进行。

5.7 光泽

按 GB/T 9754 规定进行。

5.8 冲击强度

按 GB/T 1732 规定进行。

5.9 硬度

按 GB/T 6739 规定进行。

5.10 柔韧性

按 GB/T 6742 规定进行。

5.11 附着力

按 GB/T 9286 规定进行。

5.12 耐挥发油性

按 GB/T 9274 规定中浸泡法进行。浸渍液用石油醚（试剂）溶剂。在规定时间取出试验板放置 2 h后，3 块试验板中有 2 块漆膜看不出明显皱纹、鼓泡、裂痕评定为"无异常"。

5.13 耐水性

按 GB/T 1733 规定中浸水试验法进行。

5.14 固体含量

按 GB/T 6751 规定进行。

5.15 漆膜加热试验

按 GB/T 1727 规定喷涂试板时，将试板放入比干燥温度高 20 ℃的烘箱内，其烘烤时间为 1.5 h，烘烤后取出置室温下 1 h，然后再放入恒温室内干燥器中 20 h～24 h。取出后立即按 GB/T 6742 规定进行10 mm 弯曲试验。

5.16 耐汽油性

按 GB/T 9274 规定中浸泡法进行。

5.17 耐油性

按 HG/T 3343 规定进行。

6 检验规则

6.1 自行车用面漆应由生产厂的检验部门进行检验，并保证所有出厂产品都符合本标准的要求，产品均应附有合格证，必要时另给使用说明及注意事项。

6.2 接收部门有权按本标准的规定，对产品进行检验，如发现质量不符合标准技术指标规定时，交接双方应共同按 GB 3186 重新取样进行复验，如仍不符合标准技术指标规定时，产品即为不合格品，接收部门有权退货。

6.3 产品按 GB 3186 进行取样，样品应分为两份，一份密封贮存备查，另一份作检验用样品。

6.4 供需双方对产品包装及数量进行检查核对时，如发现包装有损漏，数量有出入等现象时，应立即通知有关部门。

6.5 供需双方在产品质量上发生争议时，由产品质量监督检验机构执行仲裁检验。

7 标志、包装、运输、贮存

7.1 标志

按 GB/T 9750 规定进行。

7.2 包装

产品包装在清洁、干燥、密封的容器中。

7.3 运输

产品在运输时,应防止雨淋、日光曝晒,并应符合铁路、交通部门的有关规定。

7.4 贮存

产品应贮存在阴凉通风干燥的库房内,防止日光直接照射,并应隔绝火源,远离热源。

产品在封闭原包装的条件下,贮存期自生产完成之日起为一年。

8 安全、卫生、环保规定

该漆含有二甲苯、丁醇等有机溶剂,属于易燃液体,并具有一定的毒害性。施工场所应采取通风、防火、防静电、防中毒等安全措施,遵守涂装作业安全操作规程和有关规定。

表 2 施工场地空气中有毒物质的最高容许浓度和防爆防火安全参数

名　称	最高容许浓度 (mg/m³)	最大爆炸压力 MPa(kgf/cm²)	爆炸极限(体积分数)/%		爆炸危险度	闪点/℃	自燃点/℃
			下限	上限			
二甲苯	100	0.77(7.8)	1.1	7.0	5.4	25	525
丁醇	200	0.73(7.45)	3.7	10.2	—	35	343

ICS 87.040
G 51
备案号：18470—2006

中华人民共和国化工行业标准

HG/T 3833—2006

自行车用底漆

Primers for bicycles

2006-07-27 发布

2006-10-11 实施

中华人民共和国国家发展和改革委员会　发　布

前　言

本标准由中国石油和化学工业协会提出。

本标准由全国涂料和颜料标准化技术委员会归口。

本标准负责起草单位：上海振华造漆厂。

本标准主要起草人：王和平、陈雅娥。

本标准为国家标准清理评价后由国家标准直接转化为化工行业标准，仅进行了编辑性修改，技术内容不变。

本标准于1989年以GB/T 11184—1989首次发布，本次直接转化为化工行业标准。

本标准委托全国涂料和颜料标准化技术委员会负责解释。

自 行 车 用 底 漆

1 范围

本标准规定了自行车用底漆的产品分类、技术要求、试验方法、检验规则、标志、包装、运输、贮存、安全、卫生及环保等。

本标准适用于由树脂、颜料、溶剂、助剂经研磨而成的主要用于自行车底层涂装的涂料。

2 规范性引用文件

下列文件中的条款通过本标准的引用而成为本标准的条款。凡是注日期的引用文件,其随后所有的修改单(不包括勘误的内容)或修订版均不适用于本标准,然而,鼓励根据本标准达成协议的各方研究是否可使用这些文件的最新版本。凡是不注日期的引用文件,其最新版本适用于本标准。

GB/T 1728 漆膜、腻子膜干燥时间测定法

GB/T 1732 漆膜耐冲击测定法

GB 1922 溶剂油

GB 2536 变压器油

GB 3186 涂料产品的取样[GB 3186—1982(1989),neq ISO 1512:1974]

GB/T 6682 实验室用水规格(GB/T 6682—1992,neq ISO 3696:1987)

GB/T 6742 漆膜弯曲试验(圆柱轴)(GB/T 6742—1986,neq ISO 1519:1973)

GB/T 6751 色漆和清漆 挥发物和不挥发物的测定(GB/T 6751—1986,eqv ISO 1515:1973)

GB/T 6753.1 涂料研磨细度的测定(GB/T 6753.1—1986,eqv ISO 1524:1983)

GB/T 6753.4 涂料流出时间的测定 ISO 流量杯法(GB/T 6753.4—1986,eqv ISO 2431:1984)

GB/T 9274 色漆和清漆 耐液体介质的测定(GB/T 9274—1988,eqv ISO 2812:1974)

GB/T 9286 色漆和清漆 漆膜的划格试验(GB/T 9286—1998,eqv ISO 2409:1992)

GB/T 9750 涂料产品包装标志

GB/T 9754 色漆和清漆 不含金属颜料的色漆漆膜之 20°、60° 和 85° 镜面光泽的测定(GB/T 9754—1988,eqv ISO 2813:1978)

HG/T 3335 电泳漆电导率测定法

HG/T 3336 电泳漆泳透力测定法

HG/T 3343 漆膜耐油性测定法

3 产品分类

Ⅰ型为各色酚醛和环氧酯类阳极电泳漆。

Ⅱ型为沥青烘干底漆。

4 技术要求

产品应符合表 1 技术指标。

表 1

项　　目		指　　标	
		Ⅰ 型	Ⅱ 型
漆膜颜色和外观		符合标准样板及色差范围,平整光滑	
细度/μm ≤		50	35
黏度(ISO 6 号杯)/s ≥		—	20
干燥时间/h	(160±2)℃ ≤	1	—
	(200±2)℃ ≤	—	0.5
固体含量/% ≥		50	—
光泽(60°) ≥		—	30
柔韧性/mm ≤		2	2
冲击强度/cm ≥		50	
附着力(划格法)/级 ≤		1	
耐盐水性		32 h 不起泡,不脱落,允许其他轻微变化	24 h 不起泡,不脱落,允许其他轻微变化
耐油性(浸于 GB 2536 10 号变压器油中 24 h)		不起泡,不起皱,不脱落,允许其他轻微变化	
耐汽油性(浸于 GB 1922 NY-120 号溶剂油中 24 h)		不起泡,不起皱,不脱落,允许其他轻微变化	
漆液 pH 值		7.5～9.0	—
漆液电导率/(mS/cm) ≤		2	—
漆液泳透力/cm ≥		8	—

5 试验方法

5.1 漆膜颜色和外观

在散射日光下目视观察样板。

5.2 细度

按 GB/T 6753.1 规定进行。

5.3 黏度

按 GB/T 6753.4 规定进行,用 ISO 6 号杯。

5.4 干燥时间

按 GB/T 1728 规定中压滤纸法进行。

5.5 固体含量

按 GB/T 6751 规定进行。

5.6 光泽

按 GB/T 9754 规定进行。

5.7 柔韧性

按 GB/T 6742 规定进行。

5.8 冲击强度

按 GB/T 1732 规定进行。

5.9 附着力

按 GB/T 9286 规定进行。

5.10 耐盐水性

按 GB/T 9274 规定中浸泡法进行。

5.11 耐油性

按 HG/T 3343 规定进行。

5.12 耐汽油性

按 GB/T 9274 规定进行。

5.13 漆液 pH 值

测定 pH 值所用的酸度计其精确度在±0.1 范围内,漆液的固体含量应为(12±0.5)%,漆液温度为(23±2)℃,稀释用水按 GB/T 6682 实验室用三级水。

5.14 漆液电导率

按 HG/T 3335 规定进行,漆液固体含量应为(12±0.5)%。

5.15 漆液泳透力

按 HG/T 3336 规定进行,所用的电压和各项漆膜性能测定时制备漆膜的泳板电压必须是同一电压,漆液固体含量为(12±0.5)%。

6 检验规则

6.1 自行车用底漆应由生产厂的检验部门进行检验,并保证所有出厂产品都符合本标准的要求,产品均应附有合格证,必要时另给使用说明及注意事项。

6.2 接收部门有权按本标准的规定,对产品进行检验,如发现质量不符合标准技术指标规定时,交接双方应共同按 GB 3186 重新取样进行复验,如仍不符合标准技术指标规定时,产品即为不合格品,接收部门有权退货。

6.3 产品按 GB 3186 进行取样,样品应分为两份,一份密封贮存备查,另一份作检验用样品。

6.4 供需双方对产品包装及数量进行检查核对时,如发现包装有损漏,数量有出入等现象时,应立即通知有关部门。

6.5 供需双方在产品质量上发生争议时,由产品质量监督检验机构执行仲裁检验。

7 标志、包装、运输、贮存

7.1 标志

按 GB/T 9750 规定进行。

7.2 包装

产品包装在清洁、干燥、密封的容器中。

7.3 运输

产品在运输时,应防止雨淋、日光曝晒,并应符合铁路、交通部门的有关规定。

7.4 贮存

产品应贮存在阴凉通风干燥的库房内,防止日光直接照射,并应隔绝火源,远离热源。

产品在封闭原包装的条件下,贮存期自生产完成之日起为一年。

8 安全、卫生、环保规定

该漆含有二甲苯、丁醇等有机溶剂,属于易燃液体,并具有一定的毒害性。施工场所应采取通风、防火、防静电、防中毒等安全措施,遵守涂装作业安全操作规程和有关规定。

表 2 施工场地空气中有毒物质的最高容许浓度和防爆防火安全参数

名称	最高容许浓度 (mg/m³)	最大爆炸压力 MPa(kgf/cm²)	爆炸极限(体积分数)/%		爆炸危险度	闪点/℃	自燃点/℃
			下限	上限			
二甲苯	100	0.77(7.8)	1.1	7.0	5.4	25	525
丁醇	200	0.73(7.45)	3.7	10.2	—	35	343

ICS 87.040
G 51
备案号：21391—2007

中华人民共和国化工行业标准

HG/T 3950—2007

抗　菌　涂　料

Antibacterial coating

2007-07-20 发布
2008-01-01 实施

中华人民共和国国家发展和改革委员会　发 布

前　言

　　本标准规定了抗菌涂料的抗细菌性能、抗霉菌性能以及对抗菌效果的评价方法，还规定了抗菌耐久性及寿命评价方法。本标准的抗菌性能要求和试验方法参考日本国家工业标准 JIS Z2801—2000《抗细菌加工制品——抗细菌性试验方法和抗细菌效果》。

　　本标准的附录 A、附录 B 为规范性附录。

　　本标准由中国石油和化学工业协会提出。

　　本标准由全国涂料和颜料标准化技术委员会归口。

　　本标准起草单位：中国建筑材料科学研究总院、中国化工建设总公司常州涂料化工研究院、深圳方浩实业有限公司、立邦涂料（中国）有限公司、深圳市海川实业股份有限公司、广东省微生物分析检测中心、中国疾病预防控制中心、北京富亚涂料有限公司、广东美涂士化工有限公司、卜内门太古漆油（中国）有限公司、奥麒化工有限公司、上海富臣化工有限公司、北京星牌建材有限责任公司、海虹老人牌涂料（深圳）有限公司、江苏晨光涂料有限公司、江苏常泰纳米材料有限公司、德国莎哈利本化学有限公司。

　　本标准主要起草人：王静、冀志江、陈延东、赵玲、段质美、陈仪本、陈西平、李霞、蒋和平、肖波勇、许钧强、熊荣、董庆光、叶荣森、刘小健、乔亚玲、林丹、缪国元、吴金龙、于占锋、王继梅、丁楠。

抗 菌 涂 料

1 范围

本标准规定了建筑和木器用抗菌涂料的术语、定义、产品分类、技术要求、检测方法、检验规则、标志、包装和贮存。

本标准适用于具有抗菌功能的建筑用涂料和木器用涂料,其他涂料可参照使用。

2 规范性引用文件

下列文件中的条款通过本标准的引用而成为本标准的条款。凡是注日期的引用文件,其随后所有的修改单(不包括勘误内容)或修订版均不适用于本标准,然而,鼓励根据本标准达成协议的各方研究是否可使用这些文件的最新版本。凡是不注日期的引用文件,其最新版本适用于本标准。

GB/T 1250 极限数值的表示方法和判定方法

GB/T 3186 色漆、清漆和色漆与清漆用原材料 取样(GB/T 3186—2006,idt ISO 15528:2000)

GB 4789.2 食品卫生微生物学检验 菌落总数测定

GB/T 9750 涂料产品包装标志

GB/T 9756 合成树脂乳液内墙涂料

GB/T 13491 涂料产品包装通则

GB 18581 室内装饰装修材料 溶剂型木器涂料中有害物质限量

GB 18582 室内装饰装修材料 内墙涂料中有害物质限量

GB 19258 紫外线杀菌灯

GB 19489 实验室 生物安全通用要求

3 术语和定义

3.1

抑菌 bacteriostasis

抑制细菌、真菌、霉菌等微生物生长繁殖的作用叫做抑菌。

3.2

杀菌 sterilization

杀死细菌、真菌、霉菌等微生物营养体和繁殖体的作用叫做杀菌。

3.3

抗菌 antibacterial

抑菌和杀菌作用的总称为抗菌。

3.4

抗菌涂料 antibacterial coating

具有抗菌作用的涂料称为抗菌涂料。

4 产品分级

按抗菌效果的程度,抗菌涂料分为两个等级:Ⅰ级和Ⅱ级。Ⅰ级适用于抗菌性能要求高的场所,Ⅱ级适用于有抗菌性能要求的场所。

5 技术要求

5.1 抗菌涂料的常规性能:应符合相关产品标准规定的技术要求。

5.2 抗菌涂料的有害物质限量:合成树脂乳液水性内用抗菌涂料应符合 GB 18582 中技术要求规定,溶剂型木器抗菌涂料应符合 GB 18581 中技术要求规定。

5.3 抗菌涂料的抗菌性能应符合表 1 和表 2 的规定。

表 1 抗细菌性能

项 目 名 称		抗细菌率/%	
		Ⅰ	Ⅱ
抗细菌性能	≥	99	90
抗细菌耐久性能	≥	95	85

表 2 抗霉菌性能

项 目 名 称	长霉等级/级	
	Ⅰ	Ⅱ
抗霉菌性能	0	1
抗霉菌耐久性能	0	1

6 试验方法

6.1 取样

产品按 GB/T 3186 的规定进行取样。样品分为两份:一份密封保存;另一份作为检验用样品。

6.2 抗菌涂料的物理性能

按相关产品标准规定的检验方法进行检验。

6.3 抗菌涂料的有害物质含量

按 GB 18582 或 GB 18581 中试验方法的规定进行抗菌涂料有害物质限量检验。

6.4 抗细菌性能试验

按附录 A 规定的方法进行试验。从事抗菌试验的实验室应符合 GB 19489 规定的实验室生物安全管理和设施条件要求。

6.5 抗霉菌性能试验

按照附录 B 规定的方法进行试验。从事抗霉菌试验的实验室应符合 GB 19489 规定的实验室生物安全管理和设施条件要求。

6.6 抗菌耐久性能试验

采用 1 支 30 W、波长为 253.7 nm 的紫外灯,紫外灯符合 GB 19258,抗菌涂料试板距离紫外灯 0.8 m～1.0 m,照射 100 h,经处理后的试板抗菌耐久性能按附录 A 和附录 B 方法进行试验。

7 检验规则

7.1 检验分类

产品检验分出厂检验和型式检验。

7.1.1 出厂检验项目按照相关涂料产品标准中规定的出厂检验项目进行。

7.1.2 型式检验项目包括本标准所列的全部技术要求。

7.1.2.1 正常生产情况下,每半年至少进行一次型式检验。

7.1.2.2 有下列情况之一时,应进行型式检验:

a) 产品试生产定型鉴定时。

b) 产品主要原材料及用量或生产工艺有重大变更时。

c) 停产半年以上又恢复生产时。

d) 国家技术监督机构提出型式检验时。

7.2 检验结果的判定

7.2.1 检验结果的判定按 GB/T 1250 中修约值比较法进行。

7.2.2 抗细菌性能和抗霉菌性能 4 项指标均达到Ⅰ级时,该抗菌涂料样品可判为Ⅰ级,其中有 1 项不符合即判为Ⅱ级。

7.2.3 抗细菌性能和抗霉菌性能 4 个项目的检验结果均达到本标准要求时,该产品为符合本标准要求。如有一项检验结果未达到本标准要求时,应对保存样品进行复验,如复验结果仍未达到标准要求时,该产品为不符合本标准要求。

8 标志、包装和贮存

8.1 标志

8.1.1 产品包装标志除应符合 GB/T 9750 的规定外,按本标准检验合格的产品可在包装标志上明示。

8.1.2 对于由双组分或多组分配套组成的涂料,包装标志上应明确各组分配比。对于施工时需要稀释的涂料,包装标志上应明确稀释比例。

8.2 包装

按 GB/T 13491 中各级包装要求的规定进行。

8.3 贮存

产品贮存时应保证通风、干燥,防止日光直接照射,水性抗菌涂料冬季时应采取适当防冻措施,溶剂型抗菌涂料应采取防火措施。产品应根据其类型定出贮存期,并在包装标志上明示。

附　录　A

（规范性附录）

抗菌涂料——抗细菌性能试验方法

A.1　原则

本方法通过定量接种细菌于待检验样板上，用贴膜的方法使细菌均匀接触样板，经过一定时间的培养后，检测样板中的活菌数，并计算出样板的抗细菌率。

A.2　条件

A.2.1　主要设备

A.2.1.1 恒温培养箱(37±1)℃、冷藏箱0℃～5℃、超净工作台、生物光学显微镜、压力蒸汽灭菌器、电热干燥箱。

A.2.1.2 灭菌平皿、灭菌试管、灭菌移液管、接种环、酒精灯。

A.2.2　主要材料

A.2.2.1　覆盖膜

聚乙烯薄膜，标准尺寸为(40±2)mm×(40±2)mm、厚度为0.05 mm～0.10 mm。用70％乙醇溶液浸泡10 min，再用无菌水冲洗，自然干燥。

A.2.2.2　培养基

A.2.2.2.1　营养肉汤培养基（NB）

牛肉膏　　5.0 g

蛋白胨　　10.0 g

氯化钠　　5.0 g

制法：取上述成分依次加入1 000 mL蒸馏水中，加热溶解后，用0.1 mol/L NaOH溶液（分析纯）调节pH值为7.0～7.2，分装后置压力蒸汽灭菌器内，121℃灭菌30 min。

A.2.2.2.2　营养琼脂培养基（NA）

1 000 mL营养肉汤（NB）中加入15 g琼脂，加热熔化，用0.1 mol/L NaOH溶液调节pH值为7.0～7.2，分装后置压力蒸汽灭菌器内，121℃灭菌30 min。

A.2.2.3　试剂

A.2.2.3.1　消毒剂

70％乙醇溶液。

A.2.2.3.2　洗脱液

含0.85％NaCl的生理盐水。为便于洗脱可加入0.2％无菌表面活性剂（如吐温80）。用0.1 mol/L NaOH溶液或0.1 mol/L HCl溶液调节pH值为7.0～7.2，分装后置压力蒸汽灭菌器内，121℃灭菌30 min。

A.2.2.3.3　培养液

营养肉汤（NB）/生理盐水溶液。建议用于大肠杆菌的培养液浓度为1/500，金黄色葡萄球菌的培养液浓度为1/100。为便于细菌分散可加入少量无菌表面活性剂（如吐温80）。用0.1 mol/LNaOH溶液或0.1 mol/LHCl溶液调节pH值为7.0～7.2，分装后置压力蒸汽灭菌器内，121℃灭菌30 min。

A.2.3　检验菌种

　a)　金黄色葡萄球菌(*Staphylococcus aureus*)AS1.89。

　b)　大肠埃希氏菌(*Escherichia coli*)AS1.90。

根据产品的使用要求,可增加选用其他菌种作为检验菌种,但菌种应由国家级菌种保藏管理中心提供。

A.2.4 样品

A.2.4.1 阴性对照样品

编号 A,是直径 90 mm 或 100 mm 的灭菌培养平皿的 50 mm×50 mm 内平板。

A.2.4.2 空白对照样品

编号 B,是未添加抗菌成分的涂料试板,此对照涂料样品要求不含有任何无机或有机抗菌剂、防霉剂、防腐剂,可由中国建筑材料科学研究总院定点供应。

A.2.4.3 抗菌涂料试验样品

编号 C,是添加抗菌成分的涂料试板。

A.2.4.4 涂料试板制备

制备试板所用底材通常应是实际使用底材(例如水泥板、木板、金属板、塑料板、贴膜纸板)。涂料的施涂一般为两次涂刷,第一遍表干后涂刷第二遍,涂膜厚度湿膜小于 100 μm。试板涂刷后于标准条件下干燥 7 天(夏天南方梅雨季节要求在空调条件下干燥 7 天),保证试板漆膜完全干后再用于实验。

将涂刷好的试板裁成 50 mm×50 mm 大小的试板 10 片,在试验前应进行消毒,建议用超净工作台中紫外灭菌灯消毒处理试板 5 min,备用。

A.3 操作步骤

A.3.1 菌种保藏

将菌种接种于营养琼脂培养基(NA)斜面上,在(37±1)℃下培养 24 h 后,在 0 ℃～5 ℃下保藏(不得超过 1 个月),作为斜面保藏菌。

A.3.2 菌种活化

使用保藏时间不超过 2 周的菌种,将斜面保藏菌转接到平板营养琼脂培养基上,在(37±1)℃下培养 18 h～20 h,试验时应采用连续转接 2 次后的新鲜细菌培养物(24 h 内转接的)。

A.3.3 菌悬液制备

用接种环从 A.3.2 培养基上取少量(刮 1～2 环)新鲜细菌,加入培养液中,并依次做 10 倍递增稀释液,选择菌液浓度为(5.0～10.0)×10^5 cfu/mL 的稀释液作为试验用菌液,按 GB 4789.2《食品卫生微生物学检验 菌落总数测定》的方法操作。

A.3.4 样品试验

分别取 0.4 mL～0.5 mL 试验用菌液(A.3.3)滴加在阴性对照样(A)、空白对照样(B)和抗菌涂料样(C)上。

用灭菌镊子夹起灭菌覆盖膜分别覆盖在样(A)、样(B)和样(C)上,一定要铺平且无气泡,使菌均匀接触样品,置于灭菌平皿中,在(37±1)℃、相对湿度 RH＞90% 条件下培养 24 h。每个样品做 3 个平行试验。

取出培养 24 h 的样品,分别加入 20 mL 洗液,反复洗样(A)、样(B)、样(C)及覆盖膜(最好用镊子夹起薄膜冲洗),充分摇匀后,取洗液接种于营养琼脂培养基(NA)中,在(37±1)℃下培养 24 h～48 h 后活菌计数,按 GB 4789.2《食品卫生微生物学检验 菌落总数测定》的方法测定洗液中的活菌数。

A.4 检验结果计算

将以上测定的活菌数结果乘以 1 000 为样品 A、样品 B、样品 C 培养 24 h 后的实际回收活菌数值,数值分别为 A、B、C,保证试验结果要满足以下要求,否则试验无效:

同一空白对照样品 B 的 3 个平行活菌数值要符合(最高对数值－最低对数值)/平均活菌数值对数值 ≤0.3;

样品 A 的实际回收活菌数值 A 应均不小于 1.0×10^5 cfu/片,且样品 B 的实际回收活菌数值 B 应均不小于 1.0×10^4 cfu/片。

抗细菌率计算公式为:

$$R(\%) = (B-C)/B \times 100\%$$

式中:

R——抗细菌率(%),数值取三位有效数字;

B——空白对照样 24 h 后平均回收菌数(cfu/片);

C——抗菌涂料样 24 h 后平均回收菌数(cfu/片)。

附　录　B
（规范性附录）
抗菌涂料——抗霉菌性能试验方法

B.1　原则

本方法用以测定抗菌涂料在霉菌生长的条件下对霉菌的抑制作用。

本方法规定将一定量的孢子悬液喷在待测样品和培养基上,通过直接观测长霉程度来评价抗菌涂料的长霉等级。

B.2　条件

B.2.1　主要设备

B.2.1.1　恒温恒湿培养箱(28±1)℃和相对湿度 RH>90%、冷藏箱 0 ℃～10 ℃、超净工作台、离心机、生物光学显微镜、压力蒸汽灭菌器、电热干燥箱。

B.2.1.2　血球计数板、灭菌平皿、灭菌试管、灭菌移液管、灭菌离心管、灭菌锥形瓶、接种环、酒精灯。

B.2.2　主要材料

B.2.2.1　阴性对照样品

25 mm×25 mm 无菌滤纸。

B.2.2.2　空白对照样品

编号 A,是未添加抗菌成分的涂料试板,对照样品要求与 A.2.4.2 中要求一致,样品试板制备参照 A.2.4.4 进行。

B.2.2.3　抗菌涂料试验样品

编号 B,是添加抗菌成分的抗菌涂料试板,样品试板制备参照 A.2.4.4 进行。

以上 B.2.2.2 和 B.2.2.3 中所有样品试验前均应进行消毒,建议用无菌水冲洗,然后用灭菌紫外灯照射灭杂菌 5 min。

B.2.3　试剂和培养基

B.2.3.1　营养盐培养液

硝酸钠($NaNO_3$)	2.0 g
磷酸二氢钾(KH_2PO_4)	0.7 g
磷酸氢二钾(K_2HPO_4)	0.3 g
氯化钾(KCl)	0.5 g
硫酸镁($MgSO_4 \cdot 7H_2O$)	0.5 g
硫酸亚铁($FeSO_4 \cdot 7H_2O$)	0.01 g
蔗糖	5 g

制法:取上述成分加入 1 000 mL 0.05%润湿剂水溶液中,加热溶解后,用 0.1 mol/L NaOH 溶液调节 pH 值使灭菌后为 6.0～6.5,分装后置压力蒸汽灭菌器内 115 ℃灭菌 30 min。

B.2.3.2　营养盐琼脂培养基

1 000 mL 营养盐培养液中加入 15 g 琼脂,加热熔化,用 0.1 mol/L NaOH 溶液调节 pH 值使灭菌后为 6.0～6.5,分装后置压力蒸汽灭菌器内 115 ℃灭菌 30 min。

B.2.3.3　马铃薯-葡萄糖琼脂培养基（PDA）

马铃薯用水洗净,去皮切成小块。称取 200 g,加 1 000 mL 蒸馏水,加热煮沸 1 h。然后用双层纱布挤出滤液,将滤液加蒸馏水 1 000 mL,加入葡萄糖 20 g,琼脂 20 g,加热熔化,用 0.1 mol/L NaOH 溶调节 pH 值使灭菌后为 6.0～6.5,115 ℃灭菌 30 min。

B.2.3.4　试剂

B.2.3.4.1　消毒剂

70％乙醇溶液。

B.2.3.4.2　洗脱液

吐温 80、N-甲基乙磺酸(N-methyltaurine)和二辛磺化丁二酸钠(Dioctyl Sodium Sulphosucci-nate),以上润湿剂任选一种,制成含 0.05％润湿剂水溶液,调节 pH 值使灭菌后为 6.0～6.5,115 ℃灭菌 30 min。

B.2.4　检测菌种

序号	名称	菌号
1	黑曲霉(*Aspergillus niger*)	AS3.4463
2	土曲霉(*Aspergillus terreus*)	AS3.3935
3	宛氏拟青霉(*Paecilomyces Varioti*)	AS3.4253
4	绳状青霉(*Penicillium funicolosum*)	AS3.3875
5	出芽短梗霉(*Aureobasium Pullulans*)	AS3.3984
6	球毛壳(*Chaetoomium globsum*)	AS3.4254

根据产品的使用要求,可增加选用其他菌种作为检测菌种,但菌种应由国家级菌种保藏管理中心提供。

B.3　操作步骤

B.3.1　菌种保藏

将菌种分别接种在马铃薯-葡萄糖琼脂培养基(PDA)斜面上,在 28 ℃～30 ℃下培养 7 d～14 d 后,在 5 ℃～10 ℃下保藏(不得超过 4 个月),作为保藏菌。

B.3.2　菌种活化

将保藏菌接种在 PDA 斜面培养基试管中,培养 7 d～14 d,使生成大量孢子。未制备孢子悬液时,不得拔去棉塞。每打开 1 支只供制备 1 次悬液,每次制备孢子悬液必须使用新培养的霉菌孢子。

B.3.3　孢子悬液制备

在培养 7 d～14 d 内 B.3.2 的 PDA 斜面培养基中加入少量无菌蒸馏水,用灭菌接种针轻轻刮取表面的新鲜霉菌孢子,将孢子悬液置于 50 mL 锥形瓶内,然后注入 40 mL 洗脱液。

锥形瓶中加入直径 5 mm 的玻璃珠 10～15 粒与孢子混合,密封后置水浴振荡器中不断振荡使成团的孢子散开,然后用单层纱布棉过滤以除去菌丝。将其装入灭菌离心管中,用离心机分离沉淀孢子,去上清液。再加入 40 mL 洗脱液,重复离心操作 3 次。

用营养盐培养液稀释孢子悬液,用血球计数板计数,制成浓度为($1\times10^6\pm2\times10^5$)spores/mL 的霉菌孢子悬液。

6 种霉菌均用以上方法制成孢子悬液,将 6 种孢子悬液等量混合在一起,充分振荡使其均匀分散。

混合孢子悬液应在当天使用,若不在当天使用应在 3 ℃～7 ℃保存,4 日内使用。

B.3.4　平板培养基制备

无菌平皿中均匀注入营养盐琼脂培养基,厚度 3 mm～6 mm,凝固后待用(48 h 内使用)。

B.3.5　霉菌活性控制

阴性对照样品(无菌滤纸)铺在平板培养基上,用装有新制备的混合孢子悬液的喷雾器喷孢子悬液,使其充分均匀地喷在培养基和滤纸上。

在温度 28 ℃,相对湿度 90%RH 以上的条件下培养 7 d,滤纸条上应明显有菌生长,否则试验应被认为无效,应重新进行试验。

B.3.6 样品试验

同时空白对照样品 A、抗菌涂料试板 B 也分别铺在培养基上,喷孢子悬液,使其充分均匀地喷在培养基和样品上。每个样品做 5 个平行试验。

以上样品在温度 28 ℃,相对湿度 90%RH 以上的条件下培养 28 d,若样品长霉面积大于 10%,可提前结束实验。

B.4 检验结果

取出样品需立即进行观察,空白对照样品 A 长霉面积应不小于 10%,否则不能作为该试验的空白对照样品。每种样品 5 个平行中以 3 个以上同等级的定为该样品的长霉等级。

样品长霉等级:

0 级　不长,即显微镜(放大 50 倍)下观察未见生长。

1 级　痕迹生长,即肉眼可见生长,但生长覆盖面积小于 10%。

2 级　生长覆盖面积大于 10%。

ICS 87.040
G 51
备案号：37872—2013

中华人民共和国化工行业标准

HG/T 4337—2012

钢质输水管道无溶剂液体环氧涂料

Solventless liquid epoxy paints for steel water pipelines

2012-11-07 发布　　　　　　　　　　　　　2013-03-01 实施

中华人民共和国工业和信息化部　发 布

前　言

本标准按照 GB/T 1.1—2009 给出的规则起草。

本标准的附录 A 和附录 B 为规范性附录。

本标准由中国石油和化学工业联合会提出。

本标准由全国涂料和颜料标准化技术委员会(SAC/TC 5)归口。

本标准起草单位:北京航材百慕新材料技术工程股份有限公司、中海油常州涂料化工研究院、南京长江涂料有限公司、赫普(中国)有限公司、江阴市大阪涂料有限公司、太仓市开林油漆有限公司、中远关西涂料化工有限公司、佐敦涂料(张家港)有限公司、北京碧海舟腐蚀防护工业股份有限公司、冶建新材料股份有限公司、北京红狮漆业有限公司、天津市建仪试验机有限责任公司。

本标准主要起草人:李运德、于一川、唐瑛、邱绕生、孙凌云、张斌、徐锦明、刘会成、宋志荣、赖广森、史优良、王克正、潘明。

钢质输水管道无溶剂液体环氧涂料

1 范围

本标准规定了钢质输水管道无溶剂液体环氧涂料的分类、要求、试验方法、检验规则及标志、包装和贮存等内容。

本标准适用于输送淡水的钢质管道内外壁防腐用无溶剂液体环氧涂料。

2 规范性引用文件

下列文件对于本文件的应用是必不可少的。凡是注日期的引用文件，仅注日期的版本适用于本文件。凡是不注日期的引用文件，其最新版本（包括所有的修改单）适用于本文件。

GB/T 1725—2007 色漆、清漆和塑料 不挥发物含量的测定

GB/T 1728—1979 漆膜、腻子膜干燥时间测定法

GB/T 1733—1993 漆膜耐水性测定法

GB/T 1768—2006 色漆和清漆 耐磨性的测定 旋转橡胶砂轮法

GB/T 3186 色漆、清漆和色漆与清漆用原材料 取样

GB/T 5210—2006 色漆和清漆 拉开法附着力试验

GB/T 6753.1—2007 色漆、清漆和印刷油墨 研磨细度的测定

GB/T 8170 数值修约规则与极限数值的表示和判定

GB/T 8923 涂装前钢材表面锈蚀等级和除锈等级

GB/T 9271 色漆与清漆 标准试板

GB/T 9274—1988 色漆和清漆 耐液体介质的测定

GB/T 9278 涂料试样的状态调节和试验的温湿度

GB/T 9750 涂料产品包装标志

GB/T 13288.1 涂覆涂料前钢材表面处理 喷射清理后的钢材表面粗糙度特性 第1部分:用于评定喷射清理后钢材表面粗糙度的ISO表面粗糙度比较样块的技术要求和定义

GB/T 13491 涂料产品包装通则

SY/T 0315—2005 钢质管道单层熔结环氧粉末外涂层技术规范

3 分类

产品分为输水管道内壁用和输水管道外壁用两类。

4 要求

4.1 产品技术要求见表1。

表 1　技术要求

项　　　目		指　标	
		输水管道内壁用	输水管道外壁用
在容器中状态		搅拌后均匀无硬块	
不挥发物含量/% ≥		97	
细度ᵃ/μm ≤		80	
干燥时间	表干/h ≤	10	
	实干/h ≤	24	
涂膜外观		正常	
耐弯曲性(2.5°)		涂层无裂纹	
附着力/MPa ≥		10	
耐冲击性(5J)		无漏点	
耐水性 (23±2)℃/30 d		无异常	
耐沸水性 (98±2)℃/48 h		无异常	
耐磨性(1 000 g/1 000 r)/g ≤		0.10	
耐盐水性(3%NaCl,30 d)		—	无异常
耐酸性(10%H₂SO₄,30 d)		—	无异常
耐碱性(10%NaOH,30 d)		—	无异常
耐阴极剥离性ᵇ/mm [1.5 V,(65±3)℃/48 h] ≤		—	8

ᵃ　含有片状颜料的涂料除外。
ᵇ　如被涂装的钢质输水管道没有采用阴极保护,可以不测该项目。

4.2　输送饮用水管道内壁涂料的卫生指标应符合国家或行业相应标准或规范。

5　试验方法

5.1　取样

产品按 GB/T 3186 的规定取样,也可按商定方法取样。取样量根据检验需要确定。

5.2　试验环境

涂料样品应在(23±2)℃条件下放置 24 h 后进行性能测试和样板制备。除另有规定外,试板的状态调节和试验的温湿度应符合 GB/T 9278 的规定。

5.3　试样制备

除另有规定或商定,耐磨性采用直径 100 mm 的铝板或玻璃板,耐弯曲性项目采用 200 mm×25 mm×6 mm 的钢板,耐阴极剥离性、冲击强度项目采用 100 mm×100 mm×6 mm 的钢板,其余项目采用 150 mm×70 mm×(3～6)mm 的钢板;铝板和玻璃板的要求及处理应符合 GB/T 9271 的规定,钢板的材质应符合 GB/T 9271 的规定,钢板经喷砂或抛丸处理,其除锈等级达到 GB/T 8923 规定的 Sa2½级,表面粗糙度达到 GB/T 13288.1 规定的中级。

按产品的规定,将主剂和固化剂混合均匀后,熟化至规定的时间。用刮涂法、刷涂法或其他适宜的方法进行制板,耐弯曲性、附着力、耐冲击性、耐磨性项目干膜厚度为(200±20)μm,其余项目干膜厚度为(400±40)μm。除干燥时间项目外,其余项目试板养护时间为 7 d。

5.4 在容器中状态

允许容器底部有沉淀,但沉淀物不应是硬性结块,若经搅拌容易混合均匀,则评为"搅拌后均匀无硬块"。

5.5 不挥发物含量

将主剂和固化剂按比例混合均匀后立即称量,称样量为(2±0.2)g。称量好的试样在(23±2)℃条件下放置 24 h 后,按 GB/T 1725—2007 的规定进行测试,试验条件:(105±2)℃/1 h。

5.6 细度

按 GB/T 6753.1—2007 的规定进行。主剂和固化剂混合后进行测试。

5.7 干燥时间

按 GB/T 1728—1979(1989)的规定进行。表干按乙法进行,实干按甲法进行。

5.8 涂膜外观

样板在散射日光下目视观察,如果涂膜均匀,无流挂、发花、针孔、开裂和剥落等涂膜病态,则评为"正常"。

5.9 耐弯曲性(2.5°)

按附录 A 的规定进行。

5.10 附着力

按 GB/T 5210—2006 的规定进行。采用直径为 20 mm 的试柱,上下两个试柱与样板同轴心对接进行试验。

5.11 耐冲击性(5 J)

按附录 B 的规定进行。

5.12 耐水性

按 GB/T 1733—1993 中甲法的规定进行。浸水试验后,取出样板用滤纸擦干,在散射日光下目视观察漆膜,如未出现起泡、剥落、生锈、变色、失光等漆膜异常现象,则评为"无异常"。

5.13 耐沸水性

按 GB/T 1733—1993 中乙法的规定进行。浸水试验后,取出样板用滤纸擦干,在散射日光下目视观察漆膜,如未出现起泡、剥落、生锈等漆膜异常现象,但允许轻微变色和轻微失光,则评为"无异常"。

5.14 耐磨性

按 GB/T 1768—2006 的规定进行。所用橡胶砂轮的型号为 CS-10。

5.15 耐盐水性

按 GB/T 9274—1988 中甲法的规定进行。浸入质量分数为 3%NaCl 溶液中 30 d。取出样板用滤纸擦干,在散射日光下目视观察漆膜,如未出现起泡、剥落、生锈、变色、失光等漆膜异常现象,则评为"无异常"。

5.16 耐酸性

按 GB/T 9274—1988 中甲法的规定进行,浸入质量分数为 10%H_2SO_4 溶液中 30 d。取出样板用滤纸擦干,在散射日光下目视观察漆膜,允许变色和失光,如未出现起泡、开裂、剥落、生锈等漆膜异常现象,则评为"无异常"。

5.17 耐碱性

按 GB/T 9274—1988 中甲法的规定进行,浸入质量分数为 10%NaOH 溶液中 30 d。取出样板用滤纸擦干,在散射日光下目视观察漆膜,允许轻微变色和轻微失光,如未出现起泡、开裂、剥落、生锈等漆膜异常现象,则评为"无异常"。

5.18 耐阴极剥离性

按 SY/T 0315—2005 附录 C 的规定进行。

6 检验规则

6.1 检验分类

6.1.1 产品检验分为出厂检验和型式检验。

6.1.2 出厂检验项目包括在容器中状态、不挥发物含量、细度、干燥时间、涂膜外观。

6.1.3 型式检验项目包括本标准所列的全部技术要求,在正常生产情况下,耐阴极剥离性至少每两年进行一次,其他项目至少每年进行一次。

6.2 检验结果的评定

6.2.1 检验结果的判定按 GB/T 8170 中修约值比较法进行。

6.2.2 应检项目的检验结果均达到本标准要求时,该试验样品为符合本标准要求。

7 标志、包装和贮存

7.1 标志

按 GB/T 9750 的规定进行。

7.2 包装

按 GB/T 13491 中一级包装要求的规定进行。

7.3 贮存

产品贮存时应保证通风、干燥,防止日光直接照射并应隔离火源、远离热源。产品应根据类型定出贮存期,并在包装标志上明示。

附 录 A

（规范性附录）

涂层的耐弯曲性试验

A.1 试验设备

a) 压力试验机；

b) 凹凸弯曲模：凹模曲率半径为 134.5 mm（弯曲度为 2.5°），凸模曲率半径为 128.5 mm。

A.2 试板制备

用 200 mm×25 mm×6 mm 的钢板，将涂料主剂和固化剂按配比均匀混合后施涂于钢板上。试板数为 3 块。

A.3 试验过程

将养护好的试板涂膜面上放在凸模上进行弯曲，每个试板的弯曲过程在 10 s 内完成。

A.4 试板的检查

用 4 倍放大镜目视检查试板中部 100 mm 范围。如 3 块试板中有 2 块无可见裂纹，则评为"涂层无裂纹"。

附 录 B

（规范性附录）

涂层的耐冲击性试验

B.1 试验设备

a) 冲击试验器：16 mm 球形冲头，1 kg 重锤；

b) 钢质工作台：尺寸约 200 mm×150 mm；

c) 直流电火花检测仪或湿海绵漏点检测仪。

B.2 试板制备

用 100 mm×100 mm×6 mm 的钢板，将涂料主剂和固化剂按产品规定均匀混合后涂覆于钢板上。涂膜经(1 750±250)V 直流电火花检测仪或(67.5±4.5)V 湿海绵漏点检测仪检漏应无漏点。试板数为 3 块。

B.3 试验过程

将养护好的试板涂层面向上放入冲击试验机。以 5 J 的冲击能量进行冲击，每个试板 3 次，各冲击点相距至少 50 mm。当球形冲头球面变形或表面有损伤时应更换冲头。

B.4 试板的检查

用直流电火花检测仪对冲击点进行检查，检漏电压为(1 750±250)V；如用湿海绵漏点检测仪，检漏电压为(67.5±4.5)V。如每块试板上有 2 个冲击点无漏点，则该块试板评为"无漏点"。如 3 块试板中有 2 块无漏点，则该样品评为"无漏点"。

ICS 87.040
G 51
备案号：37874—2013

中华人民共和国化工行业标准

HG/T 4339—2012

工 程 机 械 涂 料

Coatings for engineering machine

2012-11-07 发布

2013-03-01 实施

中华人民共和国工业和信息化部　发布

前　言

本标准按照 GB/T 1.1—2009 给出的规则起草。

本标准由中国石油和化学工业联合会提出。

本标准由全国涂料和颜料标准化技术委员会(SAC/TC 5)归口。

本标准起草单位:中海油常州涂料化工研究院、泉州市信和涂料有限公司、江苏荣昌化工有限公司、宁波大达化学有限公司、庞贝捷漆油贸易(上海)有限公司、立邦涂料(中国)有限公司、中远关西涂料化工有限公司、杜邦中国集团有限公司上海分公司、三德利(台资)涂料有限公司、徐州大光涂料厂、南京长江涂料有限公司、重庆三峡油漆股份有限公司、杭州油漆有限公司、福建百花化学股份有限公司、西北永新化工股份有限公司、常州光辉化工有限公司、中华制漆(深圳)有限公司、上海振华重工(集团)常州油漆有限公司、江苏金陵特种涂料有限公司、恒昌涂料(浙江)有限公司、江苏兰陵高分子材料有限公司、杭州传化涂料有限公司、湖南中汉高分子材料科技有限公司、江苏皓月涂料有限公司、三棵树涂料股份有限公司、江苏大象东亚制漆有限公司。

本标准主要起草人:冯世芳、胡建林、常春、丁示波、周煜、陈浦、刘会成、金如君、齐哲、孙厚仁、邱绕生、罗玉波、姜方群、吴远光、李华明、赵绍洪、陈云、陈益、卞大荣、余洪庆、陈建刚、汤情文、吴锐、沈祥梅、罗启涛、杨少武。

本标准为首次发布。

工程机械涂料

1 范围

本标准规定了工程机械涂料产品的分类、要求、试验方法、检验规则、标志、包装和贮存等内容。

本标准适用于工程机械保护和装饰用溶剂型涂料涂装体系。

2 规范性引用文件

下列文件对于本文件的应用是必不可少的。凡是注日期的引用文件,仅注日期的版本适用于本文件。凡是不注日期的引用文件,其最新版本(包括所有的修改单)适用于本文件。

GB/T 1725—2007 色漆、清漆和塑料 不挥发物含量的测定

GB/T 1727—1992 漆膜一般制备法

GB/T 1728—1979 漆膜、腻子膜干燥时间测定法

GB/T 1732—1993 漆膜耐冲击测定法

GB/T 1733—1993 漆膜耐水性测定法

GB/T 1740—2007 漆膜耐湿热测定法

GB/T 1766—2008 色漆和清漆 涂层老化的评级方法

GB/T 1771—2007 色漆和清漆 耐中性盐雾性能的测定

GB/T 1865—2009 色漆和清漆 人工气候老化和人工辐射暴露(滤过的氙弧辐射)

GB/T 3186 色漆、清漆和色漆与清漆用原材料 取样

GB/T 6739—2006 色漆和清漆 铅笔法测定漆膜硬度

GB/T 6742—2007 漆膜弯曲试验(圆柱轴)

GB/T 6753.1—2007 色漆、清漆和印刷油墨 研磨细度的测定

GB/T 8170 数值修约规则与极限数值的表示和判定

GB/T 9271—2008 色漆和清漆 标准试板

GB/T 9274—1988 色漆和清漆 耐液体介质的测定

GB/T 9278 涂料试样状态调节和试验的温湿度

GB/T 9286—1998 色漆和清漆 漆膜的划格试验

GB/T 9750—1998 涂料产品包装标志

GB/T 9754—2007 色漆和清漆 不含金属颜料的色漆漆膜之20°、60°和85°镜面光泽的测定

GB/T 13452.2 色漆和清漆 漆膜厚度的测试

GB/T 13491—1992 涂料产品包装通则

GB 19147—2009 车用柴油

GB/T 25271—2010 硝基涂料

HG/T 3668—2009 富锌底漆

HG/T 4340—2012 环氧云铁中间漆

JB/T 7499—2006 涂附磨具 耐水砂纸

3 产品分类

本标准将工程机械涂料分为底漆、中涂漆和面漆三大类。其中底漆分为富锌底漆、防锈底漆和通用底漆三类,中涂漆分为环氧云铁中涂漆和其他中涂漆两类,面漆分为聚氨酯面漆和其他面漆两类。

4 要求

4.1 富锌底漆应符合 HG/T 3668—2009《富锌底漆》的要求,防锈底漆和通用底漆应符合表 1 的要求。

4.2 环氧云铁中间漆应符合 HG/T 4340—2012 的要求,其他中涂漆应符合表 2 的要求。

4.3 聚氨酯面漆和其他面漆及涂层体系应符合表 3 的要求。

表 1 底漆产品要求

序号	项 目		指 标	
			防锈底漆	通用底漆
1	在容器中状态		搅拌混合后无硬块,呈均匀状态	
2	细度[a]/μm	≤	50	
3	不挥发物含量/%	≥	60	55
4	贮存稳定性[(50±2)℃/30 d]		通过	
5	干燥时间/h 　表干　　　　　　　　　　≤ 　实干　　　　　　　　　　≤ 　烘干[(80±2)℃或商定]		2 24 0.5	
6	打磨性		易打磨,不粘砂纸	
7	耐冲击性/cm		50	
8	划格试验/级	≤	1	
9	耐硝基漆性		不咬起,不渗色	
10	耐盐水性		168 h　无异常	96 h　无异常
11	耐盐雾性		240 h　无异常	96 h　无异常
[a] 含片状颜料和效应颜料,如铝粉、云母氧化铁、玻璃鳞片、珠光粉等的产品除外。				

表 2 中涂漆产品要求

序号	项 目		指 标
1	在容器中状态		搅拌混合后无硬块,呈均匀状态
2	细度[a]/μm	≤	40
3	不挥发物含量/%	≥	50
4	贮存稳定性[(50±2)℃/30 d]		通过
5	干燥时间/h 　表干　　　　　　　　　　≤ 　实干　　　　　　　　　　≤ 　烘干[(80±2)℃或商定]		2 24 0.5
6	打磨性		易打磨,不粘砂纸
7	耐冲击性/cm		50
8	划格试验/级	≤	1
9	耐硝基漆性		不咬起,不渗色
[a] 含片状颜料和效应颜料,如铝粉、云母氧化铁、玻璃鳞片、珠光粉等的产品除外。			

表 3 面漆产品及涂层体系要求

序号	项 目		指 标	
			聚氨酯面漆	其他面漆
1	在容器中状态		搅拌混合后无硬块,呈均匀状态	
2	细度[a]/μm	≤	光泽(60°)≥85%,20 光泽(60°)<85%,40	
3	不挥发物含量/%	≥	50	40
4	贮存稳定性[(50±2)℃/30 d]		通过	

5	干燥时间/h
	  表干
	  实干
	  烘干[(80±2)℃或商定]
		≤
		≤
			2
			24
			0.5	

6	漆膜外观		正常	
7	光泽(60°)		商定	
8	弯曲试验/mm		2	≤3
9	耐冲击性/cm		50	≥30
10	划格试验/级	≤	1	2
11	铅笔硬度(擦伤)	≥	HB	
12	耐水性		240 h 无异常	96 h 无异常
13	耐油性(0 号柴油)		24 h 无异常	4 h 无异常
14	耐酸性(50 g/L H_2SO_4)		96 h 无异常	24 h 无异常
15	耐碱性(50 g/L NaOH)		96 h 无异常	24 h 无异常
16	耐盐雾性		800 h 无异常	500 h 无异常
17	耐湿热性		800 h 无异常	500 h 无异常
18	耐人工气候老化性 粉化/级 变色/级 失光/级	 ≤ ≤ ≤	800 h 不起泡、不生锈、不 开裂、不脱落 2 2 2	500 h 不起泡、不生锈、不开 裂、不脱落 2 2 2

[a] 含片状颜料和效应颜料,如铝粉、云母氧化铁、玻璃鳞片、珠光粉等的产品除外。

5 试验方法

5.1 取样

产品按 GB/T 3186 的规定取样,也可按商定方法取样。取样量根据检验需要确定。

5.2 试验样板的状态调节和试验环境

除另有商定外,制备好的样板,应在 GB/T 9278 规定的条件下放置规定的时间后,按有关检验方法进行性能测试。干燥时间、柔韧性、耐冲击性、划格试验、光泽、弯曲试验、铅笔硬度应在 GB/T 9278 规定的条件下进行测试,其余项目按相关检验方法标准规定的条件进行测试。

5.3 试验样板的制备

5.3.1 底材的选择和处理方法

除另有商定外,按表4的规定选用底材,试验用钢板和马口铁板应符合 GB/T 9271—2008 的要求,钢板的处理应按 GB/T 9271—2008 中 3.5.2 的规定进行,马口铁板的处理应按 GB/T 9271—2008 中 4.3 的规定进行。商定的底材材质类型和底材处理方法应在检验报告中注明。

5.3.2 试验样板的制备

除另有商定外,按表4的规定制备试验样板。耐酸性、耐碱性、耐盐雾性、耐湿热性、耐人工气候老化性项目按照涂料供需双方商定的配套体系制备样板,施涂方法可采用 GB/T 1727—1992 中规定的刮涂、刷涂或喷涂,也可采用其他施涂方法。采用与本标准规定不同的样板制备方法,应在检验报告中注明。漆膜厚度的测试按 GB/T 13452.2 的规定进行。

表 4 试验样板的制备

产品类别	检验项目	底材类型	底材尺寸/mm	施涂方法	漆膜厚度/μm	干燥及养护时间[a]
底漆、中涂漆	干燥时间	马口铁板	120×50×(0.2~0.3)	施涂一道	23±3	—
	打磨性、耐冲击性、耐硝基漆性	马口铁板	120×50×(0.2~0.3)	施涂一道	23±3	48 h
	划格试验	钢板	150×70×(0.45~0.55)	施涂一道	23±3	48 h
	耐盐水性	钢板	150×70×(0.45~0.55)	施涂两道,每道间隔24 h	45±5	7 d
	耐盐雾性	钢板	150×70×(0.80~1.50)			
面漆	干燥时间	马口铁板	120×50×(0.2~0.3)	施涂一道	23±3	—
	漆膜外观、弯曲试验、耐冲击性	马口铁板	120×50×(0.2~0.3)	施涂一道	23±3	48 h
	光泽	钢板	150×70×(0.45~0.55)	施涂一道	45±5	48 h
	划格试验、铅笔硬度	钢板	150×70×(0.45~0.55)	施涂一道	23±3	48 h
	耐水性、耐油性	钢板	150×70×(0.45~0.55)	施涂一道	45±5	7 d
	耐酸性、耐碱性	钢板	150×70×(0.45~0.55)	施涂底漆一道,间隔24 h,施涂中涂漆一道,间隔24 h,施涂面漆两道,每道间隔30 min	45±5	7 d
	耐盐雾性、耐湿热性、耐人工气候老化性[b]		150×70×(0.80~1.50)		35±5	
					50±5	

[a] 从试样开始涂装时计时。

[b] 使用含金属颜料的面漆,需要施涂罩光清漆。

5.4 在容器中状态

打开容器,用调刀或搅拌棒搅拌,允许容器底部有沉淀,若经搅拌易于混合均匀,可评为"搅拌混合后无硬块,呈均匀状态"。

5.5 细度

按 GB/T 6753.1—2007 的规定进行。双组分产品测试漆组分。

5.6 不挥发物含量

按 GB/T 1725—2007 的规定进行。烘烤温度为(105±2)℃,烘烤时间为 1 h,试样量约 1 g。双组分产品按涂料供应商提供的施工配比混合后测试。

5.7 贮存稳定性

将试样装入容积约为 0.5 L 密封良好的金属罐中,装样量以离罐顶 15 mm 左右为宜。密封后放入 (50±2)℃恒温干燥箱中,30 d 后取出在(23±2)℃下放置 24 h,按 5.4 检查"在容器中状态",如果贮存后 试验结果与贮存前相比无明显差异,则评为"通过"。

5.8 干燥时间

表干按 GB/T 1728—1979 中乙法的规定进行,实干按 GB/T 1728—1979 中甲法的规定进行。

5.9 打磨性

对涂装后并放置 48 h 的样板,用符合 JB/T 7499—2006 标准规定的 P320(320 号)水砂纸蘸水手工 往返打磨 15 次(往返为打磨 1 次),如漆膜易打磨成平整表面且不粘砂纸,可评定为"易打磨,不粘砂纸"。

5.10 耐冲击性

按 GB/T 1732—1993 的规定进行。

5.11 划格试验

按 GB/T 9286—1988 的规定进行。

5.12 耐硝基漆性

在处理好的底材上施涂一道受试产品(底漆或中涂漆),放置 48 h 后施涂一道符合 GB/T 25271— 2010 的白色硝基涂料。放置 1 h 后观察,应不出现咬起和渗色现象。

5.13 漆膜外观

对涂装后并放置 24 h 的样板进行检查,如无明显的刷痕、起皱、色斑、颗粒、缩孔和光泽不均等现象 时,可评定为"正常"。

5.14 光泽

按 GB/T 9754—2007 的规定,以 60°角进行测试。

5.15 弯曲试验

按 GB/T 6742—2007 的规定进行。

5.16 铅笔硬度

按 GB/T 6739—2006 的规定进行测试。铅笔为中华牌 101 绘图铅笔。

5.17 耐水性

按 GB/T 1733—1993 甲法的规定进行试验。浸泡至规定时间后,将试板取出放置 2 h,目视观察涂 膜,如三块试板中至少有两块未出现皱纹、起泡、开裂、剥落、明显变色、明显失光等涂膜病态现象,可评定 为"无异常"。如出现以上涂膜病态现象按 GB/T 1766—2008 进行描述。

5.18 耐油性

按 GB/T 9274—1988 中甲法的规定进行试验,试验用油为符合 GB 19147—2009 标准规定的 0 号柴 油。浸泡至规定试验时间后,将试板取出放置 2 h,目视观察涂膜,如三块试板中至少有两块漆膜无皱纹、 起泡、开裂、剥落、明显变色、明显失光等涂膜病态现象,液体着色及浑浊程度不明显时,可评定为"无异 常"。如出现以上涂膜病态现象按 GB/T 1766—2008 进行描述。

5.19 耐盐水性

按 GB/T 9274—1988 中甲法规定进行试验,试液为 3%NaCl 溶液。浸泡至规定的试验时间后取出, 用水冲洗并擦干,放置 2 h 后在散射日光下目视观察,如三块试板中至少有两块未出现起泡、开裂、剥落、 掉粉、明显变色、明显失光等涂膜病态现象,则评为"无异常"。如出现以上涂膜病态现象按 GB/T 1766— 2008 进行描述。

5.20 耐酸性

试液为 50 g/L H_2SO_4 溶液,试验方法同 5.19。

5.21 耐碱性

试液为 50 g/L NaOH 溶液,试验方法同 5.19。

5.22 耐湿热性

按 GB/T 1740—2007 的规定进行,如三块试板中至少有两块未出现起泡、开裂、剥落、掉粉、明显变色、明显失光等涂膜病态现象,则评为"无异常"。如出现以上涂膜病态现象按 GB/T 1766—2008 进行描述。

5.23 耐盐雾性

试板不划线,按 GB/T 1771—2007 的规定进行,如三块试板中至少有两块未出现起泡、开裂、剥落、掉粉、明显变色、明显失光等涂膜病态现象,则评为"无异常"。如出现以上涂膜病态现象按 GB/T 1766—2008 进行描述。

5.24 耐人工气候老化性

按 GB/T 1865—2009 中方法 1 中循环 A 的规定进行测试,按 GB/T 1766—2008 的规定进行结果评定。

6 检验规则

6.1 检验分类

6.1.1 产品检验分为出厂检验和型式检验。

6.1.2 出厂检验项目

6.1.2.1 底漆、中涂漆为在容器中状态、细度、不挥发物含量、干燥时间。

6.1.2.2 面漆为在容器中状态、细度、不挥发物含量、干燥时间、漆膜外观、光泽。

6.1.3 型式检验项目

型式检验项目包括本标准所列的全部技术要求。在正常生产情况下,耐人工气候老化性每两年至少检验一次,其余项目每年至少检验一次。

6.2 检验结果的判定

6.2.1 检验结果的判定按 GB/T 8170 中修约值比较法进行。

6.2.2 应检项目的检验结果均达到本标准要求时,该试验样品为符合本标准要求。

7 标志、包装和贮存

7.1 标志

按 GB/T 9750 的规定进行。

7.2 包装

按 GB/T 13491 中一级包装要求的规定进行。

7.3 贮存

产品应存放在阴凉通风、干燥的库房内,防止日光直接照射,并应隔离火源,远离热源。产品应根据类型定出贮存期,并在包装标志上明示。

ICS 87.040
G 51
备案号：37876—2013

中华人民共和国化工行业标准

HG/T 4341—2012

金属表面用热反射隔热涂料

Heat reflecting insulation coatings for metal surfaces

2012-11-07 发布　　　　　　　　　　　2013-03-01 实施

中华人民共和国工业和信息化部　发 布

前　言

本标准按照 GB/T 1.1—2009 给出的规则起草。

本标准附录 A 为资料性附录。

本标准由中国石油和化学工业联合会提出。

本标准由全国涂料和颜料标准化技术委员会(SAC/TC 5)归口。

本标准起草单位:北京航材百慕新材料技术工程股份有限公司、江苏考普乐新材料股份有限公司、北京红狮漆业有限公司、上海羽唐实业有限公司、赫普(中国)有限公司、泉州市信和涂料有限公司、宁波大达化学有限公司、江阴市大阪涂料有限公司、深圳广田装饰集团股份有限公司、北京碧海舟腐蚀防护工业股份有限公司、太仓市开林油漆有限公司、冶建新材料股份有限公司、宁波飞轮造漆有限责任公司、江苏金陵特种涂料有限公司、中华制漆(深圳)有限公司、无锡市虎皇漆业有限公司、珠海市氟特科技有限公司、福禄(苏州)新型材料有限公司、上海建科检验有限公司、山东乐化漆业股份有限公司、江西景新漆业有限公司、中海油常州涂料化工研究院、国家涂料质量监督检验中心。

本标准主要起草人:李运德、师华、唐瑛、李昊、李雨烟、李华刚、张伟、刘谦、朱德丰、李少强、刘严强、徐锦明、史优良、袁泉利、卜大荣、程红旗、牛清平、侯汉亭、夏晶、胡晓珍、沈孝忠、许栋。

金属表面用热反射隔热涂料

1 范围

本标准规定了金属表面用热反射隔热涂料的术语和定义、要求、试验方法、检验规则、标志、包装和贮存等内容。

本标准适用于金属表面用热反射隔热涂料,主要用于储罐、设备、建筑、船舶、车辆等金属外表面的太阳热反射隔热降温。

2 规范性引用文件

下列文件对于本文件的应用是必不可少的。凡是注日期的引用文件,仅注日期的版本适用于本文件。凡是不注日期的引用文件,其最新版本(包括所有的修改单)适用于本文件。

GB/T 1725—2007 色漆、清漆和塑料 不挥发物含量的测定

GB/T 1728—1979 漆膜、腻子膜干燥时间测定法

GB/T 1732—1993 漆膜耐冲击测定法

GB/T 1733—1993 漆膜耐水性测定法

GB/T 1766—2008 色漆和清漆 涂层老化的评级方法

GB/T 1771—2007 色漆和清漆 耐中性盐雾性能的测定

GB/T 1865—2009 色漆和清漆 人工气候老化和人工辐射曝露 滤过的氙弧辐射

GB/T 3186 色漆、清漆和色漆与清漆用原材料 取样

GB/T 5210—2006 色漆和清漆 拉开法附着力试验

GB/T 6742—2007 漆膜弯曲试验(圆柱轴)

GB/T 6750—2007 色漆和清漆 密度的测定 比重瓶法

GB/T 8170 数值修约规则及极限数值的表示和判定

GB/T 8923 涂装前钢材表面锈蚀等级和除锈等级

GB/T 9271 色漆和清漆 标准试板

GB/T 9274—1988 色漆和清漆 耐液体介质的测定

GB/T 9278 涂料试样的状态调节和试验的温湿度

GB/T 9750 涂料产品包装标志

GB/T 13288.1 涂覆涂料前钢材表面处理 喷射清理后的钢材表面粗糙度特性 第1部分:用于评定喷射清理后钢材表面粗糙度的ISO表面粗糙度比较样块的技术要求和定义

GB/T 13491 涂料产品包装通则

ASTM C1371 便携式反射率测定仪 常温下材料半球发射率的测定

ASTM C1549 便携式反射率测定仪 常温下材料太阳光反射比的测定

3 术语和定义

下列术语和定义适用于本标准。

3.1

热反射隔热涂料 heat reflecting insulation coatings

热反射隔热涂料是指具有较高太阳光反射比和半球发射率,可以达到明显隔热效果的涂料。

3.2

太阳光反射比 solar reflectance

反射的与入射的太阳辐射能通量之比值。

3.3

半球发射率 hemispherical emittance

热辐射体在半球方向上的辐射出射度与处于相同温度的全辐射体(黑体)的辐射出射度之比值。

3.4

近红外光反射比 near-infrared reflectance

近红外波段反射的与入射的太阳辐射能通量之比值。

4 要求

4.1 产品热反射性能要求见表1。

4.2 产品其他性能要求按照相关国家标准、行业标准执行,或按照表2执行,也可由产品相关方商定。

表 1 产品热反射性能要求

序号	项　目		指　标
1	太阳光反射比	白色	≥0.80
		其他色	≥0.60
2	半球发射率		≥0.85
3	近红外光反射比	合格品	≥0.60
		一等品	≥0.70
		优等品	≥0.80

表 2 产品其他性能要求

序号	项　目		指　标
1	涂膜外观		涂膜正常
2	密度/(g/cm³)		商定值±0.05
3	不挥发物含量/%	≥	50
4	干燥时间/h 表干 实干	≤ ≤	 4 24
5	弯曲试验/mm	≤	2
6	耐冲击性/cm		50
7	附着力(拉开法)/MPa	≥	3
8	耐水性(48 h)		涂膜无异常
9	耐酸性(168 h)		涂膜无异常
10	耐碱性(168 h)		涂膜无异常
11	耐盐雾性(720 h)		划线处单向扩蚀≤2.0 mm,未划线处涂膜无起泡、生锈、开裂、剥落等现象
12	耐人工加速老化性(800 h)		涂膜不起泡、不剥落、不开裂、不生锈、不粉化,变色不大于2级,保光率不小于80%

5 试验方法

5.1 取样

产品按 GB/T 3186 的规定取样,也可按商定方法取样。取样量根据检验需要确定。

5.2 试验环境

除另有规定外,试板的状态调节和试验的温湿度应符合 GB/T 9278 的规定。

5.3 试样制备

5.3.1 基材及表面处理

除另有规定或商定外,试板基材和表面处理按照 GB/T 9271 的规定进行。太阳光反射比、半球发射率及近红外光反射比选用铝合金板;漆膜外观、干燥时间、弯曲试验、耐冲击性选用马口铁板;其余项目选用钢板。附着力、耐盐雾性项目用底材需经喷砂或抛丸处理,其除锈等级达到 GB/T 8923 中规定的 Sa2½级,表面粗糙度达到 GB/T 13288.1 中规定的中级。

5.3.2 样板制备

按产品规定进行配漆和施涂。除另有规定外,样板制备按表 3 的规定进行。

表 3 样板的制备

检验项目	底材材质	底材尺寸/mm	涂装要求
太阳光反射比、半球发射率、近红外反射比	铝合金板	150×70×(1~2)	按产品配套体系施工,养护期为 7 d;也可双方商定
涂膜外观	马口铁板	200×100×(0.2~0.3)	施涂一道,漆膜厚度(30±5)μm,养护期为 24 h
干燥时间、弯曲试验、耐冲击性	马口铁板	50×120×(0.2~0.3)	施涂一道,漆膜厚度(23±2)μm,弯曲试验、耐冲击性项目养护期为 48 h
耐水性、耐酸性、耐碱性	钢板	150×70×(0.45~0.55)	施涂一道底漆、两道面漆,漆膜总厚度(90±10)μm,养护期为 7 d;也可双方商定
附着力(拉开法)	钢板	150×70×(3~5)	按产品配套体系施工,漆膜总厚度(260±20)μm,养护期为 7 d;也可双方商定
耐盐雾性	钢板	150×70×(3~5)	按产品配套体系施工,漆膜总厚度(260±20)μm,养护期为 7 d;也可双方商定
耐人工加速老化性	钢板	150×70×(0.8~1.5)	按产品配套体系施工,漆膜总厚度(260±20)μm,养护期为 7 d;也可双方商定

5.4 太阳光反射比

按 ASTM C 1549 的规定进行。

5.5 半球发射率

按 ASTM C 1371 的规定进行。

5.6 近红外光反射比

按 ASTM C 1549 的规定进行。

5.7 涂膜外观

样板在散射日光下目视观察,如果涂膜均匀,无流挂、发花、针孔、开裂和剥落等涂膜病态,则评为"涂膜正常"。

5.8 密度

按 GB/T 6750—2007 的规定进行,将产品各组分(稀释剂除外)按生产商规定的比例混合后进行试验。

5.9 不挥发物含量

按 GB/T 1725—2007 的规定进行。将产品各组分(稀释剂除外)按生产商规定的比例混合后进行试验。烘烤温度(105±2)℃,烘烤时间为 2 h,试样量约 2 g。

5.10 干燥时间

按 GB/T 1728—1979 的规定进行。表干按乙法进行,实干按甲法进行。

5.11 弯曲试验

按 GB/T 6742—2007 的规定进行。

5.12 耐冲击性

按 GB/T 1732—1993 的规定进行。

5.13 附着力(拉开法)

按 GB/T 5210—2006 的规定进行。采用直径为 20 mm 的试柱,上下两个试柱与样板同轴心对接进行试验。

5.14 耐水性

按 GB/T 1733—1993 中甲法的规定进行。在散射阳光下目视观察,如三块试板中有两块未出现起泡、开裂、剥落、掉粉、明显变色、明显失光等涂膜病态现象,则评为"无异常"。如出现以上涂膜病态现象按 GB/T 1766 进行描述。

5.15 耐酸性

按 GB/T 9274—1988 中浸泡法进行。浸入质量分数为 5%H_2SO_4 溶液中 168 h。在散射阳光下目视观察,如三块试板中有两块未出现起泡、开裂、剥落、掉粉、明显变色、明显失光等涂膜病态现象,则评为"无异常"。如出现以上涂膜病态现象按 GB/T 1766 进行描述。

5.16 耐碱性

按 GB/T 9274—1988 中浸泡法进行。浸入质量分数为 5%NaOH 溶液中 168 h。在散射阳光下目视观察,如三块试板中有两块未出现起泡、开裂、剥落、掉粉、明显变色、明显失光等涂膜病态现象,则评为"无异常"。如出现以上涂膜病态现象按 GB/T 1766 进行描述。

5.17 耐盐雾性

按 GB/T 1771—2007 的规定,在试板中部划一条平行于试板长边的划线进行试验。

5.18 耐人工气候老化性

按 GB/T 1865—2009 中方法 1 中循环 A 的规定进行。结果评定按 GB/T 1766—2008 的规定进行。

5.19 隔热温差试验

根据需要可进行隔热温差项目的测试,试验方法参考附录 A。

6 检验规则

6.1 检验分类

6.1.1 产品检验分为出厂检验和型式检验。

6.1.2 出厂检验项目包括涂膜外观、不挥发物含量、密度和干燥时间。

6.1.3 型式检验项目包括本标准所列全部技术要求。正常情况下,弯曲试验、耐冲击性、附着力、耐水性、耐酸性、耐碱性、太阳光反射比、半球发射率及近红外光反射比每年检验一次;耐盐雾性、耐人工气候老化性每两年检验一次。

6.2 检验结果的评定

6.2.1 检验结果的判定按 GB/T 8170 中修约值比较法进行。

6.2.2 应检项目的检验结果均达到本标准要求时,该试验样品为符合本标准要求。

7 标志、包装和贮存

7.1 标志

按 GB/T 9750 的规定进行。

7.2 包装

溶剂型涂料按 GB/T 13491 中一级包装要求的规定进行;水性涂料按 GB/T 13491 中二级包装要求的规定进行。

7.3 贮存

产品贮存时应保证通风、干燥,防止日光直接照射并应隔离火源、远离热源。产品应根据类型定出贮存期,并在包装标志上明示。

附　录　A

（资料性附录）

隔热温差试验方法

A.1　原理

用红外灯对试板和空白试板进行均匀照射,达到规定时间后,用红外测温仪分别测量出试板和空白试板背面的平均温度,计算出样品的隔热温差。

A.2　材料及仪器设备

A.2.1　钢板:200 mm×300 mm×2 mm,材质及喷砂处理符合5.3.1的要求。

A.2.2　红外测温仪:红外波长8 μm～14 μm,测量范围:−30 ℃～270 ℃,距离系数8∶1。

A.2.3　旋转托盘:直径约400 mm,在距托盘圆心100 mm的位置对称开出2个直径20 mm的圆孔。在沿连接托盘圆心和该孔圆心的延长线上,在托盘的边缘做一个明显的标记。托盘底面距底座面应有大于150 mm的距离(可以将红外测温仪放置在下部圆孔处测取温度即可),转盘转速为3 r/min。

A.2.4　圆柱体筒形样板架:用2个外壁直径160 mm、高260 mm、厚4 mm的白色PVC塑料管制成圆柱体,两头截面须平行、整齐光滑。

A.2.5　红外灯:规格为500 W,加热长度(直径)为165.0 mm。

A.3　测试

A.3.1　按5.3.2中耐盐雾性要求涂装及养护2块试板,背面不需喷砂或抛丸处理及涂漆。空白试板按5.3.1的要求进行喷砂或抛丸处理,背面不需喷砂或抛丸处理。

A.3.2　试验在18 ℃～27 ℃的环境条件下进行。在旋转托盘上放置圆柱体筒形样板架,圆柱体筒形样板架的中心应对准托盘上圆孔的中心;将1块试板及1块空白试板放在圆柱体筒形样板架上,两块板之间间隔5 mm,试板有涂层的面向上,空白试板经过喷砂或抛丸的面向上;在旋转托盘的上方0.5 m处,安装2只红外灯,红外灯与旋转托盘边缘的水平距离为15 cm,红外灯的加热面轴向与试板平面成75°。装置见图A.1。

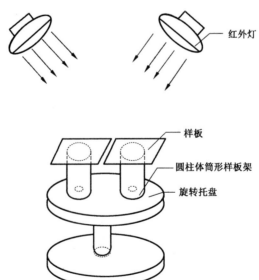

图A.1　隔热温差试验装置示意图

A.3.3 启动旋转托盘以 3 r/min 转速均匀旋转,点亮红外灯,照射 60 min。

A.3.4 在不移动试板和样板架的情况下,用红外测温仪镜头垂直向上对准试板及空白试板的背面(非加热面),测出试板及空白试板取样区域的平均温度。红外测温仪的操作按其说明书要求进行。

A.3.5 重复 A.3.2、A.3.3、A.3.4 进行另一块试板测试。

A.4 计算

$$W = W_空 - W_试 \qquad\qquad \cdots\cdots\cdots\cdots\cdots\cdots\cdots\cdots(\text{A.1})$$

式中:

W ——样品的隔热温差,单位为摄氏度(℃);

$W_空$ ——空白样板背面的平均温度,单位为摄氏度(℃);

$W_试$ ——试板背面的平均温度,单位为摄氏度(℃)。

结果取两次平行测定的算术平均值,保留小数点后 1 位。

ICS 87.040
G 51
备案号：41895—2013

中华人民共和国化工行业标准

HG/T 4570—2013

汽车用水性涂料

Waterborne automotive coatings

2013-10-17 发布

2014-03-01 实施

中华人民共和国工业和信息化部　发布

前　言

本标准按照 GB/T 1.1—2009 给出的规则起草。

本标准由中国石油和化学工业联合会提出。

本标准由全国涂料和颜料标准化技术委员会(SAC/TC 5)归口。

本标准起草单位:中海油常州环保涂料有限公司、北京钰林化工有限公司、湖南湘江关西涂料有限公司、中国化工学会涂料涂装专业委员会汽车涂料分专业委员会、杜邦高性能涂料(长春)有限公司、上海金力泰化工股份有限公司、抚顺市富美涂料有限公司、庞贝捷漆油贸易(上海)有限公司、深圳松辉化工有限公司、伊士曼(上海)化工商业有限公司、广州浩宇化工科技有限公司、河北晨阳工贸集团有限公司、上海建科检验有限公司、上海市涂料研究所、肇庆千扛高新材料科技有限公司、无锡市虎皇漆业有限公司、成都八益化工股份有限公司、四川省危险化学品质量监督检验所、东莞市猎人化工有限公司。

本标准主要起草人:黄逸东、陈月珍、时锋林、杨鹏飞、刘彤舟、季军宏、赵伟文、王玉省、刘成金、周煜、陈林生、赵岚、汤汉良、花东栓、胡晓珍、张卫群、李会宁、牛清平、辛中印、丁琳、林镜清。

汽车用水性涂料

1 范围

本标准规定了汽车用水性涂料产品的术语和定义、产品分类、要求、试验方法、检验规则及标志、包装和贮存等内容。

本标准适用于以水为主要分散介质,用于汽车外表面起装饰和保护作用的原厂涂料。产品用于乘用车、商用车、挂车、列车等。

本标准适用于在施工状态下挥发性有机化合物(VOC)含量(扣除水后)小于 420 g/L 或涂装过程中挥发性有机化合物(VOC)排放量小于 35 g/m² 的汽车用水性涂料。

本标准不适用于电泳涂料、汽车内饰涂料和功能性涂料。

注:本标准中挥发性有机化合物是指在 101.3 kPa 标准大气压下,任何初沸点低于或等于 250 ℃ 的有机化合物。

2 规范性引用文件

下列文件对于本文件的应用是必不可少的。凡是注日期的引用文件,仅注日期的版本适用于本文件。凡是不注日期的引用文件,其最新版本(包括所有的修改单)适用于本文件。

GB/T 1728—1979 漆膜、腻子膜干燥时间测定法

GB/T 1732—1993 漆膜耐冲击测定法

GB/T 1740—2007 漆膜耐湿热性测定法

GB/T1766—2008 色漆和清漆 涂层老化的评级方法

GB/T 1771—2007 色漆和清漆 耐中性盐雾性能的测定

GB/T 1865—2009 色漆和清漆 人工气候老化和人工辐射曝露 滤过的氙弧辐射

GB/T 3186 色漆、清漆和色漆与清漆用原材料取样

GB/T 5209—1985 色漆和清漆 耐水性的测定 浸水法

GB/T 6682 分析试验室用水规格和试验方法

GB/T 6739—2006 色漆和清漆 铅笔法测定漆膜硬度

GB/T 6742—2007 色漆和清漆 弯曲试验(圆柱轴)

GB/T 6753.1—2007 色漆、清漆和印刷油墨 研磨细度的测定

GB/T 6753.3—1986 涂料贮存稳定性试验方法

GB/T 8170 数值修约规则与极限数值的表示和判定

GB/T 9271 色漆和清漆 标准试板

GB/T 9274—1988 色漆和清漆 耐液体介质的测定

GB/T 9278 涂料试样状态调节和试验的温湿度

GB/T 9286—1998 色漆和清漆 漆膜的划格试验

GB/T 9750 涂料产品包装标志

GB/T 9753—2007 色漆和清漆 杯突试验

GB/T 9754—2007 色漆和清漆 不含金属颜料的色漆漆膜的20°、60°和85°镜面光泽的测定

GB 11121 汽油机油

GB/T 13452.2 色漆和清漆 漆膜厚度的测定

GB/T 13491 涂料产品包装通则

GB 17930 车用汽油

3 术语和定义

下列术语和定义适用于本文件。

3.1

底漆 primers

多层涂装时,直接涂到底材上的色漆。

3.2

中间漆 Intermediate paints

多层涂装时,施涂于底涂层与面涂层之间的色漆。

3.3

实色漆 solid color paints

不含金属、珠光等效应颜料的色漆。

3.4

罩光清漆 overcoat varnishes

涂于面漆之上形成保护装饰涂层的清漆。

3.5

底色漆 base coats

表面需涂装罩光清漆的色漆。

3.6

本色面漆 solid color paints without clearcoat

表面不需涂装罩光清漆的实色漆。

4 产品分类

本标准将汽车用水性涂料分为底漆、中间漆和面漆。其中面漆分为本色面漆、底色漆和罩光清漆。

5 要求

5.1 汽车底漆和中间漆产品应符合表1的要求。

表1 底漆和中间漆产品的要求

项 目		指 标	
		底漆	中间漆
在容器中状态		搅拌后均匀无硬块	
细度(漆组分)/μm (含铝粉、珠光颜料的涂料组分除外)	≤	40	30
贮存稳定性[(40±2)℃,7 d] 沉降性/级 贮存前后细度的变化/μm	≥ ≤	8 5	
干燥时间		商定	
划格试验/级	≤	1	
耐冲击性/cm		50	
弯曲试验/mm		2	
杯突试验/mm	≥	5	4
耐盐雾性(168 h)		划痕处单向锈蚀≤2.0 mm,未划痕区无 起泡、生锈,开裂、剥落等现象	—
注:中间漆的划格试验和杯突试验是对底漆+中间漆或电泳涂料+中间漆复合涂层的要求。			

5.2 汽车面漆产品应符合表2的要求。

表2 面漆产品的要求

项 目		指 标		
		本色面漆	底色漆	罩光清漆
在容器中状态		搅拌后均匀无硬块		
细度(漆组分)/μm（含铝粉、珠光颜料的涂料组分除外） ≤		20	—	
贮存稳定性[(40±2)℃,7 d] 沉降性/级 ≥ 贮存前后细度的变化/μm ≤		8 5	— —	·
干燥时间		商定		
涂膜外观		正常		
耐冲击性/cm		50		
铅笔硬度(擦伤) ≥		HB	—	HB
弯曲试验/mm		2		
光泽(60°)/单位值 ≥（含铝粉、珠光颜料的涂料除外）		90 或商定	—	90 或商定
划格试验/级 ≤		1		1
杯突试验/mm		3		3
鲜映性 ≥ Gd 值 或 DOI 值		0.7 80		0.7 80
耐温变性(8次)[(-40±2)℃/1 h,(60±2)℃/1 h 为一次循环]		无异常		无异常
耐水性(240 h)		无异常		无异常
耐酸性(0.05 mol/L H₂SO₄,24 h)		无异常		无异常
耐碱性(0.1 mol/L NaOH,24 h)		无异常		无异常
耐油性(SE 15W-40 机油,24 h)		无异常		无异常
耐汽油性(93 号汽油,6 h)		无异常		无异常
耐盐雾性(500 h)		划痕处单向锈蚀≤2.0 mm,未划痕区无起泡、生锈、开裂、剥落等现象		划痕处单向锈蚀≤2.0 mm,未划痕区无起泡、生锈、开裂、剥落等现象
耐湿热性(240 h)		无起泡、生锈、开裂现象,变色≤1 级		无起泡、生锈、开裂现象,变色≤1 级
耐人工气候老化性（1 000 h)	白色和浅色ᵃ	无粉化、起泡、脱落、开裂现象,变色≤1 级,失光≤2 级		无粉化、起泡、脱落、开裂现象,变色≤1 级,失光≤2 级
	其他色	无粉化、起泡、脱落、开裂现象,变色≤2 级,失光≤2 级		无粉化、起泡、脱落、开裂现象,变色≤2 级,失光≤2 级

注1：划格试验、杯突试验、鲜映性、耐温变性、耐水性、耐酸性、耐碱性、耐油性、耐汽油性、耐盐雾性、耐湿热性和耐人工气候老化性是对复合涂层的要求,即底漆（或电泳涂料)＋中间漆＋本色面漆体系或底漆（或电泳涂料)＋中间漆＋底色漆＋罩光清漆（或非水性罩光清漆)体系。

注2：光泽和鲜映性项目是对高光泽体系的要求。

注3：含金属,珠光等效应颜料且不需罩光的汽车面漆可参考本色面漆的要求。

ᵃ 浅色是指以白色颜料为主要成分,添加适量色浆后配制成的浅色涂料形成的涂膜所呈现的浅颜色,按 GB/T 15608 中规定明度值为 6～9(三刺激值中的 Y_{D65}≥31.26)。

6 试验方法

6.1 取样

产品按 GB/T 3186 的规定取样,也可按商定方法取样。取样量根据检验需要确定。

6.2 试验环境

试板的状态调节和试验的温湿度应符合 GB/T 9278 的规定。

6.3 试验样板的制备

6.3.1 底材及底材处理

除另有商定,光泽项目用玻璃板,干燥时间、耐冲击性、弯曲试验项目用马口铁板,其余项目均用钢板。除另有商定,玻璃板、马口铁板和钢板的要求和处理应符合 GB/T 9271 的规定。

6.3.2 制板要求

除非涂料供应商对其配套体系、涂料品种、涂装道数、涂膜干膜厚度等另有要求,样板的制备按表3~表5 的要求进行,多道涂膜间的施涂间隔、干燥条件等由相关方商定。涂膜厚度的测定按 GB/T 13452.2 的规定进行。

注:需快速进行检验的项目,涂膜的制备、干燥和养护条件可由相关方商定。

6.3.2.1 底漆样板的制备按表3进行。

表 3 底漆样板的制备

检验项目	底材类型	底材尺寸/mm	漆膜厚度/μm	涂装要求
干燥时间	马口铁板	120×50×(0.2~0.3)	25±5	喷涂一道
耐冲击性				喷涂一道,自干漆养护 7 d,烘干漆养护 24 h
弯曲试验				
划格试验	钢板	150×70×(0.45~0.55)		
杯突试验		150×70×(0.8~1.5)	总厚度:35±5 第一道:20±3 第二道:15±2	喷涂二道,自干漆养护 7 d,烘干漆养护 24 h
耐盐雾性				

6.3.2.2 中间漆样板的制备按表4进行。

表 4 中间漆样板的制备

检验项目	底材类型	底材尺寸/mm	漆膜厚度/μm	涂装要求
干燥时间	马口铁板	120×50×(0.2~0.3)	总厚度:35±5 第一道:20±3 第二道:15±2	喷涂二道
耐冲击性				喷涂二道,自干漆养护 7 d,烘干漆养护 24 h
弯曲试验				
划格试验	钢板	150×70×(0.45~0.55)	底漆:25±5 电泳涂料:20±2 中间漆总厚度:35±5 第一道:20±3 第二道:15±2	施涂一道底漆(或电泳涂料)和二道中间漆,底漆和中间漆采用喷涂法制备试板,电泳涂料采用电泳法制备试板,自干漆养护 7 d,烘干漆养护 24 h
杯突试验	钢板	150×70×(0.8~1.5)		

6.3.2.3 面漆样板的制备按表5进行。

表5 面漆样板的制备

检验项目	底材类型	底材尺寸/mm	漆膜厚度/μm	涂装要求
干燥时间	马口铁板	120×50×(0.2～0.3)	本色面漆总厚度:35±5 第一道:20±3 第二道:15±2	底色漆喷涂一道,本色面漆和罩光清漆喷涂二道
涂膜外观				底色漆喷涂一道,本色面漆和罩光清漆喷涂二道,自干漆养护7 d,烘干漆养护24 h
耐冲击性			底色漆:13±2 罩光清漆总厚度:40±5 第一道:25±3 第二道:15±2	
弯曲试验				
铅笔硬度	钢板	150×70×(0.45～0.55)		
光泽	玻璃板	150×100×3		
鲜映性	钢板	150×70×(0.45～0.55) 或200×100×(0.45～0.55)	底漆:25±5 电泳涂料:20±2 中间漆总厚度:35±5 第一道:20±3 第二道:15±2 本色面漆总厚度:35±5 第一道:20±3 第二道:15±2 底色漆:13±2 罩光清漆总厚度:40±5 第一道:25±3 第二道:15±2	按底漆(或电泳涂料)+中间漆+本色面漆体系或底漆(或电泳涂料)+中间漆+底色漆+罩光清漆(或非水性罩光清漆)体系来制板,底漆、底色漆喷涂一道,电泳涂料电泳一道,中间漆、本色面漆和罩光清漆喷涂二道,自干漆养护7 d,烘干漆养护24 h
划格试验		150×70×(0.45～0.55)		
耐温变性				
耐水性				
耐酸性				
耐碱性				
耐油性				
耐汽油性				
杯突试验				
耐盐雾性		150×70×(0.8～1.5)		
耐湿热性				
耐人工气候老化性				

6.4 操作方法
6.4.1 一般规定
所用试剂均为化学纯及以上,所用水均为符合GB/T 6682规定的三级水,试验用溶液在试验前预先调整到试验温度。

6.4.2 在容器中状态
打开容器,用调刀或搅拌棒搅拌,允许容器底部有沉淀,若经搅拌易于混合均匀,则评为"搅拌后均匀无硬块"。多组分涂料,各组分应分别进行测试。

6.4.3 细度
按GB/T 6753.1—2007规定进行。多组分涂料,测试漆组分。

6.4.4 贮存稳定性
将约0.5 L的样品装入合适的塑料或玻璃容器中,瓶内留有约10%的空间,密封后放入(40±2)℃恒温干燥箱中,7天后取出在(23±2)℃下放置3 h,分别按GB/T 6753.3—1986规定检查"沉降性"和按GB/T 6753.1—2007检测"细度"。贮存后试验结果需符合标准的要求。多组分涂料,各组分应分别进行测试。

6.4.5 干燥时间

按 GB/T 1728—1979 规定进行。其中表干按乙法进行，实干按甲法进行。涂料的干燥条件由相关方商定。

6.4.6 涂膜外观

样板在散射日光下目视观察，如果涂膜均匀，无流挂，发花、针孔、开裂和剥落等涂膜病态，则评为"正常"。

6.4.7 划格试验

按 GB/T 9286—1998 规定进行。

6.4.8 耐冲击性

按 GB/T 1732—1993 规定进行。

6.4.9 铅笔硬度

按 GB/T 6739—2006 规定进行。铅笔为中华牌 101 绘图铅笔。

6.4.10 弯曲试验

按 GB/T 6742—2007 规定进行。

6.4.11 光泽(60°)

按 GB/T 9754—2007 规定进行。

6.4.12 杯突试验

按 GB/T 9753—2007 规定进行。

6.4.13 鲜映性

鲜映性可以选用鲜映性测定仪测定 Gd 值或用橘皮仪测定 DOI 值，重复测定三次，取平均值作为结果。

6.4.14 耐温变性

按 6.3.2 规定制备好涂膜后，将 3 块试板放入(-40±2)℃低温箱中 1 h，取出放入(60±2)℃烘箱箱中 1 h，此为一循环。重复 8 次循环后，在散射日光下目视观察，如 3 块试板中有 2 块未出现起泡、开裂、剥落、明显变色和明显失光等涂膜病态现象，则评为"无异常"。如出现以上涂膜病态现象按 GB/T 1766—2008 进行描述。

6.4.15 耐水性

按 GB/T 5209—1985 的规定进行。浸入水中 240 h，在散射日光下目视观察，如 3 块试板中有 2 块未出现起泡、起皱、剥落、明显变色和明显失光等涂膜病态现象，则评为"无异常"。如出现以上涂膜病态现象按 GB/T 1766—2008 进行描述。

6.4.16 耐酸性

按 GB/T 9274—1988 中甲法的规定进行。浸入 0.05 mol/L 的 H_2SO_4 溶液中 24 h，在散射日光下目视观察，如 3 块试板中有 2 块未出现起泡、起皱、剥落、明显变色和明显失光等涂膜病态现象，则评为"无异常"。如出现以上涂膜病态现象按 GB/T 1766—2008 进行描述。

6.4.17 耐碱性

按 GB/T 9274—1988 中甲法的规定进行。浸入 0.1 mol/L 的 NaOH 溶液中 24 h，在散射日光下目视观察，如 3 块试板中有 2 块未出现起泡、起皱、剥落、明显变色和明显失光等涂膜病态现象，则评为"无异常"，如出现以上涂膜病态现象按 GB/T 1766—2008 进行描述。

6.4.18 耐油性

按 GB/T 9274—1988 中甲法的规定进行。浸入符合 GB 11121 规定的 SE 15W-40 机油中 24 h，在散射日光下目视观察，如 3 块试板中有 2 块未出现起泡、起皱、剥落、明显变色和明显失光等涂膜病态现象，则评为"无异常"。如出现以上涂膜病态现象按 GB/T 1766—2008 进行描述。

经商定也可选用其他型号的汽油机油。

6.4.19 耐汽油性

按 GB/T 9274—1988 中甲法的规定进行。浸入符合 GB 17930 规定的 93 号汽油中 6 h,在散射日光下目视观察,如 3 块试板中有 2 块未出现起泡、起皱、剥落、明显变色和明显失光等涂膜病态现象,则评为"无异常"。如出现以上涂膜病态现象按 GB/T 1766—2008 进行描述。

经商定也可选用其他型号的车用汽油。

6.4.20 耐盐雾性

按 GB/T 1771—2007 的规定进行。投试前在试板中间划一条平行于长边的直线,试验后涂膜如出现起泡、生锈、开裂和剥落等病态现象,按 GB/T 1766—2008 进行描述。

6.4.21 耐湿热性

按 GB/T 1740—2007 的规定进行。如出现起泡、生锈、开裂和变色等涂膜病态现象,按 GB/T 1766—2008 进行描述。

6.4.22 耐人工气候老化性

按 GB/T 1865—2009 中方法 A 规定进行。如出现粉化、起泡、脱落、开裂、变色和失光等涂膜病态现象,按 GB/T 1766—2008 进行描述。

7 检验规则

7.1 检验分类

7.1.1 产品检验分出厂检验和型式检验。

7.1.2 出厂检验项目包括在容器中状态、细度、干燥时间、涂膜外观、划格试验、耐冲击性、铅笔硬度、弯曲试验、光泽。

7.1.3 型式检验项目包括本标准所列的全部技术要求。在正常生产情况下,贮存稳定性、杯突试验、鲜映性、耐温变性、耐水性、耐酸性、耐碱性、耐油性、耐汽油性每半年至少检验一次,耐盐雾性、耐湿热性、耐人工气候老化性每年至少检验一次。

7.2 检验结果的判定

7.2.1 检验结果的判定按 GB/T 8170 中修约值比较法进行。

7.2.2 应检项目的检验结果均达到本标准要求时,该试验样品为符合本标准要求。

8 标志、包装和贮存

8.1 标志

按 GB/T 9750 的规定进行。

8.2 包装

按 GB/T 13491 中二级包装要求的规定进行。

8.3 贮存

产品贮存时应保证通风、干燥、防止日光直接照射,冬季时应采取适当防冻措施。产品应根据类型定出贮存期,并在包装标志上明示。

参 考 文 献

[1]　GB/T 15608　中国颜色体系

———————————

ICS 87.040
G 51
备案号：48582—2015

中华人民共和国化工行业标准

HG/T 4757—2014

农 用 机 械 涂 料

Coatings for agricultural machinery

2014-12-31 发布
2015-06-01 实施

中华人民共和国工业和信息化部　发 布

前　言

本标准按照 GB/T 1.1—2009 给出的规则起草。

本标准由中国石油和化学工业联合会提出。

本标准由全国涂料和颜料标准化技术委员会(SAC/TC 5)归口。

本标准起草单位:中海油常州涂料化工研究院有限公司、江苏金陵特种涂料有限公司、上海金力泰化工股份有限公司、浙江传化涂料有限公司、中华制漆(深圳)有限公司、佐敦涂料(张家港)有限公司、山东奔腾漆业有限公司、西安经建油漆股份有限公司、福田雷沃国际重工股份有限公司。

本标准主要起草人:吴璇、卞大荣、张天峰、王亚红、陈云、刘新、王辉、王宁、赵玲。

农用机械涂料

1 范围

本标准规定了农用机械涂料产品的分类、要求、试验方法、检验规则，以及标志、包装和贮存等内容。
本标准适用于农用机械保护和装饰用涂料涂装体系。

2 规范性引用文件

下列文件对于本文件的应用是必不可少的。凡是注日期的引用文件，仅注日期的版本适用于本文件。凡是不注日期的引用文件，其最新版本（包括所有的修改单）适用于本文件。

GB 252 轻柴油

GB/T 1725—2007 色漆、清漆和塑料 不挥发物含量的测定

GB/T 1726—1979 涂料遮盖力测定法

GB/T 1728—1979 漆膜、腻子膜干燥时间测定法

GB/T 1732—1993 漆膜耐冲击测定法

GB/T 1740—2007 漆膜耐湿热测定法

GB/T 1766—2008 色漆和清漆 涂层老化的评级方法

GB/T 1768—2006 色漆和清漆 耐磨性的测定 旋转橡胶砂轮法

GB/T 1771—2007 色漆和清漆 耐中性盐雾性能的测定

GB/T 1865—2009 色漆和清漆 人工气候老化和人工辐射暴露 滤过的氙弧辐射

GB/T 3186 色漆、清漆和色漆与清漆用原材料 取样

GB/T 5209—1985 色漆和清漆 耐水性的测定 浸水法

GB/T 6682 分析实验室用水规格和试验方法

GB/T 6739—2006 色漆和清漆 铅笔法测定漆膜硬度

GB/T 6742—2007 色漆和清漆 弯曲试验（圆柱轴）

GB/T 6753.1—2007 色漆、清漆和印刷油墨 研磨细度的测定

GB/T 8170 数值修约规则与极限数值的表示和判定

GB/T 9271—2008 色漆和清漆 标准试板

GB/T 9274—1988 色漆和清漆 耐液体介质的测定

GB/T 9278 涂料试样状态调节和试验的温湿度

GB/T 9286—1998 色漆和清漆 漆膜的划格试验

GB/T 9750 涂料产品包装标志

GB/T 9754—2007 色漆和清漆 不含金属颜料的色漆漆膜之 20°、60°和 85°镜面光泽的测定

GB/T 13452.2 色漆和清漆 漆膜厚度的测定

GB/T 13491 涂料产品包装通则

GB 15063 复混肥料（复合肥料）

GB 24409—2009 汽车涂料中有害物质限量

HG/T 3668 富锌底漆

HG/T 3952 阴极电泳底漆

HG/T 4340 环氧云铁中间漆

JB/T 7499—2006　涂附磨具　耐水砂纸

ASTM D3170—03　试验方法标准　涂层抗石击性

3　产品分类

　　本标准将农用机械涂料分为底漆、中间漆和面漆三大类。其中底漆分为环氧富锌底漆、阴极电泳底漆和其他底漆,其他底漆根据性能要求不同再分为Ⅰ型、Ⅱ型;中间漆分为环氧云铁中间漆和其他中间漆;面漆根据用途、性能要求不同分为Ⅰ型、Ⅱ型、Ⅲ型,Ⅰ型适用于装饰性要求较高的部位,Ⅱ型适用于保护性要求较高的部位,Ⅲ型适用于一般要求的部位。

4　要求

4.1　农用机械涂料中重金属含量应符合表1的要求。

表 1　重金属含量的要求

项　　　目		指　　　标
重金属含量/(mg/kg)	铅(Pb)　　　≤	1 000
	汞(Hg)　　　≤	1 000
	镉(Cd)　　　≤	100
	6价铬(Cr^{6+})　≤	1 000

4.2　环氧富锌底漆应符合 HG/T 3668《富锌底漆》的要求,阴极电泳底漆应符合 HG/T 3952《阴极电泳底漆》的要求,其他底漆应符合表2的要求。

表 2　其他底漆产品的要求

项　　　目		指　　　标	
		Ⅰ 型	Ⅱ 型
在容器中状态		搅拌混合后无硬块,呈均匀状态	
不挥发物含量/%	≥	50	
贮存稳定性(50 ℃±2 ℃,7 d)		通过	
干燥时间[a]/h 　表干 　实干 　烘干(烘烤温度、时间商定)	≤ ≤	2 24 通过	
打磨性		易打磨,不粘砂纸	
耐冲击性/cm		50	
划格试验/级	≤	1	
耐水性		168 h 无异常	48 h 无异常
耐盐雾性		240 h 划线处单向锈蚀≤2.0 mm,未划线区不起泡、不生锈、不开裂、不脱落	120 h 划线处单向锈蚀≤2.0 mm,未划线区不起泡、不生锈、不开裂、不脱落
[a]　自干型产品测试干燥时间(表干)和干燥时间(实干);烘干型产品测试干燥时间(烘干)。			

4.3 环氧云铁中间漆应符合 HG/T 4340《环氧云铁中间漆》的要求,其他中间漆应符合表 3 的要求。

表 3 其他中间漆产品要求

项 目		指 标
在容器中状态		搅拌混合后无硬块,呈均匀状态
不挥发物含量/%	≥	50
贮存稳定性(50 ℃±2 ℃,7 d)		通过
干燥时间ᵃ/h 表干 实干 烘干(烘烤温度、时间商定)	≤ ≤	3 24 通过
耐冲击性/cm		50
划格试验/级	≤	1
ᵃ 自干型产品测试干燥时间(表干)和干燥时间(实干);烘干型产品测试干燥时间(烘干)。		

4.4 面漆产品应符合表 4 的要求。

表 4 面漆产品的要求

项 目		指 标		
		Ⅰ 型	Ⅱ 型	Ⅲ 型
在容器中状态		搅拌混合后无硬块,呈均匀状态		
不挥发物含量/%	≥	50		
贮存稳定性(50 ℃±2 ℃,7 d)		通过		
遮盖力ᵃ(g/m²) 白色 黑色 其他色	≤	110 40 商定		
细度ᵇ/μm	≤	20	30	40
干燥时间ᶜ/h 表干 实干 烘干(烘烤温度、时间商定)	≤ ≤	4 24 通过		
耐冲击性/cm		50	≥40	
划格试验/级	≤	1		
铅笔硬度(擦伤)	≥	HB		
弯曲试验/mm		2	≤3	
光泽(60°)		商定		
耐磨性(750 g/500 r)/g	≤	0.03		
耐温变性(5 次循环)		无变化		
抗石击性ᵈ	≥	2B		
耐化肥性ᵉ(100 g/L 复混肥料溶液)		24 h 无异常		
耐油性(0 号柴油)		24 h 无异常		

表 4(续)

项　　目	指　　标		
	Ⅰ型	Ⅱ型	Ⅲ型
耐水性	120 h 无异常	240 h 无异常	48 h 无异常
耐酸性(50 g/L H₂SO₄ 溶液)	24 h 无异常	96 h 无异常	
耐碱性(50 g/L NaOH 溶液)	24 h 无异常	96 h 无异常	
耐盐雾性	500 h 划线处单向锈蚀≤2.0 mm,未划线区不起泡、不生锈、不开裂、不脱落	720 h 划线处单向锈蚀≤2.0 mm,未划线区不起泡、不生锈、不开裂、不脱落	
耐湿热性	500 h 1 级	720 h 1 级	
耐人工气候老化性	1 000 h 不起泡、不生锈、不开裂、不脱落	600 h 不起泡、不生锈、不开裂、不脱落	200 h 不起泡、不生锈、不开裂、不脱落
粉化/级　　　　　≤	1	1	1
变色/级　　　　　≤	商定	商定	商定
失光/级　　　　　≤	2	2	商定

^a 清漆、含有透明颜料的产品除外。

^b 含片状颜料和效应颜料如铝粉、云母氧化铁、玻璃鳞片、珠光粉等的产品除外。

^c 自干型产品测试干燥时间(表干)和干燥时间(实干);烘干型产品测试干燥时间(烘干)。

^d 有抗石击要求的产品需检验该项目。

^e 有可能接触化肥的产品需检验该项目。

5 试验方法

5.1 取样

产品按 GB/T 3186 的规定取样,也可按商定方法取样。取样量根据检验需要确定。

5.2 试验样板的状态调节和试验环境

除另有商定外,制备好的样板应在 GB/T 9278 规定的条件下放置规定时间后按有关检验方法进行性能测试。干燥时间、耐冲击性、划格试验、铅笔硬度、弯曲试验、耐磨性、光泽项目应在 GB/T 9278 规定的条件下进行测试,其余项目按相关检验方法标准规定的条件进行测试。

5.3 试验样板的制备

5.3.1 底材的选择及处理方法

除另有商定外,试验用马口铁板、钢板、铝板应符合 GB/T 9271—2008 的要求,马口铁板的处理按 GB/T 9271—2008 中 4.3 的规定进行,钢板的处理按 GB/T 9271—2008 中 3.5 的规定进行,铝板的处理按 GB/T 9271—2008 中 6.2 的规定进行。商定的底材材质类型和底材处理方法应在检验报告中注明。

5.3.2 试验样板的制备

除另有商定外,按表 5 的规定制备试验样板。样板漆膜厚度的测试按 GB/T 13452.2 的规定进行。当采用与本标准规定不同的样板制备方法时,应在检验报告中注明。

表 5　试验样板的制备

产品类别	检验项目	底材类型	底材尺寸/mm	涂装要求[a]
其他底漆、中间漆	干燥时间	马口铁板	120×50×(0.2～0.3)	喷涂 1 道，干膜厚度为 23 μm±3 μm
	打磨性、耐冲击性	马口铁板	120×50×(0.2～0.3)	喷涂 1 道，干膜厚度为 23 μm±3 μm，放置 48 h 后测试
	划格试验	钢板	150×70×(0.45～0.55)	
	耐水性	钢板	150×70×(0.45～0.55)	喷涂 2 道，每道间隔 24 h，干膜总厚度为 60 μm±5 μm，放置 7 d 后测试
	耐盐雾性	钢板	150×70×(0.80～1.50)	
面漆	干燥时间	马口铁板	120×50×(0.2～0.3)	喷涂 1 道，干膜厚度为 23 μm±3 μm
	耐冲击性、弯曲试验	马口铁板	120×50×(0.2～0.3)	喷涂 1 道，干膜厚度为 23 μm±3 μm，放置 48 h 后测试
	划格试验、铅笔硬度	钢板	150×70×(0.45～0.55)	
	光泽	钢板	150×70×(0.45～0.55)	喷涂 1 道，干膜厚度为 45 μm±5 μm，放置 48 h 后测试
	耐磨性	铝板	直径 100	喷涂 1 道，干膜厚度为 45 μm±5 μm，放置 168 h 后测试
	抗石击性	钢板	100×300×(0.80～1.50)	喷涂 1 道底漆[b]、1 道中间漆、1 道面漆。每道间隔 24 h，底漆干膜厚度为 45 μm±5 μm，中间漆干膜厚度为 35 μm±5 μm，面漆干膜厚度为 45 μm±5 μm，放置 7 d 后测试。也可由涂料供需双方商定的配套体系进行制板，其配套体系涂料品种、涂装道数、涂装间隔时间、涂层厚度、养护条件等要求由涂料供应商提供
	耐温变性、耐化肥性、耐油性、耐水性、耐酸性、耐碱性	钢板	150×70×(0.45～0.55)	
	耐盐雾性、耐湿热性、耐人工气候老化性	钢板	150×70×(0.80～1.50)	

[a] 烘干型产品的养护条件商定。

[b] 底漆如果采用电泳漆，则制板方式为电泳制板，电泳漆干膜厚度为 20 μm±2 μm。

5.4　操作方法

5.4.1　试剂

所用试剂均为化学纯及以上，所用水均为符合 GB/T 6682 规定的三级水，试验用溶液在试验前预先调整到试验温度。

5.4.2　重金属含量

铅、汞、镉的测试按 GB 24409—2009 附录 D 的规定进行。6 价铬的测试按 GB 24409—2009 附录 E 的规定进行。

5.4.3　在容器中状态

打开容器，用调刀或搅拌棒搅拌，允许容器底部有沉淀。若经搅拌易于混合均匀，可评为"搅拌混合后无硬块，呈均匀状态"。双组分涂料应分别进行检验。

5.4.4　不挥发物含量

按 GB/T 1725—2007 的规定进行。双组分涂料按配比混合后测试（不加稀释剂），烘烤温度为 105 ℃±2 ℃，烘烤时间为 3 h，试样量约为 2 g。

5.4.5　贮存稳定性

将试样装入容积约为 0.5 L 的密封良好的金属容器中，装样量以离顶部 15 mm 左右为宜。密封后放入 50 ℃±2 ℃的恒温干燥箱中，7 天后取出，在 23 ℃±2 ℃下放置 24 h，按 5.4.3 检查"在容器中状态"。如果贮存后试验结果与贮存前相比无明显差异,则评为"通过"。双组分涂料应分别进行检验。

5.4.6 遮盖力

按 GB/T 1726—1979 中甲法的规定进行。双组分涂料按配比混合后测试。

5.4.7 细度

按 GB/T 6753.1—2007 的规定进行。双组分涂料测试漆组分。

5.4.8 干燥时间

按 GB/T 1728—1979 的规定进行,其中表干按乙法的规定进行,实干按甲法的规定进行。烘干型产品在商定的温度和时间下进行烘烤。如实干,则评为"通过"。

5.4.9 打磨性

用符合 JB/T 7499—2006 标准规定的 P320(320 号)水砂纸沾水手工打磨 15 次(往返打磨为 1 次)。如漆膜易打磨成平整表面且不粘砂纸,可评定为"易打磨,不粘砂纸"。

5.4.10 耐冲击性

按 GB/T 1732—1993 的规定进行。

5.4.11 划格试验

按 GB/T 9286—1998 的规定进行。

5.4.12 铅笔硬度

按 GB/T 6739—2006 的规定进行测试。铅笔为中华牌 101 绘图铅笔。

5.4.13 弯曲试验

按 GB/T 6742—2007 的规定进行。

5.4.14 光泽

按 GB/T 9754—2007 的规定进行。

5.4.15 耐磨性

按 GB/T 1768—2006 的规定进行。砂轮型号为 CS-10。

5.4.16 耐温变性

将 3 块试板放入 90 ℃±2 ℃的烘箱中烘 24 h,取出,调节至室温后,放入-40 ℃±1 ℃的低温箱中 24 h,取出,调节至室温,此为 1 次循环。5 次循环后,在散射日光下目视观察。如 3 块试板中有 2 块未出现起泡、开裂、剥落、明显变色和明显光泽变化等涂膜病态现象,则评为"无异常"。如出现以上涂膜病态现象,按 GB/T 1766—2008 进行描述。

5.4.17 抗石击性

按 ASTM D3170—03 的规定进行。

5.4.18 耐水性

按 GB/T 5209—1985 的规定进行,浸入符合 GB/T 5209—1985 标准规定的水中至规定的时间。如 3 块试板中至少有 2 块未出现起泡、发软、起皱、生锈、开裂、脱落、明显变色、明显光泽变化等涂膜病态现象,则评为"无异常"。如出现以上涂膜病态现象,按 GB/T 1766—2008 进行描述。

5.4.19 耐化肥性

按 GB/T 9274—1988 中甲法的规定进行,浸入 100 g/L 符合 GB 15063 标准规定的总养分为 35%～40%的复混肥料(或其他商定的化肥品种)溶液中至规定的时间。如 3 块试板中至少有 2 块未出现起泡、发软、起皱、生锈、开裂脱落、明显变色、明显光泽变化等涂膜病态现象,则评为"无异常"。如出现以上涂膜病态现象,按 GB/T 1766—2008 进行描述。

5.4.20 耐油性

按 GB/T 9274—1988 中甲法的规定进行,浸入符合 GB 252 标准规定的 0# 柴油中至规定的时间。如 3 块试板中至少有 2 块未出现起泡、发软、起皱、生锈、开裂、脱落、明显变色、明显光泽变化等涂膜病态现象,则评为"无异常"。如出现以上涂膜病态现象,按 GB/T 1766—2008 进行描述。

5.4.21 耐酸性

按 GB/T 9274—1988 中甲法的规定进行,浸入 50 g/L H_2SO_4 溶液中至规定的时间。如 3 块试板中至少有 2 块未出现起泡、发软、起皱、生锈、开裂、脱落、明显变色、明显光泽变化等涂膜病态现象,则评为"无异常"。如出现以上涂膜病态现象,按 GB/T 1766—2008 进行描述。

5.4.22 耐碱性

按 GB/T 9274—1988 中甲法的规定进行,浸入 50 g/L NaOH 溶液中至规定的时间。如 3 块试板中至少有 2 块未出现起泡、发软、起皱、生锈、开裂、脱落、明显变色、明显光泽变化等涂膜病态现象,则评为"无异常"。如出现以上涂膜病态现象,按 GB/T 1766—2008 进行描述。

5.4.23 耐盐雾性

按 GB/T 1771—2007 的规定进行。除另有商定外,样板投试前应划两道交叉线,并划透至底材,试验结束后检查样板划线处涂膜表面单向锈蚀蔓延程度和未划线区涂膜破坏现象。也可采用商定的方法对划线处涂膜进行处理。

5.4.24 耐湿热性

按 GB/T 1740—2007 的规定进行测试和评级。

5.4.25 耐人工老化性

按 GB/T 1865—2009 中循环 A 的规定进行。如出现粉化、起泡、脱落、开裂、变色和失光等涂膜病态现象,按 GB/T 1766—2008 进行描述并评级。

6 检验规则

6.1 检验分类

6.1.1 产品检验分出厂检验和型式检验。

6.1.2 其他底漆、中间漆出厂检验项目包括在容器中状态、不挥发物含量、干燥时间、打磨性、耐冲击性、划格试验。

6.1.3 面漆出厂检验项目包括在容器中状态、不挥发物含量、细度、遮盖力、干燥时间、耐冲击性、划格试验、铅笔硬度、弯曲试验、光泽。

6.1.4 型式检验项目包括本标准所列的全部技术要求。在正常生产情况下,贮存稳定性、耐磨性、耐温变性、抗石击性、耐化肥性、耐油性、耐水性、耐酸性、耐碱性、重金属含量每年至少检验 1 次,耐湿热性、耐盐雾性、耐人工老化性每 2 年至少检验 1 次。

6.2 检验结果的判定

6.2.1 检验结果的判定按 GB/T 8170 中修约值比较法进行。

6.2.2 应检项目的检验结果均达到本标准要求时,该试验样品为符合本标准要求。

7 标志、包装和贮存

7.1 标志

按 GB/T 9750 的规定进行。

7.2 包装

溶剂型涂料按 GB/T 13491 中一级包装要求的规定进行。水性涂料按 GB/T 13491 中二级包装要求的规定进行。

7.3 贮存

产品贮存时应保持通风、干燥,防止日光直接照射,并应隔绝火源,远离热源。产品应定出贮存期,并在包装标志上明示。

ICS 87.040
G 51
备案号：48592—2015

中华人民共和国化工行业标准

HG/T 4766—2014

真空镀膜涂料

Vacuum metalizing coatings

2014-12-31 发布

2015-06-01 实施

中华人民共和国工业和信息化部　发布

前　言

本标准按照 GB/T 1.1—2009 给出的规则起草。

本标准由中国石油和化学工业联合会提出。

本标准由全国涂料和颜料标准化技术委员会(SAC/TC 5)归口。

本标准起草单位：广东深展实业有限公司、中海油常州涂料化工研究院有限公司、浙江博星化工涂料有限公司。

本标准主要起草人：王兆勤、周文沛、王君瑞、黄鸿宏。

真 空 镀 膜 涂 料

1 范围

本标准规定了氧化干燥型真空镀膜涂料的要求、试验方法、检验规则,以及标志、包装和贮存。

本标准适用于由氧化干燥型树脂、稀释剂、助剂等原料加工而成的真空镀膜涂料。该产品可用于聚苯乙烯(PS)、丙烯腈-丁二烯-苯乙烯(ABS)、经前期处理过的聚丙烯(PP)塑胶底材、杂料和再生料等,也可用丁金属、陶瓷、玻璃等。

2 规范性引用文件

下列文件对于本文件的应用是必不可少的。凡是注日期的引用文件,仅注日期的版本适用于本文件。凡是不注日期的引用文件,其最新版本(包括所有的修改单)适用于本文件。

GB/T 1721—2008 清漆、清油及稀释剂外观和透明度测定法

GB/T 1722—1992 清漆、清油及稀释剂颜色测定法

GB/T 1723—1993 涂料粘度测定法

GB/T 1725—2007 色漆、清漆和塑料不挥发物含量的测定

GB/T 1728—1979 漆膜、腻子膜干燥时间测定法

GB/T 1733—1993 漆膜耐水性测定法

GB/T 1735—2009 色漆和清漆 耐热性的测定

GB/T 3186 色漆、清漆和色漆与清漆用原材料 取样

GB/T 6682—2008 分析实验室用水规格和试验方法

GB/T 6739—2006 色漆和清漆 铅笔法测定漆膜硬度

GB/T 8170 数值修约规则与极限数值的表示和判定

GB/T 9278—2008 涂料试样状态调节和试验的温湿度

GB/T 9286—1998 色漆和清漆 漆膜的划格试验

GB/T 9750 涂料产品包装标志

GB/T 9754—2007 色漆和清漆 不含金属颜料的色漆漆膜的 20°、60°和 85°镜面光泽的测定

GB/T 13452.2—2008 色漆和清漆 漆膜厚度的测定

GB/T 13491 涂料产品包装通则

SH 0004—1990 橡胶工业用溶剂油

3 术语和定义

下列术语和定义适用于本文件。

3.1

真空镀膜 vacuum metalizing

一种产生薄膜材料的技术。在真空室内材料的原子从加热源离析出来打到被镀物体的表面上。

3.2

真空镀膜涂料 vacuum metalizing coatings

用于被镀物体表面,真空镀膜之前作为底漆和/或真空镀膜之后作为面漆的一类涂料。

4 要求

产品应符合表 1 的要求。

表 1 要求

项 目		指 标
原漆外观及透明度		透明,无机械杂质
原漆颜色/号	≤	18
黏度(涂-4)/s	≥	20
不挥发物含量/%	≥	50
贮存稳定性(72 h)		通过
干燥时间(实干)(65 ℃±2 ℃/2 h)		通过
附着力(间距 2 mm)/级	≤	1
铅笔硬度(擦伤)	≥	HB
光泽(60°)/单位值	≥	95
耐热性(60 ℃±2 ℃/48 h)		无异常
耐水性(23 ℃±2 ℃/24 h)		无异常
染色性		无异常

5 试验方法

5.1 取样

除另有商定,产品按 GB/T 3186 的规定取样。取样量根据检验需要确定。

5.2 试验样板的状态调节和试验环境

除另有规定外,制备好的样板应在 GB/T 9278 规定的条件下放置规定的时间后按有关检验方法进行性能测试。附着力、硬度应在 GB/T 9278 规定的条件下进行测试,其余项目按相关检验方法标准规定的条件进行测试。

试板的状态调节和试验的温度、湿度应符合 GB/T 9278 的规定。

5.3 试验样板的制备

5.3.1 底材的选择和处理方法

除另有规定或商定外,试验用 ABS 或 PS 塑料板。制板前用符合 SH 0004—1990 要求的溶剂油对基板表面进行清洗去污。

采用与本标准规定不同的底材、底材处理方法及样板制备方法,应在试验报告中注明。

5.3.2 制板要求

如没有特别规定则采用喷涂或浸涂法制板,试板材质、漆膜厚度等可参考表 2。漆膜厚度的测定按 GB/T 13452.2—2008 的规定进行。

表 2　制板说明

检验项目	底材类型	底板尺寸/mm	漆膜厚度/μm	涂装要求
干燥时间	无光黑玻璃板	150×100×3	20±3	喷涂或浸涂 1 道,65 ℃±2 ℃烘烤 2 h
光泽				
涂膜外观	ABS 或 PS 塑料板	150×70×3		喷涂或浸涂 1 道,65 ℃±2 ℃烘烤 2 h 后真空镀铝,再喷涂或浸涂 1 道,65 ℃±2 ℃烘烤 1 h。真空镀铝方法及漆膜厚度等条件由生产方和使用方商定
附着力				
耐水性				
耐热性				
铅笔硬度				
光泽				
染色性				

5.4　原漆外观及透明度

按 GB/T 1721—2008 规定的方法进行。

5.5　原漆颜色

按 GB/T 1722—1992 中甲法的规定进行。

5.6　黏度

按 GB/T 1723—1993 中乙法的规定进行。

5.7　不挥发物含量

按 GB/T 1725—2007 的规定进行。试验温度为 120 ℃±2 ℃,试验时间为 2 h,试样量为 2 g±0.2 g。

5.8　贮存稳定性

将试样与符合 SH 0004—1990 要求的溶剂油按 1∶3(体积比)混合后,装入容积约为 0.5 L 的密封良好的金属罐中,装样量以离罐顶 15 mm 左右为宜。密封后在 23 ℃±2 ℃条件下放置 72 h,然后检查。如无析出、无结块等明显变化,则评为"通过"。

5.9　干燥时间

按 GB/T 1728—1979 中甲法的规定进行。

5.10　附着力

按 GB/T 9286—1998 的规定进行,划格间距为 2 mm,并进行胶带撕离试验。

5.11　硬度

按 GB/T 6739—2006 的规定进行。

5.12　光泽

按 GB/T 9754—2007 的规定进行。

5.13　耐热性

按 GB/T 1735—2009 的规定进行。到达规定时间后取出观察漆膜。如 3 块试板中有 2 块未出现起泡、皱皮、失光等现象,则评为"无异常"。

5.14　耐水性

按 GB/T 1733—1993 的规定进行。将 3 块试件浸入 23 ℃±2 ℃的符合 GB/T 6682—2008 规定的三级水中,到达规定时间后取出,观察漆膜。如 3 块试板中有 2 块未出现起泡、皱皮、失光等现象,则评为"无异常"。

5.15　染色性

把不挥发物含量为 1.5% 的水染液加热到 70 ℃±2 ℃,将 3 块试件进行热染加工 1 min～3 min,取出后用清水清洗干净。如 3 块试板中有 2 块色泽鲜艳、均匀且无脱落等现象,则评为"无异常"。

注:水染液品种、类型及热染加工工艺由生产方和使用方商定。

6 检验规则

6.1 检验分类

6.1.1 产品检验分为出厂检验和型式检验。

6.1.2 出厂检验项目包括原漆外观和透明度、原漆颜色、黏度、不挥发物含量、干燥时间。

6.1.3 型式检验项目包括本标准所列的全部技术要求。在正常生产情况下,每年至少进行 1 次型式检验。

6.2 检验结果的判定

6.2.1 检验结果的判定按 GB/T 8170 中修约值比较法进行。

6.2.2 应检项目的检验结果均达到本标准要求时,该试验样品为符合本标准要求。

7 标志、包装和贮存

7.1 标志

按 GB/T 9750 的规定进行。

7.2 包装

按 GB/T 13491 中一级包装要求的规定进行。

7.3 贮存

产品贮存时应保证通风、干燥,防止日光直接照射,并应隔绝火源,远离热源。产品应根据类型定出贮存期,并在包装标志上明示。

————————————

ICS 87.040
G 51
备案号：48606—2015

中华人民共和国化工行业标准

HG/T 4770—2014

电力变压器用防腐涂料

Anticorrosive coatings for power transformers

2014-12-31 发布

2015-06-01 实施

中华人民共和国工业和信息化部　发布

前　　言

本标准按照 GB/T 1.1—2009 给出的规则起草。

本标准由中国石油和化学工业联合会提出。

本标准由全国涂料和颜料标准化技术委员会(SAC/TC 5)归口。

本标准起草单位:安庆菱湖涂料有限公司、中海油常州涂料化工研究院有限公司、北京红狮漆业有限公司、浙江永固为华涂料有限公司、株洲时代新材料科技股份有限公司、阿克苏诺贝尔防护涂料(苏州)有限公司、佐敦涂料(张家港)有限公司、陕西宝塔山油漆股份有限公司、嘉宝莉化工集团股份有限公司。

本标准主要起草人:龙毛明、唐瑛、李运德、金辉、曾凡辉、刘进伟、刘新、刘宪文、蒋峰。

电力变压器用防腐涂料

1 范围

本标准规定了电力变压器用防腐涂料的产品分类、要求、试验方法,检验规则,以及标志、包装和贮存等。

本标准适用于电力变压器内、外壁和散热器用防腐涂料。

本标准不适用于电力变压器用电泳涂料、冷喷锌等涂料品种。

2 规范性引用文件

下列文件对于本文件的应用是必不可少的。凡是注日期的引用文件,仅注日期的版本适用于本文件。凡是不注日期的引用文件,其最新版本(包括所有的修改单)适用于本文件。

GB/T 1724—1979 涂料细度测定法

GB/T 1725—2007 色漆、清漆和塑料 不挥发物含量的测定

GB/T 1728—1979 漆膜、腻子膜干燥时间测定法

GB/T 1732—1993 漆膜耐冲击测定法

GB/T 1733—1993 漆膜耐水性测定法

GB/T 1766 色漆和清漆 涂层老化的评级方法

GB/T 1771—2007 色漆和清漆 耐中性盐雾性能的测定

GB/T 1865—2009 色漆和清漆 人工气候老化和人工辐射曝露滤过的氙弧辐射

GB/T 3186 色漆、清漆和色漆与清漆用原材料 取样

GB/T 5210—2006 色漆和清漆 拉开法附着力试验

GB/T 6682 分析实验室用水规格和试验方法

GB/T 6739—2006 色漆和清漆 铅笔法测定漆膜硬度

GB/T 6742—2007 色漆和清漆弯曲试验(圆柱轴)

GB/T 8170—2008 数值修约规则与极限数值的表示和判定

GB/T 8923.1 涂覆涂料前钢材表面处理 表面清洁度的目视评定 第1部分:未涂覆过的钢材表面和全面清除原有涂层后的钢材表面的锈蚀等级和处理等级

GB/T 9271 色漆和清漆 标准试板

GB/T 9274—1988 色漆和清漆 耐液体介质的测定

GB 9278 涂料试样状态调节和试验的温湿度

GB/T 9286—1998 色漆和清漆 漆膜的划格试验

GB/T 9750 涂料产品包装标志

GB/T 9754—2007 色漆和清漆 不含金属颜料的色漆漆膜的20°、60°和85°镜面光泽的测定

GB/T 13288.1 涂覆涂料前钢材表面处理 喷射清理后的钢材表面粗糙度特性 第1部分:用于评定喷射清理后钢材表面粗糙度的ISO表面粗糙度比较样块的技术要求和定义

GB/T 13452.2 色漆和清漆 漆膜厚度的测定

GB/T 13491 涂料产品包装通则

HG/T 3330—2012 绝缘漆漆膜击穿强度测定法

HG/T 3331—2012 绝缘漆漆膜体积电阻系数和表面电阻系数测定法

HG/T 3855—2006 绝缘漆漆膜制备法

3 产品分类

产品分为电力变压器内壁用涂料、电力变压器外壁用涂料和散热器用涂料。

外壁用涂料分为底漆、中间漆、面漆；散热器用涂料分为底漆、面漆；外壁用涂料和散热器用涂料均按涂料性能分为Ⅰ类、Ⅱ类、Ⅲ类。

4 要求

4.1 电力变压器内壁用涂料应符合表1的技术要求。

表 1 电力变压器内壁用涂料的技术要求

项　　目		指　　标
在容器中状态		搅拌后均匀无硬块
不挥发物含量/% (105 ℃±2 ℃/3 h) .	≥	60
细度/μm	≤	40
干燥时间/h ≤	表干	4
	实干	24
涂膜外观		正常
耐冲击性/cm	≥	40
弯曲试验/mm		2
划格试验/级	≤	1
耐油性(10# 变压器油,110 ℃±2 ℃)		168 h 不起泡、不脱落、不开裂,允许变色
体积电阻系数/Ω·cm (常态)	≥	10¹³
击穿强度/(kV/mm) (常态)	≥	25
耐盐雾性(300 h)		划线处单向锈蚀不超过2.0 mm,未划线处不起泡、 不生锈、不脱落

4.2 电力变压器外壁和散热器用底漆、电力变压器外壁用中间漆应符合表2的技术要求。

表 2 电力变压器外壁和散热器用底漆、电力变压器外壁用中间漆的技术要求

项　　目		指　　标	
		底漆	中间漆
在容器中状态		搅拌后均匀无硬块	
干燥时间/h ≤	表干	4	
	实干	24	
涂膜外观		正常	
耐冲击性/cm	≥	40	
弯曲试验/mm		2	
划格试验/级	≤	1	
耐盐雾性	Ⅰ类	240 h 划线处单向锈蚀不超过2.0 mm,未划线处 不起泡、不生锈、不脱落	—
	Ⅱ类	168 h 划线处单向锈蚀不超过2.0 mm,未划线处 不起泡、不生锈、不脱落	—
	Ⅲ类	—	—

4.3 电力变压器外壁和散热器用面漆的技术要求应符合表3的技术要求。

表 3 电力变压器外壁和散热器用面漆的技术要求

项 目		指 标
在容器中状态		搅拌后均匀无硬块
不挥发物含量/% $\geqslant$ (105 ℃±2 ℃/3 h)		50
细度/μm $\leqslant$		30
干燥时间/h $\leqslant$	表干	4
	实干	24
漆膜外观		正常
光泽(60°)/单位值		商定
铅笔硬度(擦伤) $\geqslant$	Ⅰ类	H
	Ⅱ类	HB
	Ⅲ类	—
耐冲击性/cm		50
弯曲试验/mm		2
复合涂层	附着力(拉开法)/MPa $\geqslant$ Ⅰ类	5
	Ⅱ类	3
	Ⅲ类	—
	耐水性	168 h无异常
	耐油性(10#变压器油,80 ℃±2 ℃)	24 h无异常
复合涂层	耐酸性(50 g/L H_2SO_4) Ⅰ类	168 h无异常
	Ⅱ类	168 h无异常
	Ⅲ类	—
	耐盐雾性 Ⅰ类	1 000 h 划线处单向锈蚀不超过2.0 mm,未划线处不起泡、不生锈、不脱落
	Ⅱ类	600 h 划线处单向锈蚀不超过2.0 mm,未划线处不起泡、不生锈、不脱落
	Ⅲ类	300 h 划线处单向锈蚀不超过2.0 mm,未划线处不起泡、不生锈、不脱落
	耐人工气候老化性[a] Ⅰ类	1 000 h 不起泡、不生锈、不开裂、不脱落,变色≤2级、失光≤2级、粉化≤1级
	Ⅱ类	600 h 不起泡、不生锈、不开裂、不脱落,变色≤2级、失光≤2级、粉化≤1级
	Ⅲ类	200 h 不起泡、不生锈、不开裂、不脱落,变色≤2级、失光≤2级、粉化≤1级
[a] 试板的原始光泽≤30单位值时,不进行失光评定。		

275

5 试验方法

5.1 取样

产品按 GB/T 3186 的规定取样。取样量根据检验需要确定。

5.2 试验环境

除另有规定外,试板的状态调节和试验的温湿度应符合 GB/T 9278 的规定。

5.3 试验样板的制备

5.3.1 底材及底材处理

除另有规定外,检验用试板的材质详见表 4 和表 5。马口铁板、玻璃板、钢板的材质和处理应符合 GB/T 9271 的规定;紫铜片应符合 HG/T 3855—2006 中 2.1 的要求,处理按 HG/T 3855—2006 中 3.1.1 的规定进行。耐酸性、耐碱性、耐盐雾性项目所用的钢板经喷砂或磷化处理。喷砂处理后除锈等级应达到 GB/T 8923.1 规定的 Sa2½级,表面粗糙度应达到 GB/T 13288.1 规定的中级;磷化处理工艺由双方商定。

注:底材材质及底材处理方式也可由双方商定。

5.3.2 试样准备

按产品规定的组分配比混合均匀并放置规定的熟化时间后制板。

5.3.3 制板要求

5.3.3.1 电力变压器内壁用涂料制板要求

除另有规定外,电力变压器内壁用涂料制板按表 4 进行。涂层厚度的测定按 GB/T 13452.2 的规定进行。

表 4　电力变压器内壁用涂料制板要求

检验项目	底材材质	底材尺寸/mm	涂装要求
干燥时间	马口铁板	$120×50×(0.2～0.3)$	喷涂 1 道,干膜厚度为 23 μm±3 μm
漆膜外观、耐冲击性、弯曲试验、划格试验	马口铁板	$120×50×(0.2～0.3)$	喷涂 1 道,干膜厚度为 23 μm±3 μm,养护期为 48 h
耐油性	钢板	$150×70×(0.45～0.55)$	喷涂道数、间隔时间等按照实际施涂的要求,干膜总厚度为 70 μm±10 μm,养护期为 168 h
耐盐雾性	钢板	磷化处理:$150×70×(0.8～1.2)$;喷砂处理:$150×70×(3～6)$	
体积电阻系数、击穿强度	紫铜片	$100×120×(0.1～0.3)$	浸涂 2 道,每道间隔 24 h,干膜总厚度为 70 μm±10 μm,养护期为 168 h

5.3.3.2 电力变压器外壁用涂料和散热器用涂料的制板要求

除另有规定外,电力变压器外壁用涂料和散热器用涂料制板时按表 5 进行。涂层厚度的测定按 GB/T 13452.2 的规定进行。

表 5 电力变压器外壁用涂料和散热器用涂料的制板要求

检验项目	底材材质	底材尺寸/mm	涂装要求
干燥时间	马口铁板	120×50×(0.2～0.3)	喷涂 1 道,干膜厚度为 23 μm±3 μm
光泽	玻璃板	120×90×(2～3)	用规格为 150 μm 的湿膜制备器刮涂 1 道,养护期 48 h
铅笔硬度	玻璃板	120×90×(2～3)	喷涂 1 道,干膜厚度为 23 μm±3 μm,养护期为 168 h
漆膜外观、耐冲击性、划格试验、弯曲试验	马口铁板	120×50×(0.2～0.3)	喷涂 1 道,干膜厚度为 23 μm±3 μm,养护期为 48 h
附着力(拉开法)、耐水性、耐油性、耐酸性	钢板	磷化处理:150×70×(0.8～1.2);喷砂处理:150×70×(3～6)	面漆:检验时需配套底漆、中间漆等制板,喷涂道数、间隔时间等按照实际施涂的要求,I 类、II 类产品干膜总厚度为 200 μm±20 μm,III 类产品干膜总厚度为 120 μm±10 μm,养护期均为 168 h
耐盐雾性	钢板	磷化处理:150×70×(0.8～1.2);喷砂处理:150×70×(3～6)	底漆:喷涂道数、间隔时间等按照实际施涂的要求,干膜总厚度为 70 μm±10 μm,养护期为 168 h。面漆:检验时需配套底漆、中间漆等制板,喷涂道数、间隔时间等按照实际施涂的要求,I 类、II 类产品干膜总厚度为 200 μm±20 μm,III 类产品干膜总厚度为 120 μm±10 μm,养护期为 168 h
耐人工气候老化性	钢板	150×70×(0.45～0.55)	面漆:检验时需配套底漆、中间漆等制板,喷涂道数、间隔时间等按照实际施涂的要求,I 类、II 类产品干膜总厚度为 200 μm±20 μm,III 类产品干膜总厚度为 120 μm±10 μm,养护期为 168 h

5.4 操作方法

5.4.1 试剂

所用试剂均为化学纯及化学纯以上,所用水均为符合 GB/T 6682 规定的三级水,试验用溶液在试验前预先调整到试验温度。

5.4.2 电力变压器内壁用涂料的操作方法

5.4.2.1 在容器中状态

打开容器,用调刀或搅棒搅拌,允许容器底部有沉淀。若经搅拌易于混合均匀,则评为"搅拌后均匀无硬块"。

5.4.2.2 不挥发物含量

按 GB/T 1725—2007 的规定进行。如为双组分涂料,则主剂和同化剂混合后测试。

5.4.2.3 细度

按 GB/T 1724—1979 的规定进行。如为双组分涂料,则主剂和同化剂混合后立即测试;加入片状颜料等材料的产品不测细度。

5.4.2.4 干燥时间

按 GB/T 1728—1979 的规定进行。表干按乙法进行,实干按甲法进行。

5.4.2.5 涂膜外观

样板在散射阳光下目视观察。如果涂膜均匀,无流挂、发花、针孔、开裂和剥落等涂膜病态,则评为"正常"。

5.4.2.6 耐冲击性

按 GB/T 1732—1993 的规定进行。

5.4.2.7 弯曲试验

按 GB/T 6742—2007 的规定进行。

5.4.2.8 划格试验

按 GB/T 9286—1998 的规定进行。

5.4.2.9 耐油性

按 GB/T 9274—1988 中浸泡法进行,试液为 $10^{\#}$ 变压器油,试验温度为 110 ℃±2 ℃。在散射日光下目视观察是否有起泡、脱落、开裂现象。如出现以上涂膜病态现象,按 GB/T 1766 进行描述。

5.4.2.10 体积电阻系数

按 HG/T 3331—2012 的规定进行。

5.4.2.11 击穿强度

按 HG/T 3330—2012 的规定进行。

5.4.2.12 耐盐雾性

按 GB/T 1771—2007 的规定进行,在试板中间划一道与长边平行的划痕。如出现起泡、生锈、脱落等涂膜病态现象,按 GB/T 1766 进行描述。

5.4.3 电力变压器外壁用涂料和散热器用涂料的操作方法

5.4.3.1 在容器中状态

打开容器,用调刀或搅棒搅拌,允许容器底部有沉淀。若经搅拌易于混合均匀,则评为"搅拌后均匀无硬块"。

5.4.3.2 不挥发物含量

按 GB/T 1725—2007 的规定进行。如为双组分涂料,则主剂和固化剂混合后测试。

5.4.3.3 细度

按 GB/T 1724—1979 的规定进行。如为双组分涂料,则主剂和固化剂混合后测试;加入片状颜料等材料的产品不测细度。

5.4.3.4 干燥时间

按 GB/T 1728—1979 的规定进行。表干按乙法进行,实干按甲法进行。

5.4.3.5 涂膜外观

样板在散射阳光下目视观察。如果涂膜均匀,无流挂、发花、针孔、开裂和剥落等涂膜病态,则评为"正常"。

5.4.3.6 光泽(60°)

按 GB/T 9754—2007 的规定进行。

5.4.3.7 铅笔硬度

按 GB/T 6739—2006 的规定进行。铅笔为中华牌 101 绘图铅笔。

5.4.3.8 耐冲击性

按 GB/T 1732—1993 的规定进行。

5.4.3.9 弯曲试验

按 GB/T 6742—2007 的规定进行。

5.4.3.10 划格试验

按 GB/T 9286—1998 的规定进行。

5.4.3.11 附着力(拉开法)

按 GB/T 5210—2006 的规定进行。采用直径为 20 mm 的试柱,上、下两个试柱与样板同轴心对接进行试验。

5.4.3.12 耐水性

按 GB/T 1733—1993 中甲法的规定进行。浸水试验后,取出样板,用滤纸擦干,在散射日光下目视观察漆膜。如未出现起泡、剥落、生锈、变色、失光等漆膜异常现象,则评为"无异常"。

5.4.3.13 耐油性

按 GB/T 9274—1988 中浸泡法进行,试液为 10# 变压器油,试验温度为 80 ℃±2 ℃。在散射日光下目视观察。如 3 块试板中有 2 块未出现起泡、开裂、剥落、掉粉、明显变色、明显失光等涂膜病态现象,则评为"无异常"。如出现以上涂膜病态现象,按 GB/T 1766 进行描述。

5.4.3.14 耐酸性

按 GB/T 9274—1988 中浸泡法进行,浸入 50 g/L 硫酸溶液中。在散射阳光下目视观察。如 3 块试板中有 2 块未出现生锈、起泡、开裂、剥落、掉粉、明显变色、明显失光等涂膜病态现象,则评为"无异常"。如出现以上涂膜病态现象,按 GB/T 1766 进行描述。

5.4.3.15 耐盐雾性

按 GB/T 1771—2007 的规定进行,在试板中间划一道与长边平行的划痕。如出现起泡、生锈、脱落等涂膜病态现象,按 GB/T 1766 进行描述。

5.4.3.16 耐人工气候老化性

按 GB/T 1865—2009 中循环 A 的规定进行。结果的评定按 GB/T 1766 进行。

6 检验规则

6.1 检验分类

6.1.1 产品检验分为出厂检验和型式检验。

6.1.2 出厂检验项目包括容器中状态、不挥发物含量、细度、干燥时间、涂膜外观、光泽、耐冲击性、弯曲试验、划格试验。

6.1.3 型式检验项目包括本标准所列的全部技术要求。在正常生产情况下,耐盐雾性、耐人工气候老化性每 2 年检验 1 次,其余项目每年至少检验 1 次。

6.2 检验结果的判定

6.2.1 检验结果的判定按 GB/T 8170—2008 中修约值比较法进行。

6.2.2 所有项目的检验结果均达到本标准要求时,该产品为符合本标准要求。

7 标志、包装和贮存

7.1 标志

按 GB/T 9750 的规定进行,包装标志上应明确各组分配比。

7.2 包装

溶剂型涂料按 GB/T 13491 中一级包装要求的规定进行;水性涂料按 GB/T 13491 中二级包装要求的规定进行。

7.3 贮存

产品贮存时应保证通风、干燥,防止日光直接照射,并应隔绝火源,远离热源。产品应根据类型定出贮存期,并在包装标志上明示。

ICS 87.040
G 51
备案号：50883—2015

中华人民共和国化工行业标准

HG/T 4843—2015

家电用预涂卷材涂料

Coil coatings for appliances

2015-07-14 发布

2016-01-01 实施

中华人民共和国工业和信息化部　发布

前　言

本标准按照 GB/T 1.1—2009 给出的规则起草。

本标准由中国石油和化学工业联合会提出。

本标准由全国涂料和颜料标准化技术委员会(SAC/TC 5)归口。

本标准起草单位:中海油常州环保涂料有限公司、中航百慕新材料技术工程股份有限公司、浙江天女集团制漆有限公司、无锡万博涂料化工有限公司、平原温特实业有限公司、珠海市氟特科技有限公司。

本标准主要起草人:黄宁、吴奎录、刘伟、董群锋、王文涛、胡宗留、侯汉亭。

家电用预涂卷材涂料

1 范围

本标准规定了家电用预涂卷材涂料的产品分类、要求、试验方法、检验规则,以及标志、包装和贮存。

本标准适用于由树脂、颜料、体质颜料、助剂、溶剂等按一定比例配制而成且以连续辊涂的涂装方式涂敷在家电用金属板上的溶剂型有机涂料。可用于各种家电用金属板的涂装。

2 规范性引用文件

下列文件对于本文件的应用是必不可少的。凡是注日期的引用文件,仅注日期的版本适用于本文件。凡是不注日期的引用文件,其最新版本(包括所有的修改单)适用于本文件。

GB/T 1723—1993 涂料粘度测定法

GB/T 1724—1979 涂料细度测定法

GB/T 1725—2007 色漆、清漆和塑料 不挥发物含量的测定

GB/T 1733—1993 漆膜耐水性测定法

GB/T 1735—2009 色漆和清漆 耐热性的测定

GB/T 1766—2008 色漆和清漆 涂层老化的评级方法

GB/T 1771—2007 色漆和清漆 耐中性盐雾性能的测定

GB/T 2518—2008 连续热镀锌钢板及钢带

GB/T 3186 色漆、清漆和色漆与清漆用原材料 取样

GB/T 6739—2006 色漆和清漆 铅笔法测定漆膜硬度

GB/T 8170—2008 数值修约规则与极限数值的表示和判定

GB/T 9274—1988 色漆和清漆 耐液体介质的测定

GB/T 9278 涂料试样状态调节和试验的温湿度

GB/T 9286—1998 色漆和清漆 漆膜的划格试验

GB/T 9750 涂料产品包装标志

GB/T 9753—2007 色漆和清漆 杯突试验

GB/T 9754—2007 色漆和清漆 不含金属颜料的色漆漆膜之 20°、60°和 85°镜面光泽的测定

GB/T 13452.2—2008 色漆和清漆 漆膜厚度的测定

GB/T 13491 涂料产品包装通则

GB/T 15608 中国颜色体系

GB/T 20624.2—2006 快速变形(耐冲击性)试验 第 2 部分:落锤试验(小面积冲头)

GB/T 23987—2009 色漆和清漆 涂层的人工气候老化曝露 曝露于荧光紫外线和水

GB/T 23989—2009 涂料耐溶剂擦拭性测定方法

GB/T 26125—2011 电子电器产品 六种限用物质(铅、汞、镉、六价铬、多溴联苯和多溴二苯醚)的测定

GB/T 30791—2014 色漆和清漆 T 弯试验

ISO 6270-2:2005 色漆和清漆 耐湿性的测定 第 2 部分 冷凝水环境下样板的曝露程序

3 产品分类

本标准按家电用预涂卷材涂料产品的用途分为底漆、面漆、背面漆。

根据家电类型,面漆分为:

——冷用家电型,涂覆在冰箱、冰柜、冷冻机、空调等家电上;

——热用家电型,涂覆在热水器、微波炉、烤箱等家电上;

——湿用家电型,涂覆在洗衣机、洗碗机等家电上;

——其他家电型,涂覆在电视机、DVD等影视产品和打印机、复印机等办公设备上。

4 要求

家电用预涂卷材涂料产品的性能应满足表1的要求。

表 1 要求

项 目			指 标					
			底漆	背面漆	面 漆			
					冷用家电型	热用家电型	湿用家电型	其他家电型
在容器中状态			搅拌后均匀无硬块					
黏度(涂-4 杯)/s			商定					
细度ᵃ/μm	≤		25					
不挥发物含量/%	≥		45	50(色漆) 40(清漆)	50(白色和浅色ᵇ) 35(其他色和闪光漆ᶜ)			
重金属含量 /(mg/kg)	≤	铅(Pb)	100					
		镉(Cd)	10					
		6 价铬(Cr⁶⁺)	100					
		汞(Hg)	100					
多溴联苯含量/(mg/kg)	≤		100					
多溴二苯醚含量/(mg/kg)	≤		100					
涂层外观			正常					
耐溶剂(丁酮)擦拭/次	≥		—	50	50(闪光漆ᶜ) 100(其他类)			
涂层色差			—	商定				
光泽(60°)/单位值			—	商定				
铅笔硬度(擦伤)	≥		—	H	HB			
反向冲击/(kg·m)ᵈ	≥		—	0.6	0.9			
T 弯/Tᵢ	≤		—	4	1			
杯突/mm	≥		—	5.0	7.0			
划格试验/级(间距 1 mm)			—	0				
耐低温性 [(−20±2)℃/120 h]			—	—	不起泡、不开裂、不脱落, $\Delta E^* \leqslant 3.0$	—	—	—

表 1（续）

项　目	指　标					
	底漆	背面漆	面　漆			
			冷用家电型	热用家电型	湿用家电型	其他家电型
耐热性 [(170±2)℃/1 h]	—	—	不起泡、不开裂、不脱落，$\Delta E^* \leqslant 3.0$	—	—	—
耐沸水性 (1 h)	—	—	不生锈、不开裂、不脱落、不起泡，$\Delta E^* \leqslant 3.0$			—
耐湿性 (120 h)	—	—	不生锈、不开裂、不脱落、不起泡，$\Delta E^* \leqslant 3.0$			—
耐污染性 (8 h)	大豆油 番茄酱 酱油	—	—	不生锈、不开裂、不脱落、不起泡、无明显痕迹			—
耐酸性(50 mL/L H₂SO₄) (24 h)	—	—	无变化			—
耐碱性(50 g/L NaOH) (24 h)	—	—	无变化			—
耐洗涤剂性 [浸入温度(50±2)℃、浓度5%洗涤剂/48 h]	—	—	—	—	—	不生锈、不开裂、不脱落、不起泡，$\Delta E^* \leqslant 3.0$
耐中性盐雾性(试板不划痕)	—	—	240 h 不生锈、不开裂、不脱落，$\Delta E^* \leqslant 3.0$，起泡等级≤1(S2)			72 h 不生锈、不开裂、不脱落，$\Delta E^* \leqslant 3.0$，起泡等级≤1(S2)
耐人工气候老化[e]（荧光紫外 UVB-313） (240 h)	—	—	不生锈、不起泡、不开裂、不脱落，变色、失光≤2级，粉化≤1级	—	—	—

[a] 特殊品种除外，如闪光漆类涂料等。

[b] 浅色是指以白色涂料为主要成分、添加适量色浆后配制成的浅色涂料形成的涂层所呈现的浅颜色，按 GB/T 15608规定明度值为6～9之间（三刺激值中的 $Y_{D65} \geqslant 31.26$）。

[c] 闪光漆是指含有金属颜料或珠光颜料的涂料。

[d] 1 kg·m≈9.8 J。

[e] 空调室外机等户外用产品测试该项目。

5 试验方法

5.1 取样

除另有商定外,按 GB/T 3186 的规定取样。取样量根据检验需要确定。

5.2 试验样板的状态调节和试验环境

除另有商定外,制备好的样板应在符合 GB/T 9278 规定的条件下放置 24 h 后进行试验。铅笔硬度、反向冲击、T 弯、杯突、划格试验项目的试验环境应符合 GB/T 9278 的规定,其余检验项目的试验环境按照相关方法标准规定进行。

5.3 试验样板的制备

5.3.1 基板及基板处理

5.3.1.1 本标准推荐的基板为彩涂板用热镀锌钢板,符合 GB/T 2518—2008 的规定。厚度 0.5 mm,镀层为双面等厚镀锌层,镀层重量为 80 g/m²,表面结构为光整无锌花。经有关方商定一致,也可选用其他类型的基板。检验用基板的尺寸和数量应满足各项检验的要求。

5.3.1.2 涂漆前基板须经表面处理。基板的预处理有两种方法:1)生产线上预处理;2)试验室预处理。生产线上预处理的基板按照生产商规定的贮存环境保存,并在规定的使用期限内涂覆涂料。试验室预处理基板的处理工序为:脱脂(用 1%氢氧化钠水溶液或工业乙醇擦洗)→刷洗(如有必要)→水洗→钝化处理→干燥。预处理剂选用与生产线上相同的处理剂,用套有橡胶管的玻璃棒刮涂(或其他合适的方法)在基板上,应使涂层均匀一致并尽量涂薄。放入烘箱内,经(100±2)℃/1 min 烘干。处理后的基板放在干燥器内贮存,并在处理后 48 h 内涂覆涂料。

5.3.2 制板要求

5.3.2.1 涂层的制备采用不锈钢绕线刮棒刮涂法。选用合适的线棒刮涂制备试板,控制底漆干涂层厚度为 5 μm～7 μm,面漆干涂层厚度为 15 μm～18 μm,背面漆干涂层厚度为 5 μm～7 μm。若需要其他厚度的干涂层可由有关方商定,并在报告中注明。干涂层厚度的测定按 GB/T 13452.2—2008 规定的任一种方法进行。

5.3.2.2 固化条件由涂料供应商提供,包括最高基板温度(PMT)、停留时间、底漆与面漆或背面漆的涂装间隔时间。

5.3.2.3 面漆各项干涂层性能按底漆、面漆配套涂料体系制板后检验。

5.3.2.4 背面漆性能根据客户涂装要求,可对单一背面漆或底漆和背面漆配套涂料体系制板后检验。

5.4 操作方法

5.4.1 在容器中状态

打开容器,用调刀或搅棒搅拌,允许容器底部有沉淀。若经搅拌易于混合均匀,则评为"搅拌后均匀无硬块"。

5.4.2 黏度

按 GB/T 1723—1993 乙法的规定进行,试样温度为 23 ℃±1 ℃。

5.4.3 细度

按 GB/T 1724—1979 的规定进行。

5.4.4 不挥发物含量

按 GB/T 1725—2007 的规定进行,称取试样量为 1 g±0.1 g,测试条件为(150±2)℃/2 h。

5.4.5 重金属含量、多溴联苯含量和多溴二苯醚含量

按 GB/T 26125—2011 的规定进行。

5.4.6 涂层外观

在散射日光下目视观察试验样板。如果涂层颜色均匀,表面平整,无气泡、缩孔及其他涂层病态现象,则评为"正常"。

5.4.7 耐溶剂（丁酮）擦拭

按 GB/T 23989—2009 中 7.2 仪器擦拭法（B 法）的规定进行，有机溶剂为丁酮（化学纯及以上）。对单涂层,结果以不露出基板的最高擦拭次数表示；对复合涂层,结果以最上层涂层不破损的最高擦拭次数表示。

5.4.8 涂层色差

用色差仪测试,与参照样板比较。测试仪器、测试条件及评价方法由有关方商定。

5.4.9 光泽（60°）

按 GB/T 9754—2007 的规定进行。该方法不适用于闪光漆,仅作为参考方法。

5.4.10 铅笔硬度（擦伤）

按 GB/T 6739—2006 的规定进行。除另有商定外,选用中华牌101绘图铅笔。

5.4.11 反向冲击

按 GB/T 20624.2—2006 的规定,对试板背面进行冲击试验。采用 15.9 mm 的球形冲头,冲后用宽为 25 mm、黏着力为(10±1)N/25 mm 宽的胶带粘贴在被冲击变形的涂层表面上。为确保胶带与涂层接触良好,用手指尖用力蹭胶带,透过胶带看到涂层与胶带完全有效接触,涂层与胶带间无气泡。在贴上胶带 5 min 内,拿住胶带悬空的一端,并尽可能与试板面成 60°角,在 0.5 s～1.0 s 内迅速撕下胶带,用10倍放大镜检查变形区域有无涂层脱落。结果以涂层未出现脱落的最大冲击功[重锤的质量(kg)和冲击高度(m)的乘积(kg·m)]表示。

5.4.12 T 弯

按 GB/T 30791—2014 中 8.3.4 绕试板自身反复折叠的 T 弯试验（折叠法）的规定进行。弯后用宽为 25 mm、黏着力为(10±1)N/25 mm 宽的胶带粘贴在被弯曲变形的涂层表面上。为确保胶带与涂层接触良好,用手指尖用力蹭胶带,透过胶带看到涂层与胶带完全有效接触,涂层与胶带间无气泡。在贴上胶带 5 min 内,拿住胶带悬空的一端,并尽可能与试板面成 60°角,在 0.5 s～1.0 s 内迅速撕下胶带,用 10 倍放大镜检查变形区域有无涂层脱落。结果以弯曲处无涂层脱落的最小 T 弯值表示。

5.4.13 杯突

按 GB/T 9753—2007 的规定进行。压陷后用宽为 25 mm、黏着力为(10±1)N/25 mm 宽的胶带粘贴在被压陷变形的涂层表面上。为确保胶带与涂层接触良好,用手指尖用力蹭胶带,透过胶带看到涂层与胶带完全有效接触,涂层与胶带间无气泡。在贴上胶带 5 min 内,拿住胶带悬空的一端,并尽可能与试板面成 60°角,在 0.5 s～1.0 s 内迅速撕下胶带,用 10 倍放大镜检查变形区域有无涂层脱落。结果以涂层不出现脱落的最大压陷深度表示。

5.4.14 划格试验

按 GB/T 9286—1998 的规定进行,划格间距为 1 mm。

5.4.15 耐低温性

将 3 块试验样板放入已恒温至 -20 ℃±2 ℃ 的低温箱内。120 h 后取出试验样板,结果的评定按 GB/T 1766—2008 进行。

5.4.16 耐热性

按 GB/T 1735—2009 的规定进行,试验条件:(170±2)℃/1 h。试验至规定的时间后取出试验样板,结果的评定按 GB/T 1766—2008 进行。

5.4.17 耐沸水性

按 GB/T 1733—1993 中 9.2 乙法的规定进行。1 h 后取出试验样板,用滤纸吸干,结果的评定按 GB/T 1766—2008 进行。

5.4.18 耐湿性

按 ISO 6270-2：2005 的规定进行,试验环境为 CH。120 h 后取出试验样板,结果的评定按 GB/T 1766—2008 进行。

5.4.19 耐污染性

5.4.19.1 将大豆油、番茄酱(每种约 1 g)分别涂抹在 3 块试验样板表面上,盖上表面皿。在符合 GB/T 9278规定的条件下放置 8 h 后用丙酮或水擦拭,在散射日光下目视观察,涂层应不生锈、不开裂、不脱落、不起泡、无明显痕迹。如出现涂层病态现象,按 GB/T 1766—2008 的规定进行描述。以至少2块试验样板现象一致为试验结果。

> 注 1:推荐使用符合 GB 1535—2003 的大豆油。
> 注 2:推荐使用符合 GB/T 14215—2008 的高浓度番茄酱。

5.4.19.2 在 3 块试验样板表面滴 10 滴酱油,盖上表面皿。在符合 GB/T 9278 规定的条件下放置 8 h 后用水擦拭,在散射日光下目视观察,涂层应无变化、无明显痕迹。如出现涂层病态现象,按 GB/T 1766—2008 的规定进行描述。以至少2块试验样板现象一致为试验结果。

> 注:推荐使用符合 GB 18186—2000 的酿制酱油。

5.4.20 耐酸性

按 GB/T 9274—1988 丙法的规定进行。在涂层上滴 10 滴 50 mL/L H_2SO_4 溶液,盖上表面皿。在符合 GB/T 9278 规定的条件下放置 24 h 后用流动的自来水冲洗,在散射日光下目视观察,涂层应无变化。如出现涂层病态现象,按 GB/T 1766—2008 的规定进行描述。以至少 2 块试验样板现象一致为试验结果。

5.4.21 耐碱性

按 GB/T 9274—1988 丙法的规定进行。在涂层上滴 10 滴 50 g/L NaOH 溶液,盖上表面皿。在符合 GB/T 9278 规定的条件下放置 24 h 后用流动的自来水冲洗,在散射日光下目视观察,涂层应无变化。如出现涂层病态现象,按 GB/T 1766—2008 的规定进行描述。以至少 2 块试验样板现象一致为试验结果。

5.4.22 耐洗涤剂性

按 GB/T 9274—1988 甲法的规定进行。将试验样板浸入温度为 50 ℃±2 ℃、浓度为 5% 的洗涤剂溶液(洗涤剂组成:53%焦磷酸钠、19%无水硫酸钠、7%硅酸钠、1%无水碳酸钠、20%十二烷基苯磺酸钠,所用试剂均为化学纯及以上)中,48 h 后取出试验样板,结果的评定按 GB/T 1766—2008 进行。

5.4.23 耐中性盐雾性

按 GB/T 1771—2007 的规定进行(试验样板不划痕)。试验至规定的时间后取出试验样板,结果的评定按 GB/T 1766—2008 进行。

5.4.24 耐人工气候老化(荧光紫外 UVB-313)

按 GB/T 23987—2009 的规定进行。光源为 UVB-313 时,辐照度为 0.68 W/m²,试验条件为黑板温度 60 ℃±3 ℃下紫外光 4 h,然后黑板温度 50 ℃±3 ℃下冷凝 4 h 为一个循环,连续交替进行。试验至规定的时间后取出试验样板,结果的评定按 GB/T 1766—2008 进行。

6 检验规则

6.1 检验分类

6.1.1 产品检验分为出厂检验和型式检验。

6.1.2 出厂检验项目包括在容器中状态、黏度、细度、不挥发物含量、涂层外观、耐溶剂(丁酮)擦拭、涂层色差、光泽、铅笔硬度、反向冲击、T 弯、杯突、划格试验。

6.1.3 型式检验项目包括本标准所列的全部技术要求。在正常生产情况下,有害物质(重金属含量、多溴联苯含量和多溴二苯醚含量)、耐中性盐雾性、耐人工气候老化可根据需要进行检验,其余项目每年至少检验一次。

6.2 检验结果的判定

6.2.1 检验结果的判定按 GB/T 8170—2008 中修约值比较法进行。

6.2.2 所有项目的检验结果均达到本标准要求时,该产品为符合本标准要求。

7 标志、包装和贮存

7.1 标志

按 GB/T 9750 的规定进行。

7.2 包装

按 GB/T 13491 中一级包装要求的规定进行。

7.3 贮存

产品贮存时应保证通风、干燥,防止日光直接照射,并应隔绝火源,远离热源。产品应根据类型定出贮存期,并在包装标志上明示。

参 考 文 献

［1］ GB 1535—2003 大豆油
［2］ GB/T 14215—2008 番茄酱罐头
［3］ GB 18186—2000 酿制酱油

参 考 文 献

前　　言

本标准是对 JB 904—1980《1611 油性硅钢片漆》进行的修订。

本标准与 JB 904—1980 的主要差异：

1　按 GB/T 1981—1989 中 2.2 规定,将表 1 中的粘度测定温度由"(20±1)℃"改为"(23±2)℃"。

2　按 GB/T 1981—1989 中 2.4 规定将表 1 中"干燥时间"改为"漆膜干燥时间";要求"12 min"改为"不粘"表示。

3　按 GB/T 1981—1989 中 3.3 规定将表 1 中"耐油性"改为"耐绝缘液体能力";要求中的"24 h"改写为"漆不起皱、起泡、碎裂或剥落,不因漆膜变软或碎裂而使脱脂棉沾污"。

4　按 GB/T 1981—1989 中 3.4 规定将表 1 中"体积电阻系数"改为"体积电阻率";"常态时"改为"(23±2)℃"。

本标准从实施之日起,同时代替 JB 904—1980。

本标准由全国绝缘材料标准化技术委员会提出并归口。

本标准起草单位:西安绝缘材料厂等。

本标准起草人:刘洪斌、李树连。

本标准 1966 年首次发布,1980 年第一次修订,1999 年第二次修订。

本标准委托全国绝缘材料标准化技术委员会负责解释。

中华人民共和国机械行业标准

油 性 硅 钢 片 漆

Oil-resinous varnish of silicon steel sheet

JB/T 904—1999

代替 JB 904—1980

1 范围

本标准规定了油性硅钢片漆的型号、要求、试验方法、检验规则、包装、标志、贮存和运输。

本标准适用于干性植物油和松脂酸盐熬制的溶解于 200 号石油溶剂或松节油中而成的高温快干漆。

2 引用标准

下列标准所包含的条文,通过在本标准中引用而构成为本标准的条文。本标准出版时,所示版本均为有效。所有标准都会被修订,使用本标准的各方应探讨使用下列标准最新版本的可能性。

GB/T 1981—1989 有溶剂绝缘漆试验方法(neq IEC 60464-2:1989)

GB/T 10579—1989 有溶剂绝缘漆检验、包装、标志、贮存和运输通用规则(neq IEC 60464-1:1976)

JB/T 2197—1996 电气绝缘材料产品分类、命名及型号编制方法

3 分类与命名

按 JB/T 2197 规定,本产品的型号为 1611。

4 要求

本产品的性能要求见表1。

表 1

序号	性　　能	单　位	要　　求
1	外观	—	漆应溶解均匀,不应乳浊,不应含有杂质,漆膜干后应光滑
2	粘度　4 号杯,(23±2)℃	s	≥70
3	固体含量　(105±2)℃,2 h	%	60±3
4	漆膜干燥时间　(210±2)℃,12 min	—	不粘
5	耐绝缘液体能力　(105±2)℃变压器油中,24 h	—	漆膜不起泡、起皱、碎裂或剥落,不因漆膜变软或碎裂而使脱脂棉沾污
6	体积电阻率　(23±2)℃	Ω·m	≥1.0×10^{11}

5 试验方法

5.1 外观:按 GB/T 1981—1989 中附录 A 的 A1 和 A2 规定进行。

国家机械工业局 1999-08-06 批准 　　　　　　　　　　　　　　　2000-01-01 实施

5.2 粘度:按 GB/T 1981—1989 中的附录 B 规定进行。

5.3 固体含量:按 GB/T 1981—1989 中 2.3 规定进行。

5.4 漆膜干燥时间:按 GB/T 1981—1989 中 2.4 规定进行。

5.5 耐绝缘液体能力:按 GB/T 1981—1989 中 3.3 规定进行。

5.6 体积电阻率:按 GB/T 1981—1989 中 3.4 规定进行。

5.7 漆膜制备条件:按 GB/T 1981—1989 中 2.4.2 规定进行。漆膜烘焙条件:(210±2)℃,12 min。

6 检验规则

6.1 山厂检验为表 1 中的 1、2、3、4 项。

6.2 其它按 GB/T 10579—1989 中第 2 章规定进行。

7 包装、标志、贮存和运输

按 GB/T 10579—1989 中的第 3、4 章规定进行。

J B/T 9199—1999

前　　言

本标准是对 ZB G51 108—89《防渗涂料　技术条件》的修订。修订时按有关规定对原标准进行了编辑性修改，主要技术内容没有变化。

本标准自实施之日起代替 ZB G51 108—89。

本标准由全国热处理标准化技术委员会提出并归口。

本标准负责起草单位:武汉材料保护研究所。

本标准负责起草人:张　练、张登岳、邹月苤。

本标准于 1989 年 2 月 27 日首次发布。

中华人民共和国机械行业标准

防渗涂料　技术条件

Technical requirement of antiinleakage paints

JB/T 9199—1999

代替 ZB G51 108—89

1　范围

本标准规定了防渗涂料的一般技术要求。

本标准适用于在气体、固体化学热处理时，在工件起局部防渗作用的各种防渗涂料。

本标准不包括长期起防渗作用的防渗涂料和在熔盐中起防渗作用的防渗涂料。

2　引用标准

下列标准所包含的条文，通过在本标准中引用而构成为本标准的条文。本标准出版时，所示版本均为有效。所有标准都会被修订，使用本标准的各方应探讨使用下列标准最新版本的可能性。

GB/T 1750—1979　涂料流平性测定法

GB 3095—1982　大气环境质量标准

JB/T 3999—1999　钢件的渗碳与碳氮共渗淬火回火

JB/T 4215—1996　渗硼

JB/T 8418—1996　粉末渗金属

3　定义

本标准采用下列定义。

3.1　防渗

化学热处理时，阻止渗剂中产生的活性原子渗入工件表面的措施。

3.2　防渗面

进行化学热处理的工件需要防渗的表面。

3.3　防渗涂料

涂覆在需要防渗的表面上，在化学热处理过程中起防渗作用的涂料，主要由阻渗剂、粘结剂及松散剂等组成。

3.4　防渗涂层

在工件表面涂覆防渗涂料所形成的覆盖层。

4　分类

4.1　涂料及涂层清除方法分类

4.1.1　涂料按防渗作用分为下列品种：

　　a）防渗碳涂料；

　　b）防渗氮涂料；

　　c）防碳氮共渗涂料；

　　d）防渗硼涂料；

e）防渗铬涂料；

f）防渗铝涂料。

4.1.2　防渗涂层使用后的清除方法分为如下四类：

1 类：淬火或空冷时，任何部位上的涂层都能自行剥落；

2 类：水洗或自粉化；

3 类：机械清除（例如喷砂法）；

4 类：化学清除（例如酸、碱溶液清洗）。

4.1.3　按涂料常温时的稀、稠程度分为两类：

甲型防渗涂料：用有机或无机粘结剂调制成的糊状体。

乙型防渗涂料：胶泥状涂料。

4.2　分类标记

a）A——表示防渗涂料；

b）渗入元素分别用其他化学元素符号表示，例如：C—碳；N—氮；B—硼；Cr—铬；

c）涂料粘结剂用下列数字表示：0—无机粘结剂；1—有机粘结剂；2—有机加无机粘结剂；

d）化学热处理后，从工件表面清除涂层，按清除方法类别数表示（见 4.1.2）。

4.3　涂料的分类标记

表征涂料属性的、完整的分类标记为：

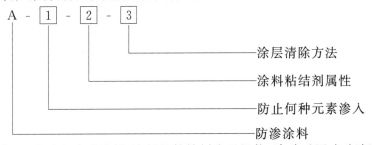

例 1：某种防渗碳涂料，涂料的粘结剂为无机物，渗碳后用喷砂清除，则该涂料分类标记为：

A-C-0-3

例 2：某种防渗氮涂料，涂料采用有机粘结剂，渗氮后涂层自粉化，则该涂料分类标记为：

A-N-1-2

5　技术要求

5.1　防渗性能

涂层的防渗能力可从两方面来评价：一为涂层防渗层的渗层厚度；一为防渗面的硬度。本标准选用后者，规定了涂层的防渗能力的合格指标。

5.1.1　涂覆涂层的防渗面经化学热处理后，应具有显著的防渗性能，即防渗面能进行车、铣、刨等机加工。

5.1.2　涂层的防渗性能按渗层特性分两种情况，用阻硬率或涂覆防渗涂料处允许的最高硬度值 H_{max} 衡量。

5.1.2.1　对于防渗碳、防碳氮共渗的涂料用阻硬率 h 表示，规定 $h \geqslant 80\%$ 为合格。

h 值按式（1）计算：

$$h = \left[1 - \frac{x-y}{y}\right] \times 100\% \quad \cdots\cdots\cdots\cdots\cdots\cdots\cdots\cdots\cdots\cdots\cdots（1）$$

式中：y——工件心部硬度；

x——工件防渗面硬度。

例如：20CrMnTi 钢渗碳或碳氮共渗淬火后，心部硬度为 25HRC，防渗面硬度为 27HRC 或 30HRC

时,h 值分别为 92％及 80％,为合格。当防渗面硬度高于 30HRC 时,$h<80\%$,为不合格。

5.1.2.2 对于防渗氮、防渗铬、防渗铝、防渗硼,规定涂覆防渗涂料的工件表面最高硬度 H_{max} 不高于 320HV0.1 或 320HV10,即 $H_{max}\leqslant 320$HV0.1 或 320HV10,该涂料为合格;$H_{max}\geqslant 320$HV0.1 或 320HV10,则该涂料为不合格。

例如:38CrMoAl 钢调质渗氮后,心部的硬度为 270HV10,防渗氮处理表面硬度为 320HV10,即防渗氮涂料质量合格。

5.2　防渗涂料及其他有关性能

5.2.1　涂层的厚度

涂层的厚度根据涂料(包括甲型与乙型,下同)的质量及工艺而定,一般应为 0.2～3mm,才能保证防渗的效果。

5.2.2　甲型涂料的悬浮性能

甲型涂料应易于搅拌。搅拌均匀的甲型涂料在 8h 内悬浮比值应大于 0.8(按 6.2 测试)。

5.2.3　甲型涂料的涂刷性能

甲型涂料应易于涂刷,涂刷指数 M 一般应为 5～6.5(按 6.3 测试)。

5.2.4　甲型涂料的流平性

涂料的流平性按 GB/T 1750 测定,按甲型涂料涂覆在工件表面达到均匀、光滑、无皱所需的时间来衡量,有皱皮则不合格。

5.2.5　涂料的干燥性能

涂料涂覆后在干燥时不应开裂起皮。

在自然干燥的条件下,涂料应在 8h 内干燥至可进炉使用;在烘烤(80～90℃)条件下,涂料应在 4h 内干燥。

5.2.6　干燥后涂层的强度

将具有已干燥涂层 ϕ10mm×5mm 的钢材试样,从 1m 高处自由落在水泥地上,除朝地的撞击面外,其他部位不应掉块或明显开裂。

5.2.7　涂料对金属的腐蚀

涂覆在工件上的涂料,在化学热处理前后对基体都不应产生腐蚀作用,工件在 4 倍放大镜下检查应无腐蚀斑点。

5.2.8　涂层的有效防渗期

工件涂上涂料后,在空气中搁置 72h 不应失去原有的防渗能力。

5.2.9　涂料的贮存期

涂料存放在密封容器中,在规定的贮存期内不应失去原有的性能。

5.2.10　环境保护

涂料对环境和人体不应产生有害影响。产生的有害气体必须符合 GB 3095 的有关规定方可排入大气。在 100℃以下涂料应不自燃。

6　试验方法

6.1　涂料的取样方法

先将涂料搅拌均匀,然后取容器中心部位的涂料。

6.2　甲型涂料悬浮性测试方法

将涂料搅拌均匀,倒入 100mL 玻璃量筒中静置 8h,观察悬浮物分层高度,按式(2)计算:

$$U=\frac{H}{H_0} \quad \cdots\cdots\cdots\cdots\cdots\cdots\cdots\cdots\cdots\cdots\cdots\cdots\cdots\cdots\cdots\cdots\cdots\cdots\cdots\quad (2)$$

式中:U——涂料的悬浮比值;

H——悬浮物分层高度；

H_0——涂料原始高度。

6.3 甲型涂料涂刷性的测试

使用 NDT-1 型旋转黏度计测试，先测出黏度计以 6r/min 速度旋转时涂料的黏度值 η_6，再测出以 60r/min 的速度旋转时涂料的黏度值 η_{60}，涂料涂刷指数 M 按式（3）计算：

$$M = \frac{\eta_6}{\eta_{60}} \quad\cdots\cdots\cdots\cdots\cdots\cdots\cdots\cdots\cdots\cdots\cdots\cdots\cdots\cdots\cdots\cdots\cdots\cdots \quad（3）$$

6.4 防渗性能的测试

6.4.1 防渗碳、防碳氮共渗涂料的试棒规定用 20CrMnTi 钢，其尺寸为 $\phi 10mm \times (50 \sim 60)mm$，经淬水后，测定试样心部和防渗面的洛氏硬度。

6.4.2 防渗氮涂料试棒规定用 38CrMoAl，其尺寸为 $\phi 20mm \times 20mm$。防渗铬、防渗硼涂料试棒规定用 45 号钢，其尺寸为 $\phi 20mm \times 3mm$。测定心部和防渗面的维氏硬度值(HV10)或显微硬度值(HV0.1)。

6.4.3 防渗面渗层厚度和硬度的测试按照 JB/T 3999、JB/T 4125、JB/T 8418 等进行。

7 标志、包装、贮存和运输

7.1 涂料包装应保证防潮、安全可靠。涂料应用瓶或塑料桶包装并密封。

7.2 涂料包装应有牢固、明显的标志，内容包括：产品名称、型号、级别、商标、净重、批号、生产厂家、出厂日期及有效期。

7.3 涂料贮存、运输时，应避免雨淋、受潮。

前　　言

本标准是对 ZB K15 021—1989《电气绝缘用醇酸瓷漆》(原 neq ГОСТ 9151:1975)进行修订的。

本标准与 ZB K15 021—1989 的主要差异:

1　按 GB/T 1.1—1993 规定修改第 1,3,4 章标题,规范了 2,4,5 章的内容。

2　根据 GB/T 1981—1989 中的 2.2 规定将表 2 中粘度测定温度由"(20±1)℃"改为"(23±2)℃"。

3　在 ZB K15 021 标准中,由于打印有误,应将"1 号粘度计"改为"4 号粘度计"。

4　根据 GB/T 1981 的规定将表 2 中第 6 项性能"干燥时间"改为"漆膜干燥时间";第 9 项性能"热弹性"改为"弹性";第 10 项性能"介电强度"改为"工频电气强度";第 13 项性能"耐油性"改为"耐绝缘液体能力";第 6,10,11 项试验条件由"(20±1)℃"改为"(23±2)℃"。

5　耐电弧试验改为按 GB/T 1411 规定。

本标准从实施之日起,同时代替 ZB K15 021—1989。

本标准由全国绝缘材料标准化技术委员会提出并归口。

本标准起草单位:西安绝缘材料厂。

本标准起草人:张鸿霞。

本标准 1966 年首次发布,1980 年第一次修订,1989 年 3 月 30 日第二次修订,1999 年第三次修订。

本标准委托全国绝缘材料标准化技术委员会负责解释。

中华人民共和国机械行业标准

电气绝缘用醇酸瓷漆

JB/T 9555—1999

代替 ZB K15 021—1989

Alkyd enanel for electrical insulating

1 范围

本标准规定了电气绝缘用醇酸瓷漆的型号、要求、试验方法及检验、包装、标志、贮存和运输。

本标准适用于醇酸漆中加入干燥剂、溶剂和颜料等,经研磨而成的电气绝缘用醇酸瓷漆。

2 引用标准

下列标准所包含的条文,通过在本标准中引用而构成为本标准的条文。本标准出版时,所示版本均为有效。所有标准都会被修订,使用本标准的各方应探讨使用下列标准最新版本的可能性。

GB/T 308—1989 滚动轴承钢球

GB/T 1411—1978 固体电工绝缘材料高电压小电流间歇耐电弧试验方法

GB/T 1723—1993 涂料粘度测定法

GB/T 1724—1989 涂料细度测定法

GB/T 1981—1989 有溶剂绝缘漆试验方法(neq IEC 60464-2:1989)

GB/T 3181—1995 漆膜颜色标准

GB/T 10579—1989 有溶剂绝缘漆检验、包装、标志、贮存和运输通用规则(neq IEC 60464-1:1976)

JB/T 2197—1996 电气绝缘材料产品分类、命名及型号编制方法

3 分类与命名

按 JB/T 2197 规定,本产品的分类与命名见表1。

表 1

序 号	名 称	使 用 范 围
1320	醇酸灰瓷漆	适用于电机、电器线圈的覆盖
1321	醇酸晾干灰瓷漆	适用于电机定子和电器线圈的覆盖及各种零件的表面修饰
1322	醇酸晾干红瓷漆	适用于电机定子和电器线圈的覆盖及各种零件的表面修饰

4 要求

本产品的性能要求见表2。

国家机械工业局 1999-08-06 批准   2000-01-01 实施

表 2

序 号	名 称		单 位	要 求		
				1320	1321	1322
1	漆膜外观		—	漆膜应平整、光滑、有光泽		
2	漆膜颜色		—	B03,B04,B05		R01
3	粘度,4号粘度计,(23±2)℃		s	≥30		
4	固体含量,(105±2)℃,2 h		%	65+5		
5	细度		μm	≤20		≤25
6	漆膜干燥时间	(23±2)℃,24 h	—	—	不粘	
		(105±2)℃,3 h		不粘	—	
7	遮盖力		g/m²	≤140	≤125	≤80
8	漆膜硬度		—	≥0.55	≥0.45	≥0.45
9	弹性 芯轴直径 3 mm 于(150±2)℃	10 h		不开裂	—	—
		1 h		—	不开裂	—
		5 h		—	—	不开裂
10	工频电气强度	(23±2)℃	MV/m	≥30	≥30	≥30
		浸水 24 h 后		≥10	≥10	≥7
11	体积电阻率	(23±2)℃	Ω·m	≥1.0×10¹¹	≥1.0×10¹⁰	≥1.0×10¹⁰
		浸水 24 h 后		≥1.0×10⁸	≥1.0×10⁸	≥1.0×10⁸
12	耐电弧性		s	≥120		≥100
13	耐绝缘液体能力 (105±2)℃,变压器油中,24 h			漆膜不溶解、起泡、起皱、松胀		

5 试验方法

5.1 外观:按 GB/T 1981—1989 中附录 A 的 A2 规定进行。

5.2 漆膜颜色:用目视法测定,符合 GB/T 3181—1995 中的第 4 章规定。

5.3 粘度:按 GB/T 1723—1993 中的 5.3 测定。

5.4 固体含量:按 GB/T 1981—1989 中的 2.3 测定。

5.5 细度:按 GB/T 1724 测定。

5.6 漆膜干燥时间:按 GB/T 1981—1989 中的 2.4 测定,但漆膜厚度为(0.025±0.005) mm。

5.7 遮盖力

5.7.1 仪器和材料

    a) 手动喷枪、漆刷或其他能使在玻璃板上涂敷漆层的器具。

    b) 玻璃板:长 120 mm,宽 90 mm,厚(1.0~2.0) mm。

    c) 天平:感量 0.0001 g。

    d) 黑白格纸:如图1,按下列方法绘制。

将长 120 mm,宽 90 mm 的白色绘图纸或白色印刷纸,划出长 30 mm,宽 30 mm 的 12 个正方格,并在上面交替顺序涂上墨汁,使其干燥。

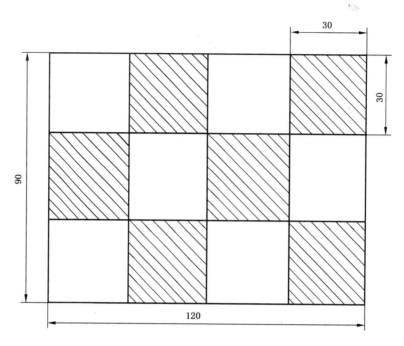

图 1　黑白格纸

5.7.2　程序

将漆样调至工作粘度。玻璃片称重,准确到 0.000 2 g,在其上面薄薄地分层喷漆,每次喷后平放于黑白格纸上观察,以刚好看不见黑白格为准。然后把玻璃板背面和边缘的漆擦净,在(105±2)℃,烘至恒重,称量烘后涂漆玻璃板质量,准确至 0.000 2 g。

5.7.3　结果

干燥漆膜遮盖力按下式计算:

$$D = \frac{(m_1 - m_0) \times 10^6}{S}$$

式中:D——遮盖力,g/m²;

　　　m_0——未涂漆膜前玻璃板质量,g;

　　　m_1——涂漆膜并烘干后漆膜和玻璃板质量,g;

　　　S——玻璃板面积,mm²。

5.8　漆膜硬度

5.8.1　仪器和材料

　　a)　摆式硬度计(图 2)由下列部件组成:制动手柄 1、底座 2、刻度尺 3、旋转螺钉 4、重锤 5、支杆 6、摆杆 7、平板 8、框头连接片 10、钢球 11、铅直锤 12,摆杆可借框 9 固定于零点上,框 9 紧连连接片 10,摆的衰减时间可用重锤 5 调整,旋转螺钉 4 可将仪器校成水平(根据铅锤观察);摆杆及其零件共重(120±1) g,摆杆自支点至摆杆尖端的长度为(500±1) mm,钢球(支点)应符合 GB/T 308 规定的公称直径 8 mm 钢球的技术要求;

　　b)　秒表:分度值 0.5 s。

5.8.2　程序

5.8.2.1　漆膜制备;用浇注法在长 120 mm,宽 90 mm,厚(2～3) mm 的玻璃板上单面涂漆两次,漆膜厚度 $0.02 ^{+0.003}_{-0.002}$ mm。

5.8.2.2　摆杆硬度计的校正:摆杆硬度计每次使用前应进行校正,测定其"玻璃值",即在未涂漆的玻璃板上摆杆从 5°摆动衰减至 2°的时间。仪器的"玻璃值"应为(440±6) s,如"玻璃值"不在此规定的范围内,应以重锤调节到规定范围,"玻璃值"的测定方法按 5.8.2.4 进行。

5.8.2.3 摆杆上的钢球应定期检查,当发现钢球表面损坏时,可转动钢球接触点。钢球表面如磨损至不符合要求时,应更换新球,每次试验前应将钢球用溶剂擦洗,并用洁净纱布擦干。

5.8.2.4 将涂漆的玻璃板放置于仪器的平台上,漆膜朝上,钢球支点置于漆膜表面,摆杆调到刻度尺的零点上,然后将摆杆引至刻度线 5.5°处,此时钢球不应移动,然后将自动手柄放下,使摆杆自由摆动,当摆动到 5°时,立即开动秒表,摆动振幅到 2°时,停止秒表。

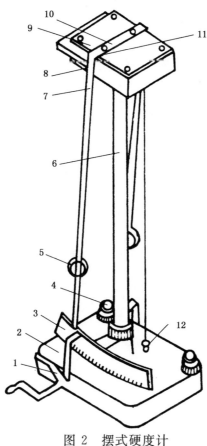

图 2 摆式硬度计

5.8.3 漆膜硬度按下式计算:

$$X = \frac{t}{t_0}$$

式中:X——漆膜硬度;

t——在漆膜上摆杆自 5°～2°的摆动时间,s;

t_0——"玻璃值",s。

以两次试验的平均值作为试验结果,取两位有效位数字,两次试验值之差不应大于平均值的 5%。

5.9 弹性:按 GB/T 1981—1989 中的 3.1 测定。

5.10 工频电气强度:按 GB/T 1981—1989 中的 3.5 测定。

5.11 体积电阻率:按 GB/T 1981—1989 中的 3.4 测定。

5.12 耐绝缘液体能力:按 GB/T 1981—1989 中的 3.3 测定。

5.13 耐电弧:按 GB/T 1411 的规定测定。

5.14 漆膜制备条件

除非另外规定,漆膜试样应按 GB/T 1981—1989 中的 3.4.2 制备,并按下列条件进行干燥:

a) 1320:(105±2)℃,第一遍烘 3 h,第二遍烘 3 h;

b) 1321,1322:(23±2)℃,第一遍晾 24 h,第二遍晾 120 h。

注:为缩短产品检验周期,1321,1322 漆在出厂检验或验收时,允许采用在(23±2)℃晾干 2 h 后,再在(60±2)℃继续干燥 5 h,以代替在(23±2)℃干燥 120 h。

6 检验规则

6.1 出厂检验性能为表 2 中的 1、2、3、4、5、6、9、10(1)和 11(1)各项。

6.2 其他应符合 GB/T 10579—1989 中第 2 章规定进行。

7 包装、标志、贮存和运输

按 GB/T 10579—1989 中的第 3、4 章规定进行。

ICS 93.080.30
P 66

中华人民共和国交通行业标准

JT/T 280—2004
代替 JT/T 280—1995

路面标线涂料

Pavement marking paint

2004-11-02 发布

2005-02-01 实施

中华人民共和国交通部　　发　布

前　言

本标准主要参考了日本 JIS K 5665:2002(JPMA/JSA)《路面标示用涂料》及美国有关水性涂料的标准。

本标准代替 JT/T 280—1995《路面标线用涂料》。与 JT/T 280—1995 相比本标准主要变化如下：

——标线涂料的分类由按施工条件改为按涂料品种进行划分；

——溶剂型涂料：删除细度及渗色的技术要求；修订了黏度、色度性能的技术要求；同时增加附着性的技术要求；

——热熔型涂料：删除加热残留份及下涂剂（底油）的技术要求；修订了软化点、抗压强度、耐磨性、玻璃珠含量和流动度的技术要求及流动度的试验方法；

——增加热熔型涂料的涂层低温抗裂性及加热稳定性的技术要求和试验方法；

——增加双组份、水性涂料及突起型标线用涂料的技术要求和试验方法。

本标准由全国交通工程设施（公路）标准化技术委员会（SAC/TC 223）提出并归口。

本标准起草单位：交通部公路科学研究所、交通部交通工程监理检测中心。

本标准参加起草单位：海虹老人牌（中国）有限公司。

本标准主要起草人：匡金和、苏文英、杜玲玲、邝丽君。

本标准 1995 年首次发布。

路面标线涂料

1 范围

本标准规定了路面标线涂料产品的技术要求、试验方法、检验规则、标志、包装、运输和贮存。

本标准适用于在我国公路上划制各种道路交通标线所用的液态溶剂型、双组份、水性、固态热熔型路面标线涂料,城市道路、机场、港口、厂矿、林场等地区划制的道路交通标线所用的路面标线涂料可参照执行。

2 规范性引用文件

下列文件中的条款通过本标准的引用而成为本标准的条款。凡是注日期的引用文件,其随后所有的修改单(不包括勘误的内容)或修订版均不适用于本标准。然而,鼓励根据本标准达成协议的各方研究是否可使用这些文件的最新版本。凡是不注日期的引用文件,其最新版本适用于本标准。

GB/T 1720 漆膜附着力测定法

GB/T 1723 涂料黏度测定法(涂—4黏度计法)

GB/T 1725 涂料固体含量测定法

GB/T 1727 涂膜一般制备方法

GB/T 1731 漆膜柔韧性测定法

GB/T 1733 漆膜耐水性测定法

GB/T 1768 漆膜耐磨性测定法

GB 2893 安全色(neq ISO 3864)

GB/T 3186 涂料产品的取样

GB/T 6750 色漆和清漆的密度测定

GB/T 9265 建筑涂料涂层耐碱性的测定

GB/T 9269 建筑涂料粘度的测定(斯托默黏度计法)

GB/T 9278 涂料试样状态调节和试验的温湿度

GB/T 9284 色漆和清漆用漆基软化点测定法(环球法)

GB/T 9750 涂料产品的包装标志

GB/T 16311 道路交通标线质量要求和检测方法

GB/T 16422.1 塑料实验室光源暴露试验

JT/T 466 路面标线用玻璃珠

3 术语和定义

下列术语和定义适用于本标准。

3.1

遮盖力 hiding power

路面标线涂料所涂覆物体表面不再能透过涂膜而显露出来的能力。

3.2

遮盖率 hiding ratio

路面标线涂料在相同条件下,分别涂覆于亮度因数不超过5%黑色底板上和亮度因数不低于80%白色底板上的遮盖力之比。遮盖力用亮度因数来描述,遮盖力与亮度因数成正比。

3.3

固体含量 non-volatile

涂料在一定温度下加热焙烘后剩余物质量与试验质量的比值,以百分数表示。

4 产品分类

路面标线涂料的分类应符合表1的规定。

表 1 路面标线涂料的分类

型 号	规 格	玻璃珠含量和使用方法	状 态
溶剂型	普通型	涂料中不含玻璃珠,施工时也不撒布玻璃珠	液态
	反光型	涂料中不含玻璃珠,施工时涂布涂层后立即将玻璃珠撒布在其表面	
热熔型	普通型	涂料中不含玻璃珠,施工时也不撒布玻璃珠	固态
	反光型	涂料中含18%～25%的玻璃珠,施工时涂布涂层后立即将玻璃珠撒布在其表面	
	突起型	涂料中含18%～25%的玻璃珠,施工时涂布涂层后立即将玻璃珠撒布在其表面	
双组份	普通型	涂料中不含玻璃珠,施工时也不撒布玻璃珠	液态
	反光型	涂料中不含(或含18%～25%)玻璃珠,施工时涂布涂层后立即将玻璃珠撒布在其表面	
	突起型	涂料中含18%～25%的玻璃珠,施工时涂布涂层后立即将玻璃珠撒布在其表面	
水 性	普通型	涂料中不含玻璃珠,施工时也不撒布玻璃珠	液态
	反光型	涂料中不含(或含18%～25%)玻璃珠,施工时涂布涂层后立即将玻璃珠撒布在其表面	

5 技术要求

5.1 溶剂型涂料的性能应符合表2的规定。

表 2 溶剂型涂料的性能

项 目		溶 剂 型	
		普 通 型	反 光 型
容器中状态		应无结块、结皮现象,易于搅匀	
黏度		≥100(涂4杯,s)	80～120(KU值)
密度/(g/cm³)	≥	1.2	1.3
施工性能		空气或无空气喷涂(或刮涂)施工性能良好	
加热稳定性		—	应无结块、结皮现象,易于搅匀,KU值不小于140
涂膜外观		干燥后,应无发皱、泛花、起泡、开裂、粘胎等现象,涂膜颜色和外观应与标准板差异不大	
不粘胎干燥时间/min	≤	15	10
遮盖率/%	白色 ≥	95	
	黄色 ≥	80	

表2（续）

项　目		溶　剂　型	
		普　通　型	反　光　型
色度性能 （45/0）	白色	涂料的色品坐标和亮度因数应符合表6和图1规定的范围	
	黄色		
耐磨性/mg （200 r/1 000 g后减重）		≤40（JM—100橡胶砂轮）	
耐水性		在水中浸24 h应无异常现象	
耐碱性		在氢氧化钙饱和溶液中浸24 h应无异常	
附着性（划圈法）　≤		4级	
柔韧性/mm		5	
固体含量/%　≥		60	65

5.2　热熔型涂料的性能应符合表3规定。

表3　热熔型涂料的性能

项　目		热　熔　型		
		普　通　型	反　光　型	突　起　型
密度/（g/cm³）		1.8～2.3		
软化点/℃		90～125		≥100
涂膜外观		干燥后,应无皱纹、斑点、起泡、裂纹、脱落、粘胎现象,涂膜的颜色和外观应与标准板差别不大		
不粘胎干燥时间/min　≤		3		
色度性能 （45/0）	白色	涂料的色品坐标和亮度因数应符合表6和图1规定的范围		
	黄色			
抗压强度/MPa		≥12		23℃±1℃时,≥12 50℃±2℃时,≥2
耐磨性/mg （200 r/1 000 g后减重）		≤80（JM—100橡胶砂轮）		—
耐水性		在水中浸24 h应无异常现象		
耐碱性		在氢氧化钙饱和溶液中浸24 h无异常现象		
玻璃珠含量/%		—	18～25	
流动度/s		35±10		—
涂层低温抗裂性		−10℃保持4 h,室温放置4 h为一个循环,连续做三个循环后应无裂纹		
加热稳定性		200℃～220℃在搅拌状态下保持4 h,应无明显泛黄、焦化、结块等现象		
人工加速耐候性		经人工加速耐候性试验后,试板涂层不产生龟裂、剥落;允许轻微粉化和变色,但色品坐标应符合表6和图1规定的范围,亮度因数变化范围应不大于原样板亮度因数的20%		

5.3　双组份涂料的性能应符合表4的规定。

表 4　双组份涂料的性能

项　目		双　组　份		
		普 通 型	反 光 型	突 起 型
容器中状态		应无结块、结皮现象,易于搅匀		
密度/(g/cm³)		1.5~2.0		
施工性能		按生产厂的要求,将 A、B 组份按一定比例混合搅拌均匀后,喷涂、刮涂施工性能良好		
涂膜外观		涂膜固化后应无皱纹、斑点、起泡、裂纹、脱落、粘贴等现象,涂膜颜色与外观应与样板差别不大		
不粘胎干燥时间/min　≤		35		
色度性能 (45/0)	白色	涂膜的色品坐标和亮度因数应符合表 6 和图 1 规定的范围		
	黄色			
耐磨性/mg (200 r/1 000 g 后减重)		≤40(JM—100 橡胶砂轮)		
耐水性		在水中浸 24 h 应无异常现象		
耐碱性		在氢氧化钙饱和溶液中浸 24 h 应无异常		
附着性(划圈法)		≤4 级(不含玻璃珠)	—	—
柔韧性/mm		5(不含玻璃珠)	—	—
玻璃珠含量/%		—	18~25	18~25
人工加速耐候性		经人工加速耐候性试验后,试板涂层不允许产生龟裂、剥落;允许轻微粉化和变色,但色品坐标应符合表 6 和图 1 规定的范围,亮度因数变化范围应不大于原样板亮度因数的 20%		

5.4　水性涂料的性能应符合表 5 的规定。

表 5　水性涂料的性能

项　目		水　性	
		普 通 型	反 光 型
容器中状态		应无结块、结皮现象,易于搅匀	
黏度		≥70(KU 值)	80~120(KU 值)
密度/(g/cm³)		≥1.4	≥1.6
施工性能		空气或无气喷涂(或刮涂)施工性能良好	
漆膜外观		应无发皱、泛花、起泡、开裂、粘贴等现象,涂膜颜色和外观应与样板差异不大	
不粘胎干燥时间/min　≤		15	10
遮盖率/%	白色　≥	95	
	黄色　≥	80	
色度性能 (45/0)	白色	涂料的色品坐标和亮度因数应符合表 6 和图 1 规定的范围	
	黄色		
耐磨性/mg (200 r/1 000 g 后减重)		≤40(JM—100 橡胶砂轮)	
耐水性		在水中浸 24 h 应无异常现象	
耐碱性		在氢氧化钙饱和溶液中浸 24 h 应无异常	

表 5（续）

项　目	水　性	
	普　通　型	反　光　型
冻融稳定性	在−5℃±2℃条件下放置 18 h 后,立即置于 23℃±2℃条件下放置 6 h 为一个周期,3 个周期后,应无结块、结皮现象,易于搅匀	
早期耐水性	在温度为 23℃±2℃、湿度为 90%±3% 的条件下,实干时间≤120 min	
附着性（划圈法）	≤5 级	—
固体含量/%　　　≥	70	75

5.5　玻璃珠的性能应符合 JT/T 466 的有关规定。

5.6　路面标线涂料的色度性能应符合 GB 2893 的要求,其色品坐标和亮度因数应符合表 6 和图 1 中规定的范围。

表 6　普通材料和逆反射材料的各角点色品坐标和亮度因数

颜　色		用角点的色品坐标来决定可使用的颜色范围 （光源:标准光源 D₆₅,照明和观测几何条件:45/0）					亮度因数
		坐标	1	2	3	4	
普通材料色	白	x	0.350	0.300	0.290	0.340	≥0.75
		y	0.360	0.310	0.320	0.370	
	黄	x	0.519	0.468	0.427	0.465	≥0.45
		y	0.480	0.442	0.483	0.534	
逆反材料色	白	x	0.350	0.300	0.290	0.340	≥0.35
		y	0.360	0.310	0.320	0.370	
	黄	x	0.545	0.487	0.427	0.465	≥0.27
		y	0.454	0.423	0.483	0.534	

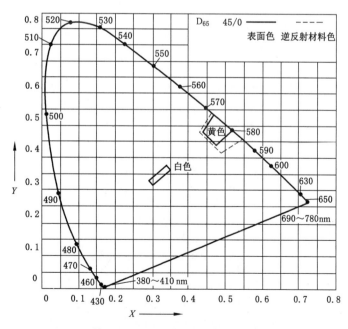

图 1　普通材料和逆反射材料的颜色范围图

5.7　反光型路面标线涂料的逆反射系数应符合 GB/T 16311 的规定。

6　试验方法

6.1　试样的调节

涂料试样状态调节和试验的温湿度应符合 GB/T 9278 的规定。

6.2　取样

按 GB/T 3186 进行。

6.3　溶剂型、双组份、水性路面标线涂料试验方法

6.3.1　容器中状态

按 GB/T 3186 用调刀检查有无结皮、结块,是否易于搅匀。

6.3.2　黏度

按 GB/T 9269 法进行。其中溶剂型路面标线涂料的普通型黏度按 GB/T 1723 涂—4 黏度计法进行。

6.3.3　密度

按 GB/T 6750(金属比重瓶)方法进行。

6.3.4　施工性能与涂膜制备

施工性能按 GB/T 3186 取样后,涂膜制备按 GB/T 1727 进行,可分别用喷涂、刮涂等方法在水泥石棉板上进行涂布。

6.3.5　热稳定性

6.3.5.1　按 GB/T 9269 测定样品的黏度。

6.3.5.2　取 400 mL 已测黏度的样品放在加盖的小铁桶内,然后将铁桶放置在烘箱内升温至 60℃,在 60℃±2℃ 条件下恒温 3 h,然后取出放置冷却至 25℃,并按 GB/T 9269 重新测其黏度。

6.3.6　涂膜外观

用 300 μm 的漆膜涂布器将试料涂布于水泥石棉板上,制成约 50 mm×100 mm 的涂膜,然后放置 24 h,在自然光下观察涂膜是否有皱纹、泛花、起泡、开裂现象,用手指试验有无粘着性。并与同样处理的标准样板比较,涂膜的颜色和外观差异不大。

6.3.7　不粘胎干燥时间

6.3.7.1　不粘胎时间测定仪见图 2。轮子外边装有合成橡胶的平滑轮胎,轮的中心有轴,其两端为手柄,仪器总质量为 15.8 kg±0.2 kg,该轮为两侧均质。

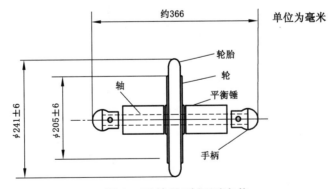

图 2　不粘胎时间测定仪

6.3.7.2　不粘胎干燥时间按下列程序进行:

　　a)　用 300 μm 的涂膜涂布器将试料涂布于水泥石棉板(200 mm×150 mm×5 mm)上,涂成与水泥石棉板的短边平行,在长边中心处成一条 80 mm 宽的带状涂膜,见图 3;

　　b)　涂后,立刻按下秒表,普通型 10 min 时开始测试,反光型 5min 时开始测试;

　　c)　把测定仪自试板的短边一端中心处向另一端滚动 1 s,立刻用肉眼观察测定仪的轮胎有无粘试

料,若有粘试料,立刻用丙酮或甲乙酮湿润过的棉布擦净轮胎,此后每30 s重复一次试验,直至轮胎不粘试料时,停止秒表记时,该时间即为该试样的"不粘胎时间"。滚动仪器时,应两手轻轻持柄,避免仪器自重以外的任何力加于涂膜上。滚动方向如图3所示。

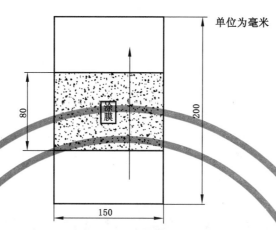

单位为毫米

图3 测定仪滚动方向

6.3.8 遮盖率

将原样品用300 μm的漆膜涂布器涂布在遮盖率测试纸上,沿长边方向在中央涂约80 mm×200 mm的涂膜,并使涂面与遮盖率测试纸的白面和黑面呈直角相交,相交处在遮盖率测试纸的中间,涂面向上放置24 h,然后在涂面上任意取三点用D₆₅光源45°/0°色度计测定遮盖率测试纸白面上和黑面上涂膜的亮度因数,取其平均值。按式(1)计算其遮盖率:

$$X = \frac{B}{C} \quad \cdots\cdots\cdots\cdots\cdots\cdots\cdots\cdots\cdots\cdots\cdots\cdots\cdots\cdots (1)$$

式中:

X——遮盖率(反射对比率);

B——黑面上涂膜亮度因数平均值;

C——白面上涂膜亮度因数平均值。

试验结果:其色品坐标 x,y 值和亮度因数应符合表6和图1中规定的范围。

6.3.9 色度性能

试验步骤如下:

a) 按6.3.7.2a)制样板,涂面向上放置24 h;

b) 然后在涂面上任取三点,用D₆₅光源45/0色度计测定其色品坐标和亮度因数。

试验结果:其色品坐标 x,y 值和亮度因数应符合表6和图1中规定的范围。

6.3.10 耐磨性

按GB 1768进行。

6.3.11 耐水性

按6.3.6制板,试板用不封边的水泥石棉板,试验按GB/T 1733进行。

6.3.12 耐碱性

按6.3.6制板,试板用不封边的水泥石棉板,试验按GB/T 9265进行。

6.3.13 附着性

按GB/T 1720进行。

6.3.14 柔韧性

按GB/T 1731进行。

6.3.15 固体含量

按 GB/T 1725 进行。

6.3.16 冻融稳定性

试验步骤如下：

a) 分别取 400 mL 样品放在三个加盖的小铁桶内,在 −5℃±2℃条件下放置 18 h 后,立即置于 23℃±2℃条件下放置 6 h 为一个周期;

b) 经连续三个周期后,取出试样经搅匀后应无分层、无结块,施工性能良好。

6.3.17 早期耐水性

试验步骤如下：

a) 用 300 μm 的漆膜涂布器将试料涂布于水泥石棉板上,制成约 50 mm×100 mm 的涂膜;

b) 将制好的试板立即置于温度 23℃±2℃、湿度 90％±3％RH 的试验箱内,每隔 5 min 用拇指触膜表面,然后将拇指旋转 90°,记下膜表面不被拇指破坏所需的时间即为实干时间。

6.4 热熔型路面标线涂料的试验方法

6.4.1 热熔状态

除应遵照每个试验的特定要求外,在熔融试样时,应将一定量的试样放在金属容器内,在搅拌状态下熔融,使上下完全均匀一致,且无气泡。

6.4.2 密度

将熔融试样注在制样器 1(见图 4)的模腔(约 20 mm×20 mm×20 mm)中,冷却至室温。用稍加热的刮刀削掉端头表面的突出部分,用 100 号砂纸将各面磨平。放置 24 h 后用游标卡尺测量(精确至 0.1 mm),供作试块。将 3 块试块称量准确至 0.05 g。

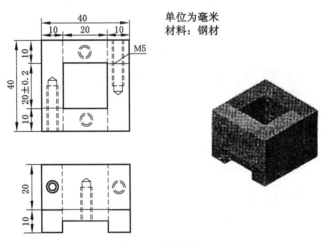

图 4　制样器 1

按式(2)求出密度：

$$D = \frac{W}{V} \quad\quad\quad\quad\quad\quad\quad\quad\quad\quad\quad\quad (2)$$

式中：

D——密度,g/cm³;

W——试块质量,g;

V——体积,cm³。

取其平均值为试样密度,如其中任意两块 D 值相对误差大于 0.1,则应重做。

6.4.3 软化点

按 GB/T 9284 进行。

6.4.4 涂膜外观

试验步骤如下：

a) 按 6.4.1 将试料准备好；

b) 将热熔涂料刮板器放在水泥石棉板(约 300 mm×150mm×1.6 mm)的中心部位；

c) 立即将准备好的试料倒入热熔涂料刮板器中；

d) 平移刮板器刮成厚约 1.5 mm～2.0 mm 的与短边平行的涂层,试板放置 1 h 后,在自然光下目测应无皱纹、斑点、起泡、裂纹、剥离。同时与用同样方法制备的标准涂膜相比,其颜色及手感粘附性应与标准板差异不大。

6.4.5 不粘胎干燥时间

试验步骤如下：

a) 按 6.4.4 刮成涂层；

b) 涂后,立刻按下秒表,3 min 时开始按 6.3.7.2c)进行测试。

6.4.6 色度性能

试板按 6.4.9 制成,测定方法按 6.3.9b)进行。

6.4.7 抗压强度

试验步骤如下：

a) 按 6.4.2 制备试块三个,在标准试验条件下放置 24 h 后,分别放置在精度不低于 0.5 级的电子万能材料试验机球形支座的基板上,调整试块位置及球形支座,使试块与压片的中心线在同一垂线上,并使试块面与加压面保持平行。

b) 启动试验机,设定试验机预负荷为 10N,以适当速度达到预负荷后,开始记录试验机压头位移,并以 30 mm/min 的速度加载,直至试块破坏时为止,记录抗压荷载。

按式(3)计算抗压强度：

$$R_t = \frac{P}{A} \quad\cdots\cdots\cdots\cdots\cdots\cdots\cdots\cdots\cdots\cdots\cdots\cdots\cdots\cdots\cdots (3)$$

式中：

R_t——抗压强度,MPa；

P——抗压荷载,N；

A——加压前断面面积,mm^2。

试验后取其平均值。

注：试块破坏时抗压荷载的取值条件为：有明显屈服点的材料的屈服荷载为抗压荷载；无明显屈服点的脆性材料,以出现破裂时的荷载为抗压荷载；无明显屈服点的柔性材料,以压下试块高度的 20% 时的最大荷载为抗压荷载。

c) 突起型热熔路面标线涂料在 50℃±2℃ 时的抗压强度试验,将试块在 50℃±2℃ 烘箱内恒温 4 h 后,立即分别从烘箱内取出按 b)的方法进行。

6.4.8 耐磨性

首先在制样器 2(见图 5)的模腔涂上一薄层甘油,待干后,将熔融试样注入内腔,使其流平(如不能流平,可将试模先预热),并趁热软时在中心处开一直径约为 7 mm 左右的试孔。同一试样应制成三块试板,将试板放置在玻璃板上,在标准试验条件下放置 24 h 后,按 GB/T 1768 进行试验,试验后取其平均值。

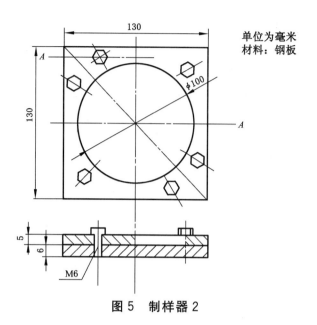

图 5　制样器 2

6.4.9　耐水性

将熔融试样注入制样器 3(见图 6)中,使其流平,冷却至室温,取出供作试片(约 60 mm×60 mm× 5 mm)。按 GB 1733 试验。

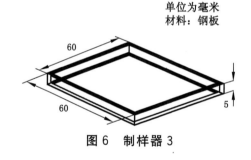

图 6　制样器 3

6.4.10　耐碱性

按 6.4.9 制备试板并按 GB/T 9265 试验。

6.4.11　玻璃珠含量

试验步骤如下:

a) 精确称取约 30g(精确至 0.01g)的试样放在三角烧瓶中;

b) 加入比例为 1∶1 的醋酸乙酯与二甲苯混合溶剂约 150 mL,在不断搅拌下溶解树脂等成分,玻璃珠沉淀后,将悬浮液流出;

c) 再加入 500 mL 上述混合溶剂,使其溶解,并使其流出,此操作反复进行三次后,加入 50 mL 丙酮,清洗后流出悬浮液;

d) 将三角烧瓶置于沸腾水浴中,加热至几乎不再残留有剩余溶剂,冷却至室温;

e) 加入约 100mL 的稀硫酸或稀硫酸和稀盐酸(1∶1)的混合液,用表面皿作盖在沸腾水浴中加热约 30 min,冷却至室温后使悬浮液流出;

f) 然后加入 300 mL 水搅拌,玻璃珠沉淀后,使液体流出,再用水反复清洗 5 次~6 次;

g) 最后加入 95% 的乙醇 50 mL 清洗,使洗液流出;

h) 将三角烧瓶置于沸腾的水浴中,加热至几乎不再残留有乙醇为止,将其移至已知重量的表面皿中,如烧瓶中有残留玻璃珠,可用少量水清洗倒入表面皿中,并使水流出;

i) 将表面皿放置在保持 105℃~110℃ 的烘箱中加热 1h,取出表面皿放在干燥器中冷却至室温后称重(精确至 0.01 g);同时做三个平行试验。

按式(4)求出玻璃珠含量：

$$A = B/S \times 100 \quad \cdots\cdots\cdots\cdots\cdots\cdots\cdots\cdots\cdots\cdots\cdots\cdots\cdots\cdots (4)$$

式中：

A——玻璃珠含量,%；

B——玻璃珠质量,g；

S——试样质量,g。

试验后取其平均值。

注：如原试样中有石英砂,应在称重前经选形器除去石英砂。

6.4.12 流动度

试验步骤如下：

a) 先将流动度测定杯(见图 7)加热至 200℃左右,并保持 1 h；

b) 将热熔涂料加人热熔杯中,放置加热炉上在搅拌状态下加热至 180℃～200℃进行熔融,直至涂料熔融为呈施工状态,并使其上下完全均匀一致,且无气泡；

c) 将熔融后的涂料,立即倒满预热后的流动度测定杯中,打开流出口并同时按动秒表记时；

d) 待料流完时立即记下流完的时间；

e) 重复三次试验,取其流完的时间的平均值即为流动度。

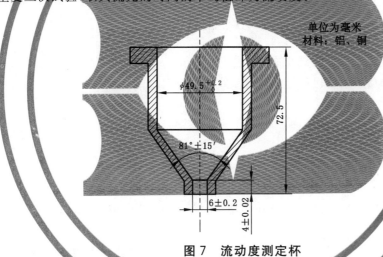

图 7 流动度测定杯

6.4.13 涂层低温抗裂性

试验步骤如下：

a) 按 6.4.4 制备试板,并用五倍放大镜观其是否有裂纹,如有裂纹应重新制板；

b) 将制备好的试板平放于温度为－10℃±2℃低温箱内并保持 4 h,取出后在室温下放置 4 h 为一个循环,连续做三个循环；

c) 取出后用五倍放大镜观其应无裂纹。

6.4.14 加热稳定性

试验步骤如下：

a) 将准备好的试样按 6.4.12b)进行熔融；

b) 在搅拌状态下加热至 200℃～220℃,并在搅拌状态下保持 4 h；

观其是否有明显泛黄、焦化、结块等现象。

6.5 人工加速耐候性试验

6.5.1 试板

双组份涂料按 6.3.6 进行,热熔型涂料按 6.4.4 进行,样品数量为每组三块,试验前应按 6.3.9b)

测定样品的色品坐标和亮度因数并应符合表 6 和图 1 规定的范围。

6.5.2 试验条件

6.5.2.1 试验设备应满足 GB/T 16422.1 的要求;

6.5.2.2 试验时样品架辐射照度为 $1077W/m^2 \pm 50W/m^2$,氙灯在 300 nm～340 nm 的光谱辐照度为 $0.40W/m^2 \sim 0.35W/m^2$;

6.5.2.3 试验箱内黑板温度为 $63℃ \pm 3℃$,相对湿度为 $50\% \pm 5\%$;

6.5.2.4 氙灯连续照射,无暗周期且每隔 102 min$\pm$0.5 min 喷水 18 min$\pm$0.5 min;

6.5.2.5 试验时间为 600 h,试验的总辐射能量约为 2.3×10^6 kJ/m^2;

6.5.2.6 按 6.3.9b)测定试验后样品的色品坐标和亮度因数。

7 检验规则

7.1 出厂检验

产品出厂前需经生产厂质检部门,按本标准要求除对人工加速耐候性试验外的全部检验项目进行检测,合格者须附合格标志后方能出厂。

7.2 型式检查

有下列情况之一时,应对第 5 章规定的所有相关项目进行检验。

a) 批量投产之前或正常生产满 12 个月时;

b) 如产品结构、材料、工艺有较大改变时;

c) 产品停产达六个月后,恢复生产时;

d) 出厂检验结果与上次型式检验结果有较大差异时;

e) 国家(或部)授权的质量监督机构提出进行型式检验要求时。

8 标志、包装、运输和贮存

8.1 标志

按 GB/T 9750 进行。

8.2 包装

8.2.1 溶剂型、双组份、水性涂料产品应贮存在清洁、干燥、施工方便的带盖大开口的塑料或金属容器中。

8.2.2 热熔型涂料产品应贮存在内衬密封塑料袋外加编织袋的双层包装袋中,袋口封闭要严密。

8.3 运输

产品在运输时,应防止雨淋、日光曝晒,并符合运输部门的有关规定。

8.4 贮存

8.4.1 产品存放时应保持通风、干燥、防止日光直接照射,并应隔绝火源,夏季温度过高时应设法降温,水性涂料产品存放时温度不得低于 0℃。

8.4.2 产品应标明贮存期,超过贮存期按本标准规定项目进行检验,如结果符合要求仍可使用。

ICS 25.220.40
P 66
备案号：

中华人民共和国交通行业标准

JT/T 657—2006

交通钢构件聚苯胺防腐涂料

Polyaniline anti-corrosion coating for traffic steel components

2006-06-23 发布
2006-10-01 实施

中华人民共和国交通部 发布

前　言

本标准的附录 A 为资料性附录。

本标准由交通部科学研究院提出。

本标准由全国交通工程设施(公路)标准化技术委员会(SAC/TC 223)归口。

本标准起草单位:交通部科学研究院、湖南中科本安新材料有限公司、中国科学院长春应用化学研究所、交通部公路科学研究院。

本标准主要起草人:郝喜兰、何鹏祥、李遇春、王献红、李季、孙渝平、郭东华。

交通钢构件聚苯胺防腐涂料

1 范围

本标准规定了聚苯胺防腐涂料的产品分类、技术要求、试验方法、检验规则,以及标志、标签、包装、运输和贮存等内容。

本标准适用于公路交通钢构件用聚苯胺防腐涂料。其他钢构件用聚苯胺防腐涂料可参照使用。

2 规范性引用文件

下列文件中的条款通过本标准的引用而成为本标准的条款。凡是注明日期的引用文件,其随后所有的修改单(不包括勘误的内容)或修订版均不适用于本标准,然而,鼓励根据本标准达成协议的各方研究是否可使用这些文件的最新版本。凡是不注明日期的引用文件,其最新版本适用于本标准。

GB/T 1727 涂膜一般制备法

GB/T 1728 漆膜、腻子膜干燥时间测定法

GB/T 1732 漆膜耐冲击测定法

GB/T 3186 涂料产品的取样

GB/T 6742 漆膜弯曲试验(圆柱轴)

GB/T 6753.1 涂料研磨细度的测定(GB/T 6753.1—1986,eqv ISO 1524:1983)

GB/T 6753.4 色漆和清漆 用流出杯测定流出时间(GB/T 6753.4—1998,eqv ISO 2431:1993)

GB/T 9269 建筑涂料黏度的测定 斯托默黏度计法

GB 9278 涂料试样状态调节和试验的温湿度(GB 9278—1998,eqv ISO 3270:1984)

GB/T 9286 色漆和清漆 漆膜的划格试验(GB/T 9286—1998,eqv ISO 2409:1992)

GB/T 9750 涂料产品包装标志

GB/T 13491 涂料产品包装通则

GB/T 18226—2000 高速公路交通工程钢构件防腐技术条件

JT 618 汽车运输、装卸危险货物作业规程

3 产品分类

聚苯胺防腐涂料按照基质树脂和成膜机理不同可以分为单组分涂料和双组分涂料:

——单组分聚苯胺防腐涂料由热塑性树脂、聚苯胺、颜填料、溶剂等组成。

——双组分聚苯胺防腐涂料由热固性树脂、聚苯胺、颜填料、溶剂及固化剂等组成。

4 技术要求

4.1 涂料技术要求应符合表1的规定。

4.2 涂层技术性能要求应符合表2的规定。

5 试验方法

5.1 涂层性能应在试样干燥7 d后进行测定,试验的环境条件按照 GB 9278 的规定进行,涂层按照 GB/T 1727 的规定制备。

5.2 漆膜外观:应在天然散射光线下目测。

5.3 涂料细度:按照 GB/T 6753.1 的规定测定。

表 1 涂料技术要求

序号	项 目	单位	技术要求	
			面漆	底漆
1	外观	—	漆膜平整光滑,色泽均匀	漆膜平整光滑,色泽均匀
2	黏度	s/KU	≥40 s(涂 4 号杯)	≥80 KU(斯托默黏度计法)
3	细度	μm	≤30	≤70
4	表干时间 　单组分涂料 　双组分涂料	h	≤2 ≤4	≤2 ≤5
5	实干时间	h	≤24	≤24
6	双组分适用期	h	≥4	≥3
7	附着力(划格法)	级	≤1	≤1
8	抗弯曲性	mm	≤2	≤2
9	耐冲击性	cm	≥40	≥40

表 2 涂层技术性能要求

序号	项 目	单位	性能要求	
			单组分	双组分
1	耐化学腐蚀性(在 30% 硫酸溶液、40% 氢氧化钠溶液、10% 氯化钠溶液内浸泡)	h	480 h,涂层无脱落、起泡、生锈、变色	1 200 h,涂层无脱落、起泡、生锈、变色
2	耐盐雾性	h	600 h,除划痕部位任何一侧 0.5 mm 内,涂层不起泡、不脱落、表面无锈点	1 500 h,除划痕部位任何一侧 0.5 mm 内,涂层不起泡、不脱落、表面无锈点
3	耐湿热性	h	100 h,除划痕部位任何一侧 0.5 mm 内,涂层无气泡、剥离、生锈等现象	200 h,除划痕部位任何一侧 0.5 mm 内,涂层无气泡、剥离、生锈等现象
4	耐候性	h	600 h,涂层不产生开裂、破损等现象,允许轻微褪色	1 000 h,涂层不产生开裂、破损等现象,允许轻微褪色

注:涂层为底漆加面漆的双涂层,底漆厚度(80±5)μm、面漆厚度(70±5)μm。

5.4 面漆黏度(流出时间):按照 GB/T 6753.4 的规定,用涂 4 号流量杯法测定。

5.5 底漆黏度:按照 GB/T 9269 的规定,采用斯托默黏度计法测定。

5.6 双组分涂料适用期测定:用至少 200 g 的涂料主剂和固化剂按比例混合均匀,加入专用稀释剂调制成施工黏度,在温度(23±2)℃的条件下放置,观察双组分混合后出现凝胶现象的时间。

5.7 表面干燥时间:按照 GB/T 1728 的规定,采用实际干燥时间测定法中的甲法测定。

5.8 实际干燥时间:按照 GB/T 1728 的规定,采用实际干燥时间测定法中的乙法测定。

5.9 附着力试验:按照 GB/T 9286 的规定进行。

5.10 抗弯曲性试验:按照 GB/T 6742 的规定进行。

5.11 耐冲击性试验:按照 GB/T 1732 的规定进行。

5.12 耐化学腐蚀性试验:按照 GB/T 18226—2000 中 6.3.6 的规定进行。

5.13 耐盐雾性试验:按照 GB/T 18226—2000 中 6.3.7 的规定进行。

5.14 耐候性试验:按照 GB/T 18226—2000 中 6.3.8 的规定进行。

5.15 耐湿热性试验:按照 GB/T 18226—2000 中 6.3.9 的规定进行。

6 检验规则

6.1 组批

产品按照每一贮漆槽为一批,检验以批为单位。

6.2 采样

按 GB/T 3186 的规定进行。

6.3 检验分类

产品的检验分为出厂检验和型式检验两种。

6.3.1 出厂检验

出厂检验项目为:涂膜外观、细度、黏度、干燥时间、适用期。

6.3.2 型式检验

本标准所列的全部性能要求项目为型式检验项目,在正常生产情况下每两年至少进行一次型式检验。有下列情况之一时,也应进行型式检验:

 a) 当产品配方有改变新投产时;

 b) 原材料、工艺有较大变化,可能影响产品性能时;

 c) 国家质量监督机构提出进行型式检验时;

 d) 当停产超过一年时间时。

6.4 判定规则与复验规则

6.4.1 出厂检验结果符合本标准要求时,则该批产品出厂检验结果为合格品。

6.4.2 出厂检验结果如有任何一项不符合本标准要求时,则应从该批产品中任取双倍数量试样,对该不合格项目进行重复试验,复验结果如仍不符合本标准要求时,则该批产品判为不合格。

6.5 仲裁试验

当供需双方对产品质量发生争议(异议)时,由供需双方同意的国家法定检测中心按本标准进行仲裁检验,仲裁时由仲裁单位按 GB/T 3186 规定取样。

7 标志、标签、包装、运输和贮存

7.1 标志

涂料产品的标志应符合 GB/T 9750 的规定。

7.2 标签

涂料产品应附有标签,标明产品的名称、型号、符合的标准、数量、质量合格标记、生产厂名及生产日期、批号。

7.3 包装

涂料产品的包装应符合 GB/T 13491 的规定。

7.4 运输

产品运输中应防止雨淋、日光暴晒,运输、装卸应符合 JT 618 的规定。

7.5 **贮存**

产品应贮存在阴凉通风、干燥的库房内,防止日光直接照射,并应隔离火源、远离热源。产品在原包装封闭的条件下,贮存期自生产完成日起为一年。超过贮存期应按本标准4.1中表1规定的项目进行检验,如检验合格,仍可使用。

8 **施工工艺参考**

施工工艺参考参见附录 A。

附 录 A

（资料性附录）

施工工艺参考

A.1 金属基材预处理

钢构件涂装时，要求金属表面清洗干净，以喷砂或抛丸除锈的方法将氧化皮、铁锈及其他杂质清除干净。喷砂处理达到 Sa2.5 级。或者通过酸洗-磷化的方法，达到表面无油、无锈，磷化膜完整，无缺陷。

A.2 涂装

涂装方式可采用刷涂、滚涂、喷涂。喷涂前，应用专用稀释剂将涂料调制成需要的黏度；双组分聚苯胺涂料，应按照说明书所给的比例将基料与固化剂混合均匀。喷涂可采用有气喷涂或无气喷涂。如果一次喷涂达不到要求的厚度，可在第一遍喷完以后，闪蒸 3 min～5 min，等漆膜流平且不再流淌后，可再喷涂第二遍（即采用"湿碰湿"的方法）。

底漆喷完应待实干后再喷涂面漆。若底漆表面不平，可用砂纸打磨后再喷涂面漆。

喷涂时应平行、等速并应有 50％的交叉覆盖，以避免空洞、漏涂、不均匀等缺陷的产生；在拐角、凸出处、焊点、焊缝、边角处应重点喷涂。

A.3 应用

交通钢构件聚苯胺防腐涂料是一种高强度、重防腐的新型防腐涂料，应用范围包括公路交通工程、桥梁、港口设施，集装箱等的钢构件。

ICS 93.040
P 28
备案号

中华人民共和国交通行业标准

JT/T 695—2007

混凝土桥梁结构表面涂层防腐技术条件

Specification of anti-corrosive coating for concrete bridge structure

2007-06-28 发布

2007-10-01 实施

中华人民共和国交通部　发布

前　言

本标准的附录 B 为规范性附录,附录 A 和附录 C 为资料性附录。

本标准由中国公路学会桥梁和结构工程分会提出并归口。

本标准起草单位:北京航材百慕新材料技术工程有限公司、中国一航北京航空材料研究院、中国公路学会桥梁和结构工程分会。

本标准主要起草人:李运德、彭登轩、黄玖梅、胡立明、姜小刚、李春、周军辉、于一川、张军。

混凝土桥梁结构表面涂层防腐技术条件

1 范围

本标准规定了混凝土桥梁结构表面涂层防腐技术,包括表面涂层防腐、涂层体系技术要求、施工、质量控制、验收、管理和维修、安全、卫生和环境保护等。

本标准适用于混凝土桥梁结构表面涂层防腐工程,其他类似条件下的钢筋混凝土表面涂层防腐工程也可参考执行。

2 规范性引用文件

下列文件中的条款通过本标准的引用而成为本标准的条款。凡是注日期的引用文件,其随后所有的修改单(不包括勘误的内容)或修订版均不适用于本标准,然而,鼓励根据本标准达成协议的各方研究是否可使用这些文件的最新版本。凡是不注日期的引用文件,其最新版本适用于本标准。

GB/T 1733 漆膜耐水性测定法

GB/T 1865 色漆和清漆 人工气候老化和人工辐射暴露(滤过的氙弧辐射)(GB/T 1865—1997,ISO 11341:1994,EQV)

GB 6514 涂装作业安全规程 涂漆工艺安全及其通风净化

GB 7691 涂漆作业安全规程 安全管理通则

GB 7692 涂漆作业安全规程 涂漆前处理工艺安全及其通风净化

GB/T 8923 涂装前钢材表面锈蚀等级和除锈等级(GB/T 8923—1988,ISO 8501-1:1988,EQV)

GB/T 9274 色漆和清漆 耐液体介质的测定(GB/T 9274—1988,ISO 2812:1974,EQV)

GB 50212 建筑防腐蚀工程施工及验收规范

3 术语和定义

下列术语和定义适用于本标准。

3.1

腐蚀 deterioration

材料与环境因素发生物理、化学或电化学作用而呈现的渐进性损伤与破坏。

3.2

乡村大气 rural atmosphere

没有明显 SO_2 和(或)氯化物等腐蚀剂污染的内陆乡村或小城镇环境大气。

3.3

城市大气 urban atmosphere

没有聚集工业的人口稠密区含有中等程度的 SO_2 和(或)氯化物等污染物的环境大气。

3.4

工业大气 industrial atmosphere

局部或地区性的工业污染物(主要是 SO_2)污染的环境大气,即工业聚集区的环境大气。

3.5

海洋大气 marine atmosphere

近海或海滨地区以及海面上的大气(不包括飞溅区),即依赖于地貌和主要气流方向,被海盐气溶胶(主要是氯化物)污染的环境大气。

3.6

防腐寿命　durability

涂层体系需要首次大的维修的预期寿命。

3.7

涂层体系　coat system

由底漆和面漆,或底漆、中间漆和面漆构成的体系,每道涂层均承担一定的功能,通过涂层表体系实现最优化的保护功能。

3.8

封闭(底)漆　seal coat

混凝土涂层体系的第一道涂层,能够提高混凝土的表面强度,为上层油漆提供牢固的基础。

3.9

中间漆　intermediate coat

封闭底漆和面漆之间的连接涂层。

3.10

面漆　top coat

涂层体系的最后一道涂层,保护整个涂层体系免受环境破坏,提供可选择的颜色。

3.11

表湿区　wet concrete surfaces

由于自然或人为因素导致的水面频繁性波动,从而使混凝土表面长期处于潮湿状态的部位。

3.12

相容性　compatibility

按照施工要求涂装时,各道涂层不会出现咬底、渗色、附着不良等影响涂层质量的异常现象。

3.13

适用期　pot life

多组分涂料混合后可使用的最长时间。

3.14

干膜厚度　dry film thickness

涂层完全固化后在基材表面形成的漆膜厚度。

4　表面涂层防腐

4.1　腐蚀因素和类型
4.1.1　腐蚀因素

引起桥梁混凝土结构腐蚀的主要因素包括:

a)　混凝土中性化;

b)　氯离子腐蚀;

c)　酸雨腐蚀;

d)　冻融作用;

e)　微生物腐蚀;

f)　冲蚀作用;

g)　水和氧的作用。

4.1.2　腐蚀类型
4.1.2.1　大气区

按照大气相对湿度和大气污染类型将大气腐蚀环境分为四种类型:弱腐蚀(Ⅰ)、中腐蚀(Ⅱ)、强腐蚀

(Ⅲ-1)、强腐蚀(Ⅲ-2)。

大气腐蚀环境种类和环境特征见表1。

表 1　大气腐蚀环境种类和环境特征

腐蚀类型		腐蚀环境	
等级	名称	相对湿度(年平均)/(%)	大气环境
Ⅰ	弱腐蚀	<60	乡村大气、城市大气或工业大气
		60~75	乡村大气或城市大气
Ⅱ	中腐蚀	>75	乡村大气或城市大气
		60~75	工业大气
Ⅲ-1	强腐蚀	>75	工业大气,特别是酸雨大气
Ⅲ-2	强腐蚀	—	海洋大气,除冰盐或高盐土环境

注1:某些特殊腐蚀环境和交叉腐蚀负荷作用下,腐蚀加剧。
注2:海洋大气环境下,随湿度、温度的增大,腐蚀加剧

4.1.2.2　浸水区

4.1.2.2.1　按水的类型将浸水区腐蚀环境分为两种类型:淡水(Im1),海水或盐水(Im2)。

4.1.2.2.2　按照浸水部位的位置和状态,将浸水区分为三个区域:

——水下区:长期浸泡在水下的区域;

——水位变动区:由于自然或人为因素水面处于不断变化的区域;

——浪溅区:由于波浪和飞溅弄湿的区域。

4.1.2.2.3　水下区腐蚀作用弱,水位变动区和浪溅区比大气区具有更强的腐蚀作用。

4.2　涂层体系防腐寿命

4.2.1　混凝土结构的涂层体系防腐寿命主要取决于下列几种因素:

——使用环境;

——基体状况;

——涂层体系;

——表面处理效果;

——施工工艺。

4.2.2　涂层体系防腐年限分为两类:普通型(M),10年;长效型(H),20年。

5　涂层体系技术要求

5.1　涂层体系设计要求

5.1.1　依据腐蚀环境和涂层防腐年限设计混凝土表面涂层体系,参见附录A。

5.1.2　依据防腐寿命影响因素,涂层体系厚度可在一定范围内调整。设计最低涂层厚度不低于附录A中给出的厚度值的80%。

5.1.3　封闭漆厚度一般为 20 μm~30 μm,最大不超过 50 μm。具体厚度依据混凝土基面特征和涂料性能确定。

5.2　涂层体系性能要求

5.2.1　一般性能要求

5.2.1.1　具有抗 CO_2 渗透性和防碳化能力;

5.2.1.2　具有对水、氧气等腐蚀因子很好的屏蔽性能;

5.2.1.3　具有很好的力学性能,能够适应混凝土的形变;

5.2.1.4 具有相应的耐候性能。

5.2.2 特殊性能要求

5.2.2.1 工业大气环境下,耐工业大气污染物侵蚀;

5.2.2.2 海洋大气环境下,耐盐雾;

5.2.2.3 浸水环境下,耐淡水或海水长期浸泡,并耐冲刷。

5.2.3 性能指标和试验方法

5.2.3.1 性能指标

性能指标见表2。

表 2 涂层体系性能指标

腐蚀环境	防腐寿命	耐水性 h	耐盐水性 h	耐碱性 h	耐化学品性能 h	抗氯离子渗透性 mg/(cm² · d)	附着力 MPa	耐候性 h
I	M	8	—	72	—	—	≥1.0	400
	H	12	—	240	—	—	≥1.0	800
II	M	12	—	240	—	—	≥1.0	400
	H	24	—	720	—	—	≥1.5	800
Ⅲ-1	M	240	—	720	168	—	≥1.5	500
	H	240	—	720	168	—	≥1.5	1 000
Ⅲ-2	M	240	240	720	72	≤1.0×10⁻³	≥1.5	500
	H	240	240	720	72	≤1.0×10⁻³	≥1.5	1 000
Im1	M	2 000	—	720	72	—	≥1.5	500
	H	3 000	—	720	72	—	≥1.5	1 000
Im2	M	—	2 000	720	72	≤1.0×10⁻³	≥1.5	500
	H	—	3 000	720	72	≤1.0×10⁻³	≥1.5	1 000
注:Im1 和 Im2 环境下,如果面漆为环氧类涂料或不饱和聚酯涂料,耐候性指标不作要求								

5.2.3.2 试验方法

5.2.3.2.1 耐水性按 GB/T 1733 的规定检测。涂层试验后应不起泡、不剥落、不粉化,允许2级变色和2级失光。

5.2.3.2.2 耐盐水性按 GB/T 9274 的规定检测。涂层试验后应不起泡、不剥落、不粉化,允许2级变色和2级失光。

5.2.3.2.3 耐碱性按附录B中B.1的规定检测。涂层试验后应不起泡、不开裂、不剥落。

5.2.3.2.4 耐化学品性能按 GB/T 9274 的规定检测,使用溶液为 10% NaOH 和 10% H₂SO₄ 水溶液。涂层耐水试验后应不起泡、不剥落、不粉化,允许2级变色和2级失光。

5.2.3.2.5 抗氯离子渗透性按附录B中B.2的规定检测。

5.2.3.2.6 附着力按附录B中B.3的规定检测。

5.2.3.2.7 耐候性按 GB/T 1865 的规定检测。涂层试验后应不起泡、不剥落、不粉化,允许2级变色和2级失光。

5.3 涂料要求

5.3.1 基本要求

5.3.1.1 涂料供应商具备履行合同的能力,保证材料供应的质量、数量、周期等。

5.3.1.2 涂料应通过国家认可委认可的涂料检测机构的第三方检测。

5.3.1.3 涂料供应商提供的技术资料应包括涂料使用所需要的全部详细信息,主要包括产品合格证、产品说明书、推荐施工工艺、材料标准等。

5.3.2 性能要求

5.3.2.1 封闭漆对混凝土基材应具有良好的润湿性、渗透性、耐碱性和附着力。

5.3.2.2 中间漆应具有良好的屏蔽性能。

5.3.2.3 面漆应具有相应的耐候性。丙烯酸聚氨酯面漆和氟碳面漆的性能要求参见附录C。

5.3.2.4 配套涂料的涂膜应具有相容性。

5.3.2.5 水位变动区和浪溅区在表湿状态下涂装时,涂料还应满足下列要求:

    a) 封闭底漆应具有对潮湿混凝土基面良好的润湿性、渗透性和附着力;

    b) 涂料具有较快的固化速度,可以在空气中经较短时间固化后浸水并能抵抗水流波动的冲击;

    c) 涂料浸水后可继续在水下固化,固化后性能基本上不受影响。

6 施工

6.1 基本条件

6.1.1 施工企业

6.1.1.1 施工企业应具有防腐保温二级及以上资质。特种作业人员应具备相应资格。

6.1.1.2 施工单位通过 ISO 9001 质量保证体系认证,具备安全生产许可证,具备保证工程安全、质量的能力。

6.1.2 涂料材料

6.1.2.1 涂料运抵现场后,应由施工单位、监理现场取样后送至国家认证认可监督管理委员会认可的涂料检测机构进行第三方检测,合格后方可使用。

6.1.2.2 涂料材料存放地点应满足国家有关的消防要求,并且干燥通风,避免阳光直射,其储存温度应介于 3 ℃~40 ℃之间。涂料应按品种、批号、颜色分别堆放,标识清楚。

6.1.3 施工准备

6.1.3.1 施工单位应根据投标承诺和现场具体情况编制"施工组织设计"。

6.1.3.2 施工单位会同材料供应商对施工人员进行技术交底和相应的安全、环保教育。

6.1.3.3 施工单位不得随意变更涂料的品种以及施工方案。当有特殊情况需要变更时,变更方案不得降低设计使用年限和工程质量,并经监理工程师和业主批准后方可实行。

6.1.3.4 施工前应对检测仪器和计量工具进行校验,并对施工设备以及用具进行检验,确保相应设备以及用具满足使用要求以及安全要求。

6.1.3.5 混凝土的龄期不应少于 28 d。

6.1.3.6 大面积施工前应由施工单位组织施工人员按工序要求进行"小区"试验,以评价施工工艺的可行性,确定施工工艺参数、涂料用量等。小区试验选择典型部位,涂装面积为 7 m²~20 m²。

6.1.3.7 针对混凝土构件情况,设计适用于混凝土表面处理、涂装及质量检查的工作平台。工作平台应便于施工操作,并且应安全、牢固、可移动和拆装方便。

6.2 施工工艺

6.2.1 表面处理

6.2.1.1 采用高压淡水(压力不小于 20 MPa)、喷砂或手工打磨等方法将混凝土表面的浮灰、浮浆、夹渣、苔藓以及疏松部位清理干净。海洋环境下处于水位变动区和浪溅区的混凝土表面宜采用高压淡水清洁处理。

6.2.1.2 局部受油污污染的混凝土表面,用碱液、洗涤剂或溶剂处理,并用淡水冲洗至中性。

6.2.1.3 基层缺陷处理如下:

    a) 较小的孔洞和其他表面缺陷在表面处理后涂封闭漆,刮涂腻子;

    b) 较大的蜂窝、孔洞和模板错位处,用无溶剂液体环氧腻子或聚合物水泥砂浆修补;

c) 对于混凝土表面存在的裂缝根据裂缝的宽度选用化学灌浆或树脂胶泥等适宜的方法修补。

6.2.1.4 预埋件、钢筋头处理如下：

a) 将预埋件、钢筋头周边的混凝土凿出深度 2 cm 的 V 形切口，露出预埋件、钢筋头；

b) 用电动切割机切除钢筋头、预埋件，使其低于混凝土表面 2 cm；

c) 将预埋件、钢筋头表面除锈打磨，处理级别达到 GB/T 8923 规定的 St3 级后，预涂环氧富锌底漆；

d) 在切除的混凝土表面涂封闭漆或界面剂，用无溶剂环氧腻子或聚合物水泥砂浆填补并打磨平整。

6.2.1.5 处理好的混凝土基面应尽快涂覆封闭底漆，停留时间最长不宜超过一周。

6.2.2 涂装

6.2.2.1 涂装环境条件要求

温度为 5 ℃～38 ℃，空气相对湿度为 85％以下，混凝土表面应干燥清洁。在雨、雾、雪、大风和较大灰尘的条件下，禁止户外施工。

表湿区涂装环境条件应按涂料产品说明书规定执行。

6.2.2.2 涂装准备

6.2.2.2.1 开罐

涂料开罐前要确认其牌号、品种、颜色、批号等，并作记录。

6.2.2.2.2 搅拌

涂料使用前应搅拌均匀。双组分涂料在固化剂加入前，应首先分别将两个组分搅拌均匀，混合后再次搅拌均匀。厚浆涂料应采用机械搅拌方式。

6.2.2.2.3 混合熟化

双组分涂料要按规定比例混合，按产品说明书规定放置一定时间进行熟化(预反应)。

6.2.2.2.4 调节黏度

根据不同的施工方式以及现场环境条件调节涂料施工黏度。调节黏度应使用与涂料配套的稀释剂或者由厂商指定的稀释剂。稀释剂的最大用量不应超过说明书规定的最大用量。

6.2.2.2.5 适用期

双组分涂料混合均匀，经过必要的熟化后，应立即涂装并在涂料的适用期内用完(必要时通过滤网过滤)。

6.2.2.3 涂装方法

6.2.2.3.1 刷涂

用于难以涂装部位的预涂装和补涂，比如蜂窝、凹角和凸沿等。

6.2.2.3.2 辊涂

涂料应具有良好的流平性，辊子的类型和尺寸应与工作面相适应。

6.2.2.3.3 喷涂

通常包括低压空气喷涂，无气喷涂，空气辅助型无气喷涂等。

采用喷涂施工时，涂料黏度、喷涂压力、喷嘴类型、喷嘴与工作面距离以及喷涂扇面等参数应按产品说明书进行验证，以确保施工质量。

6.2.2.3.4 刮涂

刮涂用于腻子施工，特别适用于修补表面缺陷。

6.2.2.4 涂装工艺

6.2.2.4.1 涂装封闭漆

封闭漆黏度应适当，以保证渗透性。涂覆应均匀，不得有露底现象。对蜂窝、边角等不易涂装的部位，用刷涂法进行预先涂装或补涂。

6.2.2.4.2 刮涂腻子

涂装完封闭漆后,采用腻子补涂表面缺陷。表面缺陷可能需要多次补涂。

对于装饰效果要求较高的部位,需要满刮腻子,并打磨平整后,涂装中间漆。

6.2.2.4.3 涂装中间漆

中间漆应采用机械搅拌装置搅拌均匀。涂膜不得有漏涂、裂纹、气泡等缺陷,允许局部少量流挂,涂膜厚度满足要求。

6.2.2.4.4 涂装面漆

面漆涂装前,底涂层的局部流挂应打磨平整。涂膜要求平整光滑,色泽均匀一致,不得有漏涂、裂纹、气泡等缺陷,厚度满足要求。同一工作面同一颜色时,应选用相同批号的涂料。

6.2.2.4.5 涂装间隔时间要求

涂层之间的重涂间隔参照使用说明书和施工环境温度确定。达到最小涂装间隔时间后进行涂装,并应在上一道涂层的重涂间隔时限内完成。

如果已经超出上一道涂层的最大重涂间隔,应对涂层进行拉毛处理,处理完毕后使用蘸有溶剂的抹布清洁表面粉尘或采用洁净的压缩空气清洁表面粉尘,然后才能进行涂装。

6.2.3 涂层修补

6.2.3.1 大面积修补

大面积修补的程序应该按照6.2.1和6.2.2执行。

6.2.3.2 小面积修补

对于小面积修补应按下面的程序进行:

——干燥修补部位;

——清洁修补区域,进行除油去灰工作;

——修补区域表面处理,可采用打磨的方式进行,确保底基层牢固可靠;

——如果采用腻子进行填补时,应先涂封闭漆,再使用腻子填补,然后在腻子上面涂装后道涂层;

——对小面积刷涂时,要多施工几道,确保达到规定涂膜厚度。

6.2.4 涂膜养护

涂装完成后,涂膜需经过规定的养护时间后方可投入使用。养护期间,涂膜没有完全固化,要避免造成涂膜损伤的行为。

涂料实干前,应该避免淋雨或者直接浸水以及接触其他腐蚀介质。

表湿区施工的涂料涂装后,可经过短暂的空气固化后浸水。

7 质量控制

7.1 过程检验

7.1.1 检测涂装现场温度和相对湿度等环境条件,应符合6.2.2.1的要求。

7.1.2 检查结构表面处理,应符合下列要求:

a) 基层应牢固,不开裂、不掉粉、不起砂、不空鼓、无剥离等;

b) 基层应清洁,表面无灰尘、无浮浆、无油迹、无霉点、无盐类析出物和无苔藓等污染物及其他松散附着物;

c) 混凝土表面含水率应小于6%,否则应排除水分后方可进行涂装。当采用湿固化环氧封闭漆时,混凝土含水率要求可放宽,但要求混凝土表层尽可能表干。

7.1.3 混凝土含水率大小的判定可采用下列方法:

取 10 μm 厚,45 cm×45 cm 透明聚乙烯薄膜平放在混凝土表面,用胶带纸密封四边,16 h 后,薄膜下出现水珠或混凝土表面变黑,说明混凝土过湿,不宜涂装。

7.1.4 按设计规定,检查涂装道数和涂膜厚度。用湿膜厚度仪检查湿膜厚度,结合涂料用量估算干膜厚度。

7.1.5 每道涂装后均应对涂层进行目视检查,应符合6.2.2.4要求。

7.2 最终检验

涂层养护完成后进行最终涂层的质量检测。检测项目包括:外观检查、厚度检测和附着力检测。

7.2.1 外观检查方法和要求

对抽样检测区域进行目视检查,涂层应连续、均匀、平整,不允许有露涂、流挂、变色、色差、针孔、裂纹、气泡等缺陷。

7.2.2 厚度检测方法和要求

7.2.2.1 涂层厚度检测可采用以下两种方法:

a) 无损型涂层测厚仪方法。按每个检测单元随机检测9个测点,以9个测点的涂层干膜厚度算术平均值代表涂层的平均干膜厚度;

b) 随炉件法。在同批检验区域内,将0.5 mm×50 mm×100 mm白铁皮三块粘贴于混凝土表面,随检验批一起施工,涂装完7 d后用磁性测厚仪测定白铁皮上的干膜厚度,可近似视为混凝土基面的涂装厚度;

7.2.2.2 涂层厚度应符合"80—20"规则,即涂层平均干膜厚度应不小于设计干膜厚度,80%的测定点应大于设计干膜厚度,最小干膜厚度应不小于设计干膜厚度的80%。

7.2.3 附着力检查方法和要求

7.2.3.1 采用拉脱式涂层黏结强度测定仪测定涂层附着力,检测方法按附录B中B.3执行。

7.2.3.2 涂层附着力应满足表2要求。

7.2.4 检验批

最终涂层质量按批检验,根据涂装工程量,每2 000 m²～5 000 m²为一个检验批。每一检测单元面积为10 m²,即为检测基准面。

8 验收

8.1 涂层验收宜在涂装完成后14 d内进行,可按涂层分项、分部工程进行验收。

——涂层分项工程可分为:材料、混凝土表面处理、涂装、涂层厚度、涂层黏结强度等;

——涂层分部工程可分为:承台、塔座、箱梁、墩身、塔身等。

8.2 涂层验收可按构件分批次验收。

8.3 涂层验收时承包商至少应提交下列资料:

——设计文件或设计变更文件;

——涂料出厂合格证和质量检验文件,进场验收记录;

——混凝土表面处理和检验记录;

——涂装施工记录(包括施工过程中对重大技术问题和其他质量检验问题处理记录);

——修补和返工记录;

——其他涉及涂层质量的相关记录。

9 管理及维修

9.1 涂层在使用过程中应定期进行检查,如有损坏应及时修补。修补用的涂料应与原涂料相同或相容。

9.2 当涂层达到设计防腐年限时,全面检查涂层的表观状态。当涂层表面无裂纹、无气泡、无严重粉化,并且当附着力仍不小于1 MPa时,则涂层可保留继续使用,但应在其表面涂装两道原面层涂料或能够配套的面层涂料。涂装前原涂层表面应进行清洁处理,并试验涂层体系的相容性(画格法不大于1级)。

9.3 当检查发现涂层有裂纹、气泡、严重粉化或附着力低于 1 MPa 时,可认为涂层的防护能力已经失效。用适当的方式清理旧涂层,并经过表面清洁处理后涂装涂料。

9.4 对防腐蚀涂层系统应建立档案卡,内容包括涂装竣工资料和涂层使用过程的检查和维修记录。

10 安全、卫生和环境保护

10.1 安全、卫生

10.1.1 涂装作业安全、卫生应符合 GB 6514、GB 7691、GB 7692 和 GB 50212 的有关规定。

10.1.2 涂装作业场所空气中有害物质不超过最高容许浓度。

10.1.3 施工现场应远离火源,不允许堆放易燃、易爆和有毒物品。

10.1.4 涂料仓库及施工现场应有消防水源、灭火器和消防工器具,并应定期检查。消防道路应畅通。

10.1.5 施工人员应正确穿戴工作服、口罩、防护镜等劳动保护用品,这些劳保用品应是具备相应资质厂家生产的合格产品。

10.1.6 所有电器设备应绝缘良好,临时电线应选用胶皮线,工作结束后应切断电源。

10.1.7 工作平台的搭建应符合有关安全规定。高空作业人员应具备高空作业资格。

10.2 环境保护

10.2.1 涂料产品的有机挥发物含量(VOC)应符合国家有关法律法规要求。

10.2.2 废弃的涂料不得随意丢弃或掩埋,应该收集并妥善处理,防止废料污染水质。

10.2.3 施工现场产生的垃圾等应该收集并妥善处理。

附 录 A

（资料性附录）

混凝土桥梁结构表面涂层体系

混凝土桥梁结构表面涂层体系见表 A.1～表 A.4。

表 A.1 Ⅰ-Im1 腐蚀环境下的涂层体系

涂层编号	配套涂层名称	厚度/μm	防腐部位	防腐寿命/年
S1.01	水性丙烯酸封闭漆	≤50	大气区	10
	水性丙烯酸漆	100		
S1.02	丙烯酸封闭漆或环氧封闭漆	≤50		
	丙烯酸漆或氯化橡胶漆	100		
S1.03	环氧封闭漆	≤50	水位变动区和浪溅区	
	氯化橡胶漆	180		
S1.04	环氧封闭漆	≤50		
	环氧树脂漆	80		
	氯化橡胶漆	70		
S1.05	环氧封闭漆	≤50	水下区	
	环氧树脂漆	250		
	或环氧煤焦油沥青漆	300		
S1.06	水性丙烯酸封闭漆	≤50	大气区	20
	水性丙烯酸漆	100		
	水性有机硅丙烯酸漆	80		
S1.07	丙烯酸封闭漆	≤50		
	丙烯酸漆	180		
S1.08	环氧封闭漆	≤50		
	环氧树脂漆	100		
	丙烯酸聚氨酯漆	70		
S1.09	环氧封闭漆	≤50	水位变动区和浪溅区	
	环氧树脂漆	120		
	丙烯酸聚氨酯漆	80		
	或氯化橡胶漆	100		
S1.10	环氧封闭漆	≤50	水下区	
	环氧树脂漆	350		
	或环氧煤焦油沥青漆	400		

表 A.2　Ⅱ-Im1 腐蚀环境下的涂层体系

涂层编号	配套涂层名称	厚度/μm	防腐部位	防腐寿命/年
S2.01	水性丙烯酸封闭漆	≤50	大气区	10
	水性丙烯酸漆	120		
S2.02	丙烯酸封闭漆	≤50		
	丙烯酸或氯化橡胶漆	120		
S2.03	环氧封闭漆	≤50		
	环氧树脂漆	50		
	丙烯酸聚氨酯漆	70		
S2.04	环氧封闭漆	≤50	水位变动区和浪溅区	
	环氧树脂漆	100		
	氯化橡胶漆	90		
	或丙烯酸聚氨酯漆	80		
S2.05	环氧封闭漆	≤50	水下区	
	环氧树脂漆	250		
	或环氧煤焦油沥青漆	300		
S2.06	水性丙烯酸封闭漆	≤50	大气区	20
	水性丙烯酸漆	120		
	水性氟碳漆	80		
S2.07	环氧封闭漆	≤50		
	环氧树脂漆	100		
	丙烯酸聚氨酯漆或有机硅丙烯酸漆	80		
S2.08	环氧封闭漆	≤50		
	环氧树脂漆	100		
	氟碳漆	60		
S2.09	环氧封闭漆	≤50	水位变动区和浪溅区	
	环氧树脂漆	160		
	丙烯酸聚氨酯漆	90		
	或氯化橡胶漆	120		
S2.10	环氧封闭漆	≤50	水下区	
	环氧树脂漆	350		
	或环氧煤焦油沥青漆	400		

表 A.3 （Ⅲ-1）-Im1 腐蚀环境下的涂层体系

涂层编号	配套涂层名称	厚度/μm	防腐部位	防腐寿命/年
S3.01	环氧封闭漆	≤50	大气区	10
	环氧树脂漆	80		
	丙烯酸聚氨酯漆	70		
S3.02	环氧封闭漆	≤50		
	环氧树脂漆	80		
	氯化橡胶漆或丙烯酸漆	90		
S3.03	环氧封闭漆	≤50	水位变动区和浪溅区	
	环氧树脂漆	120		
	丙烯酸聚氨酯漆	70		
S3.04	环氧封闭漆	≤50		
	环氧树脂漆	120		
	氯化橡胶漆	90		
S3.05	环氧封闭漆	≤50	水下区	
	环氧树脂漆	250		
	或环氧煤焦油沥青漆	300		
S3.06	环氧封闭漆	≤50	大气区	20
	环氧树脂漆	140		
	丙烯酸聚氨酯漆	80		
S3.07	环氧封闭漆	≤50		
	环氧树脂漆	140		
	氟碳漆	60		
S3.08	环氧封闭漆	≤50	水位变动区和浪溅区	
	环氧树脂漆	250		
	丙烯酸聚氨酯漆	90		
	或氟碳漆	70		
S3.09	环氧封闭漆	≤50	水下区	
	环氧树脂漆	350		
	或环氧煤焦油沥青漆	400		

表 A.4 （Ⅲ-2)-Im2 腐蚀环境下的涂层体系

涂层编号	配套涂层名称	厚度/μm	防腐部位	防腐寿命/年
S4.01	环氧封闭漆	≤50	大气区	10
	环氧树脂漆	100		
	丙烯酸聚氨酯漆	70		
S4.02	环氧封闭漆	≤50		
	环氧树脂漆	100		
	氯化橡胶漆或丙烯酸漆	80		
S4.03	环氧封闭漆	≤50	水位变动区和浪溅区	
	环氧树脂漆	150		
	丙烯酸聚氨酯漆	70		
S4.04	环氧封闭漆	≤50		
	环氧树脂漆	150		
	氯化橡胶漆	90		
S4.05	环氧封闭漆	≤50	水下区	
	环氧树脂漆	300		
	或环氧煤焦油沥青漆	350		
S4.06	环氧封闭漆	≤50	大气区	20
	环氧树脂漆	200		
	丙烯酸聚氨酯漆	80		
	或氟碳漆	60		
S4.07	环氧封闭漆	≤50		
	环氧或乙烯酯玻璃鳞片漆	800		
S4.08	环氧封闭漆	≤50	水位变动区和浪贱区	
	环氧树脂漆	300		
	丙烯酸聚氨酯漆	90		
S4.09	环氧封闭漆	≤50		
	环氧树脂漆	300		
	或氟碳漆	70		
S4.10	环氧封闭漆	≤50		
	环氧树脂漆	300		
	环氧聚硅氧烷涂料	90		
S4.11	环氧封闭漆	≤50	水下区	
	环氧树脂漆	450		
	或环氧煤焦油沥青漆	500		

附　录　B

（规范性附录）

混凝土表面涂层试验方法

B.1　耐碱性试验

B.1.1　试验仪器

试验仪器如下：

a)　试模，尺寸为 100 mm×100 mm×100 mm；

b)　涂层湿膜厚度规，量程为 0 μm～500 μm；

c)　磁性测厚仪。

B.1.2　试验步骤

B.1.2.1　试验用混凝土块应采用不低于 C30 的混凝土，采用 100 mm×100 mm×100 mm 试模成型三个混凝土块，并养护 28 d。

B.1.2.2　每个混凝土块的任一个非成型面，用砂纸打磨并清理干净。如有气孔，刷涂封闭漆后用无溶剂环氧腻子或聚合物水泥砂浆填补，24 h 后用砂纸打磨平整并清理干净。将试验的配套涂层，依照使用说明书要求，按封闭底漆、中间漆、面漆的顺序分别涂装，控制涂层的干膜总厚度为 250 μm～300 μm。试件完成后，自然养护 7 d。

在混凝土试块涂装涂料的同时，在钢板上按照每道漆的相同用量和相同工艺涂装。用磁性测厚仪测定钢板上的漆膜厚度可视为混凝土试块上的涂层厚度。

B.1.2.3　将试件涂层面朝上半浸于水或饱和氢氧化钙溶液中，涂层面在液面上 5 mm。试验过程中，每隔 2 d 检查涂层是否有起泡、开裂或剥离等现象。

B.2　抗氯离子渗透性试验

B.2.1　试验仪器

试验仪器如下：

a)　试验应采用内径为 40 mm～50 mm 的有机玻璃试验槽；

b)　湿膜厚度规；

c)　磁性测厚仪。

B.2.2　试验步骤

B.2.2.1　试验用活动涂层片的制作。采用 150 mm×150 mm 的涂料细度纸作增强材料，将其平铺于玻璃板上，依照配套涂料使用说明书的要求，先涂封闭底漆一道，再涂中间漆两道，最后涂装面漆一道。每一道涂膜施涂后，应立即将细度纸掀离玻璃板并悬挂在绳子上，经 24 h 再涂下一道，如此反复施涂，用湿膜规控制涂料形成的涂层干膜总厚度为 250 μm～300 μm。按此方法共制作三张活动涂层片。制成后，悬挂在室内自然养护 7 d。涂层厚度的控制和确定按照 B.1.2.2 进行。

B.2.2.2　将制得的活动涂层片剪成直径为 60 mm～70 mm 的试件，按图 B.1 所示方法进行抗氯离子渗透性试验。使试件涂漆的一面朝向 3‰ NaCl 水溶液，细度纸的另一面朝向蒸馏水。共用三组装置。置于室内常温条件下进行试验，经 30 d 试验终结后，测定蒸馏水中的氯离子含量。

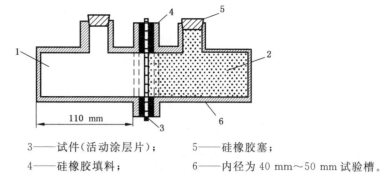

1——3% NaCl 水溶液;　　　　3——试件(活动涂层片);　　　　5——硅橡胶塞;

2——蒸馏水;　　　　　　　　4——硅橡胶填料;　　　　　　　6——内径为 40 mm～50 mm 试验槽。

图 B.1　涂层抗氯离子渗透性试验装置示意图

B.3　附着力试验

B.3.1　试验原理

涂层附着力采用直接拉脱试验方法测定涂层与被涂物体之间的黏结力。

B.3.2　试验仪器

试验仪器如下:

　　a)　拉脱式涂层黏结力测试仪;

　　b)　湿膜厚度规;

　　c)　磁性测厚仪。

B.3.3　试验步骤

B.3.3.1　制作 500 mm×500 mm×50 mm 的 C30 混凝土试件六件,标准条件下养护 28 d。

B.3.3.2　按 B.1.2.2 要求,对每件试件的 500 mm×500 mm 的非浇注面进行表面处理。

B.3.3.3　需要进行湿固化涂料附着力试验的三件表湿试件,表面处理后浸泡在清水中 24 h 后捞出,其他三件表干试件则放置在室内阴干。

B.3.3.4　对处理后的 500 mm×500 mm 非浇注面的涂装,按涉及的涂层系统和涂料产品使用说明书的要求,依次按封闭底漆、中间漆和面漆涂装。对表干试件,先将涂装面的灰尘吹干净;而表湿试件,从水中捞起后,用湿布抹除涂装面的水滴,在标准条件下自然停放 20 min,然后进行涂装。表湿试件,每涂一道涂层,在空气中停放 3 h 后,浸没于 3%NaCl 水溶液中,12 h 后取出,在标准条件下,停放 9 h,再涂下一道涂层。如此循环,直到完成整个涂装。涂层厚度的控制和确定按照 B.1.2.2 进行。

B.3.3.5　涂装完成以后的试件,在标准条件下养护 7 d。

B.3.3.6　取养护好的表干或表湿试件各三件,在每一试件的涂层面上随机找三个点,每点约 30 mm×30 mm 大小的面积,用零号砂纸将每一点的涂层轻轻打磨粗糙,并用丙酮或酒精擦拭干净。同时。也对黏结力测试仪的铝合金铆钉头型圆盘座作同样处理。最后用结构黏结剂把铝圆盘座粘到处理好的涂层上。

B.3.3.7　待黏结剂硬化 24 h 后,用拉脱式涂层黏结力测试仪的配件套筒式割刀,将圆盘座的周边涂层切除,使其与周边外围的涂层分开。

B.3.3.8　将黏结力仪配件的钢环支座片套住圆盘座,然后把黏结力仪的手轮作反时针旋转,使仪器的爪具松下并嵌入铝合金铆钉头型圆盘座,使仪器三个支撑柱立在钢环支座片上,将仪器的指针拨到"0"的刻度位置上。最后,顺时针方向旋紧手轮,一直持续到涂层或混凝土断裂为止,并立即记录指针的读数。按本步骤重复试验,将每一铝合金铆钉头型圆盘座拔下来,并记录每一次拉拔试验的读数。

B.3.4　试验结果评定

B.3.4.1　试验后立即观察铝合金铆钉头型圆盘座的底面黏结物情况,如果底画有 75% 以上的面积黏附着涂层或混凝土等物体,则试验数据有效。

B.3.4.2　如果底面只有 75% 以下的面积粘有涂层或混凝土等物体,而且拉力小于规定值,则可在该测点的附近涂层面重做黏结力试验。

B.3.4.3　表干或表湿试件各取九个试验点的实测数据,分别计算其算术平均值,代表涂层的黏结力。

附　录　C

（资料性附录）

丙烯酸聚氨酯面漆和氟碳面漆性能要求

C.1　组成

C.1.1　丙烯酸聚氨酯面漆是由羟基丙烯酸树脂、脂肪族异氰酸酯、颜填料、溶剂和助剂等组成的双组分涂料。

C.1.2　氟碳面漆是由 FEVE 氟碳树脂和脂肪族异氰酸酯、颜填料、溶剂和助剂等组成的双组分涂料。FEVE 氟碳树脂为氟单体（三氟氯乙烯或四氟乙烯）与乙烯基醚或乙烯基酯为主单体合成的交替共聚物。

C.2　要求

C.2.1　氟碳面漆应说明采用的氟树脂来源，并说明 FEVE 氟树脂的类型和结构特征。

氟碳面漆应提供产品一致性的判据：

——氟树脂供应商用于该工程项目的证明；

——试验证明，包括红外光谱和高温裂解色谱-质谱联用分析。

C.2.2　丙烯酸聚氨酯面漆和氟碳面漆的性能除应满足正文 5.2.3 表 2 的要求外，还应满足表 C.1 的要求。

表 C.1　丙烯酸聚氨酯面漆和氟碳面漆技术指标

项　目		计量单位	技术指标		试验方法
			丙烯酸聚氨酯面漆	氟碳面漆	
颜色和外观		—	符合商定标准样板或色卡及其色差范围,漆膜平整		目测
固体含量		%	≥55		GB/T 1725
干燥时间	表干	h	2		GB/T 1728
	实干	h	24		
细度		μm	≤35		GB/T 1724
柔韧性		mm	1		GB/T 1731
附着力(拉开法)		MPa	≥6		GB/T 5210
耐冲击		cm	50		GB/T 1732
耐磨性(1 kg·500 r)		g	≤0.05		GB/T 1768
耐酸性,10% H_2SO_4		h	240 h 漆膜无异常		GB/T 9274
耐碱性,10% NaOH		h			
可溶物氟含量		%	—	≥20	HG/T 3792
人工加速老化		h	1 000 h	3 000 h	GB/T 1865
			漆膜不起泡、不剥落、不粉化。白色和浅色漆膜允许变色 1 级,失光 1 级;其他颜色漆膜允许变色 2 级,失光 2 级		

参 考 文 献

[1] GB/T 1724　涂料细度测定法
[2] GB/T 1725　涂料固体含量测定法
[3] GB/T 1728　漆膜、腻子膜干燥时间测定法
[4] GB/T 1731　漆膜柔韧性测定法
[5] GB/T 1732　漆膜耐冲击测定法
[6] GB/T 1768　色漆和清漆　耐磨性的测定　旋转橡胶砂轮法
[7] GB/T 1771　色漆和清漆　耐中性盐雾性能的测定
[8] HG/T 3792　交联型氟树脂涂料
[9] GB/T 5210　色漆和清漆拉开法附着力试验

ICS 93.040
P 28
备案号：

中华人民共和国交通行业标准

JT/T 722—2008

公路桥梁钢结构防腐涂装技术条件

Specification of protective coating for highway bridge steel structure

2008-07-29 发布

2008-11-01 实施

中华人民共和国交通部 发布

JT/T 722—2008

前　言

本标准的附录 A 和附录 B 为规范性附录。

本标准由中国公路学会桥梁和结构工程分会提出并归口。

本标准主编单位:北京航材百慕新材料技术工程有限公司、海虹老人牌(中国)有限公司。

本标准参编单位:中交公路规划设计院有限公司、中国涂料工业协会专家委员会、国家涂料质量监督检验中心、中国一航北京航空材料研究院。

本标准主要起草人:李荣俊、李运德、孙凌云、杨振波、林绍基、张亮、于一川、张纪斯、苏春海、黄玖梅。

公路桥梁钢结构防腐涂装技术条件

1 范围

本标准规定了公路桥梁钢结构防腐涂装的分类、要求、试验方法、检验规则、安全、卫生和环境保护以及验收的要求。

本标准适用于公路桥梁钢结构防腐涂装,其他应用领域的桥梁钢结构或类似条件下的钢结构防腐涂装也可参照执行。

2 规范性引用文件

下列文件中的条款通过本标准的引用而成为本标准的条款。凡是注日期的引用文件,其随后所有的修改单(不包括勘误的内容)或修订版均不适用于本标准,然而,鼓励根据本标准达成协议的各方研究是否可使用这些文件的最新版本。凡是不注日期的引用文件,其最新版本适用于本标准。

GB/T 1725 色漆、清漆和塑料 不挥发物含量的测定(GB/T 1725—2007,ISO 3251:2003,IDT)

GB/T 1728 漆膜、腻子膜干燥时间测定法

GB/T 1730 漆膜硬度测定法 摆杆阻尼试验

GB/T 1732 漆膜耐冲击测定法(GB/T 1732—1993,neq ГОСТ 4765:1973)

GB/T 1733 漆膜耐水性测定法(GB/T 1733—1993,neq ГОСТ 9.403:1980)

GB/T 1735 漆膜耐热性测定法

GB/T 1766 色漆和清漆 涂层老化的评级方法(GB/T 1766—1995,neq ISO 4628-1:1980)

GB/T 1768 色漆和清漆 耐磨性的测定 旋转橡胶砂轮法(GB/T 1768—2006,ISO 7784-2:1997,IDT)

GB/T 1771 色漆和清漆 耐中性盐雾性能的测定(GB/T 1771—2007,ISO 7253:1996,IDT)

GB/T 1865 色漆和清漆 人工气候老化和人工辐射暴露(滤过的氙弧辐射)(GB/T 1865—1997,eqv ISO 11341:1994)

GB/T 5210 色漆和清漆 拉开法附着力试验(GB/T 5210—2006,ISO 4624:2002,IDT)

GB 6514 涂装作业安全规程 涂漆工艺安全及其通风净化(GB 6514—1995,neq NFPA 33:1989

GB/T 6742 色漆和清漆 弯曲试验(圆柱轴)(GB/T 6742—2007,ISO 1519:2002,IDT)

GB/T 6747 船用车间底漆

GB/T 6753.1 色漆、清漆和印刷油墨 研磨细度的测定(GB/T 6753.1—2007,ISO 1524:2000,IDT)

GB/T 6753.4 色漆和清漆 用流出杯测定流出时间(GB/T 6753.4—1998,eqv ISO 2431:1993)

GB 7691 涂漆作业安全规程 安全管理通则

GB 7692 涂漆作业安全规程 涂漆前处理工艺安全及其通风净化

GB/T 8923 涂装前钢材表面锈蚀等级和除锈等级(GB/T 8923—1988,eqv ISO 8501-1:1988)

GB/T 9274 色漆和清漆 耐液体介质的测定(GB/T 9274—1988,eqv ISO 2812:1974)

GB/T 9286 色漆和清漆 漆膜的划格试验(GB/T 9286—1998,eqv ISO 2409:1992)

GB/T 9793—1997 金属和其他无机覆盖层 热喷涂 锌、铝及其合金(eqv ISO 2063:1991)

GB/T 10610 产品几何技术规范 表面结构 轮廓法评定表面的结构和方法(GB/T 10610—1998,eqv ISO 4288:1996)

GB/T 13288 涂装前钢材表面粗糙度等级的评定(比较样块法)

GB/T 13452.2 色漆和清漆 漆膜厚度的测定(GB/T 13452.2—1992,idt ISO 2808:1974)

GB/T 17850.1 涂覆涂料前钢材表面处理 喷射清理用非金属磨料的技术要求 导则和分类(GB/T 17850.1—2002,eqv ISO 11126-1:1993)

GB/T 18570.3 涂覆涂料前钢材表面处理 表面清洁度的评定试验 第3部分:涂覆涂料前钢材表面的灰尘评定(压敏粘带法)(GB/T 18570.3—2005,ISO 8502-3:1992,IDT)

GB/T 18570.6 涂覆涂料前钢材表面处理 表面清洁度的评定试验 第6部分:可溶性杂质的取样 Bresle 法(GB/T 18570.6—2005,ISO 8502-6:1995,IDT)

GB/T 18570.9 涂覆涂料前钢材表面处理 表面清洁度的评定试验 第9部分:水溶性盐的现场电导率测定法 GB/T 18570.9—2005,ISO 8502-9:1999,IDT)

GB/T 18838.1 涂覆涂料前钢材表面处理 喷射清理用金属磨料的技术要求 导则和分类(GB/T 18838.1—2002,ISO 11124-1:1993,MOD)

GB/T 19001 质量管理体系 要求(GB/T 19001—2000,idt ISO 9001:2000)

GB/T 24001 环境管理体系 规范及使用指南(GB/T 2400—2004,ISO 14001:2004,IDT)

CB/T 28001 职业健康安全管理体系 规范(GB/T 28001—2001,neq OHSAS 18001:1999)

GB/T 50212 建筑防腐蚀工程施工及验收规范

GB/T 50205 钢结构工程施工质量验收规范

HG/T 3668 富锌底漆

HG/T 3792 交联型氟树脂涂料

ISO 4628 色漆和清漆 漆膜老化的评定

ISO 12944-2 色漆和清漆 钢结构防腐涂层体系 第2部分:环境分类

3 分类

3.1 涂层体系保护年限分类

3.1.1 在涂层体系保护年限内,涂层95%以上区域的锈蚀等级不大于 ISO 4628 规定的 Ri2 级,无气泡、剥落和开裂现象。

3.1.2 按保护年限分为两类:
——普通型,(10~15)年;
——长效型,(15~25)年。

3.2 腐蚀环境分类

腐蚀环境分类符合 ISO 12944-2 的要求,见附录 A。

3.3 涂装部位分类

按涂装部位分为六类:
——外表面;
——非封闭环境内表面;
——封闭环境内表面;
——钢桥面;
——干湿交替区和水下区;
——防滑摩擦面;
——附属钢构件,包括防撞护栏、扶手护栏及底座、灯座、泄水管、钢路缘石等。

3.4 涂装阶段分类

按涂装阶段分为三类:
——初始涂装:新建桥梁钢结构的初次涂装(包含二年缺陷责任期内的涂装);
——维修涂装:桥梁在其运营全过程中对涂层进行的维修保养;

——重新涂装:彻底的除去旧涂层、重新进行表面处理后,按照完整的涂装规格进行的涂装。

4 要求

4.1 涂料供应商与施工单位基本要求

4.1.1 涂料供应商基本要求

涂料供应商应获得 GB/T 19001（ISO 9001）、（GB/T 24001（ISO 14001）和 GB/T 28001（OHSAS18001）认可证书。具备提供技术服务和履约能力。

4.1.2 施工单位、施工人员基本要求

4.1.2.1 施工单位应获得 GB/T 19001（ISO 9001）、GB/T 24001（ISO 14001）和 GB/T 28001（OHSAS18001）认可证书。

4.1.2.2 施工单位应具有防腐保温二级及以上资质或国家一级及以上企业,具备保证工程安全、质量的能力。

4.1.2.3 施工人员应通过涂装专业培训。关键施工工序(喷砂、喷漆、质检)的施工人员应获得涂装中级工及以上证书。特种作业人员应具备相应资格。

4.2 涂层体系要求

4.2.1 涂层体系配套要求

4.2.1.1 按照腐蚀环境、工况条件、防腐年限设计涂层配套体系。

4.2.1.2 较高防腐等级的涂层配套体系也适用于较低防腐等级的涂层配套体系,并可参照较低防腐等级的涂层配套体系设计涂层厚度。C1 和 C2 腐蚀环境下的涂层配套体系,可参考 C3 腐蚀环境的涂层配套体系进行设计。

4.2.1.3 涂层配套体系表中未列入车间底漆。一般情况下,所有配套都需要喷涂一道干膜厚度为 $20~\mu m \sim 25~\mu m$ 的车间底漆。

4.2.1.4 按涂装部位列明的涂层配套体系表如下:

   a) 外表面—暴露于大气环境中的桥梁钢结构外表面涂层配套体系,普通型见表 1,长效型见表 2;

表 1 桥梁钢结构外表面涂层配套体系(普通型)

配套编号	腐蚀环境	涂层	涂料品种	道数[a]/最低干膜厚 μm
S01	C3	底涂层	环氧磷酸锌底漆	1/60
		中间涂层	环氧(厚浆)漆	1/80
		面涂层	丙烯酸脂肪族聚氨酯面漆	2/70
			总干膜厚度	210
S02	C4	底涂层	环氧磷酸锌底漆	1/60
		中间涂层	环氧(厚浆)漆	(1～2)/120
		面涂层	丙烯酸脂肪族聚氨酯面漆	2/80
			总干膜厚度	260
S03	C5-I C5-M	底涂层	环氧富锌底漆	1/60
		中间涂层	环氧(云铁)漆	(1～2)/120
		面涂层	丙烯酸脂肪族聚氨酯面漆	2/80
			总干膜厚度	260
[a] 道数为推荐值,下列各表同。				

表2 桥梁钢结构外表面涂层配套体系(长效型)

配套编号	腐蚀环境	涂层	涂料品种	道数/最低干膜厚 μm
S04	C3	底涂层	环氧富锌底漆	1/60
		中间涂层	环氧(厚浆)漆	(1~2)/100
		面涂层	丙烯酸脂肪族聚氨酯面漆	2/80
			总干膜厚度	240
S05	C4	底涂层	环氧富锌底漆	1/60
		中间涂层	环氧(云铁)漆	(1~2)/140
		面涂层	丙烯酸脂肪族聚氨酯面漆	2/80
			总干膜厚度	280
S06	C5-I	底涂层	环氧富锌底漆	1/80
		中间涂层	环氧(云铁)漆	(1~2)/120
		面涂层	聚硅氧烷面漆	(1~2)/100
			总干膜厚度	300
S07	C5-I	底涂层	环氧富锌底漆	1/80
		中间涂层	环氧(云铁)漆	(1~2)/150
		面涂层(第一道)	丙烯酸脂肪族聚氨酯面漆/氟碳树脂漆	1/40
		面涂层(第二道)	氟碳面漆	1/30
			总干膜厚度	300
S08	C5-M	底涂层	无机富锌底漆	1/75
		封闭涂层	环氧封闭漆	1/25
		中间涂层	环氧(云铁)漆	(1~2)/120
		面涂层	聚硅氧烷面漆	(1~2)/100
			总干膜厚度	320
S09	C5-M	底涂层	无机富锌底漆	1/75
		封闭涂层	环氧封闭漆	1/25
		中间涂层	环氧(云铁)漆	(1~2)/150
		面涂层(第一道)	丙烯酸脂肪族聚氨酯面漆/氟碳树脂漆	1/40
		面涂层(第二道)	氟碳面漆	1/40
			总干膜厚度	330
S10	C5-M	底涂层	热喷铝或锌	1/150
		封闭涂层	环氧封闭漆	(1~2)/50
		中间涂层	环氧(云铁)漆	(1~2)/120
		面涂层	聚硅氧烷面漆	(1~2)/100
			总干膜厚度(涂层)	270

表2（续）

配套编号	腐蚀环境	涂层	涂料品种	道数/最低干膜厚 μm
S11	C5-M	底涂层	热喷铝或锌	1/150
		封闭涂层	环氧封闭漆	(1~2)/50
		中间涂层	环氧（云铁）漆	(1~2)/150
		面涂层（第一道）	丙烯酸脂肪族聚氨酯面漆/氟碳树脂漆	1/40
		面涂层（第二道）	氟碳面漆	1/40
			总干膜厚度（涂层）	280

　　b) 封闭坏境内表面涂层配套体系见表3；

表3　封闭环境内表面涂层配套体系

配套编号	工况条件	涂层	涂料品种	道数/最低干膜厚 μm
S12	配置抽湿机	底-面合一	环氧（厚浆）漆（浅色）	(1~2)/150
			总干膜厚度	150
S13	未配置抽湿机	底漆层	环氧富锌底漆	1/50
		面漆层	环氧（厚浆）漆（浅色）	200~300
			总干膜厚度	250~350

注：抽湿机需常年工作，以保持内部系统相对湿度低于50%。

　　c) 非封闭环境内表面涂层配套体系见表4，或采用与外表面相同的涂层配套体系；

表4　非封闭环境内表面涂层配套体系

配套编号	腐蚀环境	涂层	涂料品种	道数/最低干膜厚 μm
S14	C3	底漆层	环氧磷酸锌底漆	1/60
		面漆层	环氧（厚浆）漆（浅色）	(1~2)/100
			总干膜厚度	160
S15	C4,C5-I,C5-M	底漆层	环氧富锌底漆	1/60
		中间漆层	环氧（云铁）漆	(1~2)/120
		面漆层	环氧（厚浆）漆（浅色）	1/80
			总干膜厚度	260

　　d) 钢桥面涂层配套体系见表5；

表5　钢桥面涂层配套体系

配套编号	工况条件	涂层	涂料品种	道数/最低干膜厚 μm
S16	沥青铺装温度≤250 ℃	底漆层	环氧富锌底漆	1/80
			总干膜厚度	80
S17	沥青铺装温度＞250 ℃	底漆层	无机富锌底漆	1/80
			总干膜厚度	80
S18		底漆层	热喷铝或锌	1/100
			总干膜厚度	100

e) 干湿交替区和水下区的涂层配套体系见表6。干湿交替区也可采用钢桥外表面的涂层配套体系,但应适当增加涂层厚度;

表6 干湿交替区和水下区涂层配套体系

配套编号	工况条件	涂层	涂料品种	道数/最低干膜厚/μm
S19	干湿交替/水下区	底-面合一	超强/耐磨环氧漆	(1～3)/450
		总干膜厚度		450
S20	干湿交替/水下区	底-面合一	环氧玻璃鳞片漆	(1～3)/450
		总干膜厚度		450
S21	水下区	底-面合一	环氧漆	3/450
		总干膜厚度		450

f) 防滑摩擦面涂层配套体系见表7;

表7 防滑摩擦面涂层配套体系

配套编号	工况条件	涂层	涂料品种	道数/最低干膜厚/μm
S22	摩擦面	防滑层	无机富锌涂料	1/80
		总干膜厚度		80
S23	摩擦面	防滑层	热喷铝	1/100
		总干膜厚度		100
注:配套S23不适用于相对湿度大、雨水多的环境				

g) 附属钢构件可选用表1中的涂层配套体系。

4.2.2 涂层体系性能要求

涂层体系性能要求见表8。

表8 涂层体系性能要求

腐蚀环境	防腐寿命 年	耐水性 h	耐盐水性 h	耐化学品性能 h	附着力[a] MPa	耐盐雾性能 h	人工加速老化 h
C3	10～15	72	—	—		500	500
	15～25	144	—	—		1 000	800
C4	10～15	144	—	—		500	600
	15～25	240	—	—		1 000	1 000
C5-I	10～15	240	—	168	≥5	2 000	1 000
	15～25	240	—	240		3 000	3 000
C5-M	10～15	240	144	72		2 000	1 000
	15～25	240	240	72		3 000	3 000
Im1		3 000		72			
Im2		—	3 000	72		3 000	—

注:

1. 耐水性、耐盐水性、耐化学品性能涂层试验后不生锈、不起泡、不开裂、不剥落,允许轻微变色和失光;

2. 人工加速老化性能涂层试验后不生锈、不起泡、不剥落、不开裂、不粉化,允许2级变色和2级失光;

3. 耐盐雾性涂层试验后不起泡、不剥落、不生锈、不开裂。

[a] 无机富锌涂层体系附着力大于或等于3 MPa。

4.2.3 涂料性能要求

涂料性能要求见附录 B。

4.3 工艺要求

4.3.1 表面处理

4.3.1.1 结构预处理

构件在喷砂除锈前应进行必要的结构预处理,包括:

a) 粗糙焊缝打磨光顺,焊接飞溅物用刮刀或砂轮机除去。焊缝上深为 0.8 mm 以上或宽度小于深度的咬边应补焊处理,并打磨光顺;

b) 锐边用砂轮打磨成曲率半径为 2 mm 的圆角;

c) 切割边的峰谷差超过 1 mm 时,打磨到 1 mm 以下;

d) 表面层叠、裂缝、夹杂物,须打磨处理,必要时补焊。

4.3.1.2 除油

表面油污应采用专用清洁剂进行低压喷洗或软刷刷洗,并用淡水枪冲洗掉所有残余物;或采用碱液、火焰等处理,并用淡水冲洗至中性。小面积油污可采用溶剂擦洗。

4.3.1.3 除盐分

喷砂钢材表面可溶性氯化物含量应不大于 7 μg/cm²。超标时应采用高压淡水冲洗。当钢材确定不接触氯离子环境时,可不进行表面可溶性盐分检测;当不能完全确定时,应进行首次检测。

4.3.1.4 除锈

4.3.1.4.1 磨料要求

a) 喷射清理用金属磨料应符合 GB/T 18838.1 的要求;

b) 喷射清理用非金属磨料应符合 GB/T 17850.1 的要求;

c) 根据表面粗糙度要求,选用合适粒度的磨料。

4.3.1.4.2 除锈等级为:

a) 热喷锌、喷铝,钢材表面处理应达到 GB/T 8923 规定的 Sa3 级;

b) 无机富锌底漆,钢材表面处理应达到 GB/T 8923 规定的 Sa2½级～Sa3 级;

c) 环氧富锌底漆和环氧磷酸锌底漆,钢材表面处理应达到 GB/T 8923 规定的 Sa2½级;不便于喷射除锈的部位,手工和动力工具除锈至 GB/T 8923 规定的 St3 级。

4.3.1.4.3 表面粗糙度为:

a) 热喷锌(铝),钢材表面粗糙度为 Rz60 μm～100 μm;

b) 喷涂无机富锌底漆,钢材表面粗糙度为 Rz50 μm～80 μm;

c) 喷涂其他防护涂层,钢材表面粗糙度为 Rz30 μm～75 μm。

4.3.1.4.4 除尘

喷砂完工后,除去喷砂残渣,使用真空吸尘器或无油、无水的压缩空气,清理表面灰尘。

清洁后的喷砂表面灰尘清洁度要求不大于 GB/T 18570.3 规定的 3 级。

4.3.1.4.5 表面处理后涂装的时间限定

一般情况下,涂料或锌、铝涂层最好在表面处理完成后 4 h 内施工于准备涂装的表面上;当所处环境的相对湿度不大于 60% 时,可以适当延时,但最长不应超过 12 h;不管停留多长时间,只要表面出现返锈现象,应重新除锈。

4.3.2 涂装要求

4.3.2.1 涂装环境要求

施工环境温度 5 ℃～38 ℃,空气相对湿度不大于 85%,并且钢材表面温度大于露点 3 ℃;在有雨、雾、雪、大风和较大灰尘的条件下,禁止户外施工。

施工环境温度 -5 ℃～5 ℃,应采用低温固化产品或采用其他措施。

4.3.2.2 涂料配制和使用时间

涂料应充分搅拌均匀后方可施工,推荐采用电动或气动搅拌装置。对于双组分或多组分涂料应先将各组分分别搅拌均匀,再按比例配制并搅拌均匀。

混合好的涂料按照产品说明书的规定熟化。

涂料的使用时间按产品说明书规定的适用期执行。

—5～5 ℃施工时,涂料本身的温度需符合产品说明书的规定。

4.3.2.3 涂覆工艺

4.3.2.3.1 涂覆方法分为:

a) 大面积喷涂应采用高压无气喷涂施工;

b) 细长、小面积以及复杂形状构件可采用空气喷涂或刷涂施工;

c) 不易喷涂到的部位应采用刷涂法进行预涂装或第一道底漆后补涂。

4.3.2.3.2 涂覆间隔

按照设计要求和材料工艺进行底涂、中涂和面涂施工。每道涂层的间隔时间应符合材料供应商的有关技术要求。超过最大重涂间隔时间时,进行拉毛处理后涂装。

4.3.2.3.3 二次表面处理

外表面在涂装底漆前应采用喷射方法进行二次表面处理。内表面无机硅酸锌车间底漆基本完好时,可不进行二次表面处理,但要除去表面盐分、油污等,并对焊缝、锈蚀处打磨至 GB/T 8923 规定的 St3 级。

4.3.2.3.4 连接面涂装法分为:

a) 焊接结构—焊接结构应预留焊接区域。预留区域外壁推荐喷砂除锈至 GB/T 8923 规定的 Sa2½级,底漆采用环氧富锌涂料。中涂和面涂配套同相邻部位。内壁可进行打磨处理至 GB/T 8923规定的 St3 级,采用相邻部位配套进行涂装。

b) 栓接结构:

1) 栓接部位采用无机富锌防滑涂料或热喷铝进行底涂。摩擦面涂层初始抗滑移系数不小于 0.55,安装时(6 个月内)涂层抗滑移系数不小于 0.45。

2) 栓接板的搭接缝隙部位,分以下两种情况处理:

——缝隙小于或等于 0.5 mm 时,采用油漆调制腻子密封处理;

——缝隙大于 0.5 mm 时,采用密封胶密封(如聚硫密封胶等);

3) 栓接部位外露底涂层、螺栓,涂装前应进行必要的清洁处理。首先对螺栓头部打磨处理,然后刷涂(1～2)道环氧富锌底漆或环氧磷酸锌底漆 50 μm～60 μm,再按相邻部位的配套体系涂装中间漆和面漆;中间涂层也可采用弹性环氧或弹性聚氨酯涂料。

4.3.2.3.5 现场末道面漆涂装前:

a) 应对运输和装配过程中破损处进行修复处理;

b) 应采用淡水、清洗剂等对待涂表面进行必要的清洁处理,除掉表面灰尘和油污等污染物;

c) 应试验涂层相容性和附着力,整个涂装过程要随时注意涂装有无异常。

4.3.3 现场涂层质量要求

4.3.3.1 外观

4.3.3.1.1 涂料涂层表面应平整、均匀一致,无漏涂、起泡、裂纹、气孔和返锈等现象,允许轻微桔皮和局部轻微流挂。

4.3.3.1.2 金属涂层表面均匀一致,不允许有漏涂、起皮、鼓泡、大熔滴、松散粒子、裂纹和掉块等,允许轻微结疤和起皱。

4.3.3.2 厚度

施工中随时检查湿膜厚度以保证干膜厚度满足设计要求。干膜厚度采用"85—15"规则判定,即允许有15％的读数可低于规定值,但每一单独读数不得低于规定值的85％。对于结构主体外表面可采用"90—10"规则判定。涂层厚度达不到设计要求时,应增加涂装道数,直至合格为止。漆膜厚度测定点的最大值不能超过设计厚度的3倍。

4.3.3.3 附着力

4.3.3.3.1 涂料涂层附着力

当检测的涂层厚度不大于250 μm时,各道涂层和涂层体系的附着力按划格法进行,不大于1级;当检测的涂层厚度大于250 μm时,附着力试验按拉开法进行,涂层体系附着力不小于3 MPa。用于钢桥面的富锌底漆涂层附着力不小于5 MPa。

4.3.3.3.2 锌、铝涂层附着力

应符合GB/T 9793—1997附录A中A.1.4的规定。

4.4 维修涂装和重新涂装

4.4.1 涂膜劣化评定

涂层投入使用后,按照桥梁运行管理单位的规定定期检查,进行涂层劣化评定,评定方法依据ISO 4628。根据漆膜劣化情况,选择合适的维修或重涂方式。

4.4.2 维修涂装

维修涂装要求如下:

a) 当面漆出现3级以上粉化,且粉化减薄的厚度大于初始厚度的50％,或由于景观要求时,彻底清洁面涂层后,涂装与原涂层相容的配套面漆(1～2)道;

b) 当涂膜处于(2～3)级开裂,或(2～3)级剥落,或(2～3)级起泡,但底涂层完好时,选择相应的中间漆、面漆,进行维修涂装;

c) 当涂膜发生Ri2～Ri3锈蚀时,彻底清洁表面,涂装相应中间漆、面漆。

4.4.3 重新涂装

重新涂装要求如下:

a) 当涂膜发生Ri3以上锈蚀时,彻底的表面处理后涂装相应配套涂层;

b) 当涂膜处于3级以上开裂,或3级以上剥落,或3级以上起泡时,如果损坏贯穿整个涂层,应进行彻底的表面处理后,涂装相应配套涂层。

4.4.4 工艺要点

4.4.4.1 根据损坏的面积大小,钢桥外表面可分为以下三种重涂方式:

a) 小面积维修涂装。先清理损坏区域周围松散的涂层,延伸至未损坏区域50 mm～80 mm,并应修成坡口,表面处理至Sa2级或St3级,涂装低表面处理环氧涂料＋面漆;

b) 中等面积维修涂装。表面处理至Sa2½级,涂装环氧富锌底漆＋环氧(云铁)漆＋面漆;

c) 整体重新涂装。表面处理至Sa2½级,按照4.2.1要求的涂装体系进行涂装。

4.4.4.2 钢桥内表面维修或重新涂装底漆宜采用适用于低表面处理的环氧底漆,并宜采用浅色高固体分或无溶剂环氧涂料。

4.4.4.3 海洋大气腐蚀环境和工业大气腐蚀环境下的旧涂层须采用高压淡水清洁后,再喷砂除锈。

4.4.4.4 处于干湿交替区的钢构件,在水位变动情况下涂装时,应选择表面容忍性好的涂料,并能适应潮湿涂装环境的涂层体系。

4.4.4.5 处于水下区的钢构件在浸水状态下施工时应选择可水下施工、水下固化的涂层体系。

5 试验方法

5.1 涂层配套体系

5.1.1 耐水性按GB/T 1733的规定进行。

5.1.2 耐盐水性按 GB/T 9274 的规定进行。

5.1.3 耐化学品性能按 GB/T 9274 的规定进行,使用溶液为 5% NaOH 和 5% H_2SO_4 水溶液。

5.1.4 附着力按 GB/T 5210 的规定进行。

5.1.5 耐盐雾性能按 GB/T 1771 的规定进行。

5.1.6 人工加速老化性能按 GB/T 1865 的规定进行。

5.1.7 涂层体系试验后,漆膜表面缺陷评判按 GB/T 1766 的规定进行。

5.1.8 涂料的试验方法见附录 B。

5.2 表面处理

5.2.1 除锈等级评判按照 GB/T 8923 的规定进行。

5.2.2 表面粗糙度按照 GB/T 13288 或 GB/T 10610 的规定进行。

5.2.3 表面油污检查可采用以下两种方法:

    a) 粉笔试验法——适用于非光滑的钢结构表面

        对于怀疑有油污污染的区域,用粉笔划一条直线贯穿油污区域。如果在该区域内,粉笔线条变细或变浅,说明该区域可能被油污污染;

    b) 醇溶液试验法——适用于所有钢结构表面

        对于怀疑有油污污染的部位,用蘸有异丙醇的脱脂棉球擦拭,并将异丙醇挤入透明的玻璃管中。加入 2~3 倍的蒸馏水,振荡混合约 20 min。以相同体积的异丙醇蒸馏水溶液为参照,如果溶液呈混浊状,表明钢结构表面有油污污染。

5.2.4 表面灰尘清洁度按 GB/T 18570.3 的规定进行。

5.2.5 表面可溶性氯化物按 GB/T 18570.6 和 GB/T 18570.9 的规定进行。

5.3 现场涂层

5.3.1 涂层厚度

5.3.1.1 湿膜厚度按 GB/T 13452.2 的方法 6 规定进行。

5.3.1.2 干膜厚度按 GB/T 13452.2 的方法 5 规定进行。

5.3.2 涂层附着力

5.3.2.1 涂料涂层附着力按 GB/T 9286 或 GB/T 5210 的规定进行。

5.3.2.2 锌、铝涂层附着力按 GB/T 9793—1997 附录 A 中的栅格试验法规定进行。

6 检验规则

6.1 取样

6.1.1 现场取样应使用专用的样品取样罐。确保现场取样罐的清洁,没有灰尘、水等杂质。

6.1.2 抽检的产品包装完整,标志清晰。

6.1.3 采用电动或气动搅拌装置,确保抽检产品均匀一致。

6.2 检验项目

6.2.1 涂层性能的检测项目见表 8。

6.2.2 进场涂料检测项目由监理、施工方及涂料供应商从附录 B 中所列项目中选定。

6.2.3 现场涂层检测项目按照 4.3.3 执行。

6.3 判定原则

6.3.1 涂层性能的检测为型式检验,应由涂料供应商提供国家认可检测机构出具的涂层性能的合格的检测报告。

6.3.2 进场涂料检测结果全部符合本标准的要求为合格。检测结果有一项指标不符合要求时,允许对不符合要求的项目进行复验,复验结果仍不符合要求,则判该批产品为不合格。

6.3.3 现场涂层检测结果全部符合 4.3.3 条款为合格。检测结果有一项指标不符合要求时,都应在现场处理至合格后方可进入下道工序。

7 安全、卫生和环境保护

7.1 安全、卫生

7.1.1 涂装作业安全、卫生应符合 GB 6514、GB/T 7691、GB/T 7692 和 GB/T 50212 的有关规定。

7.1.2 涂装作业场所空气中有害物质不超过最高容许浓度。

7.1.3 施工现场应远离火源,不允许堆放易燃、易爆和有毒物品。

7.1.4 涂料仓库及施工现场应有消防水源、灭火器和消防工器具,并应定期检查。消防道路应畅通。

7.1.5 密闭空间涂装作业应使用防爆灯、器具,安装防爆报警装置;作业完成后油漆在空气中的挥发物消散前,严禁电焊修补作业。

7.1.6 施工人员应正确穿戴工作服、口罩、防护镜等劳动保护用品。

7.1.7 所有电器设备应绝缘良好,临时电线应选用胶皮线,工作结束后应切断电源。

7.1.8 工作平台的搭建应符合有关安全规定。高空作业人员应具备高空作业资格。

7.2 环境保护

7.2.1 涂料产品的有机挥发物含量(VOC)应符合国家有关法律法规要求。

7.2.2 保持施工现场清洁,产生的垃圾等应及时收集并妥善处理。

8 验收

8.1 涂层验收可按构件分批次验收。

8.2 涂装承包商至少应提交下列验收资料:

——设计文件或设计变更文件;

——涂料出厂合格证和质量检验文件,进场验收记录;

——钢结构表面处理和检验记录;

——涂装施工记录(包括施工过程中对重大技术问题和其他质量检验问题处理记录);

——修补和返工记录;

——其他涉及涂层质量的相关记录。

附 录 A

（规范性附录）

腐蚀环境分类

A.1 大气区

大气区腐蚀种类见表 A.1。

表 A.1 大气区腐蚀种类

腐蚀种类	单位面积质量损失/厚度损失（一年曝晒）				温和气候下典型环境实例	
	低碳钢		锌		外部	内部
	质量损失 g/m²	厚度损失 μm	质量损失 g/m²	厚度损失 μm		
C1 很低	≤10	≤1.3	≤0.7	≤0.1	—	加热的建筑物内部,空气洁净。如办公室、商店、学校和宾馆等。
C2 低	10～200	1.3～25	0.7～5	0.1～0.7	污染水平较低。大部分是乡村地区。	未加热的地方,冷凝有可能发生,如库房、体育馆等。
C3 中等	200～400	25～50	5～15	0.7～2.1	城市和工业大气,中等二氧化硫污染。低盐度沿海区。	具有高湿度和一些空气污染的生产车间,如食品加工厂、洗衣店、酿酒厂、牛奶场。
C4 高	400～650	50～80	15～30	2.1～4.2	中等盐度的工业区和沿海区。	化工厂、游泳池、沿海船舶和造船厂。
C5—I 很高 （工业）	650～1 500	80～200	30～60	4.2～8.4	高湿度和恶劣气氛的工业区。	总是有冷凝和高污染的建筑物和地区。
C5—M 很高 （海洋）	650～1 500	80～200	30～60	4.2～8.4	高盐度的沿海和近岸区域。	总是有冷凝和高污染的建筑物和地区。
注：在沿海区的炎热、潮湿地带,质量或厚度损失值可能超过 C5-M 种类的界限。						

A.2 浸水区

A.2.1 按水的类型将浸水区腐蚀环境分为两种类型:淡水(Im1),海水或盐水(Im2)。

A.2.2 按照浸水部位的位置和状态,将浸水区分为三个区域:

——水下区:长期浸泡在水下的区域;

——干湿交替区:由于自然或人为因素水面处于不断变化的区域;

——浪溅区:由于波浪和飞溅致湿的区域。

A.3 埋地区

埋地环境定义为一种腐蚀类型 Im3。

附 录 B

（规范性附录）

涂料性能要求和试验方法

B.1 车间底漆

钢桥用车间底漆技术要求和试验方法见表 B.1。

表 B.1　钢桥用车间底漆技术要求和试验方法

序号	项　目	技术指标		试验方法
		含锌车间底漆	不含锌车间底漆	
1	在容器中状态	搅拌后无硬块，呈均匀状态		目测
2	不挥发物含量/%	40～60	35～55	GB/T 1725
3	不挥发分中的金属锌含量/%	30～50	—	HG/T 3668
4	表干时间/min	≤5		GB/T 1728
5	焊接与切割	合格		GB/T 6747
6	弯曲与成型	合格		GB/T 6747

B.2 防锈底漆

钢桥用防锈底漆技术要求和试验方法见表 B.2。

表 B.2　钢桥用防锈底漆技术要求和试验方法

序号	项　目		技术指标			试验方法
			无机富锌底漆	环氧富锌底漆	环氧磷酸锌底漆	
1	容器中状态		搅拌均匀后无硬块，呈均匀状态；粉料呈微小均匀粉末状态			目测
2	不挥发分中的金属锌含量/%		≥80	≥70	—	HG/T 3668
3	耐热性/℃		400 ℃,1 h 漆膜完整，允许变色	250 ℃,1 h 漆膜完整，允许变色	—	GB/T 1735
4	不挥发分含量/%		≥75		≥60	GB/T 1725
5	干燥时间	表干/h	≤0.5	≤2		GB/T 1728
		实干/h	≤8	≤24		
6	附着力,拉开法/MPa		≥3	≥5		GB/T 5210
7	耐冲击性/cm		—	50		GB/T 1732
8	抗滑移系数	初始时	≥0.55	—	—	GB/T 50205
		安装时(6 个月内)	≥0.45			

注 1：无机富锌底漆包括醇溶型无机富锌底漆和水性无机富锌底漆；

注 2：如果富锌底漆采用鳞片状锌粉作填料，可降低锌粉用量，但漆膜表面电阻率应不大于 10^9 Ω；

注 3：无机富锌底漆用于防滑摩擦面时，不挥发分中的金属锌含量大于或等于 70%；

注 4：耐热性能为用于钢桥面的富锌类防锈底漆的检测项目；

注 5：抗滑移系数为用于防滑摩擦面的无机富锌涂料检测项目。

B.3 环氧封闭漆

环氧封闭漆技术要求和试验方法见表 B.3

表 B.3 环氧封闭漆技术要求和试验方法

序号	项 目		技术指标	试验方法
1	在容器中的状态		搅拌后无硬块,呈均匀状态	目测
2	不挥发物含量/%		50～70	GB/T 1725
3	黏度(ISO-4 杯)/s		≤60	GB/T 6753.4
4	细度/μm		≤60	GB/T 6753.1
5	干燥时间	表干/h	≤2	GB/T 1728
		实干/h	≤12	
6	附着力/MPa		≥5	GB/T 5210

B.4 环氧中间漆

环氧中间漆技术要求和试验方法见表 B.4。

表 B.4 环氧中间漆技术要求和试验方法

序号	项 目		技术指标			试验方法
			环氧(厚浆)漆	环氧(云铁)漆	环氧玻璃鳞片漆	
1	在容器中的状态		搅拌后无硬块,呈均匀状态			目测
2	不挥发物含量/%		≥75	≥75	≥80	GB/T 1725
3	干燥时间	表干/h	≤4	≤4	≤4	GB/T 1728
		实干/h	≤24	≤24	≤24	
4	弯曲性/mm		≤2	≤2	—	GB/T 6742
5	耐冲击性/cm		50		—	GB/T 1732
6	附着力/MPa		≥5			GB/T 5210

B.5 耐候面漆

耐候面漆技术要求和试验方法见表 B.5。

表 B.5 面漆技术要求和试验方法

序号	项 目		技术指标			试验方法
			丙烯酸脂肪族聚氨酯面漆	氟碳面漆	聚硅氧烷面漆	
1	不挥发物含量/%		≥60	≥55	≥70	GB/T 1725
2	细度/μm		≤35			GB 6753.1
3	溶剂可溶物氟含量/%		—	≥24(优等品) ≥22(一等品)	—	HG/T 3792—2006 附录 B
4	干燥时间	表干/h	≤2			GB/T 1728
		实干/h	≤24			

表 B.5（续）

序号	项 目	技术指标			试验方法
		丙烯酸脂肪族聚氨酯面漆	氟碳面漆	聚硅氧烷面漆	
5	弯曲性/mm	≤2			GB/T 6742
6	耐冲击性/cm	50			GB/T 1732
7	耐磨性 500 r/500 g/g	≤0.06	≤0.05	≤0.04	GB 1768
8	硬度	≥0.6			GB/T 1730 B 法
9	附着力/MPa	≥5			GB/T 5210
10	适用期/h	≥5			HG/T 3792—2006 中 5.11
11	重涂性	重涂无障碍			HG/T 3792—2006 中 3.12

ICS 93.040；87.040
P 28
备案号：

中华人民共和国交通运输行业标准

JT/T 821.1—2011

混凝土桥梁结构表面用防腐涂料
第 1 部分：溶剂型涂料

Anti-corrosive coatings for concrete bridge surface
Part 1：Solvent based coatings

2011-11-28 发布
2012-04-01 实施

中华人民共和国交通运输部 发 布

前　　言

JT/T 821《混凝土桥梁结构表面用防腐涂料》分为四个部分：

——第1部分：溶剂型涂料；

——第2部分：湿表面涂料；

——第3部分：柔性涂料；

——第4部分：水性涂料。

本部分为 JT/T 821 的第1部分。

本部分按照 GB/T 1.1—2009 给出的规则起草。

本部分由中国公路学会桥梁和结构工程分会提出并归口。

本部分起草单位：北京航材百慕新材料技术工程股份有限公司、中国科学院海洋研究所、中国建筑材料检验认证中心、国家涂料质量监督检验中心、中交公路规划设计院有限公司、中航工业北京航空材料研究院。

本部分主要起草人：李运德、杨振波、杨文颐、李伟华、苏春海、商汉章、李春、张亮、姜小刚、胡立明、黄玖梅。

混凝土桥梁结构表面用防腐涂料
第1部分:溶剂型涂料

1 范围

JT/T 821的本部分规定了混凝土桥梁结构表面用长效溶剂型防腐涂料的分类和分级、要求、试验方法、检验规则、标志、包装和储存等内容。

本部分适用于混凝土桥梁结构表面用长效溶剂型防腐涂料,主要用于大气区或施工及养护时处于大气环境下干湿交替区的混凝土结构表面防护和装饰。

本部分不适用于柔性涂料。

2 规范性引用文件

下列文件对于本文件的应用是必不可少的。凡是注日期的引用文件,仅注日期的版本适用于本文件。凡是不注日期的引用文件,其最新版本(包括所有的修改单)适用于本文件。

GB 1720—1979 漆膜附着力测定法

GB/T 1723—1993 涂料黏度测定法

GB/T 1725—2007 色漆、清漆和塑料 不挥发物含量的测定

GB 1727—1992 漆膜一般制备法

GB/T 1728—1979 漆膜、腻子膜干燥时间测定法

GB/T 1731—1993 漆膜柔韧性测定法

GB/T 1732—1993 漆膜耐冲击测定法

GB/T 1733—1993 漆膜耐水性测定法

GB/T 1766—2008 色漆和清漆 涂层老化的评级方法

GB/T 1865—2009 色漆和清漆 人工气候老化和人工辐射曝露 滤过的氙弧辐射

GB/T 3186 色漆、清漆和色漆与清漆用原材料 取样

GB/T 6750—2007 色漆和清漆 密度的测定 比重瓶法

GB/T 6753.1—2007 色漆、清漆和印刷油墨 研磨细度的测定

GB/T 8170 数值修约规则与极限数值的表示和判定

GB 9264—1988 色漆流挂性的测定

GB/T 9271—2008 色漆和清漆 标准试板

GB 9274—1988 色漆和清漆 耐液体介质的测定

GB/T 9278—2008 涂料试样状态调节和试验的温湿度

GB/T 9750 涂料产品包装标志

GB/T 13491 涂料产品包装通则

HG/T 3792—2005 交联型氟树脂涂料

JT/T 695—2007 混凝土桥梁结构表面涂层防腐技术条件

3 分类和分级

产品分为底漆、中间漆和面漆三类。底漆包括环氧封闭底漆,分为普通型和高固体分型两种;中间漆

包括环氧云铁中间漆,分为普通型和厚浆型两种;面漆包括丙烯酸聚氨酯面漆和氟碳面漆,氟碳面漆分为优等品和一等品。

4 要求

4.1 产品配套体系的选择按照 JT/T 695—2007 的规定进行。

4.2 环氧封闭底漆的技术要求见表 1。环氧云铁中间漆的技术要求见表 2。丙烯酸聚氨酯面漆和氟碳面漆的技术要求见表 3。

4.3 配套涂层体系技术要求见表 4。

表 1 环氧封闭底漆的技术要求

项　　目		技术要求	
		普通型	高固体分型
在容器中状态		淡黄色或其他色透明均一液体	
细度 /μm		≤15	
不挥发物含量 %		40～50	70～90
干燥时间 /h	表干	≤2	≤6
	实干	≤12	≤24
黏度(涂-4 杯) /s		≤25	≤35
柔韧性 /mm		≤2	
附着力(划圈法) /级		1	
耐冲击性 /cm		50	

表 2 环氧云铁中间漆的技术要求

项　　目		技术要求	
		普通型	厚浆型
在容器中状态		搅拌混合后,无硬块,呈均匀状态	
细度 /μm		≤90	
不挥发物含量 /%		≥75	≥85
		符合产品要求,允许偏差值±2	
密度 /(g/mL)		1.7～1.9	
		符合产品要求,允许偏差值±0.05	
干燥时间 /h	表干	≤1	≤4
	实干	≤8	≤24
抗流挂性 /μm		≥150	≥250
柔韧性 /mm		≤2	
附着力(划圈法) /级		≤2	
耐冲击性 /cm		50	

表 3 丙烯酸聚氨酯面漆和氟碳面漆的技术要求

项 目		技术要求	
		丙烯酸聚氨酯面漆	氟碳面漆
在容器中状态		搅拌混合后，无硬块，呈均匀状态	
细度/μm		≤35	
不挥发物含量/%		≥55	
干燥时间/h	表干	≤1	
	实干	≤12	
柔韧性/mm		≤2	
附着力(划圈法)/级		≤2	
耐冲击性/cm		50	
耐水性,24 h		漆膜无失光、变色、起泡等现象	
耐酸性,10%H$_2$SO$_4$,240 h		白色漆膜无失光、变色、起泡等现象。其他颜色漆膜无起泡、开裂、明显变色和失光等现象	
耐碱性,10%NaOH,240 h		漆膜无变化	优等品漆膜无失光、变色、起泡等现象。一等品漆膜无起泡、开裂、明显变色和失光等现象
主剂溶剂可溶物氟含量^a/%		—	≥24(优等品) ≥22(一等品)

^{a} 生产氟碳涂料所用的 FEVE 氟碳树脂的氟含量，优等品不小于 25，一等品不小于 23。

表 4 配套涂层体系技术要求

项 目	技术要求
耐碱性,720 h	漆膜无起泡、开裂、脱落等现象,附着力≥3 MPa 或混凝土破坏
耐人工气候老化性/h	丙烯酸聚氨酯面漆 1 000 h,氟碳面漆一等品 3 000 h,氟碳面漆优等品 5 000 h,漆膜无起泡、脱落和粉化等现象,允许轻微变色,保光率≥80%
抗氯离子渗透性/[mg/(cm^2·d)]	≤1.5×10^{-4}

5 试验方法

5.1 取样

产品按 GB/T 3186 的规定取样。取样量根据检验需要确定。

5.2 涂料试样的状态调节和试验的温湿度

除另有规定外,涂料样品应在(23±2)℃条件下放置 24 h 后进行相应试验,制备漆膜时控制温度条件在 15 ℃～30 ℃之间,相对湿度不大于 85%。

除另有规定外,制备好的样板,应在 GB/T 9278—2008 规定的标准条件下放置规定的时间后,按有关检验方法进行性能测试。检测项目中除了明确规定的试验条件外,均在 GB/T 9278—2008 规定的标准条件下测定。

5.3 试验样板的制备

5.3.1 试验用底材及表面处理

5.3.1.1 试验用马口铁板和钢板应符合 GB/T 9271—2008 的要求,马口铁板的处理应按 GB/T 9271—2008 中 4.3 的规定进行,钢板的处理应按 GB/T 9271—2008 中 3.5 的规定进行。

5.3.1.2 配套涂层体系耐碱性试验的底材选用和处理按 JT/T 695—2007 中附录 B.1 的规定进行。

5.3.1.3 试验用水泥砂浆板制备方法及表面处理如下:

    a) 将水、水泥(采用 P.O32.5)和砂(ISO 标准砂)按照 1∶1∶6 的比例混合后倒入 150 mm×70mm×20 mm 的金属模具成型;

    b) 在温度(20±2)℃、湿度不小于 80% 的条件下静置 24 h 后脱模,在温度(20±2)℃的水中养护 6 d,再在 GB/T 9278—2008 规定的标准条件下静置 7 d 以上;

    c) 采用符合规定的 150 号水砂纸,对成型试板朝下的一面进行充分研磨并清理干净,作为待施涂的试板面。

5.3.2 试验样板的制备

试验样板的制备按照 GB 1727—1992 的规定进行,试验样板制备要求见表 5。

表 5　试验样板制备要求

项　目	底材类型	底材尺寸/mm	涂装要求
漆膜干燥时间、柔韧性、附着力(划圈法)、耐冲击性	马口铁板	120×50×(0.2~0.3)	喷涂一道。漆膜厚度要求为:底漆、面漆的厚度要求为(20±3)μm;中间漆的厚度要求为(25±5)μm,养护 7 d
面漆耐水性	钢板	120×50×(0.45~0.55)	施涂两道,间隔时间为 24 h,漆膜总厚度为(45±5)μm,养护 14 d
面漆耐酸性、耐碱性	钢板	120×50×(0.45~0.55)	施涂环氧底漆两道、面漆两道,每道间隔 24 h,漆膜总厚度(100±10)μm,养护 14 d
配套涂层体系耐碱性	混凝土块	100×100×100	采用刷涂法按底漆、中间漆和面漆的顺序涂装,每道间隔 24 h。漆膜厚度:底漆为(30±5)μm,中间漆为(160±20)μm,氟碳面漆为(60±5)μm,丙烯酸聚氨酯面漆为(80±10)μm,养护 14 d
耐人工气候老化性、自然气候曝露[a]	水泥砂浆板	150×70×20	
抗氯离子渗透性	涂料细度纸	150×150	

    [a] 耐候性能可选用其他底材及适宜的配套底漆。

5.4 操作方法

5.4.1 在容器中状态

打开容器,用调刀或搅拌棒搅拌进行目视判断。

5.4.2 细度

按 GB/T 6753.1—2007 的规定进行。可将涂料调整到合适的黏度后测试,一般涂-4 黏度为(45± 5)s。

5.4.3 不挥发物含量

按 GB/T 1725—2007 的规定进行。烘烤温度(105±2)℃,烘烤时间为 2 h,试样量为(2±0.2)g。

5.4.4 干燥时间

按 GB/T 1728—1979 的规定,表干按乙法,实干按甲法进行。

5.4.5 黏度

按 GB/T 1723—1993 的涂-4 黏度计法规定进行。

5.4.6 柔韧性

按 GB/T 1731—1993 的规定进行。

5.4.7 附着力

按 GB 1720—1979 的规定进行。

5.4.8 耐冲击性

按 GB/T 1732—1993 的规定进行。

5.4.9 密度

按 GB/T 6750—2007 的规定进行。

5.4.10 抗流挂性

按 GB 9264—1988 的规定进行。

5.4.11 耐水性

按 GB/T 1733—1993 中甲法的规定进行。结果评定按 GB/T 1766—2008 的规定进行。

5.4.12 耐酸性

按 GB 9274—1988 中甲法的规定进行。结果评定按 GB/T 1766—2008 的规定进行。

5.4.13 耐碱性

按 GB 9274—1988 中甲法的规定进行。结果评定按 GB/T 1766—2008 的规定进行。

5.4.14 主剂溶剂可溶物氟含量

按 HG/T 3792—2005 规定的试验方法进行,并对检测值进行矫正。本标准规定的氟含量为 HG/T 3792—2005规定的氟含量检测值的 1.05 倍。

5.4.15 配套涂层体系耐碱性

耐碱性试验按 JT/T 695—2007 中附录 B.1 的规定进行。耐碱性试验后按 JT/T 695—2007 中附录 B.3 的规定进行涂层体系的附着力测试。

5.4.16 耐人工气候老化性

按 GB/T 1865—2009 中方法 1 循环 A 的规定进行。结果评定按 GB/T 1766—2008 的规定进行。

5.4.17 抗氯离子渗透性

按附录 A 的规定进行。

6 检验规则

6.1 检验分类

6.1.1 产品检验分为出厂检验和型式检验。

6.1.2 出厂检验项目包括在容器中状态、细度、不挥发物含量、干燥时间、黏度、密度、抗流挂性。

6.1.3 型式检验项目包括第 4 章所列全部技术要求。

6.2 检验批次

正常情况下,耐冲击性、柔韧性、附着力(划圈法)每月检验一次;面漆的耐水性、耐酸性、耐碱性和主剂溶剂可溶物氟含量每年检验一次;配套涂层体系耐碱性、抗氯离子渗透性每两年检验一次;耐人工气候老化性、自然气候曝露每五年检验一次。

6.3 检验结果的评定

6.3.1 检验结果的判定按 GB/T 8170 中修约值比较法进行。

6.3.2 应检项目的检验结果均达到本部分要求时,判定该批产品为合格。

7 标志、包装和储存

7.1 标志

按 GB/T 9750 的规定进行。

7.2 包装

按 GB/T 13491 中一级包装要求的规定进行。

7.3 储存

产品储存时应保证通风、干燥,防止日光直接照射并应隔离火源、远离热源。产品应根据类型定出储存期,并在包装标志上明示。

附 录 A

（规范性附录）

抗氯离子渗透性试验方法

A.1 试验仪器

试验仪器如下：

a) 试验应采用内径为 40 mm～50 mm 的有机玻璃试验槽；

b) 湿膜厚度规；

c) 磁性测厚仪。

A.2 试验步骤

A.2.1 试验用漆膜的制作。采用 150 mm×150 mm 的涂料细度纸作增强材料，将其平铺于玻璃板上，依照表 5 的涂装要求或配套涂料使用说明书的要求制备漆膜，然后剪成直径为 60 mm～7 0mm 的试件，共三块。

A.2.2 按图 A.1 所示方法进行抗氯离子渗透性试验，采用三组装置同时测试。使试件涂漆的一面朝向 3%NaCl 水溶液；细度纸的另一面朝向蒸馏水。置于室内温度为(25±2)℃条件下进行试验，经 30 d 试验后，测定蒸馏水中的氯离子含量。

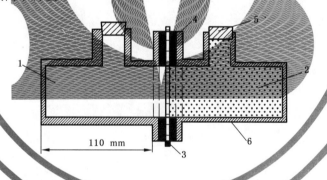

说明：

1 ——3%NaCl 水溶液；

2 ——蒸馏水；

3 ——试件(活动涂层片)；

4 ——硅橡胶填料；

5 ——硅橡胶塞；

6 ——内径为 40 mm～50 mm 的试验槽。

图 A.1 涂层抗氯离子渗透性试验装置示意图

A.3 结果计算和评定

A.3.1 结果计算

抗氯离子渗透性按公式(A.1)计算。

$$A = \frac{m}{30 \cdot S} \qquad \cdots\cdots\cdots\cdots\cdots\cdots\cdots\cdots\cdots\cdots (\text{A.1})$$

式中：

A ——涂层抗氯离子渗透性，单位为毫克每平方厘米每天[mg/(cm² · d)]；

m ——渗透后蒸馏水中氯离子的含量，单位为克(g)；

S ——液体与试件的接触面积，单位为平方厘米(cm²)。

A.3.2 评判依据

测试的三个数据中至少应有两个数据满足表 4 的技术要求。

————————

ICS 93.040;87.040
P 28
备案号：

中华人民共和国交通运输行业标准

JT/T 821.2—2011

混凝土桥梁结构表面用防腐涂料
第2部分：湿表面涂料

Anti-corrosive coatings for concrete bridge surface

Part 2：Wet-surface tolerant coatings

2011-11-28 发布

2012-04-01 实施

中华人民共和国交通运输部　发 布

前　　言

JT/T 821《混凝土桥梁结构表面用防腐涂料》分为四个部分：

——第 1 部分：溶剂型涂料；

——第 2 部分：湿表面涂料；

——第 3 部分：柔性涂料；

——第 4 部分：水性涂料。

本部分为 JT/T 821 的第 2 部分。

本部分按照 GB/T 1.1—2009 给出的规则起草。

本部分由中国公路学会桥梁和结构工程分会提出并归口。

本部分起草单位：北京航材百慕新材料技术工程股份有限公司、中国科学院海洋研究所、中国建筑材料检验认证中心、国家涂料质量监督检验中心、中交公路规划设计院有限公司、中航工业北京航空材料研究院。

本部分主要起草人：李运德、杨振波、杨文颐、苏春海、李伟华、商汉章、李春、张亮、姜小刚、胡立明、黄玖梅。

混凝土桥梁结构表面用防腐涂料
第 2 部分:湿表面涂料

1 范围

JT/T 821 的本部分规定了处于潮湿状态下的混凝土桥梁结构表面用防腐涂料的分类、要求、试验方法、检验规则、标志、包装和储存等内容。

本部分适用于混凝土桥梁结构表面处于涨落潮或干湿交替状态环境下涂装用材料。其他类似涂装环境条件下混凝土结构表面用涂料也可参照执行。

2 规范性引用文件

下列文件对于本文件的应用是必不可少的。凡是注日期的引用文件,仅注日期的版本适用于本文件。凡是不注日期的引用文件,其最新版本(包括所有的修改单)适用于本文件。

GB 1720—1979　漆膜附着力测定法

GB/T 1723—1993　涂料粘度测定法

GB/T 1725—2007　色漆、清漆和塑料　不挥发物含量的测定

GB 1727—1992　漆膜一般制备法

GB/T 1728—1979　漆膜、腻子膜干燥时间测定法

GB/T 1731—1993　漆膜柔韧性测定法

GB/T 1732—1993　漆膜耐冲击测定法

GB/T 1733—1993　漆膜耐水性测定法

GB/T 1740—2007　漆膜耐湿热测定法

GB/T 1766—2008　色漆和清漆　涂层老化的评级方法

GB/T 1768—2006　色漆和清漆　耐磨性的测定　旋转橡胶砂轮法

GB/T 1865—2009　色漆和清漆　人工气候老化和人工辐射曝露　滤过的氙弧辐射

GB/T 3186　色漆、清漆和色漆与清漆用原材料　取样

GB/T 6750—2007　色漆和清漆　密度的测定　比重瓶法

GB/T 6753.1—2007　色漆、清漆和印刷油墨　研磨细度的测定

GB/T 8170　数值修约规则及极限数值的表示和判定

GB 9264—1988　色漆流挂性的测定

GB/T 9271—2008　色漆和清漆　标准试板

GB 9274—1988　色漆和清漆　耐液体介质的测定

GB/T 9278—2008　涂料试样状态调节和试验的温湿度

GB/T 9750　涂料产品包装标志

GB/T 13491　涂料产品包装通则

JT/T 695—2007　混凝土桥梁结构表面涂层防腐技术条件

JT/T 821.1—2011　混凝土桥梁结构表面用防腐涂料　第 1 部分:溶剂型涂料

3 分类

产品分为底漆、中间漆和面漆三类。底漆选用潮湿表面容忍性封闭底漆;中间漆选用快干型环氧云铁厚浆漆;面漆包括快干型丙烯酸聚氨酯面漆和聚天门冬氨酸酯聚脲面漆。

4 要求

4.1 配套涂层体系见表1。

4.2 潮湿表面容忍性环氧封闭底漆的技术要求见表2。快干型环氧云铁厚浆漆的技术要求见表3。快干型丙烯酸聚氨酯面漆和聚天门冬氨酸酯聚脲面漆的技术要求见表4。

4.3 配套涂层体系技术要求见表5。

表 1 配套涂层体系

配套涂层体系编号	涂料(涂层)名称	涂装道数	干膜厚度/μm	涂装环境适应性	装饰效果
1	潮湿表面容忍性环氧封闭底漆	1	—	恶劣	一般
	快干型环氧云铁厚浆漆	3	450		
2	潮湿表面容忍性环氧封闭底漆	1	—	一般	较好
	快干型环氧云铁厚浆漆	2	300		
	快干型丙烯酸聚氨酯面漆	1~2	80		
3	潮湿表面容忍性环氧封闭底漆	1	—	较恶劣	较好
	快干型环氧云铁厚浆漆	2	300		
	聚天门冬氨酸酯聚脲面漆	1	100		

表 2 潮湿表面容忍性环氧封闭底漆的技术要求

项 目		技 术 要 求
在容器中状态		淡黄色或其他色透明均一液体
细度/μm		≤15
不挥发物含量/%		≥40
干燥时间/h	表干	≤2
	实干	≤12
黏度(涂-4杯)/s		≤25
柔韧性/mm		≤2
附着力(划圈法)/级		1
耐冲击性/cm		50
潮湿混凝土基面施涂性		试样能够均匀涂刷,并且形成均匀涂膜

表 3 快干型环氧云铁厚浆漆的技术要求

项 目		技 术 要 求
在容器中状态		搅拌混合和后,无硬块,呈均匀状态
细度/μm		≤90
不挥发物含量/%		≥85
密度/(g/mL)		1.55~1.65
干燥时间/h	表干	≤1.5
	实干	≤8
抗流挂性/μm		≥250
柔韧性/mm		≤2
附着力(划圈法)/级		≤2
耐冲击性/cm		50

表 4 快干型丙烯酸聚氨酯面漆和聚天门冬氨酸酯聚脲面漆的技术要求

项 目		技 术 要 求	
		快干型丙烯酸聚氨酯面漆	聚天门冬氨酸酯聚脲面漆
在容器中状态		搅拌混合和后,无硬块,呈均匀状态	
细度/μm		≤35	
不挥发物含量/%		≥60	≥85
干燥时间/h	表干	≤0.5	≤1
	实干	≤10	≤12
柔韧性/mm		≤2	1
附着力(划圈法)/级		≤2	1
耐冲击性/cm		50	
耐水性,72 h		漆膜无失光、变色、起泡等现象	
耐酸性(10%H_2SO_4,240 h)		漆膜无起泡、开裂、明显变色和失光等现象	
耐碱性(10%NaOH,240 h)			
耐磨性(1kg·500r)/g		≤0.05	
适用期/min		≥120	≥45

表 5 配套涂层体系技术要求

项 目	技 术 要 求
配套涂层体系附着力/MPa	≥2.5
耐湿热性,1 000 h	漆膜无起泡、脱落和开裂等现象,允许轻微变色和轻微失光
人工加速老化性[a],1 500 h	漆膜不起泡、不剥落、不开裂、不粉化、无明显变色
抗氯离子渗透性/[mg/(cm²·d)]	≤1.0×10^{-4}
[a] 表 1 中的配套涂层体系 1 不作要求。	

5 试验方法

5.1 取样

产品按 GB/T 3186 的规定取样。取样量根据检验需要确定。

5.2 涂料试样的状态调节和试验的温湿度

除另有规定外,涂料样品应在(23±2)℃条件下放置 24 h 后进行相应试验,制备漆膜时控制温度条件在 15 ℃~30 ℃之间。

除另有规定外,制备好的样板,应在 GB/T 9278—2008 规定的标准条件下放置规定的时间后,按有关检验方法进行性能测试。检测项目中除了明确规定的试验条件外,均在 GB/T 9278—2008 规定的标准条件下测定。

5.3 试验样板的制备

5.3.1 试验用底材及表面处理

5.3.1.1 试验用马口铁板和钢板应符合 GB/T 9271—2008 的要求,马口铁板的处理应按 GB/T 9271—2008 中 4.3 的规定进行,钢板的处理应按 GB/T 9271—2008 中 3.5 的规定进行。

5.3.1.2 配套涂层体系附着力、耐碱性试验的底材选用和处理按 JT/T 695—2007 中附录 B.1 的规定进行。

5.3.1.3 试验用水泥砂浆板制备方法及表面处理如下:

    a) 将水、水泥(采用 P.O32.5)和砂(ISO 标准砂)按照 1:1:6 的比例混合后倒入 150 mm× 70 mm×20 mm 的金属模具成型;

    b) 在温度(20±2)℃、湿度不小于 80% 的条件下静置 24 h 后脱模,在温度(20±2)℃的水中养护 6 d,再在 GB/T 9278—2008 规定的标准条件下静置 7 d 以上;

    c) 采用符合规定的 150 号水砂纸,对成型试板朝下的一面进行充分研磨并清理干净,作为待施涂的试板面。

5.3.2 试验样板的制备

试验样板的制备按照 GB 1727—1992 的规定进行,试验样板制备要求见表 6。

表 6 试验样板制备要求

项 目	底材类型	底材尺寸/mm	涂装要求
漆膜干燥时间、柔韧性、附着力(划圈法)、耐冲击性	马口铁板	120×50×(0.2~0.3)	喷涂一道。漆膜厚度要求为:封闭底漆、快干型丙烯酸聚氨酯面漆的厚度要求为(20±3)μm;环氧云铁厚浆漆、聚天门冬氨酸酯聚脲面漆的厚度要求为(25±5)μm。养护 7 d
面漆耐水性	钢板	120×50×(0.45~0.55)	施涂两道,间隔时间为 24 h,快干型丙烯酸聚氨酯面漆漆膜总厚度为(45±5)μm,聚天门冬氨酸酯聚脲面漆的厚度要求为(80±5)μm。养护 14 d
面漆耐磨性	钢板	φ(100×10×1)	
面漆耐酸性、耐碱性	钢板	150×70×(0.8~1.5)	施涂环氧底漆两道、面漆两道,每道间隔 24 h,快干型丙烯酸聚氨酯面漆漆膜总厚度为(100±10)μm,聚天门冬氨酸酯聚脲面漆的漆膜总厚度要求为(120±10)μm。养护 14 d

表 6（续）

项　目	底材类型	底材尺寸/mm	涂装要求
抗氯离子渗透性	涂料细度纸	150×150	采用刷涂法按底漆、中间漆和面漆的顺序涂装，每道间隔 24 h。漆膜厚度：底漆为(30±5)μm，漆膜总厚度为(350±50)μm。养护 14 d
人工加速老化[a]	水泥砂浆板	150×70×20	
涂层体系附着力	混凝土块	100×100×100	制备好的基材浸泡在清水中 24 h 后取出，用湿棉布擦去明水，空气中自然停放 30 min 后采用刷涂法按底漆、中间漆和面漆的顺序涂装，每道间隔 24 h，每涂完一道漆在空气中养护 4 h 后，浸入水中 12 h，再在空气中养护 8 h 后涂装下一道漆。漆膜厚度：底漆为(30±5)μm，漆膜总厚度为(350±50)μm。养护 14 d
耐湿热性	水泥砂浆块	150×70×20	

　　[a] 可选用其他底材及适宜的配套底漆。

5.4　操作方法

5.4.1　在容器中状态

打开容器，用调刀或搅拌棒搅拌进行目视判断。

5.4.2　细度

按 GB/T 6753.1—2007 的规定进行。可将涂料调整到合适黏度后测试，一般涂-4 黏度为(45±5)s。

5.4.3　不挥发物含量

按 GB/T 1725—2007 的规定进行。烘烤温度(105±2)℃，烘烤时间为 2 h，试样量(2±0.2)g。

5.4.4　干燥时间

按 GB/T 1728—1979 的规定，表干按乙法，实干按甲法进行。

5.4.5　黏度

按 GB/T 1723—1993 的涂-4 黏度计法规定进行。

5.4.6　柔韧性

按 GB/T 1731—1993 的规定进行。

5.4.7　附着力

按 GB 1720—1979 的规定进行。

5.4.8　耐冲击性

按 GB/T 1732—1993 的规定进行。

5.4.9 潮湿混凝土基面施涂性

将水泥砂浆块浸泡在清水中 2 h 后捞出,迅速用湿布擦除表面明水,在 5 min 内,刷涂潮湿表面容忍性环氧封闭底漆。

5.4.10 密度

按 GB/T 6750—2007 的规定进行。

5.4.11 抗流挂性

按 GB 9264—1988 的规定进行。

5.4.12 耐水性

按 GB/T 1733—1993 中甲法的规定进行。结果评定按 GB/T 1766—2008 的规定进行。

5.4.13 耐酸性

按 GB 9274—1988 中甲法的规定进行。结果评定按 GB/T 1766—2008 的规定进行。

5.4.14 耐碱性

按 GB 9274—1988 中甲法的规定进行。结果评定按 GB/T 1766—2008 的规定进行。

5.4.15 耐磨性

按 GB/T 1768—2006 的规定进行。

5.4.16 适用期

在(23±2)℃条件下,将涂料各组分按规定的比例混合,测定其易于施涂的时间。

5.4.17 配套涂层体系附着力

按 JT/T 695—2007 中附录 B.3 的规定进行。

5.4.18 耐湿热性

按 GB/T 1740—2007 的规定进行。结果评定按 GB/T 1766—2008 的规定进行。

5.4.19 耐人工气候老化性

按 GB/T 1865—2009 中方法 1 循环 A 的规定进行。结果评定按 GB/T 1766—2008 的规定进行。

5.4.20 抗氯离子渗透性

按 JT/T 821.1—2011 中附录 A 的规定进行。

6 检验规则

6.1 检验分类

6.1.1 产品检验分为出厂检验和型式检验。

6.1.2 出厂检验项目包括在容器中状态、密度、黏度、细度、不挥发物含量、抗流挂性、干燥时间、适用期、潮湿混凝土基面施涂性。

6.1.3 型式检验项目包括第 4 章所列全部技术要求。

6.2 检验批次

正常情况下,耐冲击性、柔韧性、附着力(划圈法)每月检验一次;面漆的耐水性、耐酸性、耐碱性、耐磨性每年检验一次;配套涂层体系附着力、抗氯离子渗透性每两年检验一次;耐湿热性、耐人工气候老化性每五年检验一次。

6.3 检验结果的评定

6.3.1 检验结果的判定按 GB/T 8170 中修约值比较法进行。

6.3.2 应检项目的检验结果均达到本部分要求时,该批产品为合格。

7 标志、包装和储存

7.1 标志

按 GB/T 9750 的规定进行。

7.2 包装

按 GB/T 13491 中一级包装要求的规定进行。

7.3 储存

产品储存时应保证通风、干燥,防止日光直接照射并应隔离火源、远离热源。产品应根据类型定出储存期,并在包装标志上明示。

————————

ICS 93.040；87.040
P 28
备案号：

中华人民共和国交通运输行业标准

JT/T 821.3—2011

混凝土桥梁结构表面用防腐涂料
第3部分：柔性涂料

Anti-corrosive coatings for concrete bridge surface
Part 3：Flexible coatings

2011-11-28 发布

2012-04-01 实施

中华人民共和国交通运输部　发布

前　言

JT/T 821《混凝土桥梁结构表面用防腐涂料》分为四个部分：
——第 1 部分:溶剂型涂料；
——第 2 部分:湿表面涂料；
——第 3 部分:柔性涂料；
——第 4 部分:水性涂料。
本部分为 JT/T 821 的第 3 部分。
本部分按照 GB/T 1.1—2009 给出的规则起草。
本部分由中国公路学会桥梁和结构工程分会提出并归口。
本部分起草单位:北京航材百慕新材料技术工程股份有限公司、中国科学院海洋研究所、中国建筑材料检验认证中心、国家涂料质量监督检验中心、中交公路规划设计院有限公司、中航工业北京航空材料研究院。
本部分主要起草人:李运德、商汉章、白桦栋、刘伟、李伟华、杨文颐、唐瑛、张亮、姜小刚、胡立明、黄玖梅。

混凝土桥梁结构表面用防腐涂料
第3部分:柔性涂料

1 范围

JT/T 821 的本部分规定了混凝土桥梁结构表面用柔性防腐涂料的分类、要求、试验方法、检验规则、标志、包装和储存等内容。

本部分适用于已经出现裂纹或防止裂纹产生的桥梁混凝土结构表面用柔性防腐涂料,也可用于混凝土结构表面出现裂缝后采用化学灌浆或其他密封补强措施后的表面防护和修饰。

2 规范性引用文件

下列文件对于本文件的应用是必不可少的。凡是注日期的引用文件,仅注日期的版本适用于本文件。凡是不注日期的引用文件,其最新版本(包括所有的修改单)适用于本文件。

GB/T 528—2009　硫化橡胶和热塑性橡胶　拉伸应力应变性能的测定

GB 1720—1979　漆膜附着力测定法

GB/T 1723—1993　涂料粘度测定法

GB/T 1725—2007　色漆、清漆和塑料　不挥发物含量的测定

GB 1727—1992　漆膜一般制备法

GB/T 1728—1979　漆膜、腻子膜干燥时间测定法

GB/T 1731—1993　漆膜柔韧性测定法

GB/T 1732—1993　漆膜耐冲击测定法

GB/T 1733—1993　漆膜耐水性测定法

GB/T 1766—2008　色漆和清漆　涂层老化的评级方法

GB/T 1865—2009　色漆和清漆　人工气候老化和人工辐射曝露　滤过的氙弧辐射

GB/T 3186　色漆、清漆和色漆与清漆用原材料　取样

GB/T 6750—2007　色漆和清漆　密度的测定　比重瓶法

GB/T 6753.1—2007　色漆、清漆和印刷油墨　研磨细度的测定

GB/T 8170　数值修约规则与极限数值的表示和判定

GB/T 9271—2008　色漆和清漆　标准试板

GB 9274—1988　色漆和清漆　耐液体介质的测定

GB/T 9278—2008　涂料试样状态调节和试验的温湿度

GB/T 9750　涂料产品包装标志

GB/T 13491　涂料产品包装通则

HG/T 3792—2005　交联型氟树脂涂料

JT/T 695—2007　混凝土桥梁结构表面涂层防腐技术条件

JT/T 821.1—2011　混凝土桥梁结构表面用防腐涂料　第1部分:溶剂型涂料

3 分类

产品分为底漆、中间漆和面漆三类。底漆为环氧封闭底漆;中间漆为柔性环氧中间漆或柔性聚氨酯中间漆;面漆为柔性聚氨酯面漆或柔性氟碳面漆。

4 要求

4.1 配套涂层体系按照表 1 的规定进行。

4.2 环氧封闭底漆的技术要求见表 2。柔性环氧中间漆和柔性聚氨酯中间漆的技术要求见表 3。柔性聚氨酯面漆和柔性氟碳面漆的技术要求见表 4。

4.3 配套涂层体系技术要求见表 5。

表 1 配套涂层体系

涂　层	涂料品种	施工道数	干膜厚度/μm
底涂层	环氧封闭底漆	1	—
中间涂层	柔性环氧中间漆 或柔性聚氨酯中间漆	1～2	80～200[a]
面涂层	柔性聚氨酯面漆 或柔性氟碳面漆	2	≥100 ≥60

[a] 中间涂层厚度依据混凝土基面状况、腐蚀环境情况、预期防腐年限而定。

表 2 环氧封闭底漆的技术要求

项　目		技 术 要 求
在容器中状态		淡黄色或其他色透明均一液体
细度/μm		≤15
不挥发物含量/%		≥40
干燥时间/h	表干	≤4
	实干	≤24
黏度(涂-4 杯)/s		≤25
柔韧性/mm		1
附着力(划圈法)/级		1
耐冲击性/cm		50

表 3 柔性环氧中间漆和柔性聚氨酯中间漆的技术要求

项　目		技 术 要 求
在容器中状态		搅拌混合后,无硬块,呈均匀状态
细度/μm		≤60
不挥发物含量/%		≥90
黏度(涂-4 杯)/s		40～100
密度/(g/mL)		≤1.45
干燥时间/h	表干	≤4
	实干	≤24
拉伸强度/MPa		≥8
拉断伸长率/%		≥60

表4 柔性聚氨酯面漆和柔性氟碳面漆的技术要求

项 目		技 术 要 求	
		柔性聚氨酯面漆	柔性氟碳面漆
在容器中状态		搅拌混合后,无硬块,呈均匀状态	
细度/μm		≤35	
主剂溶剂可溶物氟含量/%		—	≥20
不挥发物含量/%		≥8	≥60
黏度(涂-4杯)/s		40~80	
干燥时间/h	表干	≤4	≤2
	实干	≤24	≤24
拉伸强度/MPa		≥10	
拉断伸长率/%		≥150	≥100
耐水性,24 h		漆膜无失光、变色、起泡等现象	
耐酸性,10%H₂SO₄,72 h		漆膜无起泡、开裂、明显变色和明显失光等现象	
耐碱性,10%NaOH,72 h			

表5 配套涂层体系技术要求

项 目	技 术 要 求
附着力/MPa	≥1.5
耐人工气候老化性/h	柔性聚氨酯面漆1 000 h,柔性氟碳面漆3 000 h,漆膜无起泡、脱落和粉化等现象,允许轻微变色
裂缝追随性/mm	≥1
抗氯例子渗透性/[mg/(cm²·d)]	≤2.0×10⁻⁴

5 试验方法

5.1 取样

产品按 GB/T 3186 的规定取样。取样量根据检验需要确定。

5.2 涂料试样的状态调节和试验的温湿度

除另有规定外,涂料样品应在(23±2)℃条件下放置24 h后进行相应试验,制备漆膜时控制温度条件在 15 ℃~30 ℃之间。

除另有规定外,制备好的样板,应在 GB/T 9278—2008 规定的标准条件下放置规定的时间后,按有关检验方法进行性能测试。检测项目中除了明确规定的试验条件外,均在 GB/T 9278—2008 规定的标准条件下测定。

5.3 试验样板的制备

5.3.1 试验用底材及表面处理

5.3.1.1 试验用马口铁板和钢板应符合 GB/T 9271—2008 的要求,马口铁板的处理应按 GB/T 9271—2008 中 4.3 的规定进行,钢板的处理应按 GB/T 9271—2008 中 3.5 的规定进行。

5.3.1.2 试验用水泥砂浆板制备方法及表面处理如下:

　　a) 将水、水泥(采用 P. O32.5)和砂(ISO 标准砂)按照 1∶1∶6 的比例混合后倒入 150 mm×
　　　 70 mm×20 mm 的金属模具成型;

　　b) 在温度(20±2)℃、湿度不小于 80% 的条件下静置 24 h 后脱模,在温度(20±2)℃的水中养护
　　　 6 d,再在 GB/T 9278—2008 规定的标准条件下静置 7 d 以上;

　　c) 采用符合规定的 150 号水砂纸,对成型试板朝下的一面进行充分研磨并清理干净,作为待施涂
　　　 的试板面。

5.3.2 试验样板的制备

5.3.2.1 试验样板的制备按照 GB 1727—1992 的规定进行,试验样板制备要求见表 6。

表 6　试验样板制备要求

项　　　目	底材类型	底材尺寸 mm	涂装要求
漆膜干燥时间、柔韧性、附着力(划圈法)、耐冲击性	马口铁板	120×50×(0.2~0.3)	喷涂一道。漆膜厚度要求为:底漆、面漆的厚度要求为(20±3)μm;中间漆的厚度要求为(30±5)μm。养护 7 d
面漆的耐水性	钢板	120×50×(0.45~0.55)	施涂两道,间隔时间为 24 h。漆膜总厚度为(45±5)μm。养护 14 d
面漆耐酸性、耐碱性	钢板	120×50×(0.45~0.55)	施涂环氧底漆两道、面漆两道,每道间隔 24 h。漆膜总厚度(100±10)μm。养护 14 d
裂缝追随性	水泥砂浆板	120×40×10	采用刷涂法按底漆(一道)、中间漆(两道)和面漆(两道)的顺序涂装,每道间隔 24 h。漆膜厚度:底漆为(30±5)μm,中间漆为(200±20)μm,柔性氟碳面漆为(60±5)μm,柔性聚氨酯面漆为(80±10)μm。养护 14 d
涂层体系附着力	水泥砂浆板	150×70×20	
耐人工气候老化性[a]	水泥砂浆板	150×70×20	
抗氯离子渗透性	涂料细度纸	150×150	
[a] 可选用其他底材及适宜的配套底漆。			

5.3.2.2 拉伸强度、拉断伸长率测试用涂膜制备方法如下:制备涂膜用模具如图 1 所示。将不锈钢模框内边缘及与聚四氟乙烯板接触缝隙处涂上凡士林等适宜的油脂,然后将足够量的涂料(湿膜厚度 1 mm)倒入模具中,用不锈钢板刮平,7 d 后脱模,再把涂膜反过来平放 7 d 后测试。

单位为毫米

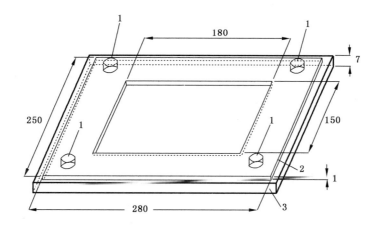

说明：

1——螺母；

2——模框；

3——底板。

图 1　制备涂膜用模具

5.4　操作方法

5.4.1　在容器中状态

打开容器,用调刀或搅拌棒搅拌进行目视判断。

5.4.2　细度

按 GB/T 6753.1—2007 的规定进行。

5.4.3　不挥发物含量

按 GB/T 1725—2007 的规定进行。烘烤温度(105±2)℃,烘烤时间为 2 h,试样量(2±0.2)g。

5.4.4　干燥时间

按 GB/T 1728—1979 的规定,表干按乙法,实干按甲法进行。

5.4.5　黏度

按 GB/T 1723—1993 的涂-4 黏度计法规定进行。

5.4.6　柔韧性

按 GB/T 1731—1993 的规定进行。

5.4.7　附着力

按 GB 1720—1979 的规定进行。

5.4.8　耐冲击性

按 GB/T 1732—1993 的规定进行。

5.4.9 密度

按 GB/T 6750—2007 的规定进行。

5.4.10 拉伸强度

按 GB/T 528—2009 的规定进行。拉伸速率为 50 mm/min。

5.4.11 拉断伸长率

按 GB/T 528—2009 的规定进行。拉伸速率为 50 mm/min。

5.4.12 主剂溶剂可溶物氟含量

按 HG/T 3792—2005 规定的试验方法进行,并对检测值进行矫正。本标准规定的氟含量为 HG/T 3792—2005规定的氟含量检测值的1.05倍。

5.4.13 耐水性

按 GB/T 1733—1993 中甲法的规定进行。结果评定按 GB/T 1766—2008 的规定进行。

5.4.14 耐酸性

按 GB 9274—1988 中甲法的规定进行。结果评定按 GB/T 1766—2008 的规定进行。

5.4.15 耐碱性

按 GB 9274—1988 中甲法的规定进行。结果评定按 GB/T 1766—2008 的规定进行。

5.4.16 配套涂层体系附着力

按 JT/T 695—2007 中附录 B.3 的规定进行。

5.4.17 耐人工气候老化性

按 GB/T 1865—2009 中方法 1 循环 A 的规定进行。结果评定按 GB/T 1766—2008 的规定进行。

5.4.18 裂缝追随性

按附录 A 的规定进行。

5.4.19 抗氯离子渗透性

按 JT/T 821.1—2011 中附录 A 的规定进行。

6 检验规则

6.1 检验分类

6.1.1 产品检验分为出厂检验和型式检验。

6.1.2 出厂检验项目包括在容器中状态、细度、不挥发物含量、黏度、密度、干燥时间。

6.1.3 型式检验项目包括第 4 章所列全部技术要求。

6.2 检验批次

正常情况下,耐冲击性、柔韧性、附着力(划圈法)每月检验一次;拉伸强度、拉断伸长率、耐水性、耐酸性、耐碱性每年检验一次;主剂溶剂可溶物氟含量、配套涂层体系附着力、抗氯离子渗透性每两年检验一次;裂缝追随性、耐人工气候老化性每五年检验一次。

6.3 检验结果的评定

6.3.1 检验结果的判定按 GB/T 8170 中修约值比较法进行。

6.3.2 应检项目的检验结果均达到本部分要求时,判定该批产品为合格。

7 标志、包装和储存

7.1 标志

按 GB/T 9750 的规定进行。

7.2 包装

按 GB/T 13491 中一级包装要求的规定进行。

7.3 储存

产品储存时应保证通风、干燥,防止日光直接照射并应隔离火源、远离热源。产品应根据类型定出储存期,并在包装标志上明示。

附 录 A

（规范性附录）

裂缝追随性能的测定

A.1 基材制备

A.1.1 采用灰砂比 3∶1、水灰比 1∶2 的灰浆（水泥采用 P.O32.5，砂采用 ISO 标准砂），倒入 120 mm×40 mm×10 mm 的金属模具成型，在温度（20±2）℃、湿度不小于 80% 的条件下养护 24 h 后脱模，在温度（20±2）℃的水中养护 6 d，再在 GB/T 9278—2008 规定的标准条件下养护 7 d。

A.1.2 如图 A.1 所示，在成型混凝土板的上表面用切割机切割深度为 5 mm 的缺口（背面用于涂覆表面涂层材料），然后沿着缺口将混凝土试件掰开。折断的两部分重新拼合后用胶带黏结在钢板表面。

单位为毫米

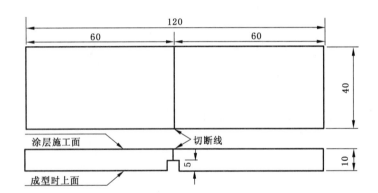

图 A.1 基材形状

A.2 试板制备

A.2.1 首先除去混凝土试件表面的脆弱层及油污、浮浆、粉尘、腐蚀性物质等，再使用抹刀将聚合物水泥砂浆等适宜的找平材料顺着基板连接缝涂抹均匀，抹缝宽度应该控制在 20 mm 以内。待找平材料硬化后，使用符合规定的 150 号砂纸磨平，并清理干净。

A.2.2 按照表 6 中规定的涂装工艺要求将表面涂层材料涂布在接板表面上，避免涂料流入接缝里，在连接板的两侧留出 30 mm 的空白。然后，在 GB/T 9278—2008 规定的标准条件下养护 14 d，形成试验件。

A.3 样品测试

A.3.1 将养护后的三块试板从不锈钢板上小心剥离下来，固定在电子拉力试验机具有一定间隙的夹具之间。在恒定拉伸速率 5 mm/min 下对样品进行拉伸试验。

A.3.2 按照伸长率计算涂膜的裂缝追随性能。伸长率按照外涂层破坏前，应力—应变曲线最大应力值对应的应变值确定。

ICS 93.040；87.040
P 28
备案号：

中华人民共和国交通运输行业标准

JT/T 821.4—2011

混凝土桥梁结构表面用防腐涂料
第4部分：水性涂料

Anti-corrosive coatings for concrete bridge surface
Part 4：Water based coatings

2011-11-28 发布

2012-04-01 实施

中华人民共和国交通运输部　发布

JT/T 821.4—2011

前　言

JT/T 821《混凝土桥梁结构表面用防腐涂料》分为四个部分：
——第1部分：溶剂型涂料；
——第2部分：湿表面涂料；
——第3部分：柔性涂料；
——第4部分：水性涂料。

本部分为 JT/T 821 的第4部分。

本部分按照 GB/T 1.1—2009 给出的规则起草。

本部分由中国公路学会桥梁和结构工程分会提出并归口。

本部分起草单位：北京航材百慕新材料技术工程股份有限公司、中国科学院海洋研究所、中国建筑材料检验认证中心、国家涂料质量监督检验中心、中交公路规划设计院有限公司、中航工业北京航空材料研究院。

本部分主要起草人：李运德、沙金、师华、唐瑛、杨文颐、李伟华、吕化工、张亮、姜小刚、胡立明、黄玖梅。

混凝土桥梁结构表面用防腐涂料
第4部分:水性涂料

1 范围

JT/T 821 的本部分规定了混凝土桥梁结构表面用水性防腐涂料的分类和分级、要求、试验方法、检验规则、标志、包装和储存等内容。

本部分适用于 JT/T 695 规定的处于中等以下腐蚀环境下的大气区混凝土桥梁结构表面用长效型水性防腐涂料,也适用于其他类似使用环境的混凝土结构表面用水性防腐涂料。

2 规范性引用文件

下列文件对于本文件的应用是必不可少的。凡是注日期的引用文件,仅注日期的版本适用于本文件。凡是不注日期的引用文件,其最新版本(包括所有的修改单)适用于本文件。

GB/T 528—2009 硫化橡胶和热塑性橡胶 拉伸应力应变性能的测定

GB 1727—1992 漆膜一般制备法

GB/T 1728—1979 漆膜、腻子膜干燥时间测定法

GB/T 1733—1993 漆膜耐水性测定法

GB/T 1766—2008 色漆和清漆 涂层老化的评级方法

GB/T 1865—2009 色漆和清漆 人工气候老化和人工辐射曝露 滤过的氙弧辐射

GB/T 3186 色漆、清漆和色漆与清漆用原材料 取样

GB/T 6753.1—2007 色漆、清漆和印刷油墨 研磨细度的测定

GB/T 8170 数值修约规则与极限数值的表示和判定

GB/T 9265—2009 建筑涂料 涂层耐碱性的测定

GB/T 9271—2008 色漆和清漆 标准试板

GB/T 9278—2008 涂料试样状态调节和试验的温湿度

GB/T 9750 涂料产品包装标志

GB/T 9755—2001 合成树脂乳液外墙涂料

GB/T 13491 涂料产品包装通则

GB/T 50082—2009 普通混凝土长期性能和耐久性能试验方法标准

HG/T 4104—2009 建筑用水性氟涂料

JG/T 25—1999 建筑涂料涂层耐冻融循环性测定法

JT/T 695—2007 混凝土桥梁结构表面涂层防腐技术条件

3 分类和分级

产品分为底漆、中间漆和面漆三类。底漆为水性丙烯酸封闭底漆或水性环氧封闭底漆;中间漆为水性丙烯酸中间漆;面漆为水性氟碳面漆,分为优等品和一等品。

4 要求

4.1 ·配套涂层体系见表1。

4.2 水性丙烯酸封闭底漆和水性环氧封闭底漆的技术要求见表2。水性丙烯酸中间漆的技术要求见表3。水性氟碳面漆的技术要求见表4。

4.3 配套涂层体系技术要求见表5。

表1 配套涂层体系

涂层	涂料品种	施工道数	最小干膜厚度/μm
底涂层	水性丙烯酸封闭底漆或水性环氧封闭底漆	1	—
中间涂层	水性丙烯酸中间漆	2	80
面涂层	水性氟碳面漆	2	60

表2 水性丙烯酸封闭底漆和水性环氧封闭底漆的技术要求

项目	技术要求	
	水性丙烯酸封闭底漆	水性环氧封闭底漆
在容器中状态	乳白色等透明或半透明均一液体	
漆膜外观	漆膜均匀,无流挂、发花、针孔、开裂和剥落等异常现象	
低温稳定性/%	不变质	
干燥时间(表干)/h	≤2	≤3
耐碱性,168 h	漆膜无起泡、开裂、明显变色和失光等现象	漆膜无失光、变色、起泡等现象

表3 水性丙烯酸中间漆的技术要求

项目	技术要求
在容器中状态	搅拌混合后,无硬块,呈均匀状态
细度/μm	≤80
低温稳定性	不变质
漆膜外观	漆膜均匀,无流挂、发花、针孔、开裂和剥落等异常现象
干燥时间(表干)/h	≤2
拉伸强度/MPa	≥1.5
拉断伸长率/%	≥100
耐水性/h	168 h漆膜不起泡、不开裂、不粉化,允许轻微变色和失光

表 4 水性氟碳面漆的技术要求

项 目	技术要求		
	含氟丙烯酸类[b]	FEVE 类	PVDF 类
在容器中状态	搅拌混合后，无硬块，呈均匀状态		
细度/μm	≤40		
低温稳定性	不变质		
漆膜外观	漆膜均匀、无流挂、发花、针孔、开裂和剥落等异常现象		
基料中氟含量[a]/%	≥6	≥14	≥16
干燥时间/h	≤2		
拉伸强度/MPa	≥1.5		
拉断伸长率/%	≥100		
耐水性/h	168 h 漆膜不起泡、不开裂、不粉化，允许很轻微变色和失光		

[a] 制备涂料所用氟树脂的氟含量：含氟丙烯酸类型不小于 8%；FEVE 类型不小于 16%；PVDF 类型不小于 18%。

[b] 含氟丙烯酸类应通过红外光谱或其他适宜的检测手段鉴定不含氯元素。

表 5 配套体系技术要求

项 目	技术要求
附着力/MPa	≥1.0
人工加速老化性/h	优等品 5 000 h，一等品 3 000 h，漆膜无起泡、脱落、粉化、明显变色等现象
中性化深度，28 d/mm	≤1
耐冻融循环性，5 次	漆膜无起泡、开裂、剥落、掉粉、明显变色、明显失光等现象

5 试验方法

5.1 取样

产品按 GB/T 3186 的规定取样。取样量根据检验需要确定。

5.2 涂料试样的状态调节和试验的温湿度

除另有规定外，涂料样品应在(23±2)℃条件下放置 24 h 后进行相应试验，制备漆膜时控制温度条件在(15～30)℃之间。

除另有规定外，制备好的样板，应在 GB/T 9278—2008 规定的标准条件下放置规定的时间后，按有关检验方法进行性能测试。检测项目中除了明确规定的试验条件外，均在 GB/T 9278—2008 规定的标准条件下测定。

5.3 试验样板的制备

5.3.1 试验用底材及表面处理

5.3.1.1 试验用纤维补强水泥板及表面处理应符合 GB/T 9271—2008 的要求。

5.3.1.2 试验用水泥砂浆板制备方法及表面处理如下：

    a) 将水、水泥(采用 P. O32.5)和砂(ISO 标准砂)按照 1：1：6 的比例混合后倒入 150 mm×
        70 mm×20 mm 的金属模具成型；

    b) 在温度(20±2)℃、湿度不小于 80%的条件下静置 24 h 后脱模,在温度(20±2)℃的水中养护
        6 d,再在 GB/T 9278—2008 规定的标准条件下静置 7 d 以上；

    c) 采用符合规定的 150 号水砂纸,对成型试板朝下的一面进行充分研磨并清理干净,作为待施涂
        的试板面。

5.3.2 试验样板的制备

试验样板的制备按照 GB 1727—1992 的规定进行,试验样板制备要求见表 6。

表 6 试验样板制备要求

项　目	底材类型	底材尺寸/mm	涂装要求
漆膜干燥时间	纤维补强水泥板	150×70×(3~6)	施涂一道。漆膜厚度为(30±3)μm
耐水性、耐碱性	纤维补强水泥板	150×70×(3~6)	施涂两道,间隔时间为 24 h。漆膜总厚度为(60±5)μm。养护 14 d
配套体系各项性能	水泥砂浆板	150×70×20	采用刷涂法按底漆、中间漆和面漆的顺序涂装,每道间隔 24 h。涂膜厚度按照表 1 的规定。养护 14 d
拉伸强度、拉断伸长率	聚四氟乙烯板	300×300×(5~10)	施涂 2 道,间隔 24~48 h。两道刷涂方向成 90°角,漆膜总厚度为(250±50)μm。养护 14 d

5.4 操作方法

5.4.1 在容器中状态

打开容器,用调刀或搅拌棒搅拌进行目视判断。

5.4.2 漆膜外观

样板在散射日光下目视观察。

5.4.3 低温稳定性

按 GB/T 9755—2001 中 5.5 的规定进行。双组分涂料仅检验主剂。

5.4.4 干燥时间

按 GB/T 1728—1979 的规定,表干按乙法进行,实干按甲法进行。

5.4.5 耐碱性

按 GB/T 9265—2009 的规定进行。结果评定按 GB/T 1766—2008 的规定进行。细度按
GB/T 6753.1—2007的规定进行。

5.4.6 拉伸强度

按 GB/T 528—2009 的规定进行。拉伸速率为 50 mm/min。

5.4.7 拉断伸长率

按 GB/T 528—2009 的规定进行。拉伸速率为 50 mm/min。

5.4.8 耐水性

按 GB/T 1733—1993 中甲法的规定进行。结果评定按 GB/T 1766—2008 的规定进行。

5.4.9 基料中氟含量

按 HG/T 4104—2009 中附录 A 的规定进行。

5.4.10 附着力

按 JT/T 695—2007 中附录 B.1 的规定进行。

5.4.11 耐人工气候老化性

按 GB/T 1865—2009 中方法 1 循环 A 的规定进行。结果评定按 GB/T 1766—2008 的规定进行。

5.4.12 中性化深度

按 GB/T 50082—2009 的规定进行。除测试面外,其他面用环氧涂料封闭(至少三道,漆膜厚度不小于 400 μm)。

5.4.13 耐冻融循环性

按 JG/T 25—1999 的规定进行。结果评定按 GB/T 1766—2008 的规定进行。

6 检验规则

6.1 检验分类

6.1.1 产品检验分为出厂检验和型式检验。

6.1.2 出厂检验项目包括在容器中状态、细度、漆膜外观、干燥时间。

6.1.3 型式检验项目包括本标准所列全部技术要求。正常情况下,低温稳定性、耐水性、耐碱性、拉伸强度、拉断伸长率、附着力、耐冻融循环性每年检验一次;中性化深度、耐人工气候老化性每五年检验一次。

6.2 检验结果的评定

6.2.1 检验结果的判定按 GB/T 8170 中修约值比较法进行。

6.2.2 应检项目的检验结果均达到本部分要求时,该试验样品为符合本部分要求。

7 标志、包装和储存

7.1 标志

按 GB/T 9750 的规定进行。

7.2 包装

按 GB/T 13491 中二级包装的要求进行。

7.3 储存

产品储存时应保证通风、干燥,防止日光直接照射,储存温度在 5 ℃以上。产品应根据类型定出储存期,并在包装标志上明示。

中华人民共和国行业标准

自行车油漆技术条件

QB/T 1218—1991

1 主题内容与适用范围

木标准规定了自行车零部件及其附件的油漆术语、技术要求、试验方法。

本标准适用于国家标准 GB 3583～3593《自行车》规定的各类自行车的油漆件。

2 术语

2.1 漆膜 油漆件表面已干燥的油漆薄膜。

2.2 流疤 油漆件表面出现的流淌现象,致使漆膜厚薄不均,有时呈垂幕状。

2.3 龟裂 漆膜表面形状不一的裂纹。

2.4 皱皮 油漆表面不平整,收缩成弯曲的棱脊。

2.5 桔皮形 漆膜表面呈现凹凸不平的桔皮形状。

2.6 剥落 油膜与基体或底漆失去附着力,而导致的脱离。

2.7 漏漆 油漆件表面没有完全覆盖,出现部分底漆或基体的现象。

2.8 砂粒 粘附在漆膜表面上的机械颗粒。

3 技术要求

3.1 漆膜外观

3.1.1 油漆件表面外观应色泽均匀,光滑平整,根据零部件的主次,将外观要求分成三类,应符合表1规定。

表 1

零 部 件 类 别	外 观 要 求
一 类 件	正视面不允许有龟裂和明显的流疤、集结的砂粒、皱皮、漏漆等缺陷
二 类 件	正视面不允许有龟裂和严重的流疤、皱皮、漏漆等缺陷
三 类 件	不允许有漏漆和龟裂现象

3.1.2 装饰和贴花端正、清晰。

3.2 漆膜耐冲击强度

经冲击强度试验后,漆膜不得有剥落和龟裂现象。

3.3 漆膜抗腐蚀能力

将试件浸入标准的试验溶液中,经表 2 规定的时间和温度后,漆膜不得有剥落现象。

中华人民共和国轻工业部 1991-09-10 批准　　　　　　　　　　　　　　　　　　　　1992-04-01 实施

表 2

零部件类别	浸蚀时间/min	溶液温度/℃
一 类 件	90	60±2
二 类 件	60	60±2
三 类 件	60	60±2

3.4 漆膜硬度

将铅笔在漆膜表面划一段距离,用毛巾轻擦后目测,漆膜表面不应有划破现象。

表 3

零部件类别	铅笔硬度
一类件	H
二类件	HB

4 试验方法

4.1 漆膜外观

用目测方法检验。

4.2 漆膜冲击强度

4.2.1 试验器具

4.2.1.1 直径 ϕ 12.7 mm,硬度为 HRC62~66,表面清洁的钢球一粒。

4.2.1.2 内径为 ϕ 18$^{+0.5}_{0}$ mm,长度为 1 500 mm 的无缝金属管一根。

4.2.2 将试件表面用干布擦净,置于工作台上进行试验。

4.2.3 冲击位置:按零部件的特点和使用要求分别规定。

4.2.4 将试验钢球从垂直置放于受试面上的金属直管的内孔中自由落下,冲击受试表面。每个试件在规定部位冲击一次,然后目测检验。金属管与水平面垂直度公差值在 1 500 mm 时为 2.5 mm。

4.3 漆膜抗腐蚀能力

4.3.1 试验溶液要求

4.3.1.1 溶液浓度:50 g/L 氯化钠溶液。

4.3.2 将试件表面的油污和杂质擦净,浸入备就的试验溶液中至表 2 规定的温度和时间后取出,经清水洗净,毛巾擦干,30 min 后目测检验(车架前管两端 2 mm 内,前叉腿压扁处及表面碰伤部位不计)。

4.3.3 浸蚀部位:按零部件的特点和使用要求分别规定。

4.4 漆膜硬度

4.4.1 试验器具

4.4.1.1 铅笔:H 和 HB 绘图铅笔。

4.4.1.2 铅笔要求:铅笔切削长度为 21 mm,其中笔芯圆柱部分为(5~6) mm,要求笔芯截面积边缘无破碎或缺口。

4.4.2 将试件表面杂质擦净。

4.4.3 试验位置:按零部件的特点和使用要求分别规定。

4.4.4 操作方法:铅笔与试件成 45°角,如图 1 所示,施加均匀的压力,在受试部位上向前划 6.5 mm 长度,目测其划痕长度。

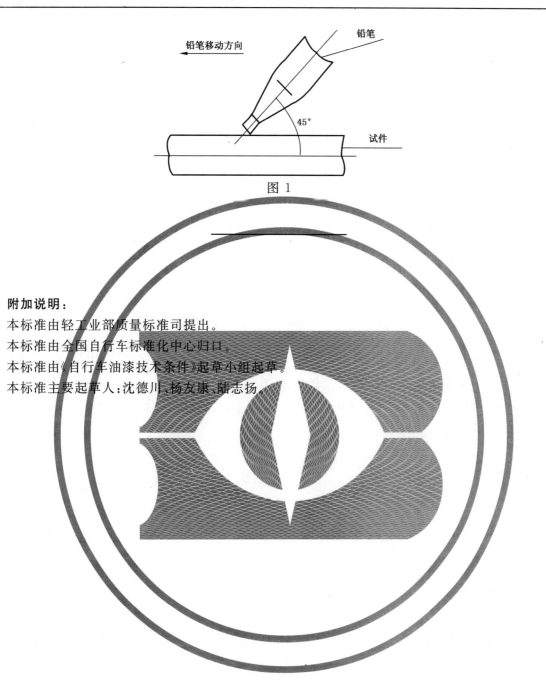

图 1

附加说明:

本标准由轻工业部质量标准司提出。

本标准由全国自行车标准化中心归口。

本标准由《自行车油漆技术条件》起草小组起草。

本标准主要起草人:沈德川、杨友康、陆志扬。

灯 具 油 漆 涂 层

QB 1551—1992

1 主题内容与适用范围

本标准规定了灯具油漆涂层(以下简称为"漆膜")的产品分类、技术要求、试验方法、检验规则和包装与贮存。

本标准适用于灯具零部件漆膜的质量要求和检验。

本标准不适用于特殊要求的灯具零部件漆膜。如航空灯具等。

2 引用标准

GB 2423.3 电工电子产品基本环境试验规程 试验 Ca:恒定湿热试验方法

CB 2544 手术刀片

GB 2828 逐批检查计数抽样程序及抽样表(适用于连续批的检查)

GB 2829 周期检查计数抽样程序及抽样表(适用于生产过程稳定性的检查)

3 产品分类

漆膜按使用条件可分为下列两类。

Ⅰ类 良好的使用环境,如一般室内;

Ⅱ类 恶劣的使用环境,如含有工业废气或盐分,潮湿的使用场所。

4 技术要求

漆膜应符合本标准的规定,如有特殊要求,应在按照规定程序批准的图纸及技术文件中另作规定。

4.1 外观

4.1.1 主要表面漆膜的外观应平整光洁、色泽均匀,不应有露底、龟裂,不应有明显的流挂、起泡、桔皮、针孔、咬底、渗色和杂质等缺陷。

4.1.2 美术漆的漆膜花纹应均匀清晰,但尖角、沉孔周围和连接处等复杂部位,允许花纹清晰度略差。

4.2 附着力

漆膜应具有良好附着力,漆膜与底材应结合牢固。经受5.2条试验后,应无漆膜脱落的不良现象。

4.3 耐湿热性

漆膜应具有防潮性能,经受5.3条的湿热试验后,应能符合下列要求。

4.3.1 湿热试验后漆膜的外观质量不得低于二级,其质量级别评定应按表1的规定。

表 1

级　别	漆膜的外观状况
一	漆膜表面外观良好,无明显变化和缺陷
二	允许漆膜表面轻微失光,轻微褪色,有少量针孔等缺陷。 试件主要表面的漆膜任意一个 100 mm² 正方形面积内直径为(0.5～1) mm 的气泡不得多于 2 个,不允许出现直径大于 1 mm 的气泡及超过 10％表面积的隐形气泡
二	允许底金属出现个别锈点以及漆膜有少量起皱。 试件主要表面的漆膜任意一个 100 mm² 正方形面积内直径为(0.5～3)mm 的气泡不得多于 9 个,其中直径大于 1 mm 的气泡不超过 3 个,直径大于 2 mm 的气泡不超过 1 个,不允许出现直径大于 3 mm 的气泡及超过 30％表面积的隐形气泡
四	缺陷超过三级的即为四级

4.3.2 湿热试验后漆膜的附着力不得低于二级,按 5.2 条进行附着力试验后,其质量级别评定应按表 2 的规定。

表 2

级　别	漆膜附着力状况
一	九个方格完整,漆膜没有脱落
二	底漆没有脱落或面漆脱落不超过三个方格
三	底漆脱落不超过三个方格以及面漆脱落不超过六个方格
四	缺陷超过三级者即为四级

5 试验方法

5.1 漆膜外观检查

在室内正常自然光线或 40 W 日光灯下,光的照度不低于 300 lx,距离试件 500 mm 处目视检查。

5.2 漆膜附着力试验

采用附着力测定器或新的 11 号手术刀片,手术刀片应符合 GB 2544 中的规定。划格试验时,刀片平面垂直于试件表面,用力均匀、速度平稳,无抖动地在平整的漆膜上横竖垂直切割四条划痕至底材表面,形成 9 个小方格,每个方格的面积为 1 mm²。用软毛刷沿格阵两对角线方向,轻轻地往复刷 5 次,然后检查方格中漆膜脱落情况。

注:每把新刀片最多允许使用 5 次,(每划出 9 个小方格为 1 次)。

5.3 漆膜的耐湿热试验

按 GB 2423.3 中的规定进行。试验周期规定如下:

Ⅰ类——5 周期;

Ⅱ类——7 周期。

一周期的试验时间为 24 h。

5.3.1 可采用适当的量具和外观法对 4.3.1 条的要求进行检验。

5.3.2 在湿热试验后(1～2) h 内,按 5.2 条的方法对 4.3.2 条的要求检验经湿热试验后的附着力。

6 检验规则

6.1 检验分类

检验分出厂检验(或交收检验)和型式检验(或例行检验)。

漆膜的质量是否符合本标准,应由制造厂的检验部门做"出厂检验"和"型式检验"。

6.2 出厂检验批以相同材料、相同工艺、相同规格的同一入库日期的产品为一批。

6.3 检验的试件,允许从同结构、同材料、同工艺的系列产品零部件中选取确有代表性的零部件作为试件进行试验,如试验合格,则认为该同结构、同材料、同工艺的系列产品零部件均合格。

大型或复杂油漆件,允许用样板进行试验。样板所采用的材料、涂装工艺应与油漆件相同,样板的尺寸(长度×宽度×厚度,单位 mm)为 120×50×1 或 120×50×2。

6.4 出厂检验

6.4.1 出厂检验抽检项目按 GB 2828 中特殊检验水平 S—1 的一次抽样方案。

6.4.2 出厂检验的试验项目为外观(4.1 条),$AQL=6.5$(每百单位产品不合格品数)。

6.4.3 出厂检验不合格的批,应退回进行 100% 检验,检验后可再次提交试验,但必须用相应的加严检查,若再次提交仍不合格,则作为不合格批。

6.5 型式检验

6.5.1 型式检验抽检项目按 GB 2829 中判别水平 I 的一次抽样方案。

6.5.2 型式检验的试验项目为外观质量(4.1 条)、附着力(4.2 条)、耐湿热性(4.3 条),$RQL=65$(每百单位产品不合格品数),样本大小为 3,判定数组:$Ac=1$,$Re=2$。

6.5.3 型式检验应在下列任一情况时进行。

    a. 当材料、油漆或工艺改变时;

    b. 正常生产时,每年应周期性进行一次检验;

    c. 在特殊情况下当用户提出要求,经商议后。

6.5.4 若型式检验不合格,产品停止验收,对已作出厂检验而未出厂的产品应停止出厂,由厂方采取有效措施,直至型式检验合格后才能恢复验收。

6.5.5 经型式检验的样品,不应作为合格品出厂。

7 包装与贮存

7.1 油漆件应用质地柔软的中性包装纸分件包装,以免漆膜表面损伤。

7.2 油漆件应存放在无腐蚀性气体的通风、干燥的室内。

————————

附加说明:
本标准由轻工业部质量标准司提出。
本标准由全国灯具标准化中心归口。
本标准由上海市照明灯具研究所负责起草。
本标准主要起草人:杨其和、杨士钊、赵荣嶙。
自本标准实施之日起,SG 286—1982《灯具油漆涂层》废止。

中华人民共和国行业标准

QB/T 1552—92

照明灯具反射器油漆涂层技术条件

1 主题内容与适用范围

本标准规定了以荧光灯和白炽灯为光源的照明灯具金属反射器的白色或近白色的油漆涂层的技术要求、试验方法及检验规则。

本标准适用于上述照明灯具反射器油漆涂层的性能测量。

2 引用标准

GB 2829 周期检查计数抽样程序及抽样表（适用于生产过程稳定性的检查）

GB 3978 标准照明体和照明观测条件

GB 5698 颜色术语

QB 1551 灯具油漆涂层

3 术语

本标准采用 GB 5698、GB 3978 术语外，增加以下术语。

白度

物体的一种颜色属性，用来表示具有较高的光反射比而纯度较低的颜色的白色程度。

在可见光区，光谱漫反射比均为 100% 的理想表面的白度为 100 度，光谱漫反射比均为 0 的绝对黑表面的白度为 0 度。

4 技术要求

4.1 反射器油漆涂层的外观、附着力和抗潮性能均应符合 QB 1551 的规定。

4.2 反射器油漆涂层的初始反射比不能低于 69%，初始白度不能低于 70 度。

4.3 光源采用荧光灯的反射器油漆涂层经光老化试验后的反射比不能低于 60%，白度不能低于 56 度。

4.4 光源采用白炽灯的反射器油漆涂层经热老化试验后的反射比不能低于 62%，白度不能低于 46 度。

5 试验方法

5.1 试验样片

5.1.1 试验样片直接从灯具油漆反射器上截取。每一反射器上截取两块试片，一块用于附着力和抗潮性能试验，一块用于反射比及白度试验。

5.1.2 选取的试验样片应表面平整、无皱纹、沾污、擦伤和内部气泡等缺陷，并且要求色泽均匀。

5.1.3 用于反射比及白度测试的样片面积为 50mm×50mm，用于附着力和抗潮性能试验的样片大小为 100mm×50mm。

5.1.4 无法直接从反射器上截取符合以上要求的试验样片时，应另行提供试验样片，但试验样片必须具有与受试油漆反射器完全相同的基底材料,油漆牌号及涂装工艺,并必须符合 5.4.1 和 5.4.2 条的规定。

5.2 外观、附着力和抗潮性能试验

用 QB 1551 规定的试验方法检验 4.1 的各项要求。

5.3 反射比和白度的测试

5.3.1 测试仪器

5.3.1.1 反射比的测量采用各种反射比测定仪进行。

5.3.1.2 白度的测量采用符合 CIE—XYZ 标准色度系统,D65 标准光源,垂直/漫射(0/d)或漫射/垂直(d/0)照明观测条件的各种测色仪器,仪器须经标准白板校准。

5.3.2 白度计算公式

采用蓝光区反射比白度式:

$$W = 0.9318 \times Z$$

式中:W——试验样片的白度,%;

Z——测色仪器上测得的 Z 刺激值,%。

5.3.3 结果表示

以每一试片上 3 个不同位置的测试数据的算术平均值作为该试片反射比及白度的最终测试结果。

5.4 老化试验

5.4.1 光老化试验

5.4.1.1 光源采用 GGU—500U 型紫外线高压汞灯。

5.4.1.2 调整试验样片与紫外光源间的距离,使投射到试片上的 254nm 紫外线的辐照度为 $6.5 \times 10^3 \mu W/cm^2$。辐照度用 UVR—254 辐照度计测试。

5.4.1.3 光老化试验的环境温度为 25±5℃,相对湿度不大于 85%,光老化试验时间为 24h。

5.4.2 热老化试验

热老化试验在烘箱中进行,温度为 150±5℃,热老化时间为 24h。

6 检验规则

6.1 本标准只进行型式检验。

6.2 下列情况之一时,应及时进行型式检验。

a. 正常生产时,每两年应进行一次检验;

b. 产品长期停产后,恢复生产时;

c. 批量生产定型时;

d. 国家质量监督机构提出要求时。

6.3 型式检验应按 GB 2829 中判别水平 I,一次抽样方案的规定进行。抽样方案见表 1。

表 1

试 验 项 目	技术要求条款	试验方法条款	RQL	样本大小	判定数组 A_c R_e	不合格分类
外观、附着力和抗潮能力	4.1	5.2				
初始反射比和白度	4.2	5.3	65	3	1 2	C
光老化后反射比、白度	4.3	5.4.1,5.3				
热老化后反射比、白度	4.4	5.4.2,5.3				

型式检验后的处置应按 GB 2829 第 4.12 条规定进行。

附加说明：

本标准由中华人民共和国轻工业部质量标准司提出。

本标准由全国灯具标准化中心归口。

本标准由上海市照明灯具研究所负责起草。

本标准主要起草人郑非。

自本标准实施之日起,SG 385—84《照明灯具反射器油漆涂层》废止。

中华人民共和国轻工行业标准

QB/T 1896—1993

自行车粉末涂装技术条件

1 主题内容与适用范围

本标准规定了自行车零部件的粉末涂装术语、技术要求、试验方法。

本标准适用于 QB 1714《自行车　命名和型号编制方法》中规定的自行车用零部件的粉末涂装。

2 引用标准

QB 1714　自行车　命名和型号编制方法

3 术语

3.1　涂膜　涂料均匀地涂覆于物体表面,在一定条件下形成的薄膜。

3.2　起泡　涂膜表面呈现泡状凸起。

3.3　气孔　涂膜表面呈现肉眼可见的孔隙。

3.4　流挂　涂膜表面呈现流淌现象,致使涂膜厚薄不均。

3.5　漏涂　工件表面未被完全涂覆,露出基体或下面涂层的现象。

3.6　龟裂　涂膜表面有形状不一的裂纹。

3.7　皱皮　涂膜表面不平整,收缩成弯曲的棱脊。

3.8　桔皮形　涂膜表面呈现凹凸不平的桔皮形状。

3.9　剥落　涂膜与基体或下面涂层失去附着力,而导致的脱离。

3.10　颗粒　粘附在涂膜表面上的杂质。

3.11　正视面　自行车装配成车后,各零部件的正面明显部分。

4 技术要求

自行车零部件根据涂装要求,分为三类。即一类件、二类件、三类件。

4.1 涂膜外观

涂膜外观质量应符合表1的规定。

表 1

类　别	外　观　要　求
一类件	涂膜表面应色泽均匀,光滑平整。不允许有龟裂、漏涂、剥落;正视面不允许有起泡、气孔、流挂和明显的皱皮、桔皮形、颗粒等缺陷
二类件	涂膜表面应色泽均匀,光滑平整。不允许有龟裂、漏涂、剥落;正视面不允许有流挂和严重的皱皮、桔皮形等缺陷
三类件	涂膜表面应色泽均匀,光滑平整。不允许有龟裂、漏涂、剥落等缺陷

中华人民共和国轻工业部1994-01-06批准

1994-08-01实施

4.2 涂膜耐冲击强度

经冲击试验后,涂膜不得有剥落和龟裂现象。

4.3 涂膜抗腐蚀能力

将试件浸入标准的试验溶液中,经表2规定的时间和温度后,涂膜不得有剥落、起泡、皱皮等现象。

表 2

类　别	浸蚀时间,min	溶液温度,℃
一类件	90	80±2
二、三类件	60	80±2

4.4 涂膜硬度

将绘图铅笔在涂膜表面划一段距离,用毛巾轻擦后目测,涂膜表面不得有划破现象。铅笔硬度按表3规定。

表 3

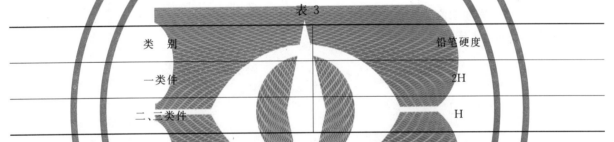

类　别	铅笔硬度
一类件	2H
二、三类件	H

5 试验方法

5.1 涂膜外观

用目测方法检验。

5.2 涂膜耐冲击强度

5.2.1 试验器具

直径 $\phi 12.7mm$,硬度为HRC62～66,表面清洁的试验钢球一粒。内径为 $\phi 18^{+0.5}_{0}mm$,长度为1500mm的无缝金属管一根。

5.2.2 将试验钢球从垂直置放于受试面上的金属管的内孔中自由落下,冲击受试表面。每个试件在规定部位冲击一次,然后目测检验。金属管与水平面垂直度公差值在1500mm处为2.5mm。

5.2.3 冲击部位:按零部件的特点和使用要求分别规定。

5.3 涂膜抗腐蚀能力

5.3.1 将试件表面的油污和杂质擦净,浸入浓度为50g/L的氯化钠溶液中,至表2规定的温度和时间后取出,用清水洗净,毛巾擦干,30min后目测检验(距试件端部和孔周围2mm内,压扁处及表面碰伤部件不计)。

5.3.2 浸蚀部位:按零部件的特点和使用要求分别规定。

5.4 涂膜硬度

5.4.1 铅笔切削长度为21mm,其中笔芯圆柱部分为5～6mm,要求笔芯截面积边缘无破碎或缺口。

5.4.2 将试件表面杂质擦净,按表3选择铅笔硬度。铅笔与试件成45°角,如图1所示,施加均匀的压力,在受试部位上向前划6.5mm长度,然后用毛巾轻擦后目测检验。

5.4.3 试验部件:按零部件的特点和使用要求分别规定。

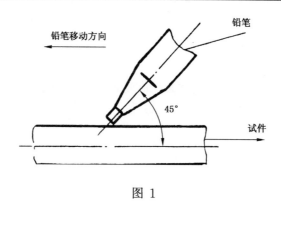

图 1

附加说明：

本标准由轻工业部质量标准司提出。

本标准由全国自行车标准化中心归口。

本标准由《自行车粉末涂装技术条件》起草小组负责起草。

本标准主要起草人宋文玉、张晓华。

中华人民共和国轻工行业标准

皮革五金配件
表面喷涂层技术条件

QB/T 2002.2—1994

---

1 主题内容与适用范围

本标准规定了皮革五金配件表面喷涂层(以下简称喷涂层)的分类、技术要求、试验方法、检验规则。

本标准适用于各种皮革五金配件表面喷塑层(以下简称喷塑层)或表面喷漆层(以下简称漆层),皮革五金配件其他有机覆盖层亦可参照使用。

2 引用标准

GB/T 1720 漆膜附着力测定法

GB/T 1740 漆膜耐湿热测定法

GB/T 1764 漆膜厚度测定法

GB/T 1771 漆膜耐盐雾测定法

GB/T 6739 漆膜硬度铅笔测定法

3 分类

喷涂层分为喷塑层、喷漆层两种。

4 技术要求

4.1 外观

外露喷涂层应色泽一致,无起皱、漏喷、流挂、堆漆,无明显起泡、颗粒及针孔。

4.2 附着力

按 5.2 条规定试验,喷涂层应无脱落。

4.3 厚度

不大于 100 μm。

4.4 硬度

4.4.1 喷塑层:不低于 5 H 级。

4.4.2 喷漆层:不低于 3 H 级。

4.5 耐腐蚀性能

按 GB/T 1740 评定,评定级数不低于 2 级。

5 试验方法

5.1 外观

在自然光线良好情况下,视距 500～700 mm,约成 120°～140°角进行目测检验。

注:光线良好是指光照度在 400～700 lx 或近似 40W 日光灯亮度。

5.2 附着力

中国轻工总会 1994-08-23批准

1995-05-01实施

按 GB/T 1720 进行。

采用唱针或钢针,在喷涂层表面上划 6 道长度约 10～20 mm 平行的划痕,划痕间距为 1 mm,唱针或钢针必须划穿喷涂层的整个深度,然后再划与前者垂直的 6 道划痕,形成 25 个小方格,用手轻轻触摸,观察喷涂层的脱落情况。

5.3 厚度

按 GB/T 1764 中规定的磁性测厚仪法进行。

5.4 硬度

按 GB/T 6739 规定进行。

5.5 耐腐蚀性能

按 GB/T 1771 规定进行。

6 检验规则

6.1 组批

以按同一生产工艺生产出来的同一品种的产品,每 1 万件产品组成一个检验批。

6.2 交收检验

6.2.1 产品出厂前必须经过检验,经检验合格并附有合格证方可出厂。

6.2.2 检验项目:外观、硬度。

6.2.2.1 外观:按 4.1 条逐件进行检验,剔除不合格品。

6.2.2.2 硬度:按 5.4 条在外观检验合格的产品中抽取 30 件进行检验。

6.2.3 合格判定

6.2.3.1 外观应全部符合 4.1 条的规定。

6.2.3.2 硬度检验中,如有 2 件以下不合格品,则判该批产品合格;如有超过 2 件的不合格品,则加倍抽样复验。复验中如仍有超过 4 件的不合格品,则判该批产品不合格,不允许出厂。

6.3 型式检验

6.3.1 有下列情况之一时,应进行型式检验。

    a. 正式生产后,如结构、材料、工艺有较大改变,可能影响产品性能时;

    b. 正常生产时,每半年应不少于一次型式检验;

    c. 产品长期停产后,恢复生产时;

    d. 国家质量监督机构提出进行型式检验的要求时。

6.3.2 抽样数量:在每批产品中,随机抽取 25 个试样,按外观、附着力、厚度、硬度、耐腐蚀性能五项分别取 5 个进行测试。

6.3.3 合格判定

6.3.3.1 单项判定

单项 5 个试样测试有一个试样不合格,则判该项合格;如有超过 1 个的不合格试样,则应加倍抽样复验。复验中如仍有超过 2 个的不合格试样,则判该项为不合格。

6.3.3.2 批量判定

耐腐蚀性能检验一项不合格,即判该批产品不合格,其他各项累计二项及以上不合格者,则判该批产品不合格。

附加说明：

本标准由中国轻工总会质量标准部提出。

本标准由全国毛皮制革标准化中心归口。

本标准由天津皮革五金厂负责起草。

本标准主要起草人张迎辉、王桂玲。

中华人民共和国行业标准

自行车电泳涂装技术条件

QB/T 2183—1995

1 主题内容与适用范围

本标准规定了自行车零部件电泳涂装的术语、类别、技术要求和试验方法。

本标准适用于单独以电泳涂装为表面保护层的自行车零部件。

2 引用标准

GB 149　　铅笔

QB/T 1217　自行车电镀技术条件

QB/T 1218　自行车油漆技术条件

QB/T 1514　家用缝纫机　机针

3 术语

3.1 涂膜　涂料均匀地涂敷于零件表面，在一定条件下形成的薄膜。

3.2 流疤　涂装件表面出现的涂膜厚薄不均垂幕状的流淌现象。

3.3 龟裂　涂膜表面形状不一的裂纹。

3.4 皱皮　涂膜表面不平整，收缩成弯曲的棱脊。

3.5 剥落　涂膜与基体失去附着力而导致的脱离。

3.6 漏涂　涂装件表面没有完全被覆盖，显现部分基体金属。

3.7 砂粒　粘附在涂膜表面上的机械颗粒。

4 类别

电泳涂装件分三类：一类件、二类件、三类件。各零部件类别由产品标准确定。

5 技术要求

5.1 外观

5.1.1 涂装件表面外观应色泽均匀，光滑平整，不允许有龟裂和明显的流疤、集结的砂粒、皱皮、漏涂等缺陷。

5.2 结合力

5.2.1 耐冲击强度　经冲击强度试验后，涂膜不得有剥落和龟裂现象。

5.2.2 附着力　用标准18号缝纫机针在涂膜表面纵横刻划后，用胶带纸贴在刻线上然后撕下，涂膜不得剥落。

5.3 耐磨性

5.3.1 硬度　将标号为3 H的标准绘图铅笔在涂膜表面刻划，涂膜表面不应有划痕现象。

5.3.2 厚度　电泳涂膜的厚度应符合表1规定。

中国轻工总会 1995-12-05 批准　　　　　　　　　　　　　　　　　　　　　　1996-07-01 实施

表 1 μm

类 别	一类件	二类件	三类件
电泳涂膜厚度	≥16	≥12	≥8

5.4 抗腐蚀能力

将试件浸入标准的试验溶液中,经表 2 规定的时间和温度后,涂膜不得剥落、变色。

表 2

类 别	一类件	二类件	三类件
浸蚀时间/min	90	60	
浸蚀温度/℃	80±2		

6 试验方法

6.1 外观

6.1.1 在自然光线下目测检验。

6.1.2 试验部位应是试件的正视面、主要面、使用面。

6.2 结合力

6.2.1 耐冲击强度

6.2.1.1 试验器具

  a. 直径 ϕ12.7 mm 硬度为 HRC62～66,表面清洁的钢球一粒。

  b. 内径为 $\phi18^{+0.5}_{0}$ mm,长度为 1 500 mm 的无缝金属管一根。

6.2.1.2 将试件表面用干布擦净,置于工作台上进行试验。

6.2.1.3 冲击位置 按零部件的特点和使用要求分别规定。

6.2.1.4 将试验钢球从垂直置放于受试面上的金属直管的内孔中自由落下(金属管与水平面垂直度公差值在 1 500 mm 时为 2.5 mm),冲击受试表面,每个试件在规定部位冲击一次,然后目测检验。

6.2.2 附着力

将被测试件的表面擦净用标准 18 号缝纫机针先向一个方向划出长为(15～20) mm、间距为 1 mm 的条痕 5 条,然后在与其垂直方向交叉再划 5 条,使其划穿涂层直到底金属,用胶带纸贴在刻线上,然后撕下检查被划表面。

6.3 耐磨性

6.3.1 硬度

6.3.1.1 试验器具

  a. 铅笔 标准 3 H 绘图铅笔。

  b. 铅笔要求 铅笔切削长度为 21 mm,其中笔芯圆柱部分为(5～6) mm,要求笔芯截面边缘无破碎或缺口。

6.3.1.2 试验位置 按零部件的特点和使用要求规定。

6.3.1.3 操作方法 铅笔与试件成 45°角(如图 1 所示),施加均匀的压力,在受试部位上向前划 6.5 mm 长度,用毛巾轻擦后目测其结果。

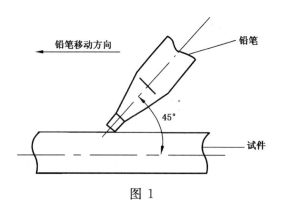

图 1

6.3.2 厚度

6.3.2.1 试件的受试表面用净布擦净,以各类磁性测厚仪,根据仪器规定的操作方法进行测定。

6.3.2.2 试验部位应是试件的正视面、主要面、使用面。

6.4 抗腐蚀能力

6.4.1 试验溶液要求

6.4.1.1 溶液浓度 50 g/L氯化钠溶液。

6.4.2 将试件表面的油污和杂质擦净,浸入备就的试验溶液中,在温度(80±2)℃时浸至规定时间后,用清水漂洗,毛巾轻轻擦干,30 min后目测检验。

6.4.3 浸蚀部位 按零部件的特点和使用要求分别规定(试件边缘、孔眼周围2 mm处不考核在内)。

附加说明:

本标准由中国轻工总会质量标准部提出。

本标准由全国自行车标准化中心归口。

本标准由上海永久自行车股份有限公司、上海凤凰自行车股份有限公司、天津自行车厂、江苏淮阴市自行车链轮厂、浙江桐庐自行车车把厂、鞍山自行车总厂负责起草。

本标准主要起草人:董子成、钱蓓兰。

前　　言

本标准是由原专业标准 ZB Y11 011—1986《计时仪器外观件涂饰通用技术条件　钟金属外观件漆层》修订而成。

本标准与原 ZB Y11 011—1986 的主要差异为：

——编写格式及表述方法按 GB/T 1.1—1993《标准化工作导则　第 1 单元:标准的起草与表述规则　第 1 部分:标准编写的基本规定》执行；

——5.1 中增加了交收检验的检查水平、合格质量水平的具体数值，并相应增加了交收检验的有关条款；

——5.2 中增加了型式检验的检查水平、不合格质量水平及样本数的具体数值,并将二次抽样改为一次抽样。同时,相应增加了型式检验中的有关条款。

本标准由中国轻工总会质量标准部提出。

本标准由全国钟表标准化中心归口。

本标准起草单位:上海钟厂。

本标准主要起草人:张萍、朱福中、周雪芳。

本标准自实施之日起,原轻工业部发布的专业标准 ZB Y11 011—1986.《计时仪器外观件涂饰通用技术条件　钟金属外观件漆层》作废。

中华人民共和国轻工行业标准

计时仪器外观件涂饰通用技术条件
钟金属外观件漆层

QB/T 2268—1996

1 范围

本标准规定了钟金属外观件漆层的技术要求、试验方法及检验规则等内容。

本标准适用于钟金属外观件漆层的质量检查及要求。

2 引用标准

下列标准所包含的条文,通过在本标准中引用而构成为本标准的条文。本标准出版时,所示版本均为有效。所有标准都会被修订,使用本标准的各方应探讨使用下列标准最新版本的可能性。

GB/T 2828—1987 逐批检查计数抽样程序及抽样表(适用于连续批的检查)

GB/T 2829—1987 周期检查计数抽样程序及抽样表(适用于生产过程稳定性的检查)

3 技术要求

3.1 漆层外观质量

3.1.1 漆层表面(单色漆)应色泽一致,不允许变色。

3.1.2 漆层表面应光滑平整,不允许有露底、起泡、损伤等疵病。

3.1.3 漆层主要表面不允许有明显严重影响美观的凹凸不平、流漆、脱漆、尘粒、粉粒、严重擦花和划伤痕(主要表面是指钟的正面、上面及左、右侧面的可见部位)。

3.2 漆层耐腐蚀性能

漆层应有良好的耐腐蚀性能,经氯化钠溶液浸泡试验后,不允许有锈点、脱漆、软化、起泡和变色等疵病。

3.3 漆层结合强度

漆层应有良好的结合强度,经刀片切割法试验后,不允许有脱漆现象。

4 试验方法

4.1 漆层外观质量试验

在室内 40 W 日光灯照明下,距离 300 mm,以正常视力目测检查,其结果应符合 3.1 规定。

4.2 漆层耐腐蚀性能试验

测试前先检查试件表面,将粉粒、尘粒、脱漆及异色等疵病用特种铅笔作出记号,然后将试件浸入温度为 40~50℃,含 5%氯化钠的蒸馏水溶液中,浸泡 1 h 取出。用水清洗后,再用脱脂棉花吸干水分,目测检查。其结果应符合 3.2 规定。整个漆件的切口边缘和漆层与镀层交接处的 3 mm 以内及记号部位不作考核范围,试件表面的锈水痕不作考核。

4.3 漆层结合强度试验

4.3.1 试验环境温度不低于 10℃。

中国轻工总会 1997-01-27 批准

1997-09-01 实施

4.3.2 用双面刀片在试件表面上按样板纵横各切六条平行线,切痕长度为 15～20 mm。切痕间距:烘漆为 1 mm,自干漆为 2 mm。两组平行线要相互垂直交叉,并应切穿漆膜达到金属表面,然后用 1 号表刷来回刷三次,其切割部位应符合 3.3 规定。

4.3.3 试验用的双面刀片,每个刀尖只准切 6 条切痕。切割时应确保刀片平面垂直于试件表面,沿切割方向刀刃与试件表面夹角不大于 30°,切痕不得扭曲。

4.3.4 确因操作不当或刀尖崩裂所造成的掉漆现象应重测。

5 检验规则

5.1 交收检验

5.1.1 交收检验按 GB/T 2828 执行,其不合格类别、检验项目、检查水平、合格质量水平(AQL)和抽样方案见表 1。

表 1

不合格类别	检验项目	适用条款	检查水平	抽样方案	合格质量水平(AQL)
B	漆层表面色泽一致	3.1.1	I	一次抽样	1.5
	漆层表面光滑平整	3.1.2			
C	漆层表面美观	3.1.3			4.0

5.1.2 批的组成、批量由供需双方商定。

5.1.3 检查严格度按 GB/T 2828—1987 的 4.6 确定。

5.1.4 根据上述 5.1.1～5.1.3 确定的各项,按 GB/T 2828—1987 中 4.8 的规定检索抽样方案,确定样本大小和判定数组。

5.1.5 交收检验合格与不合格的判断按 GB/T 2828—1987 的 4.11 规定进行。

5.1.6 交收检验后的处置按 GB/T 2828—1987 的 4.12 规定进行。

5.2 型式检验

5.2.1 型式检验按 GB/T 2829 执行。其检验项目、不合格分类、判别水平、抽样方案、不合格质量水平(RQL)见表 2。

表 2

不合格类别	检验项目	适用条款	判别水平	抽样方案	不合格质量水平(RQL)	样本数	A_c	R_e
C	漆层外观质量	3.1	I	一次抽样	25	16	3	4
	漆层耐腐蚀性能	3.2			30	6	1	2
	漆层结合强度	3.3			30	6	1	2

5.2.2 型式检验的样本,应从交收检验合格的某个批或若干批中随机抽取,备用样本由检验单位确定。

5.2.3 型式检验合格与不合格的判断按 GB/T 2829—1987 的 4.11 规定执行。

5.2.4 型式检验后的处置按 GB/T 2829—1987 的 4.12 规定执行。

5.2.5 型式检验的周期由各生产单位自定,或由供需双方协商决定。但发生下列情况之一时应进行型式检验。

　　a)新产品或老产品转厂生产的试制定型鉴定;

　　b)正式生产后,如结构、材料、工艺有较大改变,可能影响产品性能时;

c）正常生产时,定期或积累一定产量后应周期性进行一次检验；

d）产品长期停产后,恢复生产时；

e）出厂检验结果与上次型式检验有较大差异时；

f）国家质量监督机构提出进行型式检验时。

5.2.6 型式检验的抽样方案也可由检验部门与生产方商定。

ICS 97.200.50
分类号：Y 57
备案号：24965—2008

中华人民共和国轻工行业标准

QB/T 2359—2008
代替 QB/T 2359—1998

玩具表面涂层技术条件

Technical requirements of surface coatings on toys

2008-06-16 发布

2008-12-01 实施

中华人民共和国国家发展和改革委员会 发布

前　言

本标准是对 QB/T 2359—1998《玩具金属表面涂漆通用技术条件》的修订。

本标准与 QB/T 2359—1998 相比,主要修改如下:

——扩充了标准的适用范围,除了玩具金属表面涂漆外,还包括玩具中塑胶和木制等底材表面涂层;

——取消了原标准技术要求中的光泽度要求,增加了特定元素的迁移以及铅总含量的技术要求;

——增加了铅总含量的试验方法,修改了附着力、硬度等其他指标的技术要求及试验方法。

本标准附录 A 为规范性附录。

本标准由中国轻工业联合会提出。

本标准由全国玩具标准化技术委员会归口。

本标准起草单位:广东出入境检验检疫局检验检疫技术中心玩具实验室、深圳市计量质量检测研究院、恒昌石油化工有限公司、万辉涂料有限公司、北京中轻联认证中心。

本标准主要起草人:陈阳、刘崇华、吴海涛、杨忠锋、王明中、张定德、陈晓华、张艳芬。

本标准自实施之日起,代替原中国轻工总会发布的轻工行业标准 QB/T 2359—1998《玩具金属表面涂漆通用技术条件》。

本标准所代替标准的历次版本发布情况为:

——QB/T 2359—1998。

玩具表面涂层技术条件

1 范围

本标准规定了玩具表面涂层的技术要求和试验方法。

本标准适用于玩具表面的各种装饰和防腐性油漆涂层或其他类似的表面涂层。

本标准不适用于儿童自行车、儿童三轮车、儿童推车、婴儿学步车、电动童车的表面涂层。

2 规范性引用文件

下列文件中的条款通过本标准的引用而成为本标准的条款。凡是注日期的引用文件,其随后所有的修改单(不包括勘误的内容)或修订版均不适用于本标准,然而,鼓励根据本标准达成协议的各方研究是否可使用这些文件的最新版本。凡是不注日期的引用文件,其最新版本适用于本标准。

GB 6675　国家玩具安全技术规范

GB/T 6682　分析实验室用水规格和试验方法

GB/T 6739—2006　色漆和清漆　铅笔法测定漆膜硬度

GB/T 9286　色漆和清漆　漆膜的划格试验

GB/T 13452.1　色漆和清漆　总铅含量的测定　火焰原子吸收光谱法

3 术语

下列术语适用于本标准。

3.1

堆漆　piling

干燥很快的漆,在刷涂操作过程中由于变得非常黏稠,致使漆膜厚而不均的现象。

3.2

流挂　runs

涂料施于垂直面上时,由于其抗流挂性差或施涂不当、漆膜过厚等原因而使湿漆膜向下移动,形成各种形状下边缘厚的不均匀涂层。

3.3

露底　show-through

涂于底面(不论已涂漆否)上的色漆,干燥后仍露出底面的颜色的现象。

3.4

剥落　peeling

一道或多道涂层脱离其下涂层,或者涂层完全脱离底材的现象。

3.5

起泡　blistering

涂层因局部失去附着力而离开基底(底材或其下涂层)鼓起,使漆膜呈现似圆形的凸起变形。泡内可含液体、蒸汽、其他气体或结晶物。

3.6

流痕　runs mark

对流挂处进行处理后,仍可分辨出的流挂痕迹。

3.7

锈蚀　rusting

漆膜下面的钢铁表面局部或整体产生粉状氧化层的现象。

3.8

失光　loss of gloss

漆膜的光泽因受气候环境的影响而降低的现象。

4　技术要求

4.1　外观

除非是产品的设计要求,涂层表面应平整光滑,色泽均匀一致。所有产品主要表面应无堆漆、流挂、露底、剥落、起泡、烤焦及影响美观的补漆和流痕等缺陷。同一产品相同颜色的配件应无明显的色差和光泽差。

4.2　附着力

金属件、木制件和硬塑胶件的表面涂层按5.2.1进行试验,结果应不低于2级。软塑胶件和不满足GB/T 9286标准试样条件的金属件、木制件和硬塑胶件的表面涂层按5.2.2进行试验,白布上不应有明显沾色。

4.3　硬度

金属件、木制件和硬塑胶件等硬质底材的表面涂层按5.3进行试验,被测表面不应有划破现象,表面涂层硬度应不低于HB。软塑胶件等软质底材和表面处理采用显孔涂饰的木制件的表面涂层无须进行测试。

4.4　耐腐蚀能力

金属件的表面涂层应具有一定的耐腐蚀能力,按5.4进行盐水浸泡试验,不应产生锈蚀、失光、起泡、剥落等缺陷。其他底材表面涂层无须进行测试。

4.5　特定元素的迁移

玩具表面涂层特定元素的迁移含量应符合GB 6675中有关特定元素的迁移的最大限量要求。

4.6　铅总含量(当有特定需要时)

玩具表面涂层的铅总含量应不超过600 mg/kg。

5　试验方法

5.1　外观检查

在朝北窗下,以散射的日光照射试样,用肉眼垂直观察;或用距试样1 m～1.2 m的40 W日光灯垂直照射试样,以视距为300 mm～350 mm,用肉眼从45°方向目测。检查是否符合4.1的要求。

5.2　漆膜附着力试验

5.2.1　金属件、木制件和硬塑胶件的表面涂层

金属件、木制件和硬塑胶件的表面涂层附着力试验按GB/T 9286的规定进行,确定实验结果分级;当表面形状不满足GB/T 9286测试附着力试验条件时,则其表面涂层附着力试验按5.2.2规定的方法进行。如果试验有争议,应在(23±2)℃的环境中放置24 h以后进行。

5.2.2　软塑胶件和其他金属件、木制件和硬塑胶件的表面涂层

软塑胶件和不满足GB/T 9286试验的金属件、木制件和硬塑胶件的表面涂层附着力按以下方法试验:在500 g的砝码上,包裹五层用符合GB/T 6682规定的三级水湿润的白棉平布,以30 mm/s的速度对检查面来回摩擦三次,检查白棉平布上是否有明显沾色。

5.3 硬度试验

参考 GB/T 6739—2006 试验条件,采用手工代替标准中机械装置进行。具体操作步骤如下:

如图 1 所示,削去铅笔的木质部分,使笔芯露出 5 mm～6 mm,然后垂直握住铅笔,与 400 目研磨砂纸保持 90°角前后移动铅笔,直至笔芯端面平整(成直角)。每次使用铅笔前都要重复这个步骤。

选择产品上较为平整、光滑的表面,在铅笔尖上施加适当的均匀压力,使铅笔与被测表面约呈 45°,沿着图 1 所示方向以 0.5 mm/s～1 mm/s 的速度推至少 7 mm 的距离,检查是否符合 4.3 的要求。

更换硬度不同的铅笔,以没有出现划破的最硬的铅笔的硬度表示表面涂层的硬度。

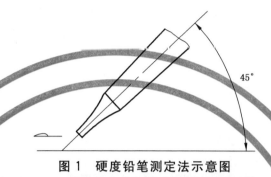

图 1　硬度铅笔测定法示意图

注:测试用铅笔应采用 GB/T 6739—2006 中规定的铅笔;如:中华牌高级绘图铅笔,经供需双方商定也可采用其他品
　　牌硬度测试用铅笔。

5.4　耐腐蚀能力试验

如果试样是从成品上切下的一部分,则应将试样的边缘以适当的封闭剂封闭 2 mm～3 mm(例如:用加热熔化 1:1 的石蜡和松香混合物封闭边缘;或涂与受试涂层相同或不与其发生反应的涂料封闭边缘),待封闭剂干燥后方可进行试验。将表面擦净的表面涂层在浓度为 0.5 mol/L,温度为(50±2)℃的氯化钠(化学纯)溶液中浸泡 2 h 后取出试样·用水彻底清洗测试件,以适宜的吸湿纸或布擦拭表面除去残留盐水,立即在距离试样边缘 5 mm 以上有效范围内观察,是否符合 4.4 的规定。

5.5　特定元素的迁移的测试方法

按 GB 6675 的规定进行。

5.6　铅总含量的测试方法

按本标准附录 A 规定的方法进行。

附　录　A

（规范性附录）

玩具表面涂层的铅总含量的测试方法

A.1　原理

试样加入浓硝酸和过氧化氢，采用电热板加热湿法消解或微波消解，消解后的溶液采用火焰原子吸收分光光度计或其他适合的仪器测定溶液中铅的浓度，与标准曲线比较定量试样中铅总含量。

A.2　试剂

A.2.1　硝酸（$\rho=1.42$ g/mL），分析纯。

A.2.2　去离子水或蒸馏水，应达到 GB/T 6682 规定的三级水纯度。

A.2.3　过氧化氢（$\rho=1.10$ g/mL），分析纯。

A.2.4　硝酸（1＋99）。

A.2.5　硝酸（5＋95）。

A.2.6　硝酸（10＋90）。

A.2.7　铅标准溶液（含铅 1 mg/mL）。

A.3　仪器

A.3.1　火焰原子吸收分光光度计或其他适合的仪器。

A.3.2　电加热板。

A.3.3　微波消解仪。

A.3.4　分析天平：精度为 0.1 mg。

A.4　分析步骤

A.4.1　样品制备

测试试样取样方法参考特定元素的迁移测试的取样方法。试样应从玩具样品的可触及部分制取。用刀片或其他合适的刮削工具将样品上的涂层材料刮下，应注意不要刮到样品的底材。还应有间隔地从样品上刮取试样，使其具有代表性。但由于样品量不足的原因，试样可取自多个相同玩具。作为参考，样品可以取自原材料或成品配件。

在室温下将刮下的涂层材料研碎，备用。

A.4.2　样品消解

本附录提供了以下两种样品消解方法，实验室可根据条件选用其中一种。

A.4.2.1　电热板加热湿法消解

称取试样约 0.2 g，精确至 0.1 mg，置于 50 mL 烧杯中，加入 7 mL 浓硝酸（A.2.1），盖上表面皿，在电热板上加热使溶液保持微沸，消化 15 min 左右，将烧杯从电热板上取下，冷却大约 5 min，缓慢滴加 1 mL～2 mL 过氧化氢（A.2.3），再次放至电热板上加热至样品消解完全。如样品溶解不完全，取下稍冷，再加入适量浓硝酸（A.2.1）和数滴过氧化氢（A.2.3）一到两次，继续加热使样品消化完全，至残余溶液约 1 mL，取下冷却到室温。用约 10 mL 水稀释，溶液过滤到 25 mL 容量瓶中，再用 5 mL 硝酸（A.2.4）冲洗烧杯和滤纸 3 次，所得到的溶液全部合并转移至 25 mL 的容量瓶中，用水稀释定容到 25 mL，滤液尽快用仪器分析。随同试样做空白。

A.4.2.2 微波消解

称取试样约 0.2 g,精确至 0.1 mg,置于微波消解罐中,分别加入 5 mL 浓硝酸(A.2.1)、2 mL 过氧化氢(A.2.3)。然后将消解罐封闭,按以下温度程序进行消解:大约 10 min 内上升到(180±5)℃,维持该温度 30 min 后降温。消解罐冷却至室温后,打开消解罐,将消解溶液转移至 25 mL 的容量瓶中,用少量硝酸(A.2.4)洗涤微波消解内罐和内盖 3 次,将洗涤液并入容量瓶,用水稀释至刻度。如果溶液不清亮或有沉淀产生,应过滤溶液,残留的固态物质用 5 mL 硝酸(A.2.4)分 3 次冲洗,所得到的溶液全部合并转移至 25 mL 的容量瓶中,用水稀释定容到 25 mL,滤液尽快用仪器分析。随同试样做空白。

A.4.3 样品溶液铅总含量的测定

参考 GB/T 13452.1—1992 第 6 章的方法测定 A.4.2 中得到的试液和空白的试剂溶液中铅的深度。如采用电热板加热湿法消解处理样品,标准系列溶液应用硝酸(A.2.5)溶液作为介质稀释制备;如采用微波消解处理样品,用硝酸(A.2.6)作为介质稀释制备。

测定试液和空白溶液中的铅浓度时,可以采用其他适合的方法,比如电感耦合等离子体原子发射光谱法(ICP-AES)或电感耦合等离子体质谱法(ICP-MS)。试验报告中要注明采用的方法。

A.5 结果的计算

试样中的铅总含量按公式(A.1)计算。

$$X = \frac{(c - c_0) \times V \times F}{m} \qquad \cdots\cdots\cdots\cdots\cdots\cdots\cdots\cdots\cdots\cdots (A.1)$$

式中:

X ——试样中的铅总含量,单位为毫克每千克(mg/kg);

c ——试样溶液中铅的浓度,单位为毫克每升(mg/L);

c_0 ——空白溶液中铅的浓度,单位为毫克每升(mg/L);

V ——试样溶液体积,单位为毫升(mL);

F ——测试时稀释倍数;

m ——试样质量,单位为克(g)。

计算结果表示到三位有效数字。

A.6 方法的检出限

本方法的检出限为 10 mg/kg。如采用电感耦合等离子体原子发射光谱法(ICP-AES)或电感耦合等离子体质谱法(ICP-MS)分析,方法的检出限可能有所差异。

ICS 75.200
E 98
备案号：37467—2012

中华人民共和国石油天然气行业标准

P

SY/T 0319—2012
代替 SY/T 0319—1998

钢质储罐液体涂料内防腐层技术标准

Standard of liquid internal coatings for steel tank

2012-08-23 发布

2012-12-01 实施

国家能源局　发布

前　　言

本标准是根据油标建防分字〔2010〕10 号《关于发送 2010 年石油工程建设专标委防腐蚀工作组标准制修订项目计划的通知》的要求,由中国石油集团工程技术研究院负责修订,中国石油集团工程设计有限责任公司华北分公司、新疆石油勘察设计研究院(有限公司)参加修订。

本标准在修订过程中,修订组成员遵照国家有关方针政策,进行了广泛的调查研究,总结了多年来石油行业钢质储罐液体涂料内防腐层的设计、施工经验,形成了征求意见稿,以会审方式广泛地征求了专家的意见,对主要问题进行了反复修改,最后由石油工程建设专业标准化委员会防腐蚀工作组会同有关部门审查定稿。

在本标准修订过程中,调整了 1998 年版中环氧树脂涂料和环氧玻璃鳞片涂料的性能指标,增加了无溶剂环氧树脂涂料、水性环氧树脂涂料、漆酚环氧涂料、环氧酚醛涂料和无机富锌涂料的相关内容。由于国标已对成品油储罐内壁和浮顶罐浮顶底板外表面涂层做了明确规定,本标准不再涉及相关内容。鉴于修改后的标准不仅仅包括环氧涂料的内容,因此标准名称改为《钢质储罐液体涂料内防腐层技术标准》。

本标准共分 8 章和 5 个附录,主要内容包括:总则,防腐层材料,防腐层等级和厚度,防腐层施工,防腐层质量检验,修补、复涂及重涂,卫生、安全和环境保护及交工资料等内容。

本标准从生效之日起,同时代替《钢制储罐液体环氧涂料内防腐层技术标准》SY/T 0319—1998。

本标准由石油工程建设专业标准化委员会提出并归口。

本标准由中国石油集团工程技术研究院负责解释。

联系地址:天津市塘沽区津塘公路 40 号,邮编 300451。

本标准主编单位:中国石油集团工程技术研究院。

本标准参编单位:中国石油集团工程设计有限责任公司华北分公司、新疆石油勘察设计研究院(有限公司)。

本标准主要起草人:韩文礼、张其滨、林竹、黄桂柏、赵常英、金华、张彦军、张贻刚。

本标准主要审查人:张清玉、卢绮敏、许超、朱泽民、王菁辉、黄春蓉、高玮、陈守平、曹靖斌、窦宏强、刘廷俊、刘学勤、欧莉、张文礼、张东辉、丁方煜、赖广森、张志浩。

1 总则

1.0.1 为确保钢质储罐液体涂料内防腐层质量,延长储罐使用寿命,特制定本标准。

1.0.2 本标准适用于储存介质温度不超过120℃,储存介质为原油、污水、清水的钢质储罐液体涂料内防腐层的设计、施工及验收。生活水罐所用涂料应符合国家有关卫生标准的规定。

1.0.3 钢质储罐液体涂料内防腐层的设计、施工及验收,除应符合本标准外,尚应符合国家现行有关标准的规定。

2 防腐层材料

2.0.1 钢质储罐内防腐涂料可选用无溶剂坏氧树脂涂料、溶剂型环氧树脂涂料、环氧玻璃鳞片涂料、水性环氧树脂涂料、漆酚环氧涂料、环氧酚醛涂料、无机富锌涂料,以及性能满足工程应用要求的其他涂料。储存介质温度低于80℃时宜采用无溶剂环氧树脂涂料、溶剂型环氧树脂涂料、环氧玻璃鳞片涂料或水性环氧树脂涂料,储存介质温度在80℃~100℃时宜采用环氧酚醛涂料,储存介质温度在100℃~120℃时宜采用漆酚环氧涂料或其他耐高温涂料。

2.0.2 钢质储罐内防腐涂料应满足本标准附录A中相应项的性能要求。必要时涂料应通过现场工况介质浸泡试验,试验方法可参照本标准附录C;当含有H_2S等强腐蚀性介质时,设计应补充相应性能要求。

2.0.3 所用涂料应具备产品质量合格证及检测报告等产品质量证明文件,并应有通过计量认证的检验机构出具的检验报告,其质量应符合本标准。

2.0.4 涂料底漆、面漆、固化剂、稀释剂等应互相匹配,并由同一供方供应。底漆、面漆颜色应有所区别。

2.0.5 涂料包装上应标明产品名称、型号、净含量、生产单位、生产批号、生产日期和有效期,并附有出厂合格证及产品说明书。产品说明书内容应包括涂料的适用范围、技术性能指标、储运要求、各组分的配合比例、涂料配制后的适用期、施工方式、施工环境、参考用量及其他注意事项。

2.0.6 涂料复验时检验项目为:容器中状态、不挥发物含量、干燥时间、黏结力。

2.0.7 当对涂料质量有怀疑或发生争议需要仲裁时,可对全部性能进行复验,复验应由通过计量认证的检验机构完成。

2.0.8 检验时,按现行国家标准《色漆、清漆和色漆与清漆用原材料 取样》GB/T 3186的规定进行取样。一次检验不合格时应加倍重新取样检验。如仍不合格,则该批涂料判为不合格,不得使用。

3 防腐层等级和厚度

3.0.1 设计储罐时应考虑防腐蚀的要求,储罐的防腐蚀应做到与主体工程同时设计、同时施工、同时投用。

3.0.2 防腐层材料和干膜厚度可根据防腐层设计寿命、防腐层特性和储罐不同部位、结构形状、介质腐蚀性、温度等因素确定。

3.0.3 储罐内防腐层的最小干膜厚度,应根据储存介质、工程要求和腐蚀环境等因素按照表3.0.3-1至表3.0.3-3的规定确定,也可根据介质特性适当增加干膜厚度。

表 3.0.3-1　原油罐内壁不同部位防腐层最小干膜厚度

涂料品种	部位	最小干膜厚度/μm	
		普通级	加强级
溶剂型环氧树脂涂料 无溶剂环氧树脂涂料 环氧玻璃鳞片涂料 环氧酚醛涂料	罐底、罐顶及罐壁油水线以下 （浮顶罐浮顶底板外表面除外）	300	400
	罐壁（油水线以上）	250	350
	附件	300	400
漆酚环氧涂料	罐底、罐顶及罐壁油水线以下 （浮顶罐浮顶底板外表面除外）	250	300
	罐壁（油水线以上）	200	250
	附件	250	300
无机富锌涂料	浮仓内表面及浮仓内型钢	75（最大不超过100）	
水性环氧树脂涂料	浮仓内表面及浮仓内型钢	150	

表 3.0.3-2　污水罐内壁防腐层最小干膜厚度

涂料品种	部位	最小干膜厚度/μm	
		普通级	加强级
溶剂型环氧树脂涂料 无溶剂环氧树脂涂料 环氧玻璃鳞片涂料 环氧酚醛涂料	罐底及罐顶	300	400
	罐壁及附件	250	350

表 3.0.3-3　清水罐内壁防腐层最小干膜厚度

涂料品种	部位	最小干膜厚度/μm	
		普通级	加强级
溶剂型环氧树脂涂料 无溶剂环氧树脂涂料 环氧玻璃鳞片涂料	罐内壁及附件	250	300

4　防腐层施工

4.1　一般规定

4.1.1　具备下列条件,方可进行防腐层的施工:

　　1　设计文件、施工指导书、使用材料说明书、检验报告及其他技术文件齐全,施工图纸已经会审。

　　2　内防腐层的施工应由具有防腐施工资质的企业承担。

　　3　施工方案应经过有关方面确认和技术交底,作业人员应经过技术培训和安全教育,并办理相关开工手续。

　　4　所用各种原材料应检测合格。

　　5　防护设施安全可靠,施工用水、电、气能够满足现场连续施工的要求。

　　6　作业场所满足 HSE 相关要求。

4.1.2 储罐内防腐层的施工应按设计文件规定进行。当需要变更设计、材料代用或采用新材料时,应征得设计部门同意。

4.1.3 应根据储罐不同情况和设计要求编制表面处理施工方案和涂装施工方案,并严格按照施工方案组织施工。

4.1.4 当实际施工季节与计划施工季节变化较大时,应重新考察涂料的适用性,必要时修改设计文件。

4.1.5 在相同施工条件下同时处理和涂敷钢板试件,试件材质、表面处理等级和防腐层厚度与储罐相同,试件尺寸不小于 200 mm×200 mm×4 mm,供检测用。

4.2 表面处理

4.2.1 表面预处理:

1 待涂钢质储罐表面应进行预检,重点部位是锐角、焊缝、焊渣飞溅、毛刺等,如需处理应做好标记。

2 对做有标记的重点部位,应采用动力或手工工具,按照下列方法进行预处理。

   1) 锐角:用砂轮片打磨光滑。打磨方法为先打磨锐角再打磨两侧棱角。

   2) 焊缝:锐利焊缝应采用电动砂轮机将焊缝磨成弧形,并打磨光顺。

   3) 焊渣飞溅:用铁钎、凿刀去除焊渣飞溅并打磨光顺。

   4) 咬边:焊缝两侧的咬边用电焊补平后用砂轮机打磨光顺。

   5) 起鳞:钢板表面的起层、叠片等缺陷用砂轮机打磨光顺。

   6) 手工焊缝、毛刺:粗糙的手工焊缝、毛刺用砂轮机打磨光顺。

   7) 切割边缘:不规则的粗糙尖锐边缘用砂轮机打磨光顺。

3 经预处理的部位用干净棉布劳保手套擦拭时,以不刮手套为合格。

4 钢板表面的旧防腐层应清除干净。

5 钢板表面如有油污和积垢,应按照国家现行标准《涂装前钢材表面处理规范》SY/T 0407 规定的清洗方法进行清除处理。

6 钢板表面如被酸、碱、盐污染,可用高压水或热水冲洗。钢板表面可溶性氯化物残留量不得高于 30 mg/m²,其测试方法依据现行国家标准《涂覆涂料前钢材表面处理 表面清洁度的评定试验 第 5 部分:涂覆涂料前钢材表面的氯化物测定(离子探测管法)》GB/T 18570.5 的规定执行。

4.2.2 应按照国家现行标准《涂装前钢材表面处理规范》SY/T 0407 规定的方法对钢板表面进行磨料喷射处理。除锈等级应不低于现行国家标准《涂覆涂料前钢材表面处理 表面清洁度的目视评定 第 1 部分:未涂覆过的钢材表面和全面清除原有涂层后的钢材表面的锈蚀等级和处理等级》GB/T 8923.1 规定的 Sa2.5 级,在喷射处理无法到达的区域可采用动力或手工工具进行处理,除锈等级应达到 St3 级。除锈等级检查应按照现行国家标准《涂覆涂料前钢材表面处理 表面清洁度的目视评定 第 1 部分:未涂覆过的钢材表面和全面清除原有涂层后的钢材表面的锈蚀等级和处理等级》GB/T 8923.1 中的标准照片进行目视评定。

4.2.3 喷射处理后,应采用排刷由上至下依次清扫粉尘,并采用洁净的压缩空气强力吹扫脚手架、焊缝、边缘角落等易沉积灰尘部位应使用真空吸尘器吸尘。灰尘数量等级和灰尘尺寸等级应达到现行国家标准《涂覆涂料前钢材表面处理 表面清洁度的评定试验 第 3 部分:涂覆涂料前钢材表面的灰尘评定(压敏粘带法)》GB/T 18570.3 规定的 3 级或 3 级以下。将罐底、罐壁、罐顶分别均分为四个部分,附件单独作为一部分,然后根据不同容积按表 4.2.3 的要求进行检查。各部分检查布点应均匀。

4.2.4 表面处理完成后应在罐底、罐壁、罐顶、附件等不同部位进行锚纹深度检查。表面锚纹深度应符合涂料供方的要求,如果没有规定,锚纹深度应为 40 μm～80 μm。锚纹深度应采用标准样板比对或粗糙度测量仪、锚纹深度纸(锚纹拓印膜)进行测定。将罐底、罐壁、罐顶分别均分为四个部分,附件单独作为一部分,然后根据不同容积按表 4.2.3 的要求进行检查。各部分检查布点应均匀。采用先预涂底漆再焊接的施工方式时,应首先参照本节要求对钢板进行表面处理和检查,锚纹深度检查频率为每 10 张钢板检查一个点;然后按照本标准第 4.3 节、第 4.4 节和第 5.2 节的要求涂敷防腐层,并对涂覆质量进行检验。

4.2.5 表面处理质量不符合要求时,应重新处理直至符合要求。

4.3 涂料配制与试喷涂

4.3.1 涂料的配制及使用应按涂料供方提供的使用说明书的规定进行。

表 4.2.3　钢质储罐清洁度及锚纹深度检测部位和点数

储罐容积/m³	检 查 部 位			
	罐底	罐壁	罐顶	附件
	检测点数/个			
<10 000	12	20	12	12
10 000～<30 000	16	24	16	14
30 000～<50 000	20	28	20	16
50 000～100 000	28	40	28	20
>100 000	36	60	36	28

4.3.2 涂料黏度需要调整时,可按涂料说明书的要求,使用涂料供方提供的稀释剂,并做好记录。无溶剂涂料严禁加稀释剂。

4.3.3 在涂覆作业前应按涂料说明书要求配制少量涂料,按照实际喷涂工艺进行试喷涂,并喷涂试板,用以确定涂敷工艺的适用性、湿膜和干膜厚度、干燥时间等参数。

4.3.4 每个喷涂工人都应进行试喷涂,试喷涂合格后才可上岗作业。

4.4 涂敷作业

4.4.1 涂敷作业应按产品使用说明书和预先确定的施工方案进行。涂敷时应采用高压无气喷涂,不便于喷涂的局部区域可采用刷涂,不应使用辊涂。

4.4.2 对于锐角、焊缝和其他缝隙等不规则表面,应进行预涂,防止该处出现漏涂,确保防腐层厚度达到设计要求。

4.4.3 上道防腐层受到污染时,应在污染面清理干净后进行下道施工。

4.4.4 施工作业环境要求:

    1　环境温度宜为 5 ℃～45 ℃,一般要求钢板温度在露点温度以上 3 ℃,且罐体内表面应干燥清洁。

    2　环境最大相对湿度不应超过 80%。

    3　有特殊要求的产品,按涂料供方的要求进行。

4.4.5 采用先预涂底漆再焊接安装的施工方式时,应首先确认已固化防腐层没有受到污染,然后进行打毛处理,处理后应将防腐层表面灰尘清除干净方可涂敷。

4.4.6 防腐层施工完毕后,应避免对防腐层的所有机械碰撞和损伤,如有损伤应按原工艺修复。

5　防腐层质量检验

5.1　一般规定

5.1.1 防腐层施工应进行过程质量检验及最终质量检验,检验结果应有记录。

5.1.2 质量检验所用仪器必须经计量部门检定合格并在有效期内。

5.2　涂覆过程质量检验

5.2.1 每完成一道涂敷,应对湿膜表观全部目测检查,湿膜应无漏涂、气泡、流挂、起皱、咬底等缺陷。

5.2.2 初期每喷涂 10 m² 面积应检测一次湿膜厚度,并及时对涂料黏度、喷涂压力、喷嘴直径、喷涂速度等工艺参数进行调整,参数固定后检测次数可以减少。

5.2.3 每一道防腐层表干后,应进行目测检查,不得有起泡、分层起皮、流挂、漏涂等现象。

5.2.4 最后一道面漆实干后固化前应检查防腐层的厚度,厚度达不到设计要求时应增加涂敷遍数直至合格。

5.3 防腐层最终质量检验

5.3.1 防腐层固化后,应及时检验防腐层外观、厚度、漏点和黏结力,检验结果应做好记录。

5.3.2 外观检验应符合下列规定:

1 储罐内表面及附件的防腐层应全部目测检查。

2 防腐层表面应平整连续、光滑,并且不得有发黏、脱皮、气泡、斑痕等缺陷存在。如果防腐层表面有缺陷,则应按本标准第 6 章的要求进行处理。

5.3.3 厚度检验应符合下列规定:

1 将罐底、罐壁、罐顶分别均分为四个部分,附件单独作为一部分,然后根据不同容积按表 5.3.3 的要求进行检查。各部分检测布点应均匀,焊缝处的检测点数不得少于总检测点数的 20％。

2 按照现行国家标准《色漆和清漆 漆膜厚度的测定》GB/T 13452.2,用磁性测厚仪测定干膜厚度。

表 5.3.3 钢质储罐内防腐层厚度检测部位及点数

储罐容积/m³	检查部位			
	罐底	罐壁	罐顶	附件
	检测点数/个			
＜10 000	20	60	28	20
10 000～＜30 000	28	80	40	28
30 000～＜50 000	40	100	60	40
50 000～100 000	60	140	80	60
＞100 000	80	160	100	80

3 每一测点的读数不低于设计厚度的最小值为合格。

4 若不合格点数不超过该部分总检测点数的 5％,则应按本标准第 6.0.1 条和第 6.0.3 条的规定进行局部复涂直至合格;若不合格点数超过 5％,则在该部分内再次检查,检测点数与上次相同,检测位置与上次不同。再次检查时若不合格点数仍超过 5％,则该部分的防腐层厚度为不合格,应进行整体复涂直至合格。

5.3.4 漏点检验应符合下列规定:

1 将储罐分为罐底、罐壁、罐顶和附件四个部分,使用电火花检漏仪或低压检漏仪对全部防腐层进行漏点检查,具体方法按照国家现行标准《管道防腐层检漏试验方法》SY/T 0063 执行。

2 电火花检漏电压为 5 V/μm,以无漏点为合格。

3 检查出的漏点应进行修补或复涂。每一部分防腐层的漏点数平均每平方米不超过 1 个时,应进行修补,超过 1 个时,应对该部分进行全面复涂。

5.3.5 黏结力检验应符合下列规定:

1 黏结力检验可在喷涂的试件上进行,也可在储罐附件的非关键部位进行。采用手动拉拔检测法,按附录 B 的规定检测,检测数值以不小于附录 A 的规定值为合格。

2 试件检测时,将储罐分为罐底、罐壁和罐顶三个部分,分别放置试件,每一部分平行件不应低于

3件。试件检测全部合格即可判定储罐该部分防腐层合格,试件检测若有1件不合格即可判定储罐该部分防腐层不合格,若有异议也可进行实际储罐检测。

 3 若因存在异议而进行实际储罐检测时,检测部位及数量由业主、监理、施工方共同协商。若合格,则该部分黏结力合格;若有测点不合格,应在不合格点的周围加倍检查,若仍有一处不合格,则该部分的防腐层黏结力判为不合格。

 4 因黏结力检验损坏的防腐层应按本标准第6.0.1条的规定进行修补。黏结力不合格的防腐层不允许修补,应按本标准第6.0.3条的规定进行重涂。

6 修补、复涂及重涂

6.0.1 根据以下不同情况对防腐层进行修补、复涂或重涂:

 1 如果防腐层外观有缺陷,则根据缺陷状况进行修补或复涂。

 2 如果防腐层厚度不满足设计要求,应进行复涂。

 3 每一部分防腐层的漏点数每平方米不超过1个时,应进行修补;超过1个时,应对该部分进行全面复涂。

 4 因黏结力检验损坏的防腐层应进行修补,黏结力不合格的防腐层应进行重涂。

6.0.2 防腐层的修补应符合下列规定:

 1 修补使用的涂料和厚度应与原防腐层相同,并做好标记。

 2 修补时应将损坏的防腐层清理干净,如已露基材,应除锈至St3级。

 3 漏点处要用砂纸打磨直至基材。

 4 破损处附近的防腐层应采用砂轮或砂布打毛后进行修补涂敷,修补层和原防腐层的搭接宽度应不小于50 mm。

 5 修补处防腐层固化后,应按本标准第5.3.3条和第5.3.4条的有关规定对修补处进行防腐层厚度和漏点检查,应无漏点且厚度符合设计规定。

6.0.3 防腐层的复涂应符合下列规定:

 1 应将原有防腐层打毛,使防腐层表面粗糙,并清除防腐层表面的碎屑和粉尘。

 2 按本标准第4.4节的规定涂敷面漆,直至防腐层达到规定厚度。

 3 局部复涂时,应以厚度不合格测点为中心,上、下、左、右各延伸0.5 m作为复涂区域(附件视具体情况而定)。

 4 复涂后应按本标准第5.3节的规定进行质量检验,若不合格应进行重涂。

6.0.4 防腐层的重涂应符合下列规定:

 1 必须将全部防腐层清除干净。

 2 应按本标准第4章的规定进行防腐层涂敷。

 3 应按本标准第5章的规定进行质量检验,并达到本标准第5章规定的质量要求。

7 卫生、安全和环境保护

7.0.1 各种涂料应存放在通风、干燥的仓库内,防止日光直射,并隔离火源,远离热源。

7.0.2 涂料在装卸及运输过程中严禁剧烈碰撞,应防止雨淋、日光曝晒和包装件损坏,运输过程中不得与酸、碱等腐蚀性物品及柴草、纸张等易燃晶混装,并应符合运输部门的有关规定。

7.0.3 施工现场必须有完善、有效的消防措施。

7.0.4 施工人员应配备防护工作服、防护(防毒)面具、防护鞋及防护手套等。施工现场还应备有防护药品。

7.0.5 涂敷作业时的安全、环境保护应符合现行国家标准《涂装作业安全规程 安全管理通则》GB 7691及现行国家标准《涂装作业安全规程 涂装前处理工艺安全及其通风净化》GB 7692的规定。

7.0.6 涂敷溶剂型涂料时,应有专人连续检测罐内可燃性气体浓度,罐内可燃性气体浓度应符合现行国家标准《涂装作业安全规程 有限空间作业安全技术要求》GB 12942 的规定。

7.0.7 离地面 2 m 以上进行施工时,必须制定高处作业的安全防护措施,并严格执行。

8 交工资料

8.0.1 储罐内防腐施工结束后,施工单位应提供下列文件:

    1 防腐蚀设计文件及变更文件。

    2 所用涂料出厂合格证、涂料和防腐层性能检验报告。

    3 储罐防腐层施工方案和施工记录。

    4 防腐层的质量检验报告。

    5 修补与复涂记录,包括位置、原因、方法、数量及检验结果。

    6 其他有关记录。

附 录 A

钢质储罐液体内防腐涂料及涂层的性能指标

A.0.1 无溶剂环氧树脂涂料及涂层性能指标应符合表 A.0.1-1 的规定,溶剂型环氧树脂涂料及涂层性能指标应符合表 A.0.1-2 的规定,环氧玻璃鳞片涂料及涂层性能指标应将合表 A.0.1-3 的规定,水性环氧树脂涂料及涂层性能指标应符合表 A.0.1-4 的规定,漆酚环氧涂料及涂层性能指标应符合表 A.0.1-5 的规定,环氧酚醛涂料及涂层性能指标应符合表 A.0.1-6 的规定,无机富锌涂料及涂层性能指标应符合表 A.0.1-7 的规定。

表 A.0.1-1 无溶剂环氧树脂涂料及涂层性能指标

序号	项 目		指 标	试验方法
1	容器中状态(组分 A,B)		搅拌后均匀无硬块	目测
2	细度(A,B 组分混合后)/μm		≤100	GB/T 1724
3	固体含量/%		≥98	SY/T 0457—2010 中的附录 A
4	干燥时间	表干时间/h	≤4	GB/T 1728
		实干时间/h	≤24	GB/T 1728
5	电气强度/(MV/m)		≥25	GB/T 1408.1
6	体积电阻率/(Ω·m)		≥1×10^{13}	GB/T 1410
7	黏结力/MPa		≥10	本标准附录 B
8	耐盐雾性(3 000 h)		不起泡、不开裂、不脱层	GB/T 1771
9	耐化学介质性	10%H$_2$SO$_4$(常温,30 d)	涂层完好	本标准附录 C
		10%NaOH(常温,30 d)	涂层完好	本标准附录 C
		10%NaCl(60 ℃±2 ℃,30 d)	涂层完好	本标准附录 C
10	耐汽油性(常温,30 d)		涂层完好	本标准附录 D

注:耐盐雾性、耐化学介质性和耐汽油性的测试涂层厚度为 250 μm～350 μm。

表 A.0.1-2 溶剂型环氧树脂涂料及涂层性能指标

序号	项 目		指 标	试验方法
1	容器中状态(组分 A,B)		搅拌后均匀无硬块	目测
2	细度(A,B 组分混合后)/μm		≤100	GB/T 1724
3	不挥发物含量/%		≥80	GB/T 1725
4	干燥时间	表干时间/h	≤4	GB/T 1728
		实干时间/h	≤24	GB/T 1728
5	电气强度/(MV/m)		≥25	GB/T 1408.1
6	体积电阻率/(Ω·m)		≥1×10^{13}	GB/T 1410
7	黏结力/MPa		≥8	本标准附录 B
8	耐盐雾性(2 000 h)		不起泡、不开裂、不脱层	GB/T 1771

表 A.0.1-2（续）

序号	项 目		指 标	试验方法
9	耐化学介质性	10%H₂SO₄(常温,30 d)	涂层完好	本标准附录 C
		10%NaOH(常温,30 d)	涂层完好	本标准附录 C
		10%NaCl(60 ℃±2 ℃,30 d)	涂层完好	本标准附录 C
10	耐汽油性(常温,30 d)		涂层完好	本标准附录 D

注：耐盐雾性、耐化学介质性和耐汽油性的测试涂层厚度为 250 μm～350 μm。

表 A.0.1-3 环氧玻璃鳞片涂料及涂层性能指标

序号	项 目		指 标	试验方法
1	容器中状态(组分 A,B)		搅拌后均匀无硬块	目测
2	不挥发物含量/%		≥80	GB/T 1725
3	干燥时间	表干时间/h	≤4	GB/T 1728
		实干时间/h	≤24	GB/T 1728
4	电气强度/(MV/m)		≥25	GB/T 1408.1
5	体积电阻率/(Ω·m)		≥1×10¹³	GB/T 1410
6	黏结力/MPa		≥10	本标准附录 B
7	耐盐雾性(3 000 h)		不起泡、不开裂、不脱层	GB/T 1771
8	耐化学介质性	10%H₂SO₄(常温,30 d)	涂层完好	本标准附录 C
		10%NaOH(常温,30 d)	涂层完好	本标准附录 C
		10%NaCl(60 ℃±2 ℃,30 d)	涂层完好	本标准附录 C
9	耐汽油性(常温,30 d)		涂层完好	本标准附录 D

注：耐盐雾性、耐化学介质性和耐汽油性的测试涂层厚度为 250 μm～350 μm。

表 A.0.1-4 水性环氧树脂涂料及涂层性能指标

序号	项 目		指 标	试验方法
1	容器中状态(组分 A,B)		搅拌后均匀无硬块	目测
2	细度(A,B组分混合后)/μm		≤100	GB/T 1724
3	不挥发物含量/%		≥50	GB/T 1725
4	干燥时间	表干时间/h	≤4	GB/T 1728
		实干时间/h	≤24	GB/T 1728
5	黏结力/MPa		≥5	本标准附录 B
6	电气强度/(MV/m)		≥25	GB/T 1408.1
7	体积电阻率/(Ω·m)		≥1×10¹³	GB/T 1410
8	耐盐雾性(500 h)		不起泡、不开裂、不脱层	GB/T 1771
9	耐化学介质性	10%H₂SO₄(常温,7 d)	涂层完好	本标准附录 C
		10%NaOH(常温,7 d)	涂层完好	本标准附录 C
		10%NaCl(60 ℃±2 ℃,7 d)	涂层完好	本标准附录 C

注：耐盐雾性和耐化学介质性的测试涂层厚度为 150 μm～200 μm。

表 A.0.1-5　漆酚环氧涂料及涂层性能指标

序号	项　目		指　标	试验方法
1	容器中状态(组分 A,B)		搅拌后均匀无硬块	目测
2	细度(A,B组分混合后)/μm		≤100	GB/T 1724
3	不挥发物含量/%		≥50	GB/T 1725
4	干燥时间	表干时间/h	≤1	GB/T 1728
		实干时间/h	≤24	GB/T 1728
5	电气强度/(MV/m)		≥25	GB/T 1408.1
6	体积电阻率/($\Omega \cdot$ m)		≥1×10^{13}	GB/T 1410
7	黏结力/MPa		≥5	本标准附录 B
8	耐盐雾性(3 000 h)		不起泡、不开裂、不脱层	GB/T 1771
9	耐高温高压性(150 ℃自来水,0.5 MPa,30 d)		不起泡、不开裂、不脱层	本标准附录 E
10	耐化学介质性	10%H$_2$SO$_4$(95 ℃±2 ℃,30 d)	涂层完好	本标准附录 C
		10%NaOH(95 ℃±2 ℃,30 d)	涂层完好	本标准附录 C
		10%NaCl(95 ℃±2 ℃,30 d)	涂层完好	本标准附录 C
11	耐汽油性(常温,30 d)		涂层完好	本标准附录 D

注：耐盐雾性、耐高温高压性、耐化学介质性和耐汽油性的测试涂层厚度为 200 μm～250 μm。

表 A.0.1-6　环氧酚醛涂料及涂层性能指标

序号	项　目		指　标	试验方法
1	容器中状态(组分 A,B)		搅拌后均匀无硬块	目测
2	细度(A,B组分混合后)/μm		≤100	GB/T 1724
3	不挥发物含量/%		≥70	GB/T 1725
4	干燥时间	表干时间/h	≤4	GB/T 1728
		实干时间/h	≤24	GB/T 1728
5	电气强度/(MV/m)		≥25	GB/T 1408.1
6	体积电阻率/($\Omega \cdot$ m)		≥1×10^{13}	GB/T 1410
7	黏结力/MPa		≥8	本标准附录 B
8	耐盐雾性(2 000 h)		不起泡、不开裂、不脱层	GB/T 1771
9	耐高温高压性(120 ℃自来水,0.25 MPa,30 d)		不起泡、不开裂、不脱层	本标准附录 E
10	耐化学介质性	10%H$_2$SO$_4$(60 ℃±2 ℃,30 d)	涂层完好	本标准附录 C
		10%NaOH(60 ℃±2 ℃,30 d)	涂层完好	本标准附录 C
		10%NaCl(95 ℃±2 ℃,7 d)	涂层完好	本标准附录 C
11	耐汽油性(常温,30 d)		涂层完好	本标准附录 D

注：耐盐雾性、耐高温高压性、耐化学介质性和耐汽油性的测试涂层厚度为 250 μm～350 μm。

表 A.0.1-7 无机富锌涂料及涂层性能指标

序号	项目		指标	试验方法
1	容器中状态(组分 A,B)		锌粉:应呈微小的均匀粉末状态液料和浆料;搅拌混合后应无硬块,呈均匀状态	目测
2	不挥发物含量/%		≥70	GB/T 1725
3	不挥发份中金属锌含量/%		≥80	HG/T 3668
4	干燥时间	表干时间/h	≤1	GB/T 1728
		实干时间/h	<6	GB/T 1728
5	黏结力/MPa		≥3	本标准附录 B
6	耐盐雾性(1 000 h)		不起泡、不开裂、不脱层	GB/T 1771

注:耐盐雾性的测试涂层厚度为 75 μm~100 μm。

附 录 B

涂层黏结力拉拔检测法

本方法适用于测定涂层的黏结力。

B.1 材料和仪器设备

B.1.1 试板:200 mm×200 mm×4 mm。

B.1.2 双组分环氧胶。

B.1.3 测试锭:铝质,直径 20 mm。

B.1.4 黏结力拉拔检测仪。

B.2 检测步骤

B.2.1 待涂层固化后,用砂纸分别将涂层表面和测试锭底部打毛,然后用酒精或丙酮擦去油污和灰尘。

B.2.2 将环氧胶涂在测试锭底部,胶层厚度 50 μm～100 μm。

B.2.3 将测试锭黏在被测涂层的测试区域,轻轻按压测试锭,将多余的环氧胶挤出,用棉签擦掉测试锭边缘多余的胶液;若为试板检测,黏结后测试锭在上,平放试板即可;若为实际储罐检测,黏结后需要用不干胶带等将测试锭固定在罐板上,使其紧密黏结。

B.2.4 待环氧胶固化后,沿测试锭边缘用配套的切割器切划涂层至露出金属底材,清除切划过程中产生的碎屑。采用黏结力拉拔检测仪进行涂层黏结力检测,拉伸应力应以均匀且不超过 1 MPa/s 的速度增加,黏结力由破坏力除以拉拔面积计算得出。拉拔后若测试锭底部没有黏附涂层,则认为测试无效。

附 录 C

涂层耐化学介质性测定法

本方法适用于测定涂层的耐化学介质性。

C.1 材料和仪器设备

C.1.1 鼓风恒温烘箱(或控温精准的水浴锅)。

C.1.2 普通低碳钢棒:直径 10 mm,长 120 mm。

C.1.3 1 000 mL 标本瓶。

C.2 试剂

C.2.1 硫酸(GB/T 625):化学纯。

C.2.2 氢氧化钠(GB/T 629):化学纯。

C.2.3 氯化钠(GB/T 1266):化学纯。

C.2.4 蒸馏水。

C.3 试验步骤

C.3.1 取普通低碳钢棒,距顶端 10 mm 处钻孔并安装挂钩,底端打磨成圆弧,试棒示意图如图 C.3.1 所示。

C.3.2 试棒用砂布彻底打磨或喷砂除锈后用丙酮洗涤干净,然后刷涂涂料,挂钩处用耐蚀胶密封,涂层干膜达到试验厚度,待涂层固化经电火花检漏(5 V/μm)合格后备用。

C.3.3 在通风装置内按照标准要求在标本瓶中配制化学介质。将试棒三分之二长度浸入化学介质中,然后根据测试要求常温放置或放入规定温度的烘箱(或控温精准的水浴锅)中,定期观察涂层有无剥落、起皱、起泡、锈蚀和开裂等现象,直至涂层出现破坏或达到标准规定的浸泡时间为止。每种化学介质浸泡三根试棒,以不少于两根试棒符合标准规定为合格。

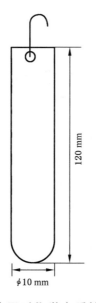

图 C.3.1 涂层耐化学介质性试棒示意图

附　录　D

涂层耐汽油性测定法

本方法适用于测定涂层的耐汽油性。

D.1　材料和仪器设备

D.1.1　普通低碳钢棒：直径 10 mm，长 120 mm。

D.1.2　1 000 mL 标本瓶。

D.2　试剂

D.2.1　93#汽油(GB 17930)：工业品。

D.3　试验步骤

D.3.1　取普通低碳钢棒，距顶端 10 mm 处钻孔并安装挂钩，底端打磨成圆弧，试棒示意图如图 D.3.1 所示。

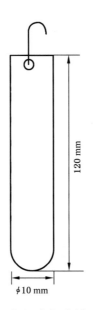

120 mm

φ10 mm

图 D.3.1　涂层耐汽油性试棒示意图

D.3.2　试棒用砂布彻底打磨或喷砂除锈后用丙酮洗涤干净，然后刷涂涂料，挂钩处用耐蚀胶密封，涂层干膜达到试验厚度，待涂层固化经电火花检漏($5 \text{ V}/\mu\text{m}$)合格后备用。

D.3.3　在通风装置内将汽油倒入标本瓶中，将试棒三分之二长度浸入 93#汽油中常温放置，定期观察涂层有无起皱、溶胀和起泡等现象，直至涂层出现破坏或达到标准规定的浸泡时间为止。浸泡三根试棒，以不少于两根试棒符合标准规定为合格。

附 录 E
涂层耐高温高压性测定法

本方法适用于测定涂层的耐高温高压性

E.1 材料和仪器设备

E.1.1 高温高压釜。

E.1.2 普通低碳钢棒:直径 10 mm,长 120 mm。

E.2 试剂

E.2.1 自来水(GB 5749)。

E.3 试验步骤

E.3.1 取普通低碳钢棒,距顶端 10 mm 处钻孔并安装挂钩,底端打磨成圆弧,试棒示意图如图 E.3.1 所示。

E.3.2 试棒用砂布彻底打磨或喷砂除锈后用丙酮洗涤干净,然后刷涂涂料,挂钩处用耐蚀胶密封,涂层干膜达到试验厚度,待涂层固化经电火花检漏(5 V/μm)合格后备用。

E.3.3 将高温高压釜打开并倒入自来水,放入试棒,使其三分之二长度浸入自来水中,然后根据高温高压釜的操作规程关闭釜体,按照测试要求将高温高压釜调至规定温度和压力,开始测试。

E.3.4 按照高温高压釜的开盖流程定期打开釜体,观察涂层有无剥落、起皱、起泡、锈蚀和开裂等现象,直至涂层出现破坏或达到标准规定的浸泡时间为止。浸泡三根试棒,以不少于两根试棒符合标准规定为合格。

图 E.3.1 涂层耐高温高压性试棒示意图

标准用词说明

1 为便于在执行本标准条文时区别对待,对要求严格程度不同的用词说明如下:

    1) 表示很严格,非这样做不可的用词:

        正面词采用"必须",反面词采用"严禁"。

    2) 表示严格,在正常情况下均应这样做的用词:

        正面词采用"应",反面词采用"不应"或"不得"。

    3) 表示允许稍有选择,在条件许可时首先应这样做的用词:

        正面词采用"宜",反面词采用"不宜"。

        表示有选择,在一定条件下可以这样做的用词,采用"可"。

2 本标准中指明应按其他有关标准、规范执行的写法为"应符合……的规定"或"应按……执行"。

引用标准名录

GB/T 625　化学试剂　硫酸

GB/T 629　化学试剂　氢氧化钠

GB/T 1266　化学试剂　氯化钠

GB/T 1408.1　绝缘材料电气强度试验方法　第1部分:工频下试验

GB/T 1410　固体绝缘材料体积电阻率和表面电阻率试验方法

GB/T 1771　色漆和清漆　耐中性盐雾性能的测定

GB/T 1724　涂料细度测定法

GB/T 1725　色漆、清漆和塑料　不挥发物含量的测定

GB/T 1728　漆膜、腻子干燥时间测定法

GB/T 3186　色漆、清漆和色漆与清漆用原材料　取样

GB 5749　生活饮用水卫生标准

GB 7691　涂装作业安全规程　安全管理通则

GB 7692　涂装作业安全规程　涂装前处理工艺安全及其通风净化

GB/T 8923.1　涂覆涂料前钢材表面处理　表面清洁度的目视评定　第1部分:未涂覆过的钢材表面和全面清除原有涂层后的钢材表面的锈蚀等级和处理等级

GB 12942　涂装作业安全规程　有限空间作业安全技术要求

GB/T 13452.2　色漆和清漆　漆膜厚度的测定

GB 17930　车用汽油

GB/T 18570.3　涂覆涂料前钢材表面处理　表面清洁度的评定试验　第3部分:涂覆涂料前钢材表面的灰尘评定(压敏粘带法)

GB/T 18570.5　涂覆涂料前钢材表面处理　表面清洁度的评定试验　第5部分:涂覆涂料前钢材表面的氯化物测定(离子探测管法)

HG/T 3668　富锌底漆

SY/T 0063　管道防腐层检漏试验方法

SY/T 0407　涂装前钢材表面处理规范

SY/T 0457　钢质管道液体环氧涂料内防腐层技术标准

附件

钢质储罐液体涂料内防腐层技术标准

条 文 说 明

修 订 说 明

　　根据油标建防分字〔2010〕4号《关于发送2010年石油工程建设专标委防腐蚀工作组标准制修订项目计划的通知》要求的标准制修订计划安排,由中国石油集团工程技术研究院负责,中国石油集团工程设计有限责任公司华北分公司、新疆石油勘察设计研究院(有限公司)参加,通过总结经验,在《钢制储罐液体环氧涂料内防腐层技术标准》SY/T 0319—1998等国内外现行标准的基础上制订了本标准。

　　在本标准修订过程中,调整了1998年版中环氧树脂涂料和环氧玻璃鳞片涂料的性能指标,增加了无溶剂环氧树脂涂料、水性环氧树脂涂料、漆酚环氧涂料、环氧酚醛涂料和无机富锌涂料的相关内容,同时对防腐层施工及检验的规定也进行了细化和修改,使之更具可操作性。由于国标已对成品油储罐内壁和浮顶罐浮顶底板外表面涂层做了明确规定,本标准不再涉及相关内容。鉴于修改后的标准不仅仅包括环氧涂料的内容,因此标准名称改为《钢质储罐液体涂料内防腐层技术标准》。

　　为了便于广大设计、施工、运行管理等工程技术人员在使用本标准时,能正确理解和执行条文规定,按本标准的章节顺序,编制了本标准的条文说明,供本标准使用者参考。希望各单位在执行本标准过程中,结合工程实践,认真总结经验,注意积累资料,在使用中如发现本条文说明有不妥之处,请将意见函寄到中国石油集团工程技术研究院(地址:天津市塘沽区津塘公路40号,邮编:300451)。

1 总则

1.0.2 其他容器如果符合本条可参照本标准执行。本标准不适用于旧罐的局部修复。对于涉及采用防静电涂料的储罐,应执行现行国家标准《钢质石油储罐防腐蚀工程技术规范》GB 50393—2008 的相关规定。

2 防腐层材料

2.0.1 为顺应环保要求、提高防腐质量和施工安全,以及对高温使用环境的防腐需求,本标准增加了无溶剂环氧树脂涂料、水性环氧树脂涂料、漆酚环氧涂料、环氧酚醛涂料和无机富锌涂料的相关内容。对于不同的温度环境,除了本标准提出的涂料品种外,其他满足工程实际需要的涂料也可使用。

2.0.2 由于一些测试方法及测试项目已经不适于高固体份涂料,因此去掉了柔韧性(现行国家标准《漆膜柔韧性测定法》GB/T 1731—1993)、耐冲击性(现行国家标准《漆膜耐冲击测定法》GB/T 1732—1993)、附着力(画圈法)(现行国家标准《漆膜附着力测定法》GB/T 1720—1979)等指标,增加了黏结力(拉拔法)等指标;将 1998 年版的标准中的环氧树脂涂料分为溶剂型环氧树脂涂料和无溶剂环氧树脂涂料,溶剂型产品的耐盐雾性能由原来的 500 h 提高到 2 000 h,不再区分低温固化型和常温固化型产品,而且对底、面漆的性能不再分别要求,同时本标准还增加了对无溶剂环氧树脂涂料、水性环氧树脂涂料、漆酚环氧涂料、环氧酚醛涂料和无机富锌涂料及涂层性能相应的指标要求。

2.0.4 对不分底、面擦的涂料颜色不作区分。

3 防腐层等级和厚度

3.0.2 鉴于不同储存介质的腐蚀性不同,储罐不同部位的腐蚀环境也有所不同,因此将储罐内壁分为三个部分,并对其涂层最小干膜厚度提出了不同要求,涂敷道数会因为涂料不同而不同,因此不作统一规定,只强调了对涂层总厚度的要求。

3.0.3 由于无机富锌涂料易产生开裂,因此规定其防腐层最大厚度不超过 100 μm。

4 防腐层施工

4.1 一般规定

4.1.5 为减少黏结力检验对防腐层的破坏,本标准采用试板测试考察储罐防腐层的黏结性能。为使试板涂层的黏结性能能够真实地反映实际储罐的防腐层黏结性能,要求选用与储罐相同材质的试板,试板的表面处理和涂敷与储罐同时进行。

4.2 表面处理

4.2.1 为进一步保证施工质量,提高标准的可操作性,对表面处理要求进行了细化,对锐角、焊缝、焊渣飞溅等部位的预处理提出了具体的要求。增加了表面被酸、碱、盐污染的处理措施和可溶性氯化物残留量的要求;另外还对锚纹深度的检测部位及点数做出了具体要求。

4.2.4 对于采用先预涂底漆再焊接安装的施工方式,本条也规定了表面处理的检查频率。

4.4 涂敷作业

4.4.1 由于在实际工程中发现辊涂法施工时涂层易产生气泡并且厚度不均匀,质量难以保证,因此去掉了辊涂施工方式。

4.4.5 为了确保涂层间的附着力,本条特别提出了防止污染和打毛的要求。

5 防腐层质量检验

5.2 涂覆过程质量检验

5.2.2 为了便于尽快将施工参数调整到最佳,本条规定了每喷涂 10 m² 面积应对湿膜厚度进行一次检查的要求,待喷涂压力、喷嘴直径、喷涂速度等工艺参数确定后可以逐渐减少检测次数。

5.3 防腐层最终质量检验

为提高标准的可操作性,对防腐层质量检测部位、检测点数进行了调整,将储罐按照不同容积分为4类,并列表分别规定了检测部位和点数,便于操作者直接查找;同时相应的判定准则也进行了修改。

5.3.5 为提高可操作性和检测的准确性,将1998年版的标准的刀挑法附着力检验修改为拉拔法黏结力检验,同时由于黏结力检验属于破坏性检验,可能留下隐患,因此可根据实际情况在喷涂的试件上进行,如果需要在实际储罐上进行黏结力检验,应选择在储罐附件的非关键部位进行,并做好补涂,补涂部位涂层固化后应对其再次进行厚度和漏点检验。

6 修补、复涂及重涂

6.0.1 本条为新增加内容,规定了对储罐防腐层进行修补、复涂及重涂的先决条件,主要是为了便于施工人员进行操作。

6.0.3 本条增加了对防腐层复涂区域的规定,即以厚度不合格测点为中心,上、下、左、右各延伸 0.5 m 作为复涂区域,复涂区域是面积为 1 m² 的正方形。

7 卫生、安全和环境保护

本章主要对安全施工、作业人员防护和环境保护提出了要求。一方面,涂料中的易挥发、易燃有机溶剂会影响人体健康和危害环境,因此应做好防护措施;另一方面,易燃、易爆材料在使用过程中如果不严格按照操作规程施工,则很容易产生火灾、爆炸等重大事故,应做好通风措施,并派专人连续检测罐内可燃性气体浓度,罐内可燃性气体浓度应符合现行国家标准《涂装作业安全规程 有限空间作业安全技术要求》GB 12942 的规定。电气设备应符合国家有关爆炸危险场所电气设备安全规定,包括电气设施应整体防爆,操作部分应设触电保护器,电气设备应接地等。

为保证安全施工,根据国家劳动保护、安全及卫生标准中的有关规定,并结合防腐工程的特点制定了本章的各项条文,施工中应严格执行。

8 交工资料

8.0.1 完整可靠的交工资料对于工程验收及运行后的日常维护管理都有着十分重要的作用。因此本条中所列各项资料应从工程开工之日起即设专人负责汇集整理,并保证各项记录的详细、齐全。

参 考 文 献

[1] 《漆膜附着力测定法》GB 1720—1979
[2] 《漆膜柔韧性测定法》GB/T 1731—1993
[3] 《漆膜耐冲击测定法》GB/T 1732—1993
[4] 《钢质石油储罐防腐蚀工程技术规范》GB 50393—2008

ICS 75.200
E 98
备案号：29747—2010

中华人民共和国石油天然气行业标准

SY/T 0457—2010
代替 SY/T 0457—2000

钢质管道液体环氧涂料
内防腐层技术标准

Technical standard of liquid epoxy internal coating for steel pipeline

2010-08-27 发布

2010-12-15 实施

国家能源局 发布

前　言

　　本标准是根据 2008 年油标委字〔2008〕2 号文"关于印发《2008 年石油天然气行业标准制修订项目计划》的通知"的要求，由大庆油田建设集团工程设计研究院、中国石油工程技术研究院、中油管道防腐工程有限公司及赫普（中国）有限公司等单位对《钢质管道液体环氧涂料内防腐层技术标准》SY/T 0457—2000 进行修订而成的。自本标准发布之日起，上述标准停止执行。

　　本标准在修订过程中，编写组进行了比较广泛的调查研究，总结多年来液体环氧涂料内防腐层在设计、施工及验收方面的实践经验，并参考国内、外先进标准，在认真分析工程实际并补充了大量材料和验证试验的基础上，对 SY/T 0457—2000 条文中，仍然适用的予以保留，删除了环氧玻璃鳞片防腐涂料性能指标，增加了液体环氧涂层的耐磨指标，提高了性能指标中的固体含量指标，增加了涂层的抗弯曲指标，并充实了部分内容。编写组反复讨论，并以多种形式征求了有关单位和专家的意见，最后由石油工程建设施工专业标准化委员会组织有关单位进行审查定稿。

　　本标准共分 10 章和 2 个附录，主要内容包括：总则、内防腐层结构、材料、内防腐层涂敷施工、质量检验、防腐层修补与重涂、标识、储存与运输、现场补口、安全、卫生及环境保护、竣工资料等。

　　本标准由大庆油田建设集团工程设计研究院负责具体技术内容的解释。在执行过程中，请各单位结合工程实践，认真总结经验，注意积累资料，如发现本标准有需要修改和补充之处，请将意见和建议寄到大庆油田建设集团工程设计研究院（地址：黑龙江省大庆市让胡路区中央大街 109 号，邮编：163712）。

　　本标准主编单位：大庆油田建设集团工程设计研究院。

　　本标准参编单位：中国石油工程技术研究院、中油管道防腐工程有限公司、赫普（中国）有限公司。

　　本标准主要起草人：陈守平、张其滨、廖宇平、李荣俊、顾玉佳、卢绮敏、莫荣、吴迪。

　　本标准主要审查人：王国丽、崔新村、崔中强、欧莉、黄留群、林建荣、金华、张平、于云凤、许敬、刘廷俊、李华刚、高玮。

1 总则

1.0.1 为保证钢质管道液体环氧涂料内防腐层的质量，延长管道使用寿命，提高经济效益，特制定本标准。

1.0.2 本标准适用于输送介质温度不高于80℃的原油、天然气、水的钢质管道液体环氧涂料内防腐层的设计、施工与验收。输送成品油的钢质管道内防腐层也可参照本标准执行。本标准规定了钢质管道液体环氧涂料内防腐层的原材料、结构、涂敷施工、质量检验、修补、重涂、卫生、安全与环境保护及竣工资料等的最低要求。

1.0.3 钢质管道液体环氧涂料内防腐层的设计、涂层涂敷、施工及验收除应符合本标准的规定外，尚应符合国家现行的有关强制性标准的规定。

2 等级及厚度

2.0.1 液体环氧涂料内防腐层的等级及厚度应根据管道工程要求、腐蚀环境和材料性能等因素确定，并应符合表2.0.1的规定。

表2.0.1 内防腐层的等级及厚度

序　号	内防腐层等级	干膜厚度/μm
1	普通级	≥200
2	加强级	≥300
3	特加强级	≥450

3 材料

3.1 钢管及管件

3.1.1 钢管及管件应符合国家或行业现行有关钢管及管件标准的规定和用户的要求，应有制造厂的出厂质量证明书和检验报告单。

3.1.2 涂敷商应对所有待涂敷钢管及管件的外观和尺寸偏差进行检验，其外观和尺寸偏差应符合国家或行业现行有关标准和用户的要求，外观不合格的不得进行涂敷。

3.2 涂料

3.2.1 液体环氧涂料包括溶剂型和无溶剂型，液体环氧涂料的性能指标应符合表3.2.1-1的规定，液体环氧涂料防腐层的性能指标应符合表3.2.1-2的规定。

表 3.2.1-1　液体环氧涂料性能指标

序号	项目		性能指标				试验方法
			底漆		面漆		
			熔剂型	无溶剂型	溶剂型	无溶剂型	
1	黏度 (涂-4 黏度计,25 ℃±1 ℃)/s		≥80	—	≥80	—	GB/T 1723
2	细度/μm		≤100	≤100	≤100	≤100	GB/T 1724
3	干燥时间 (25 ℃±2 ℃)	表干/h	≤4	≤4	≤4	≤4	GB/T 1728
		实干/h	≤24	≤16	≤24	≤16	
4	固体含量%		≥80	—	≥80	—	GB/T 1725
			—	≥98	—	≥98	附录 A
5	耐磨性 (1 000 g/1 000 r CS17 轮)/ mg		—	—	≤120	≤120	GB/T 1768

注:对无溶剂环氧涂料,可采用底面合一型涂料。

表 3.2.1-2　液体环氧防腐层性能指标

序号	项目		性能指标	试验方法
1	外观		表面应平整、光滑、 无气泡、无划痕	目测或内窥镜
2	硬度((2H 铅笔)		表面无划痕	GB/T 6739
3	耐化学稳定性 (常温,90 d) (圆棒试件)	10%NaOH	防腐层完整、 无起泡、无脱落	GB/T 9274
		10%H₂SO₄		
		3%NaCl		
4	耐盐雾性(500 h)		1 级	GB/T 1771
5	耐油田污水(80 ℃,1 000 h)		防腐层完整、 无起泡、无脱落	GB/T 1733
6	耐原油(80 ℃,30 d)		防腐层完整、 无起泡、无脱落	GB/T 9274
7	附着力/MPa		≥8	GB/T 5210
8	耐弯曲(1.5°,25 ℃)		涂层无裂纹	SY/T 0442—2010附录 E
9	耐冲击(25 ℃)/J		≥6	SY/T 0442—2010附录 F

注:1　试件采用复合涂层,涂层干膜厚度 200 μm±50 μm。

　　2　本表中第 6 项仅适用于输送原油介质的内防腐层。

3.2.2　涂料底漆、面漆、固化剂、稀释剂等应由同一生产商制造。底漆、面漆颜色宜有所区别。

3.2.3　涂料应有生产商提供的出厂质量证明书和产品说明书,以及通过质量认证的第三方检验机构出具的检验报告。产品说明书中应明确规定产品的质量指标、工艺要求、储存条件及储存期限。

3.2.4　涂料检验应按现行国家标准《色漆、清漆和色漆与清漆用原材料　取样》GB/T 3186 的规定取样。涂敷商应结合涂料所附检验报告按本标准表 3.2.1-1 的规定对液体环氧涂料的黏度、细度、固体含量和干燥时间进行检验;对涂料的其他性能有要求时,应按本标准表 3.2.1-1 和表 3.2.1-2 规定的项目进行检验,检验结果应符合规定。若有不合格项,应加倍取样重新检验,如仍有不合格项,则该批涂料为不合格,不得使用。

3.2.5 液体环氧涂料有效期应不小于一年。涂敷商应按照生产商的产品说明书所要求的条件储存,并在有效期内使用。超过有效期的涂料,应按现行国家标准《色漆、清漆和色漆与清漆用原材料 取样》GB/T 3186的规定重新取样抽查,涂料性能符合本标准表3.2.1-1规定的,方可继续使用。

4 涂敷施工

4.1 一般规定

4.1.1 管道内防腐层的涂敷施工应按涂料生产商推荐的做法进行。宜使用无气喷涂工艺或离心式涂敷工艺。

4.1.2 涂敷操作钢管温度应高于露点温度3 ℃以上,且应控制在涂料生产商推荐的范围内。混合涂料的温度不应低于10 ℃。

4.1.3 钢管内防腐层涂敷施工时,应在涂料生产商推荐的涂敷温度范围内对涂料、钢管及管件进行预热。

4.1.4 当环境相对湿度大于85％时,应对钢管除湿后方可作业。严禁在雨、雪、雾及风沙等气候条件下露天作业。

4.2 表面处理

4.2.1 管道内表面处理前应清除钢管及管件内表面的油污、泥土等杂质;有焊缝的钢管应清除焊瘤、毛刺、棱角等缺陷;表面处理过程中,钢管表面温度应高于露点3 ℃以上,如钢管内壁潮湿,可采用热风或不会使管道变形的加热方法驱除潮气,使内壁干燥。

4.2.2 钢管及管件内表面处理应采用喷(抛)射除锈,除锈等级应达到现行国家标准《涂装前钢材表面锈蚀等级和除锈等级》GB 8923中规定的Sa2½级,锚纹深度应达到35 μm～75 μm。

4.2.3 钢管及管件内表面经喷(抛)射处理后,应用清洁、干燥、无油的压缩空气将钢管及管件内部的砂粒、尘埃、锈粉等微尘清除干净,表面灰尘度不应超过现行国家标准《涂覆涂料前钢材表面处理 表面清洁度的评定试验 第3部分:涂覆涂料前钢材表面的灰尘评定(压敏粘带法)》GB/T 18570.3规定的3级。

4.2.4 表面处理合格后应在4 h内进行涂覆施工。表面处理后至喷涂前不应出现浮锈,当出现返锈或表面污染时,必须重新进行表面处理。

4.3 管端预处理

4.3.1 钢管内表面处理后,应在钢管两端50 mm～100 mm范围留有不涂区。

4.3.2 在不涂区宜先涂刷硅酸锌或其他可焊性防锈涂料,可焊性涂料的使用应按现行国家标准《船用车间底漆》GB/T 6747的规定执行,干膜厚度应在20 μm～30 μm。在液体环氧涂料涂敷时,液体环氧涂料内防腐层应覆盖可焊性涂料10 mm～20 mm。

4.4 涂敷

4.4.1 涂料准备:

1 涂料开桶前,应先倒置晃动或旋转振动,然后开桶并搅拌均匀。

2 管道涂敷前应按涂料生产商推荐的方法准备涂料。涂料配制时应按照涂料生产商提供的产品说明书给出的配比、工艺要求、施工条件和环境温度要求进行配制。

3 一般情况下涂料不宜加稀释剂,但特殊情况下可适当加入配套稀释剂,加入量不得超过涂料说明书中的规定。

4.4.2 涂敷工艺准备:正式涂敷前,应通过工艺试验确定涂敷工艺参数和工艺规程。

4.4.3 管道涂敷:

1 涂敷采用高压无气喷涂工艺时,喷枪应匀速行走,涂料送给应保证雾化良好。当采用其他喷涂工艺时,应执行相关喷涂工艺的规定。涂层应平整、无流挂、无划痕。

　　2 多层涂敷时,涂敷间隔时间及涂敷条件应按照本标准第4.4.2条确定的涂敷工艺参数和工艺规程执行。如果各层涂敷间隔时间超过了规定要求,则应按照涂料生产商推荐的方法进行处理。涂覆过程中,应对湿膜厚度进行检测。

　　3 防腐层的固化应按涂料生产商推荐的固化方法及固化时间进行。

4.4.4 管件涂敷宜按照管道涂敷工艺的要求采用无气喷涂工艺涂敷,且涂层厚度不应低于管体涂层厚度。喷涂工艺条件受限时,也可采用手工刷涂或其他涂敷方式。

5 质量检验

5.1 一般规定

5.1.1 内防腐层涂敷施工必须进行过程质量检验及出厂检验,检验结果必须有记录。

5.1.2 质量检验所用仪器必须经计量部门鉴定合格,且在鉴定有效期内。

5.2 涂敷过程质量检验

5.2.1 钢管或管件内表面处理后,应采用GB 8923中相应的照片或标准板逐根进行目视比较,表面除锈质量应达到Sa2½级的要求;每8 h至少应检测一次锚纹深度,宜采用粗糙度测量仪或锚纹深度测试纸测量,锚纹深度应达到35 μm～75 μm;钢管表面灰尘度每4 h应至少检测一次,每次检测两根钢管,按照现行国家标准《涂覆涂料前钢材表面处理　表面清洁度的评定试验　第3部分:涂覆涂料前钢材表面的灰尘评定(压敏粘带法)》GB/T 18570.3规定的方法进行表面灰尘度评定,表面灰尘度不应超过3级。

5.2.2 涂层外观检查:应目测或用内窥镜逐根检查涂层外观质量,其表面应平整、光滑、无气饱、无划痕等外观缺陷。

5.2.3 涂层厚度检测:涂层实干后,应采用无损检测仪在距管口大于150 mm位置沿圆周方向均匀分布的任意4点上测量厚度,每根管分别测两端,结果应符合规定。若管径太小,探头伸不到管内150 mm以上时,可在端头测量。

5.2.4 涂层漏点检测:涂层固化后,应按现行行业标准《管道防腐层检漏试验方法》SY/T 0063规定的电阻法逐根检测,以无漏点为合格。

5.3 出厂检验

5.3.1 液体环氧涂料内防腐管的出厂检验项目应包括涂层外观、涂层厚度、附着力及管端预留长度。

5.3.2 涂层外观检验:应目测或用内窥镜逐根检查涂层外观质量,涂层表面应平整、光滑、无气泡、无划痕等外观缺陷。

5.3.3 涂层厚度检验:应按现行国家标准《色漆和清漆　漆膜厚度的测定》GB/T 13452.2中规定的非破坏性方法抽样检查涂层厚度,抽查率为5%,且不得少于两根。检查方法应按本标准第5.2.3条的规定执行,不合格时应加倍抽查,抽查结果仍不合格时,则全批管判为不合格品。

5.3.4 涂层附着力检测:应按本标准附录B规定的方法进行抽检,高于B级(含B级)为合格。每10 km至少抽查一根;不足10 km的,按10 km计。如有不合格时,应加倍抽检;仍有不合格时,则全批管判为不合格。

5.3.5 管端预留长度检测:应抽样检查管端预留长度,抽查率为5%,且不得少于两根,应用直尺测量,每根管测两端,管端、预留长度应符合本标准第4.3.1条的规定。

6 修补与重涂

6.1 修补

6.1.1 防腐层有漏点、漏涂等缺陷时应进行修补。

6.1.2 宜先对防腐层的缺陷部位进行清理,涂层搭接处应打磨或用其他适用方式进行处理。可采用喷涂或刷涂的方法进行修补。

6.1.3 防腐层修补所用涂料应与原用涂料一致。

6.2 重涂

6.2.1 出厂检验附着力不合格的防腐层或不宜进行修补的缺陷涂层必须进行重涂。

6.2.2 重涂时应将原涂层清除干净,然后按照本标准第 4 章的要求重新进行喷(抛)射处理,并重新涂敷。

6.3 检验

6.3.1 修补、重涂后的管道内防腐层应按本标准第 5 章的规定进行质量检验,并应达到质量检验的相关要求。

7 标识、储存和运输

7.1 标识

7.1.1 经质量检验合格的内防腐层钢管应在钢管表面明显处做出合格标记。合格标记应包括生产厂名、产品名称、防腐等级、执行标准、生产日期、检验员编号等内容。

7.2 储存

7.2.1 内防腐层钢管堆放场地应平整,无碎石、铁块等坚硬杂物。地面应有足够的承载能力,堆放场地应有排水沟道,场地内不应有积水。堆放场地应设置管托,管托上表面应高于地面 150 mm。

7.2.2 内防腐层钢管堆放应按防腐管的规格、防腐层类型和等级分类存放,排列整齐,并有明显的标识。严禁不同种类、规格和等级的内防腐层钢管混放。检验不合格的防腐管不得与成品管混放。

7.2.3 成品管端应加盖管帽或其他保护措施,防止碎石等杂物进入管内。

7.3 运输

7.3.1 成品管在装、卸车过程中,应采取必要的措施,防止撞击变形和机械损伤。

7.3.2 转运或运输过程中,应防止钢管产生较大弯曲、扁口等现象。

8 现场补口

8.0.1 以液体环氧涂料作为内防腐层的钢质管道在施工时应进行现场内补口。内防腐层补口的要求应不低于管体内防腐层的要求。

8.0.2 内补口可采取内防腐层补口机涂敷法、机械压接连接、内衬短管节焊接等补口方法。采用内防腐层补口机涂敷法补口时,涂料和防腐层厚度应和管体内防腐层一致。

8.0.3 补口前应制定相应的补口工艺和质量要求,应经设计和用户审查同意后方可实施。

9 安全、卫生和环境保护

9.0.1 内防腐层涂敷生产的安全、环保应符合现行国家标准《涂装作业安全规程 涂漆前处理工艺安全及其通风净化》GB 7692 的要求。

9.0.2 钢质管道除锈、徐敷生产过程中,各种设备产生的噪声,应符合现行国家标准《工业企业噪声控制设计规范》GBJ 87 的有关规定。

9.0.3 钢质管道除锈、涂敷生产过程中,现场环境空气中粉尘含量不得超过现行国家标准《工业企业设计卫生标准》GBZ 1 的规定;有害物质浓度不得超过现行国家标准《涂装作业安全规程 涂漆工艺安全及其通风净化》GB 6514 的规定。

9.0.4 钢质管道除锈、涂敷生产过程中,所有机械设施的转动和运动部位应设有防护罩等保护设施。

9.0.5 涂敷生产作业区电气设备应符合现行国家标准《爆炸性气体环境用电气设备 第 1 部分:通用要求》GB 3836.1 的规定。

10 竣工资料

10.0.1 内防腐施工结束后,应向用户提供下列资料:

1 液体环氧涂料的质量检验报告、合格证及有关测试项目的复检报告。

2 内防腐层质量检验报告和内防腐层质量证明书。质量证明书内容应包括:工程名称、涂料名称及型号、防腐层的等级、执行标准、生产厂家、质量负责人等。

3 补口记录。

4 用户要求的其他技术资料。

附　录　A
无溶剂防腐涂料固体含量试验方法

A.0.1 本试验方法适用于无溶剂防腐蚀涂料固体含量的检测。

A.0.2 检测用仪器设备和材料应满足下列要求：

　1　玻璃培养皿：直径 75 mm～85 mm，边高 8 mm～10 mm；

　2　玻璃烧杯：50 mL；

　3　磨口滴瓶：50 mL；

　4　玻璃干燥器：内放变色硅胶或无水氯化钙；

　5　温度计：0 ℃～50 ℃。

A.0.3 试样制备的要求：每组试样至少 3 个。

A.0.4 试验步骤应符合下列要求：

　1　先将干燥洁净的培养皿称重；

　2　在烧杯中按比例加入涂料的甲、乙组分，并混合均匀；

　3　用磨口滴瓶取样，以减量法称取 1.5 g～2.0 g 试样，置于已称重的培养皿中，使试样均匀地流布于容器的底部，将培养皿置于干燥器中，然后放在 25 ℃环境下恒温 16 h，取出称重，放回干燥器，24 h 后取出再称重，至前后两次称重的质量差不大于 0.01 g 为止。

A.0.5 按下式计算固体含量 X：

$$X=[(W_1-W)/G]\times100\% \quad\cdots\cdots\cdots\cdots\cdots\cdots (A.0.5)$$

式中：

W ——容器质量(g)；

W_1——放置后试样和容器质量(g)；

G ——试样质量(g)。

A.0.6 试验结果取 3 次平行试验的平均值，3 次平行试验的相对误差不大于 3%。

附 录 B

内防腐层附着力检验方法

B.1 概述

B.1.1 此检验方法是参照现行行业标准《石油钻杆内涂层技术条件》SY/T 0544—2004 中附录 C 制定的涂层附着力检验方法。

B.1.2 本检验方法适用于钢管内防腐层附着力的检验。

B.2 方法摘要

B.2.1 在涂层上用尖刀划两道刻痕,然后用刀尖挑两道刻痕之间的涂层,根据被挑起涂层的多少来判定附着力是否合格。

B.3 检验步骤

B.3.1 采用刀刃锋利的刀尖在涂层管体长度方向上平行切割出两道切痕,间距 3 mm,每道长约 2 mm～3 mm。

B.3.2 切割时应使刀尖和涂层垂直,并且应平稳无晃动。

B.3.3 切痕应穿透涂层达金属基底。

B.3.4 用刀尖从切痕部位挑起涂层,检查切痕周围的涂层与金属的附着力。

B.3.5 记录检查结果。

B.4 结果判断

B.4.1 共分五个等级:

A 级——不能从金属基体挑起涂层,只有刀痕划到的地方才能看到金属。

B 级——小部分涂层可被挑起,但 50% 以上的涂层完好。

C 级——超过 50% 的涂层被挑起。

D 级——所有涂层都被挑起,裸露出金属基体。

E 级——不用刀挑,涂层即和金属基体分离。

标准用词和用语说明

1　为便于在执行本标准条文时区别对待,对要求严格程度不同的用词说明如下:
　　1)　表示很严格,非这样做不可的用词:
　　　　正面词采用"必须";反面词采用"严禁"。
　　2)　表示严格,在正常情况下均应这样做的用词:
　　　　正面词采用"应";反面词采用"不应"或"不得"。
　　3)　表示允许稍有选择,在条件许可时,首先应这样做的用词:
　　　　正面词采用"宜";反面词采用"不宜"。
　　4)　表示有选择,在一定条件下可以这样做的用词,采用"可"。
2　本标准中指明应按其他有关标准、规范执行的写法为"应符合……规定"或"应按……执行"。

引用标准名录

GB/T 1723　涂料粘度测定法

GB/T 1724　涂料细度测定法

GB/T 1725　色漆、清漆和塑料　不挥发物含量的测定

GB/T 1728　漆膜、腻子膜干燥时间测定法

GB/T 1733　漆膜耐水性测定法

GB/T 1768　色漆和清漆　耐磨性的测定　旋转橡胶砂轮法

GB/T 1771　色漆和清漆　耐中性盐雾性能的测定

GB/T 3186　色漆、清漆和色漆与清漆用原材料　取样

GB 3836.1　爆炸性气体环境用电气设备　第1部分:通用要求

GB/T 5210　色漆和清漆　拉开法附着力试验

GB 6514　涂装作业安全规程　涂漆工艺安全及其通风净化

GB/T 6739　色漆和清漆　铅笔法测定徐膜硬度

GB/T 6747　船用车间底漆

GB 7692　涂装作业安全规程　涂漆前处理工艺安全及其通风净化

GB 8923　涂装前钢材表面锈蚀等级和除锈等级

GB/T 9274　色漆和清漆　耐液体介质的测定

GB/T 13452.2　色漆和清漆　漆膜厚度的测定

GB/T 18570.3　徐覆涂料前钢材表面处理　表面清洁度的评定试验　第3部分:涂覆涂料前钢材表面的灰尘评定(压敏粘带法)

GBJ 87　工业企业噪声控制设计规范

GBZ 1　工业企业设计卫生标准

SY/T 0063　管道防腐层检漏试验方法

SY/T 0442—2010　钢质管道熔结环氧粉末内防腐层技术标准

SY/T 0544—2004　石油钻杆内涂层技术条件

附件

钢质管道液体环氧涂料内防腐层技术标准

条 文 说 明

修 订 说 明

本标准是根据石油工业标准化技术委员会油标委字〔2008〕2号文"关于印发《2008年石油天然气行业标准制修订项目计划》的通知"的要求,由大庆油田建设集团工程设计研究院、中国石油工程技术研究院、中油管道防腐工程有限公司及赫普(中国)有限公司等单位对《钢质管道液体环氧涂料内防腐层技术标准》SY/T 0457—2000进行修订而成的。

本标准在修订过程中,编写组进行了比较广泛的调查研究,总结多年来液体环氧涂料内防腐层在设计、施工及验收方面的实践经验,结合近年来各种新型、环保和高性能涂料不断出现以及涂料涂敷施工等技术的发展实际,本着技术先进、经济合理、方便适用、确保质量的原则,参考了《输水用钢管内外环氧涂层系统标准》ANSI/AWWA C210-03的相关内容,对《钢质管道液体环氧涂料内防腐层技术标准》SY/T 0457—2000进行了较大修订。对SY/T 0457—2000条文中,凡是内容仍然适用的予以保留,删除了SY/T 0457—2000中部分已不适用的内容。编写组反复讨论并以多种形式征求了有关单位和专家的意见,最后由石油工程建设施工专业标准化委员会组织有关单位进行审查定稿。

本次修订的主要内容包括:

1 提高了防腐层加强级和特加强级涂层的干膜厚度;

2 删除了SY/T 0457—2000中环氧玻璃鳞片防腐涂料性能指标;

3 缩短了无溶剂型涂料的实干时间;

4 删除了SY/T 0457—2000中涂料柔韧性指标,增加了涂层抗弯曲指标;

5 增加了液体环氧涂层的耐磨指标;

6 提高了防腐涂料性能指标中溶剂型和无溶剂型涂料的固体含量指标;

7 删除了SY/T 0457—2000中涂料附着力和耐冲击指标,增加了涂层附着力和耐冲击指标;

8 提高了涂料涂敷前钢管表面处理的等级;

9 增加了涂料涂敷前钢管表面处理后灰尘度的规定和检测内容。

为了便于广大设计、施工等有关人员在使用本标准时能正确理解和执行条文规定,根据编制标准条文说明的统一要求,按标准的章节顺序,编制了本标准的条文说明,供使用者参考。希望各使用单位在执行本标准的过程中,结合工程实践,及时总结经验,注意积累资料,如发现本标准有需要修改和补充之处,请将意见和建议寄到大庆油田建设集团工程设计研究院(地址:黑龙江省大庆市让胡路区中央大街109号,邮编:163712)。

1 总则

1.0.1 目前,在各油田及相关行业输送油、水等介质主要采用钢质管道,钢质管道在输送介质过程中,容易受到介质的腐蚀,很短时间内就会造成管道的损坏。为延长管道的使用寿命,提高输送能力,在钢管内壁涂敷液体环氧涂料,可使钢管内壁与原油、污水等有腐蚀性的介质隔离起来而免受腐蚀,同时又能提高内壁的光滑程度,起到减阻作用。结合国内液体环氧涂料产品的发展和液体环氧涂料内防腐层的涂敷、施工及应用经验,制定了本标准。

1.0.2 油田输送的原油和污水的温度一般不超过80℃,因此本标准规定液体环氧涂料内防腐层适用介质温度范围不超过80℃。近年来防腐涂料技术不断发展,耐温型涂料逐渐增多,有些涂料具有突出的耐高温原油及污水性能,在100℃污水中浸泡6个月无变化,可以在油出污水中长期使用,而且具有较好的抗细菌腐蚀性能,因此,在设计介质温度在80℃~100℃的内防腐层时,应根据介质温度、介质腐蚀性选用合适的防腐涂料,以保证涂层性能的合理、科学。本适用范围中所提到的水,泛指油田生产用水。

1.0.3 本条明确规定了本标准与国家现行有关强制性标准(规范)的关系。

2 等级及厚度

2.0.1 根据涂料的发展和现有的环氧涂料种类性能特点,没有对液体环氧涂料内防腐层的结构做硬性规定,但涂层加强级和特加强级的干膜厚度有所提高,以期保证防腐层质量。结构和厚度可根据涂料的性能、输送介质腐蚀程度、设计寿命、实际生产情况等因素确定。

随着液体环氧型涂料的不断发展,新的涂料不断产生,性能也各有不同,在新涂料的厚度有新规定时,应按涂料产品说明书的规定执行,保证防腐层的设计厚度。

3 材科

3.1 钢管及管件

3.1.1 钢管是液体环氧涂料内防腐层钢质管道的主要材料,管件包括弯头、三通、四通、大小头、管内接头等连接件,管件的质量也是保证整条管线正常运行的关键。钢管和管件的质量要求应按照国家现行有关钢管或管件的标准执行。用户有要求时,还应按用户的要求执行。供货方必须提供钢管和管件质量证明书或检验报告单。涂敷商应核对质量指标是否符合设计要求和产品质量标准的规定;如果对质量证明书或钢管和管件质量有怀疑时,要进行化学成分和机械性能复验,确保所使用的钢管及管件是合格的。

3.1.2 本条规定涂敷商应对钢管及管件的外观和尺寸进行检查。尺寸是否符合要求,影响到管道安装和施工是否能够顺利进行,也可能影响到管道输送能力,并可能影响内防腐层的涂敷。

3.2 涂料

3.2.1 液体环氧涂料是指以环氧树脂为主要成膜物质的化学反应固化型的液体涂料,通常包括Λ,B两种组分。推荐采用环境友好型材料。

本条规定的是非饮用水工程上钢质管道内防腐层所用的液体环氧涂料性能指标。涂料和涂层性能指标是根据当前国内多家液体环氧涂料厂商生产的液体环氧涂料的性能特点综合确定的。根据设计和一些用户的提议,对SY/T 0457—2000规定的指标进行适当的调整,增加了涂层耐磨性能、抗弯曲性能和耐冲击性能的检测,确保涂层的防腐性能。

3.2.2 本条是对内防腐层涂敷商的要求,涂层涂敷时所用材料应由同一涂料供应商提供,以保证涂敷工艺准确,确保涂层的防腐质量。

3.2.3 本条是对液体环氧涂料生产厂家的要求;液体环氧涂料是防腐管的核心材料,涂料的质量直接影响到防腐层的质量,而不同厂家生产的不同型号的防腐涂料对生产工艺要求、储存条件等有不同的要求,因此,涂敷商在使用液体环氧涂料前必须了解涂料的性能和指标、工艺要求,只有合格的涂料,加上合理、科学的生产工艺,才能生产出合格的防腐产品。

3.2.4 本条主要对液体环氧涂料的复验项目做了规定,涂料的黏度、细度、固体含量和干燥时间是直接影响涂装质量的关键指标。涂敷商通过对以上四项的检验来正确地确定和控制涂敷工艺,保证涂敷质量;同时,本条也规定了验收条件。

3.2.5 本条规定了液体环氧涂料的最小有效期限和超出有效期的涂料如何处理。

4 涂敷施工

4.1 一般规定

4.1.1 涂料生产商对涂料如何涂敷效果更好会推荐一些涂敷方法。在管道内防腐层施工中一般推荐使用无气喷涂工艺或离心式涂敷工艺。

4.1.2 因为钢管温度高于露点温度3℃以上才能保证管体不结露。一般情况下,环氧涂料的黏度都较大,温度低于10℃时可能会对涂敷施工带来不利影响,且涂层自然固化速度过慢。但超过涂料生产商推荐温度时会加快涂料的反应速度,可能会造成涂料的浪费。因此,温度条件应控制在涂料生产商推荐的范围内。

4.1.3 在钢管内防腐层涂敷施工环境温度较低时,为提高涂料的涂敷工艺性能和涂敷质量,应在涂料生产商推荐的涂敷温度范围内对涂料、钢管及管件进行预热。

4.1.4 涂敷环境是影响产品质量的一项重要因素。当环境相对湿度大于85%时,表面处理后的钢管易返锈;钢管表面易潮湿,将严重影响涂层与钢管的附着力。

4.2 表面处理

4.2.1 钢管及管件内表面预处理是涂料涂敷施工的一项关键工程。没有一个清洁的表面就不可能有一个高质量的防腐层。因为不清洁的表面,等于在涂层与钢管内表面之间有一层隔离层,大大影响了涂层与钢管表面的附着力;附着力不好,涂层在管道运行过程中脱落,脱落的涂层夹带在输送介质中,将对介质和油田生产带来严重不良后果,会堵塞管道过滤器,甚至造成堵塞管件及管道,致使生产中断。

对于有焊道的钢管,内表面应清除飞溅物、焊瘤、毛刺、棱角等,否则,涂层容易出现漏点,造成管道腐蚀。

钢管温度高于露点温度3℃以上才能保证管体不结露。管壁干燥才能保证涂敷质量。

4.2.2 为了保证涂层与钢管或管件表面粘结良好,本标准对表面预处理提出了较高的要求。要求达到GB 8923中的Sa2½级,锚纹深度应达到35 μm～75 μm。

4.2.3 喷(抛)射处理后,管内可能会存在一些砂粒、尘埃、锈粉等微尘,这些微尘也都是影响涂层与钢管或管件的附着力的重要因素。喷(抛)射所采用的压缩空气,应脱水、脱油,避免压缩空气中的油、水等污染磨料、钢管或管件表面。

4.2.4 经表面处理后的钢管应立即进行涂装,以防钢管内表面重新返锈或污染,从而影响涂层质量。考虑到施工条件及施工环境、空气潮湿度等因素,一般情况下,表面预处理后的钢管或管件在表面处理后4 h之内均应涂装;如果涂装时,钢管内表面已经返锈或被污染,那么必须重新进行表面处理,以保证涂层的质量。

4.3 管端预处理

4.3.1 本条主要考虑涂料涂敷时,管端要留出50 mm～100 mm的焊接热影响区,以利于现场管道焊接。预留的长度,一般口径小、壁薄的钢管留短些,口径大、壁厚的钢管留长一些。

4.3.2 管端预处理的目的是钢管做完内防腐层后,往往要间隔一段时间才能运到施工现场组对焊接,如不采取防锈措施,管端可能发生返锈,将给施工现场增加工作量。刷涂可焊性涂料既可防止返锈,也能最大限度避免对焊接质量造成影响。

4.4 涂敷

4.4.1 涂料准备:

1 由于涂料在使用前一般都放置了一定时间,涂料中的重质成分会有沉淀现象,因此,在开桶前应倒置、晃动,使涂料混合均匀。

2 液体环氧涂料一般为双组分,涂料的配比相当重要,因此,涂敷施工时,应按照产品说明书要求的比例和方法,根据涂敷工艺要求、施工条件和环境温度进行相应的调整,保证涂敷质量。

3 生产商在提供涂料时,都配套生产了涂料稀释剂。但涂料加入稀释剂后其性能也会发生一些变化,因此,一般情况下不允许加稀释剂。在特殊情况下,涂敷厂可根据实际情况,适当加入稀释剂,用以调整涂料的黏度,但不能超过涂料使用说明书的规定。

4.4.2 本条规定是为了保证连续涂敷施工时获得稳定的高质量涂层。连续涂敷施工前应通过试验涂敷确定涂敷工艺参数,制定涂敷工艺规程。涂敷工艺参数一般应包括:喷枪行走速度、涂层湿膜厚度、涂层固化温度、涂层固化时间等涂敷工艺必要的参数。

4.4.3 管道涂敷:

1 喷涂可使液休环氧涂料充分雾化,但要保证涂层厚度均匀,涂料供料要连续稳定,喷枪行走一定要匀速,这样才能涂敷均匀,在钢管内表面上形成厚度一致的涂层。

2 由于涂料不同,涂料的性能也有很大差别,有时要达到涂层设计厚度,可能需要喷涂几遍;因此,从第二遍涂敷开始,每喷涂一遍,必须在前一遍漆表干后进行。因为,双组分涂料层与层之间是交联固化结合在一起的,表干后至实干期间的涂层表面还具有足够的活性,两层之间能很好地交联固化粘结在一起。另外,多遍涂敷时,喷枪在管内行走不能破坏已经涂敷的涂层。如果各层涂敷间隔时间超过规定的要求,可能会影响涂层间的结合,因此要按涂料生产商推荐的方法进行处理。涂敷过程中随时检测湿膜厚度,才能保证涂层的设计要求干膜厚度。

3 按涂料生产商推荐的固化方法和固化时间进行固化,才能保证涂层质量。

4.4.4 管件包括弯头、三通、四通、大小头等连接件。管件涂敷是保证整条管线涂层连续的重要一环,它的质量要求与钢管内防腐层的质量要求应一样。但是,由于管件小,涂敷工艺受限时,也可采用手工喷涂或刷涂工艺,但涂敷过程与钢管涂敷一样,应保证涂层厚度和质量。

5 质量检验

5.1 一般规定

5.1.1 做好检验记录,有利于监督检查和质量跟踪。

5.1.2 超过鉴定有效期的检测仪器可能导致检测误差偏大。

5.2 涂敷过程质最检验

5.2.1 钢管或管件内表面预处理的质量是影响涂层与钢管之间粘结的重要因素,要求100％检查,除锈质量检查采用 GB 8923 中的图片或标准试片对照,判定是否达到质量要求;用粗糙度测量仪或锚纹深度测试纸测量锚纹深度。如果除锈没有达到要求,应重新处理。在连续生产时,要求每间隔8 h 应至少检测一次表面处理质量,钢管表面灰尘度每4 h 应至少检测一次。表面处理与喷涂之间的时间间隔可能较长,由于环境等因素的影响,内表面处理后的钢管可能出现返锈现象,还应控制除锈后进行涂敷的时间。

5.2.3 涂层厚度是防腐层的质量指标中最重要的一项指标,必须确保涂层的厚度。本条对检测位置做了具体规定,端面测上下左右4点是为了检查涂层均匀程度。一般涂层厚度检测应采用非破坏性测量方法。

5.2.4 涂层漏点检测要在涂层实干后进行。作为钢管内壁防腐层要求不能有漏点。

5.3 出厂检验

5.3.1 为尽量减少对防腐层破坏性检验的数量,产品的出厂检验要做常规性检验,即外观、涂层厚度、管端预留长度及附着力。

5.3.2 本条规定了涂层外观的检查数量、方法和外观合格的状况。

5.3.3 涂层厚度检查一般采用非破坏性方法进行抽样检查,抽查率为5％;若按抽检比例计算低于两根时,至少应抽检两根。若对质量有怀疑时,也可采用其他检查方法,检测和判定涂层厚度是否符合标准。

5.3.4 附录B的检测方法为破坏性检测,因此抽检比例为10km抽查一根。也可采取同一涂敷工艺条件下涂敷取样短管段的方法进行检测。

5.3.5 管端预留长度是为了焊接时的热量不烧损内防腐层,出厂检验采取抽检的方法,抽检率为5%,若按抽检比例计算低于两根时,至少应抽检两根。检测时,可用直尺进行测量,测端头的4个方向,是为了保证留头长度的均匀一致。

6 修补与重涂

6.2 重涂

6.2.1 内防腐层检验不合格的防腐管应进行重涂,因为涂层的性能指标不合格,涂层减薄、附着力不达标都会严重影响涂层的防腐性能。

6.2.2 不清除原有涂层进行重涂,会造成涂层夹层、起皮,影响涂层的附着力,因此,必须除掉原有涂层,对钢管内表面重新进行喷(抛)射处理,然后按经工艺试验确定的工艺方法进行涂敷作业,保证涂层质量。

7 标识、储存和运输

7.1 标识

7.1.1 为了便于防腐厂的产品管理和施工单位现场使用方便,所有内防腐层钢管在检验合格后均应在钢管外表面明显处粘贴合格标记。内防腐层钢管生产结束后,需做外防腐时,应在外防腐结束后,在外防腐层的表面重新做合格标识。

为了便于质量跟踪,合格标记内容至少应包括:生产厂名、产品名称、防腐等级、执行标准、生产日期、检验员编号等内容。

7.2 储存

7.2.1 本条规定涂敷单位应有足够的堆放场地,提供合理的储存方法,堆放场地应有排水沟。管子离开地面150mm,防止雨水进入管内。没有合理的储存方法,会影响到产品出厂时的质量。

7.2.2 本条规定合格的成品管堆放应按规格、防腐层类型和等级分类存放。

7.2.3 本条规定是考虑管内如有砂石等杂物会影响前线施工和管线输送介质。

7.3 运输

7.3.1 成品管吊装运输时,有时会受到撞击或因管体(口)变形而损伤内防腐层,所以吊装运输时,一定要轻吊轻放,避免撞击,小口径管子运输吊装两点之间不宜过长,尽量减小管子的变形挠度,以免损坏内防腐层。

7.3.2 本条这样规定是因为在转运和运输过程中,如果钢管产生弯曲,容易损伤内防腐层;扁口将影响管道的组对和焊接。

8 现场补口

8.0.1 液体环氧涂料内防腐层钢质管道焊口处的补口,是保证涂层防腐质量的一个重要环节,因此内防腐层管道施工时,应做补口。

8.0.2 目前,应用比较成功的有四种补口技术,即内防腐层补口机涂敷法、机械压接法、内衬短管节法等技术。这些补口方法各有优缺点,本条提出的补口方法仅供施工单位参考,施工单位可根据实际情况选用理想的补口方法,但是,采用任何一种方法都应进行审批。

8.0.3 内防腐层补口效果会直接影响内防腐层管道工程的使用寿命,因此,不管采用哪种补口方法,施工前都必须针对内防腐层管道工程的工作条件和使用要求,制定出相应的补口工艺和质量要求等技术措施,经设计和用户签字同意后予以实施。

9 安全、卫生和环境保护

9.0.1 为了保证涂敷生产的安全和保护环境,保障作业人员的人身安全和健康,涂装作业和施工必须遵守 GB 7692 的有关规定。

9.0.2 除锈、喷涂过程中,各种设备的传动,物体之间的相互碰撞,高速的气流都会产生不同程度的声响,这种声响称为噪声。人们长期在这种噪声中工作,对身体健康将会产生不良的影响。

9.0.3 粉尘对人体来说是一种有害物质,往往经过呼吸道进入人体,要控制粉尘,降低对施工人员身体健康的影响。

9.0.4 涂敷过程中所使用的机械设备要做好防护,避免造成人员伤亡或机械损坏。

9.0.5 涂漆区由于涂料及溶剂的挥发,空气中存有易爆游离物质,一旦遇有火源,有发生爆炸的危险,为了防止爆炸事故的发生,各种电气设备必须采取整体防爆措施,采用防爆灯具及安全电压,当电气设备采用了超过 24 V 安全电压时,应采取防直接接触带电体的保护措施。

10 竣工资料

10.0.1 本条对竣工资料做了规定。竣工资料是一项工程从原材料到生产施工、竣工,从中间检验到最终检验全过程,以及生产过程中各类行为的文字记载,它不仅为工程经济核算提供依据,也是工程质量的如实记载,是向用户提供质量保证和相关信息的一些技术资料,它将是管道工程输送管理和管道维修时极为重要的技术文件,提供的竣工资料应真实、准确、全面。

参 考 文 献

[1]　GB/T 13288　涂装前钢材表面粗糙度等级的评定(比较样块法)

ICS 45.040
S 05

中华人民共和国铁道行业标准

TB/T 1527—2011
代替 TB/T 1527—2004，TB/T 2772—1997，TB/T 2773—1997

铁路钢桥保护涂装及涂料供货
技术条件

The protection coating anti-corrosion and specification for the supply
of paints for railway steel bridge

2011-07-15 发布   2012-01-01 实施

中华人民共和国铁道部 发布

TB/T 1527—2011

前　言

本标准按照 GB/T 1.1—2009 给出的规则起草。

本标准替代 TB/T 1527—2004《铁路钢桥保护涂装》、TB/T 2772—1997《铁路钢桥用防锈底漆供货技术条件》和 TB/T 2773—1997《铁路钢桥用面漆、中间漆供货技术条件》。本标准以 TB/T 1527—2004 为主,整合 TB/T 2772—1997 和 TB/T 2773—1997 的内容。与 TB/T 1527—2004 相比,主要技术变化如下:

——修改了涂层质量要求(见 3.1.3,2004 年版的 3.3);

——修改了涂层附着力检测方法(见 4.1.5,2004 年版的 4.5.1);

——增加涂料产品技术要求(见 3.2);

——增加钢桥涂装试验方法(见 4.1);

——增加涂料检验试验方法(见 4.2);

——增加钢桥涂装检验规则(见 5.1);

——增加涂料检验规则(见 5.2);

——增加涂料包装、标志、运输和贮存(见第 6 章)。

本标准由铁道部标准计量研究所归口。

本标准起草单位:中国铁道科学研究院金属及化学研究所、中铁宝桥集团有限公司、廊坊三通化学工业有限公司、南京长江涂料有限公司、重庆南方漆业有限公司。

本标准主要起草人:杜存山、祝和权、常彦虎、韩清、李纯、穆建渝。

本标准所代替标准的历次版本发布情况为:

——TB/T 1527—1984、TB/T 1527—1995;

——TB/T 2772—1997;

——TB/T 2773—1997。

铁路钢桥保护涂装及涂料供货
技术条件

1 范围

本标准规定了铁路钢桥保护涂装技术要求、试验方法和检验规则;规定了铁路钢桥各涂装体系防锈底漆、中间层涂料和面漆的产品分类、技术要求、试验方法、检验规则及包装、标志、运输和贮存。

本标准适用于桥梁(包括附属结构)、支座等钢结构的初始涂装、钢桥涂膜劣化后的重新涂装和维护性涂装及涂装使用的防锈底漆、中间漆和面漆。

2 规范性引用文件

下列文件对于本文件的应用是必不可少的。凡是注日期的引用文件,仅注日期的版本适用于本文件。凡是不注日期的引用文件,其最新版本(包括所有的修改单)适用于本文件。

GB/T 528—2009　硫化橡胶或热塑性橡胶拉伸应力应变性能的测定

GB/T 1720—1979　漆膜附着力测定性

GB/T 1725—2007　色漆、清漆和塑料　不挥发物含量的测定

GB/T 1726—1979　涂料遮盖力测定法

GB/T 1728—1979　漆膜、腻子膜干燥时间测定法

GB/T 1732—1993　漆膜耐冲击性测定性

GB/T 1740—2007　漆膜耐湿热测定性

GB/T 1765—1979　测定耐湿热、耐盐雾、耐候性(人工加速)的漆膜制备法

GB/T 1766—2008　色漆和清漆　涂层老化的评级方法

GB/T 1768—2006　色漆和清漆　耐磨性的测定　旋转橡胶砂轮法

GB/T 1771—2007　色漆和清漆　耐中性盐雾性能的测定

GB/T 1865—2009　色漆和清漆　人工气候老化和人工辐射暴露　滤过的氙弧辐射

GB/T 3186—2006　色漆、清漆和色漆与清漆用原材料　取样

GB/T 3190　变形铝及铝合金化学成分

GB/T 4956—2003　磁性基体上非磁性覆盖层　覆盖层厚度测量　磁性法

GB/T 5210—2006　色漆和清漆　拉开法附着力试验

GB/T 6060.3—2008　表面粗糙度比较样块　第3部分:电火花、抛(喷)丸、喷砂、研磨、锉、抛光加工表面

GB 6514　涂装作业安全规程　涂漆工艺安全及其通风净化

GB/T 6739—2006　色漆和清漆　铅笔法测定漆膜硬度

GB/T 6742—2007　色漆和清漆　弯曲试验(圆柱轴)

GB/T 6750—2007　色漆和清漆　密度的测定　密度瓶法

GB/T 6753.1—2007　色漆、清漆和印刷油墨　研磨细度的测定

GB/T 6753.3—1986　涂料贮存稳定性试验方法

GB/T 6753.3—1998　色漆和清漆　用流出杯测定流出时间

GB/T 6890—2000　锌粉

GB 7692　涂装作业安全规程　涂漆前处理工艺安全及其通风净化

GB/T 8923—1988　涂装前钢材表面锈蚀等级和除锈等级

GB/T 8923.2—2008　涂覆涂料前钢材表面处理　表面清洁度的目视评定　第 2 部分:已涂覆过的钢材表面局部清除原有涂层后的处理等级

GB/T 9274—1988　色漆和清漆　耐液体介质的测定

GB/T 9750—1988　涂料产品包装标志

GB/T 9793—1997　金属和其他无机覆盖层　热喷涂　锌、铝及其合金

GB/T 11373—1989　热喷涂金属件表面预处理通则

GB/T 11374—1989　热喷涂涂层厚度的无损测量方法

GB 11375　金属和其他无机覆盖层　热喷涂　操作安全

GB/T 13452.2—2008　色漆和清漆　漆膜厚度的测定

GB/T 13491　涂料产品包装通则

GB/T 14522—2008　机械工业产品用塑料、涂料、橡胶材料人工气候老化试验方法　荧光紫外灯

HG/T 2458—1993　涂料产品检验、运输和贮存通则

HG/T 3792—2005　交联型氟树脂涂料

TB/T 2137—1990　铁路钢桥栓接板面抗滑移系数试验方法

TB/T 2486—1994　铁路钢桥涂膜劣化评定

YB/T 5149　铸钢丸

YB/T 5150　铸钢砂

3　技术要求

3.1　钢桥涂装技术要求

3.1.1　钢桥的初始除装和重新涂装

3.1.1.1　涂装前表面清理

涂装前钢表面除锈等级要求如下:

a)　电弧喷涂铝或涂装富锌防锈底漆时,钢表面清理应达到 GB/T 8923—1988 规定的 Sa3 级,外观相当该标准规定的 A Sa3、B Sa3、C Sa3、D Sa3;

b)　涂装红丹醇酸、红丹酚醛或聚氨酯底漆,钢表面清理应达到 GB/T 8923—1988 规定的 Sa2½ 级,外观相当该标准规定的 A Sa2½、B Sa2½、C Sa2½、D Sa2½;

c)　桥栏杆、扶手、人行道托架、墩台吊篮等桥梁附属钢结构涂装红丹防锈底漆,非密封的箱形梁和非密封的箱形杆件内表面涂装环氧沥青涂料时,钢表面清理应达到 GB/T 8923—1988 规定的 Sa2 级,外观相当该标准规定的 B Sa2、C Sa2、D Sa2;

d)　附属钢结构的光圆钢涂装红丹防锈底漆时,钢表面清理应达到 GB/T 8923—1998 规定的 St3 级,外观相当该标准规定的 B St3、C St3、D St3。

3.1.1.2　涂装前钢表面粗糙度要求

3.1.1.2.1　涂装涂料涂层时,钢表面粗糙度 Rz 要求在 25 μm~50 μm 之间。

3.1.1.2.2　电弧喷涂铝金属时,钢表面粗糙度 Rz 要求在 50 μm~100 μm 之间。

3.1.1.3　钢表面清理用磨料

钢表面清理用磨料应使用符合 YB/T 5149 和 YB/T 5150 标准规定的钢丸、钢砂,或应使用无盐分和无沾污的铜矿渣、石英砂等。

TB/T 1527—2011

3.1.1.4 钢桥涂装体系

3.1.1.4.1 钢桥涂装体系见表1。

表 1 钢桥涂装体系

涂装体系	涂料(涂层)名称	每道干膜最小厚度 μm	至少涂装道数	总干膜最小厚度 μm	适用部位
1	特制红丹酚醛(醇酸)防锈底漆	35	2	70	桥栏杆、扶手、人行道托架、墩台吊篮、围栏和桥梁检查车等桥梁附属钢桥
	灰铝粉石墨(或灰云铁)醇酸面漆	35	2	70	
2	电弧喷铝层	—	—	200	钢桥明桥面的纵梁、上承板梁、箱形梁上盖扳
	环氧类封孔剂	—	1	—	
	棕黄聚氨酯盖板底漆	50	2	100	
	灰聚氨酯盖板面漆	40	4	160	
3	无机富锌防锈防滑涂料	80	1	80	栓焊梁连接部分摩擦面
	或电弧喷铝层			100	
4	环氧沥青涂料	60	4	240	非密封的箱形梁和非密封的箱形杆件内表面
	或环氧沥青厚浆涂料	120	2	240	
5	特制环氧富锌防锈底漆	40	2	80	钢桥主体,用于气候干燥、腐蚀环境较轻的地区
	或水性无机富锌防锈底漆				
	云铁环氧中间漆	40	1	40	
	灰铝粉石墨醇酸面漆	40	2	80	
6	特制环氧富锌防锈底漆	40	2	80	钢桥主体,支座用于腐蚀环境较严重的地区
	或水性无机富锌防锈底漆				
	云铁环氧中间漆	40	1	40	
	灰色丙烯酸脂肪族聚氨酯面漆	40	2	80	
7	特制环氧富锌防锈底漆	40	2	80	钢桥主体,用于酸雨、沿海等腐蚀环境严重、紫外线辐射强、有景观要求的地区
	或水性无机富锌防锈底漆				
	云铁环氧中间漆	40	1	40	
	氟碳面漆	35	2	70	

对于温差较大地区,钢桥主体应采用断裂伸长率不小于50%的氟碳面漆。

对于栓焊梁生产或贮存在黄河以南地区时,宜采用无机富锌防锈防滑涂料喷涂摩擦面。

对于跨越河流的钢桥底面(包括桁梁下弦杆、纵横梁底面,下承板梁主梁和上承板、箱梁底面)、酸雨地区的钢桥应增加涂装底漆一道、中间漆一道。

3.1.1.4.2 初始涂装时,钢桥制造厂应完成全部底漆(中间漆)和第一道面漆涂装。

3.1.1.4.3 钢桥的电弧喷涂金属涂装应符合以下要求：

a) 电弧喷铝用铝丝材质应采用 GB/T 3190—2008 中 5A02 的规定要求。

b) 金属涂层采用环氧类封孔剂进行封孔时,封孔层厚度无要求,涂覆的封孔剂至不被吸收为止,封孔后应加涂相应的配套涂料。

3.1.1.4.4 栓焊梁螺栓连接部分摩擦面涂装应符合以下要求：

a) 采用电弧喷涂铝,涂层厚度为 150 μm±50 μm,或采用无机富锌防锈防滑涂料,涂层厚度为 120 μm±40 μm。涂层的抗滑移系数出厂时不小于 0.55,架梁时不小于 0.45。

b) 杆件栓接点外露的铝表面、无机富锌防锈防滑涂料表面与涂料涂层搭接处应涂装特制环氧富锌防锈底漆。钢桥组装后,栓接点外露的铝涂层应按 3.1.1.4.3b)规定进行涂装。栓接点螺栓、螺栓头处涂装特制环氧富锌防锈底漆,涂装前螺栓应除油,螺母和垫片应水洗清除皂化膜。

3.1.2 钢桥的维护性涂装

3.1.2.1 铁路钢桥涂膜劣化类型按 TB/T 2486—1994 判定。

3.1.2.2 劣化类型为 3 级粉化时,应清除涂层表面污渍,用细砂纸除去粉化物,然后覆盖 2 道相应面漆。

3.1.2.3 当旧涂层未锈蚀,劣化类型为 2~3 级起泡、裂纹或脱落时,用手动工具或动力工具清理损坏的区域周围疏松的涂层,并延伸至未损坏的涂层区域,形成 50 mm～80 mm 坡口,局部涂相应的底漆和面漆。如要保持涂层表面一致,可在局部涂面漆后,再全部覆盖面漆。

3.1.2.4 当旧涂层锈蚀,劣化类型为 2~3 级生锈时,应清除松散的涂层,直到良好结合的涂层区域为止,旧涂层表面清理应达到 GB/T 8923.2—2008 中规定的 P St3 级,未损坏的涂层区域边缘按 3.1.2.2 要求处理,然后局部涂装相应防锈底漆和相应中间漆、面漆。如要保持涂层表面一致,可以局部涂面漆后,再全部覆盖面漆。

3.1.2.5 当旧喷锌或铝涂层发生锈蚀劣化类型为 2~3 级生锈时,应除去松动的锌或铝涂层和涂料涂层直到良好结合的锌或铝涂层区域为止,钢表面锈蚀清理应达到 GB/T 8923.2—2008 中规定的 P Sa2½ 级。对于未损坏的涂料和锌或铝涂层区域边缘按 3.1.2.2 要求处理。对于喷锌或铝涂层清理部位,也可改涂特制环氧富锌防锈底漆 2 道,然后涂装相应中间漆和面漆。

3.1.3 涂层质量要求

3.1.3.1 涂料涂层表面平整均匀,不应有剥落、起泡、裂纹、气孔,可有不影响防护性能的轻微桔皮、流挂、刷痕和少量杂质。

3.1.3.2 金属涂层表面均匀一致,不应有起皮、鼓泡、大熔滴、松散粒子、裂纹、掉块,可有不影响防护性能的轻微结疤、起皱。

3.1.3.3 整个涂装体系涂层间附着力,采用胶带试验检测法时,试验结束后涂层的剥落或分离宽度在任一边上不应大于 2 mm;采用拉开试验检测法时,附着力不应小 3 MPa。当存在异议时,以拉开试验检测法测定结果为准。

3.1.3.4 铝涂层对钢基材附着力采用切格试验法时,试验结束后,方格内的涂层不应与基体剥离;采用拉开试验法时,附着力不低于 5.9 MPa。当存在异议时,以拉开试验检测法测定结果为准。

3.1.4 涂装作业环境和涂装间隔时间要求

3.1.4.1 电弧喷涂铝涂层时,作业环境要求与电弧喷涂作业的间隔时间要求按 GB/T 11373—1989 规定。

3.1.4.2 钢桥表面清理后应在 4 h 内完成涂装铝涂层,电弧喷涂铝完成后应立即覆盖封孔剂。既有线利用列车运行间隔施工时,覆盖封孔剂或涂前,应对铝涂层表面作清洁处理。

3.1.4.3 涂装涂料时作业环境要求:
　　a) 水性无机富锌防锈底漆、酚醛漆、醇酸漆、聚氨酯漆、氟碳面漆不宜在 5 ℃以下施工,环氧类漆不宜在 10 ℃以下施工。
　　b) 不应在相对湿度 85％以上,雨天、雾天或风沙场合施工。
　　c) 待涂表面温度高于露点 3 ℃以上方可施工。

3.1.4.4 涂装涂料涂层需在上一道涂层实干后,方可涂装下一道漆,底漆、中间漆最长暴露时间不超过 7 d,两道面漆间隔若超过 7 d 时需用细砂纸打磨成细微毛面。

3.1.5 涂装施工安全

3.1.5.1 手工和动力工具除锈、喷射除锈和清除旧涂层等涂装前处理工艺安全,按 GB 7692 规定进行。

3.1.5.2 涂装工艺中如贮存、涂料调制、涂装、干燥等劳动安全卫生技术要求按 GB 6514 规定进行,按该标准规定划出涂漆区、火灾危险区、电气防爆区。

3.1.5.3 铝喷涂设备的安全操作、操作人员的安全保证和通风保健要求,按 GB 11375 规定。

3.2 涂料产品技术要求

涂料产品应符合表 2 的技术要求。

表 2 涂料产品技术要求

涂装体系	涂料(漆膜)名称	技术要求
1	特制红丹酚醛(醇酸)防锈底漆 灰铝粉石墨(或灰云铁)醇酸面漆	见附录 A
2	环氧类封孔剂 棕黄聚氨酯盖板底漆 灰聚氨酯盖板面漆	见附录 B
3	无机富锌防锈防滑涂料	见附录 C
4	环氧沥青涂料 或环氧沥青厚浆涂料	见附录 C
5	特制环氧富锌防锈底漆或水性无机富锌防锈底漆 云铁环氧中间漆 灰铝粉石墨醇酸面漆	见附录 A、附录 C、附录 D
6	特制环氧富锌防锈底漆或水性无机富锌防锈底漆 云铁环氧中间漆 灰色丙烯酸脂肪族聚氨酯面漆	见附录 C、附录 D
7	特制环氧富锌防锈底漆或水性无机富锌防锈底漆 云铁环氧中间漆 氟碳面漆	见附录 C、附录 D

4 试验方法

4.1 钢桥涂装试验方法

4.1.1 表面清理等级检测

表面清理等级检测按 GB/T 8923—1988 或 GB/T 8923.2—2008 规定除锈等级目视评定方法进行,注意磨料不同造成的外观上差别。

4.1.2 表面粗糙度检测

表面粗糙度采用粗糙度对比样块进行检测。

4.1.3 涂层表面质量检查

涂层表面质量检查方法采用目视法。

4.1.4 涂层厚度的检测方法

4.1.4.1　涂料涂层干膜厚度和湿膜厚度测量按 GB/T 13452.2—2008 规定进行。

4.1.4.2　涂料涂层厚度测量时,以钢桥杆件为一测量单元,在特大杆件表面上以 10 m² 为一测量单元,每个测量单元至少应选取 3 处基准表面,每一基准表面测量 5 点,其测量分布见图 1,取其算术平均值。

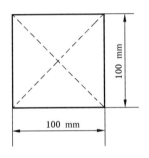

图 1　测量分布图

4.1.4.3　铝涂层厚度测量方法按 GB/T 4956—2003 规定,测点位置按 GB/T 11374—1989 规定进行。

4.1.5 涂层附着力检测方法

4.1.5.1 胶带试验检测法

挑选一个没有缺陷或较少表面缺陷的区域,用锋利的刀片将涂层切割一个"X"切口,切口夹角为 30°～45°,然后把黏结强度为(10±1)N/25 mm 胶带的中心点放在切口的交点上,并沿着较小的角向同一方向延伸,用手指将切口区域内的胶带压平。将胶带没有黏着的一端翻转到尽可能接近 180°角的位置上,迅速地将胶带撕下。检测"X"切口区域涂层的剥落或分离情况。

4.1.5.2 拉开试验检测法

挑选一个没有缺陷或较少表面缺陷的区域,按 GB/T 5210—2006 做拉开试验。

4.1.6 铝涂层附着力检测方法

挑选一个没有缺陷或较少表面缺陷的区域,按 GB/T 9793—1997 规定做切格试验或按 GB/T 5210—2006 规定做拉开试验。

4.2 涂料检验试验方法

4.2.1 涂料性能的规定

4.2.1.1　多组分涂料均是在混合均匀后进行性能测试。

4.2.1.2　涂料流出时间测定按 GB/T 6753.4—1998 规定进行。

4.2.1.3　涂料不挥发物含量测定按 GB/T 1725—2007 规定进行。

4.2.1.4　涂料细度测定按 GB/T 6753.1—2007 规定进行。

4.2.1.5　涂料遮盖力测定按 GB/T 1726 规定进行。

4.2.1.6　涂料密度测定按 GB/T 6750—2007 规定进行。

4.2.1.7　氟碳面漆氟含量按 HG/T 3792—2005 规定进行。

4.2.1.8　涂料贮存稳定性试验按 GB/T 6753.3—1986 规定进行。

4.2.1.9　多组分涂料适用期测定:用至少 200 g 的涂料主剂和其他组分按产品要求比例调制均匀,再用稀释剂调至适用的黏度,放入直径不小于 50 mm,容积不小于 300 mL 的容器中,在温度 23 ℃±2 ℃,相对湿度 50％±5％的条件下放置,观察多组分涂料混合后无凝胶现象的时间。

4.2.2 涂膜性能的测定

4.2.2.1 涂膜颜色及外观检验,待漆膜实干后,在天然散射光线下用肉眼进行观察。

4.2.2.2 特制环氧富锌防锈底漆漆膜中金属元素测定用能谱仪进行成分定性测试。漆膜中应无铁元素,基本谱图见图 2。

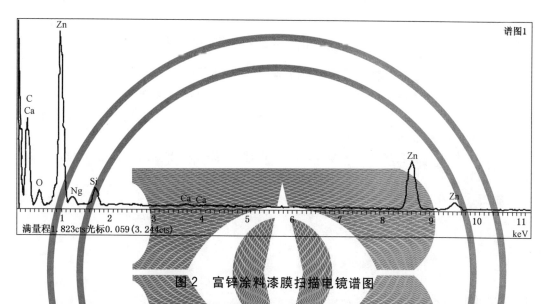

图 2 富锌涂料漆膜扫描电镜谱图

4.2.2.3 水性无机富锌防锈底漆干膜中金属锌含量测定按 GB/T 6890—2007 附录 B 规定进行。

4.2.2.4 漆膜表面干燥时间测定按 GB/T 1728—1979 甲法规定进行,实干时间按 GB/T 1728—1979 乙法规定进行。

4.2.2.5 漆膜弯曲性能测定按 GB/T 6742—2007 规定进行。

4.2.2.6 漆膜附着力(划圈法)测定按 GB/T 1720—1979 规定进行。

4.2.2.7 漆膜耐冲击性测定按 GB/T 1732—1993 规定进行。

4.2.2.8 漆膜硬度测定按 GB/T 6739—2006 规定进行。

4.2.2.9 漆膜附着力(拉开法)测定按 GB/T 5210—2006 规定进行。

4.2.2.10 漆膜自固化时间测定:将样板的 2/3 放入盛有蒸馏水或去离子水的烧杯中,调节水温为 23 ℃±2 ℃,并在整个试验过程中保持该温度。样板浸泡 0.5 h 后,将样板取出,立即用手指擦拭已浸泡过的涂层,以目视检查,手指上应无涂层溶解物,样板上的涂层应无起泡、脱落等现象。

4.2.2.11 漆膜耐磨性测定按 GB/T 1768—2006 规定在负荷 1 kg,2 000 转条件下进行。

4.2.2.12 漆膜抗滑移系数测定按 TB/T 2137—1990 规定进行。

4.2.2.13 漆膜耐湿热性测定按 GB/T 1740—2007 规定进行。灰聚氨酯盖板面漆试验漆膜要求底漆 2 道,面漆 4 道;环氧沥青涂料试验漆膜要求 2 道。漆膜厚度应符合表 1 的要求。

4.2.2.14 漆膜耐盐水性、耐碱性、耐酸性测定按 GB/T 9274—1988 甲法(浸泡法)规定进行。漆膜要求 2 道,漆膜厚度应符合表 1 的要求。

4.2.2.15 漆膜断裂伸长率测定:漆膜要求制成自由膜,厚度不低于 100 μm,干燥 7 d 后,将漆膜裁成 GB/T 528—2009 规定的哑铃状 Ⅰ 型试样,在 250 mm/min±50 mm/min 移动速度的试验机上进行测定。

4.2.2.16 漆膜耐盐雾性测定按 GB/T 1771—2007 规定进行。漆膜要求 2 道,漆膜厚度应符合表 1 的要求。试验结束后特制环氧富锌防锈底漆样板表面可以有轻微、较少起泡(图 3A)。

TB/T 1527—2011

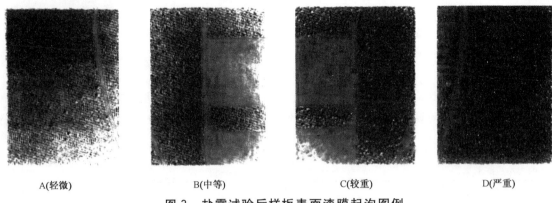

| A(轻微) | B(中等) | C(较重) | D(严重) |

图 3　盐雾试验后样板表面漆膜起泡图例

4.2.2.17　漆膜耐人工加速老化性测定:灰云铁醇酸面漆、灰铝粉石墨醇酸面漆漆膜耐人工加速老化性测定按 GB/T 1865—2009 标准规定进行,灰色丙烯酸脂肪族聚氨酯面漆、氟碳面漆漆膜耐人工加速老化性测定按 GB/T 14522—2008 标准荧光紫外线/冷凝试验方法进行,采用 UVB 光源,光照和冷凝周期为 4 h 光照、4 h 冷凝。漆膜要求 2 道,漆膜厚度应符合表 1 的要求。试验结束后漆膜老化破坏按 GB/T 1766—2008 保护性漆膜综合老化性能等级进行评定,漆膜综合老化性能包括:粉化、裂纹、起泡、生锈和脱落。

4.2.2.18　施工性能测定:喷涂、刷涂或滚涂时,每道漆的干膜厚度达到表 1 的要求时,应无明显的皱纹、流挂、气泡。

5　检验规则

5.1　钢桥涂装检验规则

5.1.1　在涂装前对钢表面除锈等级和粗糙度进行检验。

5.1.2　在涂装过程中对温度、湿度等涂装作业环境进行检验。

5.1.3　在涂装过程中对涂装间隔时间和涂层外观进行检验。

5.1.4　涂装过程中对底漆涂层、铝涂层以及完整的涂装体系的涂层厚度分别进行检验。涂料涂层涂装过程中,可以测量湿膜厚度以控制干膜厚度。不允许单独制备试片代替钢桥杆件做涂层厚度检验。

5.1.5　涂装过程可用抽样方法对涂层附着力进行检验,附着力检验可以是钢基体和涂层间附着力,也可以是完整涂装体系涂层间附着力。

5.2　涂装检验规则

5.2.1　检验分类

5.2.1.1　出厂检验

同一配方、同一工艺、同一环境条件下,同一种材料制品,每 10 t 为一批,不满 10 t 也可作为一批。涂料出厂检验项目为附录表中相应涂料所列除保证项目外的技术要求。

5.2.1.2　型式检验

涂料型式检验项目为附录表中相应涂料所列的全部技术要求。属下列情况之一者应进行型式检验:
a)　新产品的试制定型鉴定;
b)　产品的结构、工艺、材料、生产设备等方面有重大改变;
c)　转厂生产或停产一年后重新生产;
d)　出厂检验结果与上次型式检验有较大差异。

5.2.2 判定规则

各项检验指标全部符合技术要求,则为合格品。有一项指标不符合技术要求时,应另取双倍试样进行复试,复试结果仍不合格,则该批产品为不合格。

5.2.3 抽样方法

抽样检验时,抽样方法按 GB/T 3186—2006 规定进行,样品保存按 HG/T 2458—1993 规定进行。

6 涂料包装、标志、运输和贮存

6.1 涂料桶形状、尺寸和包装方法按 GB/T 13491 规定或供需双方协商结果进行。

6.2 产品包装标志按 GB/T 9750—1998 规定进行。

6.3 运输和贮存按 HG/T 2458—1993 规定进行。

6.4 自生产之日算起,贮存保质期无机富锌防锈防滑涂料至少为 6 个月,其他涂料至少为 12 个月。

附　录　A
（规范性附录）
特制红丹酚醛（醇酸）防锈底漆、灰云铁醇酸面漆和灰铝粉石墨醇酸面漆技术要求

A.1　产品的组成

特制红丹酚醛（醇酸）防锈底漆由酚醛树脂（或醇酸树脂）、红丹粉、体质颜料、催干剂、溶剂等组成。红丹含量在不挥发物中不低于65%。

灰云铁醇酸面漆由长油度豆油改性季戊四醇醇酸树脂、片状灰色云母氧化铁颜料、助剂、溶剂等组成。

灰铝粉石墨醇酸面漆由长油度豆油改性季戊四醇醇酸树脂、片状铝粉石墨浆、助剂、溶剂等组成。

A.2　技术要求

特制红丹酚醛（醇酸）防锈底漆、灰云铁醇酸面漆和灰铝粉石墨醇酸面漆技术要求见表A.1。

A.1　特制红丹酚醛（醇酸）防锈底漆、灰云铁醇酸面漆和灰铝粉石墨醇酸面漆技术要求

项　目		单位	技　术　指　标		
			特制红丹酚醛（醇酸）防锈底漆	灰云铁醇酸面漆	灰铝粉石墨醇酸面漆
漆膜颜色及外观		—	橘红色，平整，允许略有刷痕	灰色，平整	灰色平整
流出时间（6号杯）		s	≥50,<100	≥60,<100	≥60,<100
不挥发物含量		—	≥80%	70%	60%
细度		μm	≤50	80	60
干燥时间	表干	h	≤4	10	5
	实干	h	≤24	24	24
弯曲性能		mm	≤2	2	2
耐冲击性		cm	≥50	50	50
附着力（拉开法）		MPa	≥3	3	3
遮盖力		g/m²	—	≤130	≤45
耐盐水（3% NaCl）		h	144,漆膜无泡无锈	—	—
耐盐雾性		h	400 h,板面无泡无锈	—	—
耐人工加速老化性		h	—	400 h,0级	400 h,0级
贮存稳定性	沉降程度		≥6级		
	结皮		≥6级		
施工性能		—	喷涂、刷涂无不良影响，每道干膜厚度不小于35 μm	喷涂无不良影响，每道干膜厚度不小于35 μm	喷涂、刷涂无不良影响，每道干膜厚度不小于35 μm
注：耐盐雾性、耐人工加速老化性、贮存稳定性作为涂料供应商保证项目。					

附　录　B
（规范性附录）
环氧类封孔剂、棕黄聚氨酯盖板底漆和灰聚氨酯盖板面漆技术要求

B.1　产品的组成

环氧类封孔剂由环氧树脂、聚酰胺树脂、溶剂等组成。

棕黄聚氨酯盖板底漆由羟基丙烯酸树脂、异氰酸酯加成物、铬酸锌等防锈颜料、体质颜料、溶剂等组成。铬酸锌含量不低于颜料组成的 25%。

灰聚氨酯盖板面漆由羟基丙烯酸树脂、异氰酸酯加成物、铝银浆、金刚砂等组成。

B.2　技术要求

环氧类封孔剂、棕黄聚氨酯盖板底漆和灰聚氨酯盖板面漆技术要求见表 B.1。

表 B.1　环氧类封孔剂、棕黄聚氨酯盖板底漆和灰聚氨酯盖板面漆技术要求

项　目		单位	技　术　指　标		
			环氧类封孔剂	棕黄聚氨酯盖板底漆	灰聚氨酯盖板面漆
漆膜颜色及外观		—	—	棕黄色，平整，允许略有刷痕	灰色，平整
流出时间(6 号杯)		s	—	≥40，＜80	≥65，＜95
不挥发物含量		—	≥20%，＜30%	≥70%	≥65%
细度		μm	≤20	≤50	—
干燥时间	表干	h	≤2	≤4	≤1
	实干	h	≤24	≤24	24
弯曲性能		mm	≤2	≤2	≤3
耐冲击性		cm	≥50	≥50	≥50
附着力(拉开法)		MPa	—	≥6	≥6
附着力(划圈法)		—	≤1 级	—	—
耐磨性		g	—	—	≤0.030
耐湿热性		h	—	—	≥120 h，漆膜无泡、无起皱、无脱落，无锈蚀，划痕处锈蚀宽度≤3 mm
耐盐水性(3% NaCl)		h	—	≥144 h，漆膜无泡无锈	—
耐盐雾性		h	—	≥500 h，样板表面无泡无锈，划痕处锈蚀宽度≤2 mm	—
适用期		h	≥2	≥2	≥2
贮存稳定性(沉降程度)		—	—	≥8 级	—
施工性能		—	喷涂、刷涂无不良影响	喷涂、刷涂无不良影响，每道干膜厚度不小于 50 μm	喷涂、刷涂无不良影响，每道干膜厚度不小于 40 μm
注：耐湿热性、耐盐雾性、贮存稳定性作为涂料供应商保证项目。					

附 录 C
（规范性附录）
无机富锌防锈防滑涂料、环氧沥青涂料、特制环氧富锌防锈底漆和
水性无机富锌防锈底漆技术要求

C.1 产品的组成

无机富锌防锈防滑涂料由硅酸钾（锂）水溶液（或水解硅酸乙酯溶液）、锌粉、铝粉、金刚砂等组成。原材料锌粉应满足：总锌含量大于98%，金属锌含量大于94%，细度不低于325目。

环氧沥青涂料由环氧树脂、沥青、颜料、聚酰胺树脂、溶剂等组成。

特制环氧富锌防锈底漆由环氧树脂、锌粉、聚酰胺树脂、溶剂等组成。锌粉含量在不挥发物中含量不低于80%。

水性无机富锌防锈底漆由硅酸钾（锂）水溶液、锌粉等组成。原材料锌粉应满足：总锌含量大于98%，金属锌含量大于94%，细度不低于325目。

C.2 技术要求

无机富锌防锈防滑涂料和环氧沥青涂料技术要求见表C.1，特制环氧富锌防锈底漆和水性无机富锌防锈底漆技术要求见表C.2。

表C.1 无机富锌防锈防滑涂料、环氧沥青涂料技术要求

项 目		单位	技 术 指 标	
			无机富锌防锈防滑涂料	环氧沥青涂料
漆膜颜色及外观		—	灰色，平整	棕黑色，平整
流出时间（6号杯）		s	—	≥70，<100
不挥发物含量		—	—	≥65%
细度		μm	—	≤55
干燥时间	表干	h	≤0.5	≤3
	实干	h	≤24	≤24
弯曲性能		mm	—	≤2
耐冲击性		cm	—	≥40
附着力（拉开法）		MPa	≥4	≥5
抗滑移系数		—	≥0.55（初始时） ≥0.45（6个月内）	—
耐湿热性		h	—	≥120 h，漆膜无泡、无起皱、无脱落、无锈蚀，划痕处锈蚀宽度≤3 mm
耐盐雾性		h	≥500 h，漆膜无泡、无红锈	≥192 h，样板表面无泡无锈，划痕处锈蚀宽度≤2 mm
适用期		h	≥2	≥2
施工性能			喷涂无不良影响，每道干膜厚度不小于80 μm	喷涂、刷涂、滚涂无不良影响，每道干膜厚度不小于60 μm
注：耐湿热性、耐盐雾性、6个月时的抗滑移系数作为涂料供应商保证项目。				

表 C.2　特制环氧富锌防锈底漆和水性无机富锌防锈底漆技术要求

项　目		单位	技术指标	
			特制环氧富锌防锈底漆	水性无机富锌防锈底漆
漆膜颜色及外观		—	锌灰色,漆膜平整,允许略有刷痕	锌灰色,漆膜平整
流出时间(6号杯)		s	≥30,<60	—
不挥发物含量		—	≥80%	≥75%
干膜中金属锌含量		—	—	≥85%
细度		μm	≤90	—
密度		g/cm³	≥2.73	—
干燥时间	表干	h	≤2	≤0.5
	实干	h	≤24	≤2
漆膜中铁元素含量		—	无	—
弯曲性能		mm	≤2	—
耐冲击性		cm	≥50	—
附着力(拉开法)		MPa	≥5	≥4
自固化时间		h	—	≤6
漆膜硬度		H	—	≥4
耐盐雾性		h	≥1 000 h,样板表面无红锈,可以有轻微起泡(图3A),划痕处24 h无红锈	≥1 000 h,漆膜不出现红锈,划痕处120 h无泡、不出现红锈
适用期		h	≥2	≥2
施工性能		—	喷涂、刷涂无不良影响,每道干膜厚度不小于40 μm	喷涂无不良影响,每道干膜厚度不小于40 μm

注:耐盐雾性作为涂料供应商保证项目。

附 录 D

（规范性附录）

云铁环氧中间漆、灰色丙烯酸脂肪族聚氨酯面漆和氟碳面漆技术要求

D.1 产品的组成

云铁环氧中间漆由环氧树脂、片状云母氧化铁、聚酰胺树脂、溶剂等组成。

灰色丙烯酸脂肪族聚氨酯面漆由羟基丙烯酸树脂、脂肪族异氰酸酯、颜料、助剂、溶剂等组成。

氟碳面漆由三氟烯烃/乙烯基醚（酯）共聚的氟碳树脂、脂肪族异氰酸酯、颜料、助剂、溶剂等组成。

D.2 技术要求

云铁环氧中间漆、灰色丙烯酸脂肪族聚氨酯面漆和氟碳面漆技术要求见表 D.1。

表 D.1 云铁环氧中间漆、灰色丙烯酸脂肪族聚氨酯面漆和氟碳面漆技术要求

项 目		单位	技 术 指 标		
			云铁环氧中间漆	灰色丙烯酸脂肪族聚氨酯面漆	氟碳面漆
氟含量（主剂）		—	—	—	≥22%
漆膜颜色及外观		—	表面色调均匀一致，漆膜平整	灰色,表面色调均匀一致,漆膜平整	表面色调均匀一致,漆膜平整
流出时间（6号杯）		s	≥60,<100	≥50,<90	≥30,<60
不挥发物含量		—	≥65%	≥60%	≥55%
细度		μm	≤80	≤50	≤30
干燥时间	表干	h	≤3	≤2	≤2
	实干	h	≤24	≤24	≤24
弯曲性能		mm	≤2	≤2	≤2
耐冲击性		cm	≥50	≥50	≥50
附着力（拉开法）		MPa	≥5	≥5	≥5
断裂伸长率		—	—	—	≥50%
耐碱性（5% NaOH）		h	—	240 h 样板表面无明显变色、无泡、无锈	240 h 样析表面无明显变色、无泡、无锈
耐酸性（5% H_2SO_4）		h	—	240 h 样板表面无明显变色、无泡、无锈	240 h 样析表面无明显变色、无泡、无锈
耐人工加速老化性		h	—	1 000 h,0 级	3 000 h,0 级,保光率≥80%
适用期		h	≥2	≥2	≥2
贮存稳定性（沉降程度）		—	≥8 级	—	—

表 D.1（续）

项 目	单位	技 术 指 标		
		云铁环氧中间漆	灰色丙烯酸脂肪族聚氨酯面漆	氟碳面漆
施工性能	—	喷涂无不良影响，每道干膜厚度不小于 40 μm	喷涂、刷涂无不良影响，每道干膜厚度不小于 40 μm	喷涂、刷涂无不良影响，每道干膜厚度不小于 35 μm

注 1：氟含量是指氟碳面漆主剂溶剂可溶物的含氟量。

注 2：断裂伸长率指标仅适用于温差较大地区钢桥的氟碳涂料。

注 3：耐人工加速老化性、贮存稳定性作为涂料供应商保证项目。

前　言

　　本标准是对 TB/T 2260—1991《铁路机车车辆用防锈底漆供货技术条件》进行修订。与前版标准相比,本次修订对产品的组成范围进行了修改,在技术要求中对试验项目进行了适当调整。

　　本标准自实施之日起,同时代替 TB/T 2260—1991。

　　本标准由铁道部标准计量研究所提出并归口。

　　本标准起草单位:铁道部科学研究院金属及化学研究所、铁道部标准计量研究所、长春客车厂。

　　本标准主要起草人:杨松柏、周凯、李雪春、郝博。

　　本标准于 1992 年 1 月首次发布,本次修订为第一次。

中华人民共和国铁道行业标准

TB/T 2260—2001

铁路机车车辆用防锈底漆

代替 TB/T 2260—1991

1 范围

本标准规定了铁路机车车辆用防锈底漆的技术要求、试验方法、检验规则及包装、包装标志、运输和贮存。

本标准适用于铁路机车车辆和铁路运输用集装箱等钢结构的防锈底漆,不适用于铁路货车用厚浆型醇酸漆。

2 引用标准

下列标准所包含的条文,通过在本标准中引用而构成为本标准的条文。本标准出版时,所示版本均为有效。所有标准都会被修订,使用本标准的各方应探讨使用下列标准最新版本的可能性。

GB/T 1728—1979　　漆膜、腻子膜干燥时间测定法

GB/T 1732—1993　　漆膜耐冲击性测定法

GB/T 1771—1991　　色漆和清漆耐中性盐雾性能的测定

GB/T 2705—1992　　涂料产品分类、命名和型号

GB 3186—1982　涂料产品的取样

GB/T 6742—1986　　漆膜弯曲试验(圆柱轴)

GB/T 6751—1986　　色漆和清漆挥发物和不挥发物的测定

GB/T 6753.1—1986　涂料研磨细度的测定

GB/T 6753.4—1998　色漆和清漆用流出杯测定流出时间

GB/T 9278—1988　　涂料试样状态调节和试验的温湿度

GB/T 9286—1998　　色漆和清漆漆膜的划格试验

GB/T 9750—1998　　涂料产品包装标志

GB/T 9753—1988　　色漆和清漆杯突试验

GB/T 13491—1992　涂料产品包装通则

GB/T 2458—1993　涂料产品检验、运输和贮存通则

3 产品组成和命名

3.1 防锈底漆由树脂、颜料、缓蚀剂、助剂和溶剂等组成。

3.2 防锈底漆应为单组份或双组份产品。

3.3 防锈底漆产品的命名应符合 GB/T 2705 的规定。

4 技术要求

铁路机车车辆用防锈底漆的技术要求应符合表 1 的规定。

中华人民共和国铁道部 2001-05-28 批准　　　　　　　　　　　　2001-12-01 实施

表 1　防锈底漆技术要求

项目		单位	技术指标
漆膜颜色和外观			颜色符合需方要求,漆膜平整、无明显颗粒
不挥发物含量		%	≥60
流出时间		s	≥20
细度	一般颜料	μm	≤50
	铁棕 T 颜料,云铁颜料	μm	≤70
双组份涂料适用期		h	≥4
干燥时间	表干	h	≤4
	实干	h	≤24
施工性能			漆膜厚度为所要求厚度的 1.5 倍时,成膜性良好
弯曲性能		mm	≤2
杯突试验		mm	≥4.0
划格试验		级	≤1
耐冲击性		cm	≥50
耐盐雾性	500 h		板面无起泡、不生锈; 十字划痕处锈蚀宽度≤2 mm(单向)
注:耐盐雾性为型式检验项目。			

5　试验方法

5.1　试验的环境条件按 GB/T 9278 规定进行。单组份涂料的耐盐雾性能应在干燥 7 d 后进行测定,双组份涂料的涂膜性能应在干燥 7 b 后进行测定。

5.2　漆膜颜色及外观应在天然散射光线下进行检验。

5.3　不挥发物含量的测定按 GB/T 6751 规定进行。双组份涂料应将两组份按规定比例混合后进行测定。

5.4　流出时间的测定按 GB/T 6753.4 规定,使用 ISO 6 号流量杯进行。双组份涂料应将两组份按规定比例混合后进行测定。

5.5　细度的测定按 GB/T 6753.1 规定进行。双组份涂料应将两组份按规定比例混合后进行测定。

5.6　两组份涂料适用期的测定:将两组份涂料共 200 g 按规定比例混合,调制成适用黏度,测定其出现胶化的时间。

5.7　表干时间的测定按 GB/T 1728 规定,采用表面干燥时间测定法中的甲法进行。

5.8　实干时间的测定按 GB/T 1728 规定,采用实际干燥时间测定法中的乙法进行。

5.9　弯曲性能试验按 GB/T 6742 规定进行。

5.10　杯突试验按 GB/T 9753 规定进行。

5.11　划格试验按 GB/T 9286 规定进行。划格图形每一方向切割线为 6 条,涂层厚度≤80 μm 时切割线间隔为 1 mm,80 μm～200 μm 时为 2 mm。

5.12　耐冲击性测定按 GB/T 1732 规定进行。

5.13　耐盐雾性测定按 GB/T 1771 规定进行,漆膜厚度应为 70 μm±5 μm。

6 检验规则

6.1 涂料产品的检验按 HG/T 2458 规定进行。每批产品出厂时均应按本标准进行常规检验,型式检验应每年进行一次。

6.2 使用部门应按本标准规定对涂料产品进行验收检验。取样按 GB 3186 进行,检验合格后方可入库和使用。

6.3 当供需双方对检验结果有争议时,应委托铁道部产品质量监督检验中心或供需双方商定的国家质量监督机构进行仲裁。

7 包装、包装标志、贮存和运输

7.1 涂料产品的包装应符合 GB/T 13491 的规定。

7.2 涂料产品的包装标志应符合 GB/T 9750 的规定。

7.3 涂料产品的贮存和运输应符合 HG/T 2458 的规定。

7.4 自生产之日起,溶剂型涂料的有效贮存期为 1 年,水性涂料为半年。

TB/T 2393—2001

前　言

　　本标准是对 TB/T 2393—1993《铁路机车车辆用面漆供货技术条件》进行修订。与前版标准相比,本次修订对产品的组成范围进行了修改,在技术要求中将原三种涂料类型改为按要求高低分为两类,相应地对试验项目进行了适当调整。

　　本标准自实施之日起,同时代替 TB/T 2393—1993。

　　本标准的附录 A 和附录 B 都是标准的附录。

　　本标准由铁道部标准计量研究所提出并归口。

　　本标准起草单位:铁道部科学研究院金属及化学研究所、铁道部标准计量研究所、海虹老人牌涂料有限公司。

　　本标准主要起草人:杨松柏、周凯、李雪春、梁乐敏。

　　本标准于 1993 年 11 月首次发布,本次修订为第一次。

中华人民共和国铁道行业标准

TB/T 2393—2001

铁路机车车辆用面漆

代替 TB/T 2393—1993

1 范围

本标准规定了铁路机车车辆用面漆的技术要求、试验方法、检验规则及包装、包装标志、运输和贮存。

本标准适用于铁路机车车辆和铁路运输用集装箱等钢结构的外表面用漆,不适用于铁路货车用厚浆型醇酸漆。

2 引用标准

下列标准所包含的条文,通过在本标准中引用而构成为本标准的条文。本标准出版时,所示版本均为有效。所有标准都会被修订,使用本标准的各方应探讨使用下列标准最新版本的可能性。

GB/T 1726—1979　涂料遮盖力测定法

GB/T 1727—1992　漆膜一般制备法

GB/T 1728—1979　漆膜、腻子膜干燥时间测定法

GB/T 1730—1993　漆膜硬度测定法　摆杆阻尼试验

GB/T 1732—1993　漆膜耐冲击性测定法

GB/T 1733—1993　漆膜耐水性测定法

GB/T 1734—1993　漆膜耐汽油性测定法

GB/T 1735—1979　漆膜耐热性测定法

GB/T 1748—1979　腻子膜柔韧性测定法

GB/T 1749—1979　厚漆、腻子稠度测定法

GB/T 1766—1995　色漆和清漆　涂层老化的评级方法

GB/T 1770—1979　底漆、腻子膜打磨性测定法

GB/T 2705—1992　涂料产品分类、命名和型号

GB 3186—1982　涂料产品的取样

GB/T 6742—1986　漆膜弯曲试验(圆柱轴)

GB/T 6753.1—1986　涂料研磨细度的测定

GB/T 6753.4—1998　色漆和清漆　用流出杯测定流出时间

GB/T 9278—1988　涂料试样状态调节和试验的温湿度

GB/T 9286—1998　色漆和清漆　漆膜的划格试验

GB/T 9750—1998　涂料产品包装标志

GB/T 9753—1988　色漆和清漆杯突试验

GB/T 9754—1988　色漆和清漆　不含金属颜料的色漆　漆膜之20 ℃、60 ℃和85 ℃镜面光泽的测定

GB/T 13491—1992　涂料产品包装通则

GB/T 14522—1993　机械工业产品用塑料、涂料、橡胶材料人工气候加速试验方法

HG/T 2458—1993　涂料产品检验、运输和贮存通则

中华人民共和国铁道部 2001-05-28 批准　　　　　　　　　　　　　　　　2001-12-01 实施

3 产品的组成和命名

3.1 面漆涂料由树脂、颜料、助剂及溶剂等组成。

3.2 面漆涂料应为单组份或双组份产品。

3.3 面漆涂料产品的命名应符合 GB/T 2705 的规定。

3.4 根据使用要求不同,面漆涂料产品分为两类:

    a) Ⅰ类——用于一般要求的机车车辆外表面涂装,主要为醇酸类涂料;

    b) Ⅱ类——用于要求较高的机车车辆外表面涂装,主要为聚氨酯类涂料。

4 技术要求

4.1 面漆产品应符合表 1 中的技术要求。

4.2 与面漆配套使用的中间涂层用涂料的技术条件见附录 A。

4.3 与面漆配套使用的腻子的技术条件见附录 B。

5 试验方法

5.1 试验的环境条件按 GB/T 9278 规定进行。双组份涂料的涂膜性能应在干燥 7 d 后进行测定。

5.2 漆膜颜色及外观应在天然散射光线下检验。

5.3 流出时间的测定按 GB/T 6753.4 规定进行,使用 ISO 6 号流量杯。双组份涂料应将两组份按规定比例混合后进行测定。

5.4 细度的测定按 GB/T 6753.1 规定进行。双组份涂料应将两组份按规定比例混合后进行测定。

5.5 遮盖力的测定按 GB/T 1726 规定进行。双组份涂料应将两组份按规定比例混合后进行测定。

5.6 两组份涂料适用期的测定:将两组份涂料共 200 g 按规定比例混合,调制成适用黏度,测定其出现胶化的时间。

5.7 表干时间的测定按 GB/T 1728 规定,采用表面干燥时间测定法中的甲法进行。

5.8 实干时间的测定按 GB/T 1728 规定,采用实际干燥时间测定法中的乙法进行。

5.9 施工性能的测定:按需方要求的每道干膜厚度的 1.5 倍制备漆膜样板,待干燥后进行观察。涂膜应无明显流挂,无起泡、起皱、桔皮、针孔等不良现象。

5.10 弯曲性能试验按 GB/T 6742 规定进行。

5.11 杯突试验按 GB/T 9753 规定进行。

5.12 划格试验按 GB/T 9286 规定进行。划格图形每一方向切割线为 6 条,涂层厚度≤80 μm 时切割线间隔为 1 mm,80 μm~200 μm 时为 2 mm。

5.13 耐冲击性的测定按 GB/T 1732 规定进行。

5.14 光泽的测定按 GB/T 9754 规定进行,使用 60°镜面光泽值。

5.15 硬度的测定按 GB/T 1730 规定,采用 B 法——双摆杆式阻尼试验进行测定。

5.16 耐水性测定按 GB/T 1733 规定进行,样板经试验后应无起泡、起皱、脱落,允许轻微失光和变色,2 h 内恢复。

5.17 耐汽油性的测定按 GB/T 1734 规定进行。使用 NY-120 溶剂油浸泡,样板经试验后应无起泡、起皱、允许轻微失光和变色。

5.18 耐酸碱性的测定:分别用 0.15 ml 规定的溶液滴到水平放置的试板表面,在规定时间后将残存的溶液清洗干净,擦净试板表面。与未做试验的试板比较,漆膜外观、颜色应无变化,允许轻微失光。

5.19 耐热性试验按 GB/T 1735 规定进行。样板经规定的温度和时间试验之后,涂膜无起泡、脱落、开裂、起皱及变色等现象。

5.20 耐人工气候加速试验按 GB/T 14522 规定,采用荧光紫外线/冷凝循环试验方法,光源为 UV-B

(313 nm)灯管。每一循环试验条件为：UV 光照，60 ℃,4 h;冷凝,50 ℃,4 h。试验至规定时间后，按 GB/T 1766 中装饰性漆膜综合老化性能等级的评定规定进行评价。

6 检验规则

6.1 涂料产品的检验按 HG/T 2458 规定进行。每批产品出厂时均应按本标准进行常规检验,型式检验应每年进行一次。

6.2 使用部门应按本标准规定对涂料产品进行验收检验。取样按 GB 3186 规定进行,检验合格后方可入库和使用。

6.3 当供需双方对检验结果有争议时,应委托铁道部产品质量监督检验中心或供需双方商定的国家质量监督机构进行仲裁。

7 包装、包装标志、贮存和运输

7.1 涂料产品的包装应符合 GB/T 13491 的规定。

7.2 涂料产品的包装标志应符合 GB/T 9750 的规定。

7.3 涂料产品的贮存和运输应符合 HG/T 2458 的规定。

7.4 自生产之日起,溶剂型涂料的有效贮存期为 1 年,水性涂料为半年,双组份腻子为半年。

表 1 面漆产品技术要求

项　目		单位	技术指标	
			I 类	II 类
漆膜颜色和外观			符合颜色要求,表面色调均匀一致,无颗粒、针孔、气泡、皱纹	
流出时间		s	≥25	≥20
细度		μm	≤20	≤20
遮盖力	黑色	g/m²	≤45	≤45
	灰色	g/m²	≤65	≤65
	绿色	g/m²	≤65	≤65
	蓝色	g/m²	≤85	≤85
	白色	g/m²	≤120	≤120
	红色	g/m²	≤150	≤150
	黄色	g/m²	≤150	≤150
双组份涂料适用期		h	—	≥4
干燥时间	表干	h	≤4	≤4
	实干	h	≤24	≤24
施工性能			每道干膜厚度为要求的 1.5 倍时,成膜良好	
弯曲性能		mm	≤2	≤2
杯突试验		mm	≥4.0	≥4.0
划格试验		级	≤1	≤1
耐冲击性		cm	≥50	≥50
光泽		%	≥85	≥85
硬度			≥0.25	≥0.50
耐水性		h	≥12	≥24

表 1（续）

项　　目			单位	技　术　指　标	
				Ⅰ类	Ⅱ类
耐汽油性			h	≥6	≥24
耐酸碱性	H₂SO₄	3%	min	≥15	≥30
	NaOH	2%	min	—	≥30
	HAC	5%	min	≥15	≥30
耐热性				120 ℃±2 ℃≥1 h	150 ℃±2 ℃≥1 h
耐人工气候加速试验				200 h≤2 级	1 000 h≤2 级
注：1　细度和光泽指标不适用铝粉颜料面漆。 　　2　光泽指标不适用于对光泽有特殊要求的面漆产品。 　　3　耐人工气候加速试验为型式检验项目。					

附　录　A

（标准的附录）

铁路机车车辆用中间涂层用涂料技术条件

A1　产品的组成

A1.1　中间涂层涂料由树脂、颜料、助剂及溶剂等组成。

A1.2　中间涂层涂料应为单组份或双组份产品。

A2　技术要求

中间涂层涂料产品应符合表 A1 中的技术要求。

表 A1　中间涂层的技术要求

项　　目		单位	技　术　指　标
漆膜颜色和外观			符合颜色要求，表面色调均匀一致，无颗粒、针孔、气泡、皱纹
细度		μm	$\leqslant 30$
流出时间		s	$\geqslant 25$
双组份涂料适用期		h	$\geqslant 4$
干燥时间	表干	h	$\leqslant 4$
	实干	h	$\leqslant 24$
施工性能			每道干膜厚度为要求的 1.5 倍时，成膜良好
弯曲性能		mm	$\leqslant 2$
杯突试验		mm	$\geqslant 4.0$
划格试验		级	$\leqslant 1$
耐冲击性		cm	$\geqslant 50$

A3　试验方法

中间涂层的试验方法按照第 5 章的规定进行。

附　录　B

（标准的附录）

铁路机车车辆用腻子技术条件

B1　产品的组成

B1.1　腻子是由树脂、颜料、催干剂、助剂和溶剂等组成。

B1.2　腻子应为单组份或双组份产品。

B2　技术要求

腻子应符合表 B1 中的技术要求。

表 B1　腻子的技术要求

项　　目		单位	技　术　指　标
腻子外观			无结皮和搅不开硬块、无白点
腻子膜颜色和外观			平整,不流挂,无颗粒,无裂纹,无气泡,色调不定
稠度		cm	9～16
实干时间	普通腻子	h	≤24
	不饱和聚酯腻子	h	≤4
涂刮性			易涂刮、不产生卷边现象
打磨性			易打磨、不粘砂纸、无明显白点
柔韧性		mm	≤100
划格试验		级	≤1
耐冲击性		cm	≥15
耐水性试验		级	优秀

B3　试验方法

B3.1　腻子外观的检验方法:打开容器,目视无结皮,插入刮刀或搅棒搅动,以探查内容物。

B3.2　腻子膜颜色和外观的测定应在自然散射光线下进行。

B3.3　稠度测定按 GB/T 1749 规定进行,双组份涂料应将两组份按规定比例混合后进行测定。

B3.4　实干时间测定按 GB/T 1728 规定,采用实际干燥时间测定法中的丙法进行。

B3.5　涂刮性测定按 GB/T 1727 规定进行,采用刮涂法制备腻子膜。

B3.6　打磨性测定按 GB/T 1770 规定进行,使用 320 号水砂纸。

B3.7　柔韧性测定按 GB/T 1748 规定进行。

B3.8　划格试验按 GB/T 9286 规定进行。在涂有底漆的样板上制备 0.5 mm 厚的腻子膜,按规定时间干燥后进行试验。切割线间距为 3 mm。检验时不论是底漆还是腻子均不能大于规定指标。

B3.9　耐冲击性测定按 GB/T 1732 规定进行。

B3.10　耐水性试验按下面方法进行:

在涂有底漆的样板上制备 0.5 mm 厚的腻子膜,按规定时间干燥后,将试板的下半部浸入水中 24 h。评级标准为:

——优秀:吸水线高出水平面不超过 1 mm,无膨胀和软化现象。

——良好:吸水线高出水平面不超过 1 mm,硬度没有明显降低;用指甲对浸水面施加约 10 N 的力,指甲痕深度不得超过未浸水面上深度的一倍;用手指推移时腻子层不动。

——中等:吸水线高出水平面不超过 2 mm,用指甲划时允许有轻微的软化,用手指推移时腻子层略有移动。

——一般:吸水线高出水平面超过 2 mm,用指甲划时出现软化现象,用手指推移时腻子层有移动。

TB/T 2707—1996

前　　言

本标准等效采用国际铁路联盟 UIC 842-4《铁路货车及集装箱的防护和涂装技术条件》、UIC 842-1《铁路机车车辆和集装箱防护用涂料供货技术条件》和 UIC 842-2《涂料检验方法的技术条件》标准。

铁路货车用厚浆型醇酸漆已在铁路货车上使用多年,为保证产品质量制定本标准。

本标准的附录 A 是提示的附录。

本标准由铁道部科技司提出。

本标准由铁道部标准计量研究所归口。

本标准起草单位:铁道部四方车辆研究所、铁道部标准计量研究所、石家庄市油漆厂。

本标准主要起草人:刘美琪、魏仲根、李训、于全蕾、杜玉杰。

中华人民共和国铁道行业标准

铁路货车用厚浆型醇酸漆技术条件

TB/T 2707—1996

1 范围

本标准规定了铁路货车用厚浆型醇酸漆的技术要求、试验方法、检验规则、包装、标志、运输和贮存。
本标准适用于铁路货车车体钢结构表面及其它钢制零部件的防腐保护用的溶剂型厚浆醇酸漆。

2 引用标准

下列标准包含的条文,通过在本标准中引用而构成为本标准的条文。在标准出版时,所示版本均为有效。所有标准都会被修订,使用本标准的各方应探讨使用下列标准最新版本的可能性。

GB/T 1728—1979(1989) 漆膜、腻子膜干燥时间测定法

GB/T 1733—1993 漆膜耐水性测定法

GB/T 1771—1991 色漆和清漆 耐中性盐雾性能的测定

GB/T 3186—1982(1989) 涂料产品的取样

GB/T 5208—1985 涂料闪点测定法 快速平衡法

GB/T 6742—1986 漆膜弯曲试验(圆柱轴)

GB/T 6751—1986 色漆和清漆 挥发物和不挥发物的测定

GB/T 6753.1—1986 涂料研磨细度的测定

GB/T 9264—1988 色漆流挂性的测定

GB/T 9271—1988 色漆和清漆 标准试板

GB/T 9286—1988 色漆和清漆 漆膜的划格试验

GB/T 9750—1988 涂料产品包装标志

GB/T 13452.2—1992 色漆和清漆 漆膜厚度的测定

GB/T 13491—1992 涂料产品包装通则

GB/T 2458—1993 涂料产品检验、运输和贮存通则

3 产品分类

铁路货车用厚浆型醇酸漆分两类:

A型 防锈底漆和面漆合一的单层厚浆型醇酸漆,涂装一道或湿碰湿两道干膜厚度可达 120 μm 以上。

B型 分为厚浆型醇酸防锈底漆和面漆两种,配套使用,每道干膜厚度可达 60 μm 以上。

4 技术要求

4.1 厚浆型醇酸漆是以专用中油度醇酸树脂为基料,加入不同量的氧化铁或其他颜料、填料、缓蚀剂、触变剂和溶剂等,经研磨分散而制成的具有触变性的厚浆型醇酸漆。

4.2 厚浆型醇酸漆的性能指标应符合表1的技术要求。

中华人民共和国铁道部 1996-07-17 批准

1997-02-01 实施

表 1 厚浆型醇酸性能指标

项　目	指　标		
	A 型	B 型	
	单层厚浆型漆	厚浆型防锈底漆	厚浆型面漆
漆膜颜色及外观	颜色符合要求 漆膜平整光滑	颜色符合要求 漆膜平整光滑	颜色符合要求 漆膜平整光滑
细度/μm	≤45	≤50	≤45
粘度(3#转子,6 r/min)/Pa·s	≥4	≥3	≥3
不挥发物含量/%	≥65	≥65	≥63
干燥时间/h　表干时间	≤3	≤3	≤3
干燥时间/h　实干时间	≤24	≤24	≤24
附着力/级	≤1	≤1	≤1
弯曲性/mm	≤5	≤5	≤4
闪点/℃	≥33	≥33	≥33
耐水性/h	36 h 不起泡、不生锈,允许轻度变白失光	—	36 h 不起泡、不生锈,允许轻度变白失光
耐盐雾/h	500 h 不起泡、不生锈,划痕允许有小泡,腐蚀蔓延不大于 2 mm	500 h 不起泡、不生锈,划痕处允许有小泡,腐蚀蔓延不大于 2 mm	—
厚涂性	湿膜厚度 200 μm 不流挂	湿膜厚度 125 μm 不流挂	湿膜厚度 125 μm 不流挂

注:闪点、耐水性、耐盐雾、厚涂性作为保证项目。

5 试验方法

5.1 试板的制备

5.1.1 试板及表面清洗处理要求按 GB/T 9271 规定进行。

5.1.2 设备:采用合适的高压无气喷涂机和喷嘴或采用一般压缩空气喷枪喷涂,喷枪的喷嘴内径为(1~2)mm,也可采用漆膜涂布器。

5.1.3 制板:涂覆的样板平放于空气干燥箱中,干膜厚度在 70 μm 以下,可一次喷涂达到膜厚度要求,于规定条件下放置 10 天再投入试验,干燥厚度在 70 μm 以上,可喷涂两遍,两遍之间间隔 24 h,喷第二遍之后放置 9 天再投入试验。漆膜厚度测定按 GB/T 13452.2 规定进行。

5.2 漆膜颜色及外观

将测定样品在马口铁板上制备漆膜,待漆膜实干后,在天然散射光线下用肉眼观察,眼睛与样板距离(30~35) cm。约成 120°~140°角,检查颜色应符合用户要求,外观应平整光滑。

5.3 细度

按 GB/T 6753.1 规定进行。

5.4 粘度

5.4.1 仪器

NDJ-1 型旋转粘度计。

5.4.2 操作

将仪器安装在固定架上校正水平。

将被测试样的温度控制在(23±0.5)℃,选用 3 号转子,转速 6 r/min,每个样品测定三次,每次误差小于 10%,取其平均值。

5.4.3 结果的计算和表示

粘度(η)的计算:

$$\eta = \frac{K \cdot S}{1\ 000}$$

式中:η——动力粘度,Pa·s;

 S——圆盘上指针读数;

 K——指针读数换算因子,200 mPa·s。

5.5 不挥发物含量

按 GB/T 6751 规定进行。

5.6 干燥时间

表干时间按 GB/T 1728 甲法规定进行。实干时间按 GB/T 1728 乙法规定进行。干膜厚度为(45±5) μm。

5.7 附着力

按 GB/T 9286 规定进行,干膜厚度为(45±5) μm,切割线间距为 1 mm。

5.8 弯曲性

按 GB/T 6742 规定进行,干膜厚度为(45±5) μm。

5.9 闪点

按 GB/T 5208 规定进行。

5.10 耐水性

按 GB/T 1733 规定进行,干膜厚度为(65±5) μm。

5.11 耐盐雾

按 GB/T 1771 规定进行,干膜厚度为(110±10) μm。

5.12 厚涂性

按 GB/T 9264 规定进行。

6 检验规则

6.1 涂料产品的检验按 HG/T 2458 规定进行,每批产品出厂交货时必须进行常规检验,检验项目按表 1 中规定。型式检验规定为一年,需对标准中规定的技术要求全部进行检验。

6.2 抽样按 GB 3186 规定进行,样品保存按 HG/T 2458 规定进行。

7 标志、包装

7.1 产品的包装标志按 GB/T 9750 规定进行。

7.2 产品的包装按 GB/T 13491 规定进行。

8 运输和贮存

8.1 运输和贮存按 HG/T 2458 规定进行。

8.2 自生产之日起,有效贮存期为 12 个月,超过贮存期可按本标准规定的项目进行检验,若结果符合要求,仍可以使用。

附 录 A
（提示的附录）
施 工 参 考

A1　铁路货车用厚浆型醇酸漆,以喷涂为主,可直接用于高压无气喷涂,进气压力应保持在(0.45～0.60)MPa。喷嘴规格可以根据情况选择,建议采用回转式喷嘴。

A2　一般情况不需要兑稀,当粘度太稠时,可加入少量的200♯的溶剂汽油或醇酸稀料,兑稀搅匀后使用。

A3　如采用加热干燥,烘干温度以60℃以下为宜。

前　　言

本标准由铁道部标准计量研究所提出并归口。

本标准起草单位:铁道部科学研究院金属及化学研究所、铁道部标准计量研究所、长春客车厂。

本标准主要起草人:杨松柏、席时俊、齐　兵、孟洪军、魏仲根。

本标准首次发布:1998 年 10 月。

中华人民共和国铁道行业标准

铁路机车车辆阻尼涂料
供货技术条件

TB/T 2932—1998

1 范围

本标准规定了铁路机车车辆用阻尼涂料的技术要求,试验方法,检验规则及包装、包装标志、贮存和运输。

本标准适用于铁路机车车辆为降低振动和噪声所使用的阻尼涂料。

2 引用标准

下列标准所包含的条文,通过在本标准中引用而构成为本标准的条文。本标准出版时,所示版本均为有效。所有标准都会被修订,使用本标准的各方应探讨使用下列标准最新版本的可能性。

GB/T 1727—1992   漆膜一般制备法

GB/T 1728—1979   漆膜、腻子膜干燥时间测定法

GB/T 1732—1993   漆膜耐冲击测定法

GB/T 1735—1979   漆膜耐热性测定法

GB/T 1748—1979   腻子膜柔韧性测定法

GB/T 1749—1979   厚漆、腻子稠度测定法

GB/T 1763—1979   漆膜耐化学试剂性测定法

GB/T 1771—1991   (eqv ISO 7253:1984)   色漆和清漆   耐中性盐雾的测定

GB 3186—1982   (neq ISO 1512:1974)   涂料产品的取样

GB/T 5208—1985   (neq ISO 3679:1983)   涂料闪点测定法   快速平衡法

GB/T 6753.3—1986   涂料贮存稳定性试验方法

GB/T 9286—1988   (eqv ISO 2409:1972)   色漆和清漆   漆膜的划格试验

GB/T 9750—1988   涂料产品包装标志

GB/T 13491—1992   涂料产品包装通则

GB/T 16406—1996   (neq ISO 6721-3:1994)   声学   声学材料阻尼性能的弯曲共振测试方法

GB/T 17038—1997   内燃机车柴油机油

TB/T 2260—1991   铁路机车车辆用防锈底漆供货技术条件

TB/T 2402—1993   铁道客车非金属材料的阻燃要求

HG/T 2458—1993   涂料产品检测、运输和贮存通则

3 定义

本标准采用下列定义:

复合损耗因数

中华人民共和国铁道部 1998-10-15 批准

1999-04-01 实施

　　损耗因数为试样耗散能量能力的量度,其值正比于试样阻尼能与反应变能之比。当试样为金属板条和阻尼材料复合组成时,所测定的损耗因数称为复合损耗因数,用 η_c 表示。

　　复合损耗因数 η_c 值大,表示复合试样上的阻尼材料减震性能好。

4 产品分类

4.1　阻尼涂料可以由不同的漆料组成,如以沥青类、合成树脂或橡胶类物质作为主要成膜物的产品。

4.2　根据使用要求不同,铁路机车车辆用阻尼涂料分为两类产品:

　　——A 类阻尼涂料,用于阻尼性能要求较高的内燃机车、电力机车、动车组、发电车、机械冷藏车组中的发电乘务车和地铁车辆等。

　　——B 类阻尼涂料,用于阻尼性能要求一般的客车、餐车和冷藏车等。

5 技术要求

5.1　A 类阻尼涂料应达到表 1 中规定的技术要求。

5.2　B 类阻尼涂料应达到表 2 中规定的技术要求。

表 1　A 类阻尼涂料技术要求

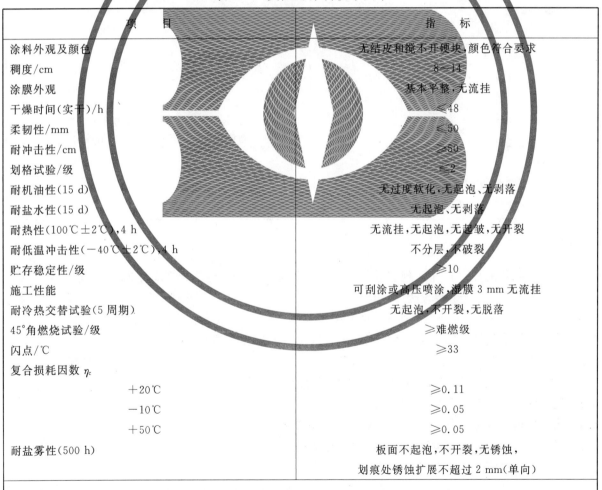

项　　目		指　　标
涂料外观及颜色		无结皮和搅不开硬块,颜色符合要求
稠度/cm		8~14
涂膜外观		基本平整,无流挂
干燥时间(实干)/h		≤48
柔韧性/mm		≤50
耐冲击性/cm		≥50
划格试验/级		≤2
耐机油性(15 d)		无过度软化,无起泡、无剥落
耐盐水性(15 d)		无起泡、无剥落
耐热性(100℃±2℃),4 h		无流挂,无起泡,无起皱,无开裂
耐低温冲击性(−40℃±2℃),4 h		不分层,不破裂
贮存稳定性/级		≥10
施工性能		可刮涂或高压喷涂,湿膜 3 mm 无流挂
耐冷热交替试验(5 周期)		无起泡,不开裂,无脱落
45°角燃烧试验/级		≥难燃级
闪点/℃		≥33
复合损耗因数 η_c		
	+20℃	≥0.11
	−10℃	≥0.05
	+50℃	≥0.05
耐盐雾性(500 h)		板面不起泡,不开裂,无锈蚀, 划痕处锈蚀扩展不超过 2 mm(单向)

注:

1　耐盐雾性仅适用于同时具有防腐蚀功能的阻尼涂料。

2　耐机油性、耐盐水性、贮存稳定性、闪点、复合损耗因数 η_c 和耐盐雾性作为型式检验项目。

3　如对涂料有隔热要求时,可由供需双方确定导热系数指标及测试方法。

表 2　B 类阻尼涂料技术要求

项　　　目	指　　　标
涂料外观及颜色	无结皮和搅不开硬块,颜色符合要求
稠度/cm	8～14
涂膜外观	基本平整,无流挂
干燥时间(实干)/h	≤48
柔韧性/mm	≤50
耐冲击性/cm	≥50
划格试验/级	≤2
耐盐水性(30 d)	无起泡、无剥落
耐酸性(H_2SO_4,10％),24 h	无起泡,无软化,不发粘
耐碱性(NaOH,10％),24 h	无起泡,无软化,不发粘
耐热性(100℃±2℃),4 h	无流挂,无起泡,无起皱,无开裂
耐低温冲击性(−40℃±2℃),4 h	不分层,不破裂
贮存稳定性/级	≥10
施工性能	可刮涂或高压喷涂,湿膜 3 mm 无流挂
耐冷热交替试验(5 周期)	无起泡,不开裂,无脱落
45°角燃烧试验/级	≥难燃级
闪点/℃	≥33
复合损耗因数 η_c	
+20℃	≥0.09
−10℃	≥0.03
+50℃	≥0.03
耐盐雾性(500 h)	板面不起泡,不开裂,无锈蚀, 划痕处锈蚀扩展不超过 2 mm(单向)

注:
1　耐盐雾性仅适用于同时具有防腐蚀功能的阻尼涂料。
2　耐盐水性、贮存稳定性、闪点、复合损耗因数 η_c 和耐盐雾性作为型式检验项目。

6　试验方法

6.1　样板的制备按 GB/T 1727 规定进行。首先在基板上涂覆一道符合 TB/T 2260 规定的或由供需双方商定的防锈底漆,干膜厚度为 23 μm±3 μm,干燥 48 h 后,采用刮涂或喷涂的方法制备阻尼涂料的涂膜,干膜厚度为 2.0 mm±0.2 mm。样板在室温下干燥 7 d;或者首先在室温下放置 24 h,然后在 60℃±2℃条件下烘烤 2 h,取出后在室温下再放置 16 h～24 h 后进行试验。

6.2　涂料外观检验按目测观察法进行。打开容器观察有无结皮、分层或沉淀,插入刮刀或搅棒搅动,探查内容物情况。颜色的测定应在自然散射光线下,按目测观察法进行。

6.3　稠度的测定按 GB/T 1749 规定进行。

6.4　涂膜外观的测定应在自然散射光线下,按目测观察法进行。

6.5　干燥时间的测定按 GB/T 1728 规定中的丙法进行。

6.6　柔韧性的测定按 GB/T 1748 规定进行。

6.7　耐冲击性的测定按 GB/T 1732 规定进行。基板使用该标准规定的厚度为 0.45 mm～0.55 mm 冷轧薄钢板。

6.8　划格试验按 GB/T 9286 规定进行,划格间距为 5 mm。

6.9　耐机油性能的测定:室温下将样板放入符合 GB/T 17038 规定的内燃机车柴油机油中,或按照供需双方商定规格的机油中进行浸泡。

6.10 耐盐水性的测定按 GB/T 1763 规定进行。

6.11 耐酸性和耐碱性的测定按 GB/T 1763 规定进行。

6.12 耐热性按 GB/T 1735 规定进行,试验时样板垂直放置。

6.13 耐低温冲击性的测定是将样板置于－40℃±2℃冷冻箱或冷阱中,也可以将样板放在塑料袋内,用绳扎好袋口,浸入乙醇-干冰溶液中。达到规定时间后,取出样板,平放在木板上,用 φ40 mm(质量260 g)的钢球自 1 m 高度自由落下进行冲击、用目测法观察涂层状态。

6.14 涂料贮存稳定性的测定按 GB/T 6753.3 规定进行。

6.15 耐冷热交替试验:涂膜样板按规定的时间干燥后,每日进行 2 次－20℃的冷冻,冷冻每次 3 h,在两次冷冻间隔期间,将样板置于室温下的水中 2 h,另室温下放置 16 h——此为 1 周期。样板按规定周期进行试验后取出,采用目测观察法进行检查。

6.16 45°角燃烧试验按 TB/T 2402 规定进行。

6.17 闪点的测定按 GB/T 5208 规定进行。

6.18 复合损耗因数 η_c 的测定

复合损耗因数 η_c 的测定按 GB/T 16406 规定进行,推荐使用规格为 150 mm×10 mm×1.0 mm 的冷轧钢板做基板,按照 6.1 制备涂膜,涂层厚度为 2.0 mm±0.2 mm,采用自由梁法进行测量。

6.19 耐中性盐雾性能的测定

当阻尼涂料包括有防腐蚀功能时,应进行中性盐雾试验。

中性盐雾试验按 GB/T 1771 规定进行。

中性盐雾试验达到规定时间后,取出样板,清水冲净,晾干后观察样板状况;采用机械的或其他适当的方法去除涂膜,对划痕处基板的锈蚀情况作出评价。

7 检验规则

7.1 阻尼涂料产品的检验按 HG/T 2458 规定进行。每批产品出厂时均应进行常规检验,型式检验应每年进行一次。

7.2 阻尼涂料产品的取样按 GB 3186 规定进行。用户可指定对某些试验项目进行检验。

8 包装、包装标志、贮存和运输

8.1 阻尼涂料产品的包装应符合 GB/T 13491 的规定。

8.2 阻尼涂料产品的包装标志应符合 GB/T 9750 的规定。

8.3 阻尼涂料产品的贮存和运输应符合 GB/T 2458 的规定。

9 保证期

从涂料产品的生产之日算起,水溶性涂料的保证期为 6 个月,溶剂型涂料的保证期为 12 个月。

ICS 45.040
S 13

中华人民共和国铁道行业标准

TB/T 2965—2011
代替 TB/T 2965—1999

铁路混凝土桥面防水层技术条件

Technical specification for waterproof layer of railway concrete bridge

2011-07-15 发布

2012-01-01 实施

中华人民共和国铁道部　发 布

前　言

本标准按照 GB/T 1.1—2009 给出的规则起草。

本标准代替 TB/T 2965—1999《铁路混凝土桥梁桥 TQF-Ⅰ型防水层技术条件》，与 TB/T 2965—1999 相比，主要技术变化如下：

——修改了氯化聚乙烯防水卷材的相关技术要求（见 3.2,1999 年版的 3.1）；

——修改了聚氨酯防水涂料的相关技术要求（见 3.3,1999 年版的 3.2）；

——增加了水泥基胶粘剂的相关技术要求（见 3.4）；

——增加了高聚物改性沥青防水卷材的相关技术要求（见 3.5）；

——增加了高聚物改性沥青基层处理剂的相关技术要求（见 3.6）；

——增加了防水层铺设的相关要求（见第 4 章）；

——增加了保护层的相关要求（见第 5 章）；

——增加了质量检查要求（见第 6 章）；

——增加了保修期的规定（见第 8 章）。

本标准由铁道部标准计量研究所归口。

本标准主要起草单位：中国铁道科学研究院铁道建筑研究所、铁道部产品质量监督检验中心、中铁工程设计咨询集团有限公司。

本标准主要起草人：马林、牛斌、崔冬芳、徐升桥、邓运清、张宪清。

铁路混凝土桥面防水层技术条件

1 范围

本标准规定了铁路桥梁有砟、无砟混凝土桥面有保护层的防水层的原材料、防水层铺设、保护层、质量检查以及保修期要求。

本标准适用于铁路桥梁有砟、无砟混凝土桥面有保护层的防水层。

2 规范性引用文件

下列文件对于本文件的应用是必不可少的。凡是注日期的引用文件,仅所注日期的版本适用于本文件。凡是不注日期的引用文件,其最新版本(包括所有的修改单)适用于本文件。

GB 175—2007 通用硅酸盐水泥

GB/T 529—2008 硫化橡胶或热塑性橡胶撕裂强度的测定

GB/T 1346—2001 水泥标准稠度用水量、凝结时间、安定性检验方法

GB 1596—2005 用于水泥和混凝土中的粉煤灰

GB/T 2790—1995 胶粘剂 180°剥离强度试验方法挠性材料对刚性材料

GB/T 2794—1995 胶粘剂粘度的测定

GB 8076—2008 混凝土外加剂

GB/T 9265—2009 建筑涂料涂层耐碱性的测定

GB/T 9266—2009 建筑涂料耐洗刷性的测定

GB/T 10685 羊毛纤维直径试验方法 投影显微镜法

GB 12953—2003 氯化聚乙烯防水卷材

GB/T 14336 合成短纤维长度试验方法

GB/T 14337—2008 合成短纤维断裂强力及断裂伸长试验方法

GB/T 16777—2008 建筑防水涂料试验方法

GB/T 17671—1999 水泥胶砂强度检验方法

GB 18173.1—2006 高分子防水材料 第1部分:片材

GB 18242—2008 弹性体改性沥青防水卷材

GB/T 18244—2000 建筑防水材料老化试验方法

GB 18583—2008 室内装饰装修材料胶粘剂中有害物质限量

GB/T 19250—2003 聚氨酯防水涂料

GB/T 19466.3—2004 塑料差式扫描量热法(DSC)第3部分:熔融和结晶温度及热焓的测定

GB/T 50082—2009 普通混凝土长期性能和耐久性能检验方法

CECS 38:2004 纤维混凝土结构技术规程

CECS 199:2006 聚乙烯丙纶卷材复合防水工程技术规程

FZ/T 01057.6—2007 纺织纤维鉴别试验方法 熔点法

FZ/T 01057.7—2007 纺织纤维鉴别试验方法 密度梯度法

JC/T 547—2005 陶瓷墙地砖胶粘剂

JC/T 974—2005 道桥用改性沥青防水卷材

JGJ 63—2006 混凝土用水标准

JGJ/T 70—2009　建筑砂浆基本性能检验方法

TB 10425—1994　铁路混凝土强度检验评定标准

TB/T 3275—2011　铁路混凝土

3　原材料

3.1　原材料种类

用于防水层的材料包括氯化聚乙烯防水卷材、聚氨酯防水涂料、水泥基胶粘剂、高聚物改性沥青防水卷材和基面处理剂。

3.2　氯化聚乙烯防水卷材

3.2.1　规格

3.2.1.1　氯化聚乙烯防水卷材包括 N 类无复合层卷材和 L 类纤维复合卷材。

3.2.1.2　N 类防水卷材的厚度(不含花纹高度)规格为：1.2 mm±0.1 mm。

3.2.1.3　L 类防水卷材的厚度(不含纤维层厚度)规格为 $1.8^{+0.2}_{0}$ mm。

3.2.1.4　防水卷材的宽度最大不应超过 2.65 m。

3.2.1.5　防水卷材的长度规格：32 m 及以下简支梁卷材长度不应小于梁长,其他可根据梁长确定。

3.2.2　技术要求

3.2.2.1　防水卷材的外观质量：表面应无气泡、疤痕、裂缝、粘结和孔洞。

3.2.2.2　防水卷材的颜色应采用除黑色外的其他颜色。

3.2.2.3　N 类防水卷材的顶面压花成方格网状,以增强防水卷材与混凝土的粘结强度。方格网状的规格为：纹高 0.1 mm±0.02 mm,25 块/cm²～30 块/cm²。

3.2.2.4　L 类防水卷材应采用双面热融一次复合无纺纤维布,不应采用胶粘或二次复合方法粘贴；卷材搭接面不复合无纺纤维布的宽度不大于 80 mm。

3.2.2.5　N 类、L 类防水卷材的物理力学性能应分别符合表 1、表 2 的规定。

3.2.2.6　N 类、L 类防水卷材保护层混凝土与防水卷材粘结强度的制样、养护、试验方法见附录 A。

表 1　N 类防水卷材的物理力学性能指标

序号	项　目	技术要求	试验方法
1	拉伸强度	≥12.0 MPa	GB 12953
2	扯断伸长率	≥550%	
3	热处理尺寸变化率	纵向≤2.5% 横向≤1.5%	
4	低温弯折性	−35 ℃,无裂纹	
5	抗穿孔性	不渗水	
6	不透水性	不透水	
7	剪切状态下的粘合性	≥3.0 N/mm 或卷材破坏	
8	保护层混凝土与防水卷材粘结强度	≥0.1 MPa	见附录 A
9	防水卷材接缝部位焊接剥离强度	≥3.0 N/mm	GB 18173.1—2006

表 1（续）

序号	项　目		技术要求	试验方法
10	热老化处理	外观质量	无气泡、疤痕、裂缝、粘结、孔洞	GB/T 18244—2000 GB 12953—2003
		拉伸强度变化率	±20%	
		断裂伸长率变化率	±20%	
		低温弯折性	−25 ℃，无裂纹	
11	人工气候加速老化	拉伸强度变化率	720 h，±20%	
		断裂伸长率变化率	720 h，±20%	
		低温弯折性	720 h，−25 ℃，无裂纹	
12	耐化学侵蚀	拉伸强度变化率	±20%	GB 12953—2003
		断裂伸长率变化率	±20%	
		低温弯折性	−25 ℃，无裂纹	

3.2.3　包装

卷材应用硬纸芯卷制。卷制紧密、捆扎结实后置于用编织布等做成的包装袋中。

3.2.4　运输及储存

运输途中或储存期间：宜单层立放，如平放，不应超过 3 层；卷材产品避免日晒、雨淋，不应与有损卷材质量或影响卷材使用性能的物质接触，并远离热源。

3.2.5　储存有效期

防水卷材在施工现场正常条件下储存 1 年期间，材料的各项性能指标应满足要求。

表 2　L 类防水卷材的物理力学性能指标

序号	项　目		技术要求	试验方法
1	拉力		≥160 N/cm	
2	断裂伸长率		≥550%	
3	热处理尺寸变化率		纵向≤1.0% 横向≤1.0%	
4	低温弯折性		−35 ℃，无裂纹	GB 12953—2003
5	抗穿孔性		不渗水	
6	不透水性		不透水	
7	剪切状态下的粘合性		≥3.0 N/mm 或卷材破坏	
8	保护层混凝土与防水卷材粘结强度		≥0.1 MPa	见附录 A
9	防水卷材接缝部位焊接剥离强度		≥3.0 N/mm	GB/T 18173.1—2006
10	热老化处理	外观质量	无气泡，疤痕、裂缝、粘结、孔洞	GB/T 18244—2000 GB 12953—2003
		拉力	≥150 N/cm	
		断裂伸长率	≥450%	
		低温弯折性	−25 ℃，无裂纹	

表 2（续）

序号	项	目	技术要求	试验方法
11	人工气候加速老化	拉力	720 h,≥150 N/cm	GB/T 18244—2000 GB 12953—2003
		断裂伸长率	720 h,≥450%	
		低温弯折性	720 h,−25 ℃,无裂纹	
12	耐化学侵蚀	拉力	≥150 N/cm	GB 12953—2003
		断裂伸长率	≥450%	
		低温弯折性	−25 ℃,无裂纹	

3.3 聚氨酯防水涂料

3.3.1 聚氨酯防水涂料分类

聚氨酯防水涂料分为用于粘贴防水卷材的防水涂料和直接用于作防水层的防水涂料两种。

3.3.2 用于粘贴防水卷材的防水涂料

3.3.2.1 聚氨酯防水涂料的物理力学性能应符合表 3 的要求。

表 3 用于粘贴防水卷材的聚氨酯防水涂料物理力学性能指标及试验方法

序号	项	目	技术要求	试验方法
1	拉伸强度		≥3.5 MPa	
2	拉伸强度保持率	加热处理	≥100%	
3		碱处理	≥70%	
4		酸处理	≥80%	
5	断裂伸长率	无处理	≥450%	
6		加热处理	≥450%	
7		碱处理	≥450%	
8		酸处理	≥450%	GB/T 19250—2003
9	低温弯折性	无处理	−35 ℃,无裂纹	
10		加热处理		
11		碱处理		
12		酸处理		
13	表干时间		≤4 h	
14	实干时间		≤24 h	
15	不透水性		0.4 MPa,2 h,不透水	
16	加热伸缩率		≥−4.0%,≤1.0%	GB/T 19250—2003
17	耐碱性		饱和 Ca(OH)$_2$ 溶液,500 h,无开裂、无起皮剥落	GB/T 9265—2009
18	固体含量		≥98%	
19	潮湿基面粘结强度		≥0.6 MPa	GB/T 16777—2008
20	与混凝土粘结强度		≥2.5 MPa	
21	撕裂强度		≥25.0 N/mm	GB/T 529—2008
22	与混凝土的剥离强度		≥2.5 N/mm	GB/T 2790—1995
23	与防水卷材的剥离强度		≥0.5 N/mm	

3.3.2.2 未启封产品的有效期为1年。

3.3.3 直接用于作防水层的防水涂料

3.3.3.1 聚氨酯防水涂料的物理力学性能应符合表4规定。

表4 直接用于作防水层的聚氨酯防水涂料物理力学性能指标及试验方法

序号	项 目		技术要求	试验方法
1	拉伸强度		≥6.0 MPa	GB/T 19250—2003
2	拉伸强度保持率	加热处理	≥100%	
3		碱处理	≥70%	
4		酸处理	≥80%	
5	断裂伸长率	无处理	≥450%	GB/T 19250—2003
6		加热处理	≥450%	
7		碱处理	≥450%	
8		酸处理	≥450%	
9	低温弯折性	无处理	−35 ℃,无裂纹	GB/T 19250—2003
10		加热处理		
11		碱处理		
12		酸处理		
13	表干时间		≤4 h	GB/T 19250—2003
14	实干时间		≤24 h	
15	不透水性		0.4 MPa、2 h,不透水	
16	加热伸缩率		≥−4.0%,≤1.0%	
17	耐碱性		饱和 Ca(OH)₂溶液,500 h,无开裂、无起皮剥落	GB/T 9265—2009
18	固体含量		≥98%	GB/T 16777—2008
19	潮湿基面粘结强度		≥0.6 MPa	
20	与混凝土粘结强度		≥2.5 MPa	
21	撕裂强度		≥35.0 N/mm	GB/T 529—2008
22	与混凝土剥离强度		≥3.5 N/mm	GB/T 2790—1995

3.3.3.2 未启封产品的有效期为1年。

3.3.3.3 产品应采用密闭的容器包装。运输途中防止日晒、雨淋,不应接近热源。

3.3.3.4 产品应储存于荫凉、干燥、通风处、储存最高温度不应高于40 ℃,最低温度不应低于0 ℃。

3.3.3.5 产品应附有产品合格证和产品使用说明书。

3.3.4 聚氨酯防水涂料颜色

聚氨酯防水涂料的颜色应采用除黑色外的其他颜色。

3.4 水泥基胶粘剂

3.4.1 水泥基胶粉材料性能应符合表5的要求。

3.4.2 水泥基胶粘剂的物理力学性能应符合表6的要求。

3.4.3 未启封水泥基胶粉的有效期为1年。

3.4.4 水泥基胶粘剂应涂刷均匀,厚度控制在1.2 mm~1.5 mm范围内。

3.4.5 产品应采用密封的容器包装,储存于荫凉、干燥、通风处。

3.4.6 产品应附有产品合格证和产品使用说明书。

3.4.7 水泥基胶粘剂的物理力学性能的制样、养护、试验方法均见附录B。

表5 水泥基胶粉材料性能指标

序号	项　目	技术要求	试验方法
1	黏度	[2%的溶液,(20 ℃±0.5 ℃)]/(mp·s) 39 000±5 000	GB/T 2794—1995
2	苯	0.1 g/kg	
3	甲苯+二甲苯	10 g/kg	GB/T 18583—2008
4	游离甲醛	≤0.5 g/kg	
5	总挥发性有机物	≤0.5 g/L	

表6 水泥基胶粘剂性能指标

序号	项　目		技术要求	试验方法
1	初凝时间		≥480 min	GB/T 1346—2001
2	终凝时间		≤720 min	
3	安定性		≤5 mm	
4	抗折强度	3 d	≥8 MPa	GB/T 17671—1999
		28 d	≥12 MPa	
5	抗压强度	3 d	≥40 MPa	
		28 d	≥60 MPa	
6	冻融循环	强度损失	50 次,≤5%	GB/T 50082—2009
		质量损失	50 次,≤1%	
7	抗渗性能		≥P20	GB/T 50082—2009
8	压缩剪切强度	无处理	≥4.5 MPa	见附录B
		热老化处理	70 ℃×14 d,≥3.5 MPa	
		冻融循环	±15 ℃×50 次,≥3.5 MPa	
		酸处理	≥4.5 MPa	
		盐处理	≥4.5 MPa	
9	防水卷材与水泥基层粘结剥离强度		≥3.5 N/mm	
10	拉伸胶粘强度		≥1.5 MPa	

3.5 高聚物改性沥青防水卷材

3.5.1 规格

3.5.1.1 防水卷材的厚度规格为4.5 mm。

3.5.1.2 防水卷材的宽度规格为 1.0 m。

3.5.1.3 防水卷材的长度规格为:32 m 及以下简支梁卷材长度不应小于梁长,其他可根据梁长确定。

3.5.1.4 每卷卷材应连续整长,长度 200 m 时允许有一处接头。

3.5.2 技术要求

3.5.2.1 防水卷材内的胎基为长纤聚酯纤维毡,胎基应置于距卷材下表面的 2/3 厚度位置,胎基应浸透,不应有未被浸渍的条纹。

3.5.2.2 防水卷材的外观质量:表面应平整,不允许有孔洞、缺边和裂口。

3.5.2.3 卷材双面附砂,细砂的颜色和粒度应均匀一致,并应紧密地粘附于卷材表面。

3.5.2.4 成卷卷材应卷制紧密、端面整齐,捆扎结实后置于用编织布或塑料膜等做成的包装袋中。

3.5.2.5 防水卷材的物理力学性能应分别符合表 7 的规定。

表 7 高聚物改性沥青防水卷材的物理力学性能指标

序号	项 目		技术要求	试验方法
1	可溶物含量		4.5 mm 厚,≥3 100 g/m	
2	耐热性		115 ℃,不流淌、不滴落	
3	最大峰拉力(纵横向)		≥210 N/cm	
4	最大峰时延伸率(纵横向)		≥50%	GB 18242—2008
5	撕裂强度		≥450 N	
6	低温柔性		−30 ℃,无裂缝	
7	不透水性		0.4 MPa,2 h,不透水	
8	抗穿孔性		不渗水	
9	剪切状态下的粘合性		≥10.0 N/mm 或卷材破坏	GB 12953—2003
10	保护层混凝土与防水卷材粘结强度		≥0.1 MPa	见附录 A
11	热处理尺寸变化率(纵、横向)		±0.5%	GB 12953—2003
12	热老化处理	外观质量	无起泡、裂缝、粘结与孔洞	
		最大峰拉力变化率(纵横向)	±20%	
		断裂时延伸率变化率(纵横向)	±20%	
		低温柔性	−25 ℃,无裂缝	GB/T 18244—2000 GB 18242—2008
13	人工气候加速老化	最大峰拉力变化率(纵横向)	720 h,±20%	
		断裂时延伸率变化率(纵横向)	720 h,±20%	
		低温柔性	720 h,−25 ℃,无裂缝	
14	耐化学侵蚀	最大峰拉力变化率(纵横向)	±20%	GB 12953—2003 GB 18242—2008
		断裂时延伸率变化率(纵横向)	±20%	
		低温柔性	−25 ℃,无裂缝	

3.5.2.6 运输途中或储存期间:宜单层立放,如平放,不应超过3层;卷材产品避免日晒、雨淋,不应与有损卷材质量或影响卷材使用性能的物质接触,并远离热源。

3.5.2.7 防水卷材储存有效期为1年。

3.5.2.8 高聚物改性沥青防水卷材保护层混凝土与防水卷材粘结强度的制样、养护、试验方法见附录A。

3.6 高聚物改性沥青基层处理剂

3.6.1 高聚物改性沥青基层处理剂的物理力学性能应符合表8的规定。

表8 高聚物改性沥青基层处理剂的物理力学性能指标

序号	项 目	指 标	试验方法
1	固体含量	≥30%	
2	干燥时间	≤2 h	
3	耐热性	80 ℃,5 h,无流淌、鼓泡、滑动	GB/T 16777—2008
4	低温柔性	−5 ℃,φ10 mm棒,无裂缝	
5	粘结强度	23 ℃,≥0.8 MPa	

3.6.2 产品应采用铁桶密闭包装,每桶重量为20 kg～25 kg。

3.6.3 运输途中防止日晒、雨淋,不应接近热源。

3.6.4 产品应储存于荫凉、干燥、通风处,储存最高温度不应高于40 ℃,最低温度不应低于0 ℃。

3.6.5 产品应附有产品合格证和产品使用说明书。

3.6.6 未启封产品的有效期为1年。

4 防水层铺设

4.1 卷材加聚氨酯涂料或水泥基胶粘剂型、直接用于作防水层的聚氨酯涂料型及高聚物改性沥青防水层三种型式防水层上均应制作保护层。防水层结构型式简图见图1、图2、图3。

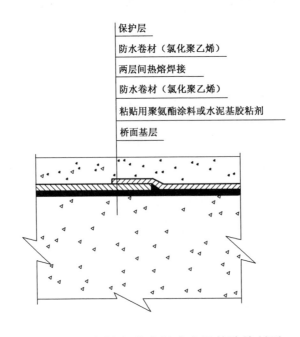

图1 卷材加聚氨酯涂料或水泥基胶粘剂型

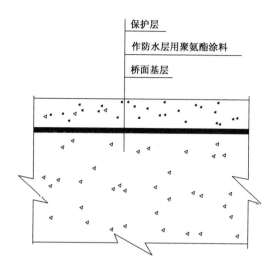

图2　直接用于作防水层的聚氨酯涂料型

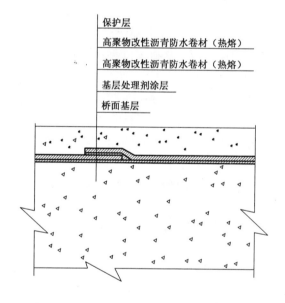

图3　高聚物改性沥青防水层

4.2　防水层施工前,桥面、基层和挡砟墙(或竖墙)应符合下列要求:

    a)　桥面应平整,其平整度用 1 m 长靠尺检查,空隙只允许平缓变化,且不大于 3 mm;

    b)　基层表面应无蜂窝、麻面。浮砟、浮土、油污;

    c)　桥面基层应干燥,如采用水泥基胶粘剂应无明水。

4.3　防水层类型及构造应符合设计图纸要求。

4.4　卷材加粘贴涂料(或胶粘剂)型防水层适用于有砟桥面道砟槽内和无砟桥面防护墙以内。

4.5　无卷材的涂料型防水层,适用于有砟桥面道砟槽以外和无砟桥面防护墙以外。

4.6　高聚物改性沥青卷材型防水层适用于有砟桥面道砟槽内和无砟桥面防护墙以内。

4.7　聚氨酯防水涂料可以用来粘贴 N 类和 L 类防水卷材,水泥基胶粘剂只能用来粘贴 L 类防水卷材。

4.8　卷材加粘贴涂料(或胶粘剂)型防水层应符合下列要求:

    a)　防水卷材纵向宜整长铺设,当防水卷材进行搭接时,先进行纵向搭接,再进行横向搭接,纵向搭接接头应错开。

    b)　防水卷材搭接处应采用热融焊接的方法,焊接前清理干净搭接面,焊接温度不低于 230 ℃,使两幅卷材融合在一起,焊接宽度不小于 60 mm,焊接处的材料性能应满足表1、表2的要求。

c) 防水层的铺设工艺及材料用量应符合下列要求：

  1) 用于粘贴的防水涂料的涂料主剂（甲组分）、固化剂（乙组分）应按产品说明进行配置，每种组份的称量误差为±2%，甲、乙组份的混合液体搅拌应均匀，搅拌时间为 3 min～5min。

  2) 防水涂料应涂刷均匀，涂刷厚度不小于 1.5 mm，每平方米用量不少于 1.8 kg。涂刷可分 1 次～2 次进行。涂刷防水涂料时，不应因流溅或其他原因而污染梁体。

  3) 配置好的防水涂料应在 20 min 内用完。

  4) 铺设防水层时，防水卷材的粘贴宜在防水涂料涂刷完毕后 20 min 内作完。

  5) 防水卷材应在桥面铺设至挡砟墙（或竖墙）内侧跟部，并顺上坡方向逐幅铺设。防水卷材应先从两侧挡墙（或竖墙）开始铺设，在搭接时使该幅在下，其他幅依次在上，中间幅在最上，形成卷材沿桥面纵向中心线向两侧进行横向搭接。

  6) 当防水卷材粘贴完毕后，方可对挡砟墙（或竖墙）内侧跟部对面涂刷防水涂料，同时对防水卷材的周边涂刷防水涂料进行封边。封边宽度不应小于 80 mm，涂刷厚度不应小于1.5 mm。

  7) 水泥基胶粘剂的配制要求如下：

   ——将胶粉材料加入清水内，用手提式打浆机搅拌 10 min，使胶粉材料充分溶化；

   ——加入水泥、减水剂，再搅拌 10 min 即可使用；

   ——水泥基胶粘剂的配比按照产品使用说明书的要求进行。

4.9 无需卷材的涂料型防水层要求如下：

a) 聚氨酯防水涂料总涂膜厚度不应小于 2.0 mm，每平方米用量不少于 2.4 kg。

b) 施工方法及要求如下：

  1) 宜采用喷涂设备将涂料均匀喷涂于基层表面，也可采用金属锯齿板（应保证涂膜厚度达到 2.0 mm）将涂料均匀涂刷于基层表面。

  2) 涂料主剂（甲组份）、固化剂（乙组份）应按产品说明进行配制，每种组份的称量误差不应大于±2%。

  3) 采用喷涂设备时，该设备应具有自动计量、混合和加热功能，加热后出料温度在 60 ℃～ 80 ℃。

  4) 采用人工涂刷配制涂料时，按照先主剂、后固化剂的顺序将液体倒入容器，并充分搅拌使其混合均匀。搅拌时间 3 min～5 min。

  5) 搅拌时不应加水，应采用机械方法搅拌，搅拌器的转速宜在 200 r/min～300 r/min。

  6) 涂刷应分 2 次进行，以防止气泡存于涂膜内。第一次使用平板在基面上刮涂一层厚度 0.2 mm左右的涂膜，1 h～2 h 内使用金属锯齿板进行第二次刮涂。

  7) 配制好的涂料应在 20 min 内用完，随配随用。

  8) 对挡砟墙、竖墙等垂直部位使用毛刷或辊子先行涂刷，平面部位在其后涂刷。

  9) 不应使用风扇或类似工具缩短干燥时间。

  10) 喷涂后 4 h 或涂刷后 12 h 内应防止霜冻、雨淋及暴晒。

  11) 防水层完全干固后，方可浇筑保护层。

  12) 防水层铺设施工环境温度不应低于 5 ℃。

4.10 高聚物改性沥青防水层的施工方法及要求如下：

a) 高聚物改性沥青基层处理剂每平方米用量不少于 0.4 kg。

b) 宜采用机械烘烤设备热熔铺贴卷材，也可采用多台喷灯同时烘烤热熔铺贴卷材。

c) 涂刷基层处理剂：在基层上涂刷高聚物改性沥青基层处理剂，应涂刷均匀、不露底面，不堆积；当基层处理剂干燥不粘手时，方可进行卷材的铺贴。

d) 防水卷材纵、横向的搭接长度均不应小于 100 mm。在已涂刷基层处理剂并干燥的基层表面，留出搭接缝尺寸,将铺贴卷材的基准线弹好,以便按此基准线进行卷材铺贴施工。

　　e) 铺贴卷材:卷材铺贴应从一端开始,桥面横向由低向高顺序进行;点燃喷灯(喷枪),烘烤卷材底面的沥青层及基层上的处理剂(烘烤喷灯以距离卷材辊 30 cm 左右为宜),烘烤要均匀,将卷材底面沥青层熔化后,即可向前滚铺。为保证卷材与基层的粘结,卷材热熔铺贴过程中,应边铺贴边滚压排气粘合,滚压工具可采用 15 kg～20 kg 重,1 m 长,直径约为 15 cm 的钢辊。

　　f) 卷材底面熔化以沥青接近流淌、呈黑亮为度,不应过分加热或烧穿卷材。

　　g) 卷材搭接处的上层和下层卷材应完全热熔粘合,以保证搭接处粘贴牢固,搭接缝处应有自然溢出的熔融沥青。

　　h) 防水卷材应铺设至挡砟墙、竖墙跟部。采用聚氨酯防水涂料封边,竖墙处封边高度不应小于 80 mm,涂刷厚度不应小于 1.5 mm。

　　i) 卷材铺贴到梁体周边收口部位时,滚压后应有自然溢出的熔融沥青,采用刮板抹平密封收口。

　　j) 防水层铺贴完成 30 min 后,可浇筑保护层。

　　k) 防水层铺设施工环境温度不宜低于 −20 ℃。

4.11　制作防水层时,不应因流溅或其他原因而污染梁体。

5　保护层

5.1　浇筑混凝土保护层时,其施工用具、材料应轻吊轻放,不应碰伤已铺设好的防水层。

5.2　保护层应采用掺加聚丙烯腈纤维或聚丙烯纤维网 C40 细石混凝土。混凝土原材料及配合比、混凝土拌和、浇筑和养护应符合 TB/T 3275 的有关规定。粗骨料为最大粒径 10 mm 的碎石;聚丙烯腈纤维和聚丙烯纤维网质量应符合 CECS 38:2004 的有关规定,其几何特征和主要物理力学性能见表 9。

表 9　聚丙烯腈纤维和聚丙烯纤维网主要物理力学性能指标

项　目	聚丙烯腈纤维	聚丙烯纤维网	检验方法
材　质	100%聚丙烯腈	100%聚丙烯	—
直　径	10 μm～15 μm	18 μm～65 μm	GB/T 10685
长　度	6 mm～12 mm	12 mm～19 mm	GB/T 14336
密　度	1.18 g/cm³	0.91 g/cm³	FZ/T 01057.7—2007
抗拉强度	≥500 MPa	≥500 MPa	GB/T 14337—2008
弹性模量	≥7.0 Gpa	≥3.5 Gpa	GB/T 14337—2008
极限伸长率	≥20%	≥18%	GB/T 14337—2008
熔　点	240 ℃	176 ℃	FZ/T 01057.6—2007
安全性	无毒	无毒	—
导电性	无	无	—

5.3　有砟混凝土桥面道砟槽内保护层厚度不应小于 60 mm,道砟槽外及无砟混凝土桥面保护层厚度不应小于 40 mm。实际保护层厚度、流水坡度应符合设计要求。

5.4　桥面保护层纵向每隔 4 m、同时沿纵向在中间作一宽约 10 mm、深约 1 cm～2 cm 的断缝。当保护层混凝土强度达到设计强度的 50% 以上时,用聚氨酯防水涂料将断缝填实、填满,不应污染保护层及梁体。

5.5　保护层表面应平整、流水畅通。

5.6　每立方米混凝土中聚丙烯腈纤维和聚丙烯纤维网的掺量应符合设计要求,设计无规定时,聚丙烯纤维网的掺量宜为 1.8 kg,聚丙烯腈纤维的掺量宜为 1 kg。

5.7 纤维混凝土的施工方法如下:

  a) 应采用强制搅拌,搅拌时间不少于 3 min,注意纤维拌和均匀。

  b) 宜采用平板振捣器捣实,无可见空洞。

  c) 混凝土接近初凝时方可进行抹面,抹刀应光滑以免带出纤维,抹面时不应加水。

  d) 混凝土浇筑完成后,应采取保水养护。自然养护时,桥面应及时覆盖、洒水,保持表面充分潮湿。
      当环境相对湿度小于 60% 时,自然养护不应少于 28 d;相对湿度在 60% 以上时,自然养护不应
      少于 14 d。

5.8 纤维混凝土保护层指标要求见表 10。

表 10 纤维混凝土保护层指标要求

序号	检验项目	指 标 要 求
1	抗压强度	≥40 MPa
2	劈拉强度	≥3.5 MPa
3	抗冻融循环	≥300 次
4	抗渗性	≥P20
5	抗氯离子渗透性	≤1 000 C
6	抗碱—骨料反应	当骨料碱—硅酸反应砂浆棒膨胀率在 0.10%~0.20% 时,混凝土的碱含量≤3 kg/m³

6 质量检查

6.1 材料检查规则:防水层原材料、纤维混凝土保护层的检验项目和检验频次按表 11 要求执行。

表 11 防水层原材料检验项目和检验频次

序号	项 目		进场检验项目频次	型式检验项目
1	氯化聚乙烯卷材(N类)	(1) 尺寸	√	√
		(2) 外观(包括颜色)	√	√
		(3) 拉伸强度	√	√
		(4) 扯断伸长率	√	√
		(5) 热处理尺寸变化率	√	√
		(6) 低温弯折性	√	√
		(7) 不透水性	√	每批不大于 8 000 m² 同厂家、同品种、同批号氯化聚乙烯卷材 √
		(8) 抗穿孔性	√	√
		(9) 剪切状态下的粘合性		√
		(10) 保护层混凝土与防水卷材粘结强度		√
		(11) 防水卷材接缝部位焊接剥离强度		√
		(12) 热老化处理 外观质量(包括颜色)		√
		拉伸强度相对变化率		√
		断裂伸长率相对变化率		√
		低温弯折性		√

型式检验项目栏说明：任何新选厂家；转厂生产、生产材料和工艺有变化、用户对产品质量有疑问时

表 11（续）

序号	项	目		进场检验项目频次	型式检验项目
1	氯化聚乙烯卷材(N类)	（13）人工气候加速老化	拉伸强度相对变化率	每批不大于8 000 m²同厂家、同品种、同批号氯化聚乙烯卷材	√（型式） 任何新选厂家；转厂生产、生产材料和工艺有变化、用户对产品质量有疑问时
			断裂伸长率相对变化率		√
			低温弯折性		√
		（14）耐化学侵蚀	拉伸强度变化率		√
			断裂伸长率变化率		√
			低温柔性		√
2	氯化聚乙烯卷材(L类)	（1）尺寸		√	√
		（2）外观(包括颜色)		√	√
		（3）拉力		√	√
		（4）断裂伸长率		√	√
		（5）热处理尺寸变化率		√	√
		（6）低温弯折性		√	√
		（7）不透水性		√	√
		（8）抗穿孔性		√	√
		（9）剪切状态下的粘合性			√
		（10）保护层混凝土与防水卷材粘结强度			√
		（11）防水卷材接缝部位焊接剥离强度			√
		（12）热老化处理	外观(包括颜色)		√
			拉力		√
			断裂伸长率		√
			低温弯折性		√
		（13）人工气候加速老化	拉力		√
			断裂伸长率		√
			低温弯折性		√
		（14）耐化学侵蚀	拉力		√
			断裂伸长率		√
			低温柔性		√
3	高聚物改性沥青防水卷材	（1）可溶物含量		√	√
		（2）耐热性		√	√
		（3）低温柔性		√	√
		（4）最大峰拉力(纵横向)		√	√
		（5）最大峰时延伸率(纵横向)		√	√
		（6）撕裂强度		√	√
		（7）不透水性		√	√
		（8）抗穿孔性		√	√

序号2的型式检验项目：任何新选厂家；转厂生产、生产材料和工艺有变化、用户对产品质量有疑问时

序号2的进场检验项目频次：每批不大于8 000 m²同厂家、同品种、同批号氯化聚乙烯卷材

序号3的型式检验项目：任何新选厂家；转厂生产、生产材料和工艺有变化、用户对产品质量有疑问时

序号3的进场检验项目频次：每批不大于8 000 m²同厂家、同品种、同批号高聚物改性沥青防水卷材

表 11（续）

序号	项 目			进场检验项目频次		型式检验项目
3	高聚物改性沥青防水卷材	(9) 剪切状态下的粘合性			√	任何新选厂家；转厂生产、生产材料和工艺有变化、用户对产品质量有疑问时
		(10) 保护层混凝土与防水卷材粘结强度			√	
		(11) 热处理尺寸变化率（纵、横向）			√	
		(12) 热老化处理	外观（包括颜色）	每批不大于 8 000 m² 同厂家、同品种、同批号高聚物改性沥青防水卷材	√	
			最大峰拉力变化率		√	
			断裂时延伸率变化率		√	
			低温柔性		√	
		(13) 人工气候加速老化	最大峰拉力变化率		√	
			断裂时延伸率变化率		√	
			低温柔性		√	
		(14) 耐化学侵蚀	最大峰拉力变化率		√	
			断裂时延伸率变化率		√	
			低温柔性		√	
4	基层处理剂	固体含量		√	√	任何新选厂家；转厂生产、生产材料和工艺有变化、用户对产品质量有疑问时
		干燥时间		√	√	
		耐热性		√ 每批不大于 3 t 检验一次	√	
		低温柔性			√	
		粘结强度			√	
5	用于粘贴防水卷材的聚氨酯防水涂料	(1) 颜色		√	√	任何新选厂家；转厂生产、生产材料和工艺有变化、用户对产品质量有疑问时
		(2) 拉伸强度		√	√	
		(3) 断裂伸长率		√	√	
		(4) 低温弯折性		√	√	
		(5) 不透水性		√	√	
		(6) 固体含量		√	√	
		(7) 涂膜表干、实干时间		√	√	
		(8) 潮湿基面粘结强度		每批以甲组份不大于 10 t（乙组份以按产品重量配比相应的重量）同厂家、同品种、同批号聚氨酯防水涂料	√	
		(9) 与混凝土粘结强度			√	
		(10) 加热、酸、碱处理	拉伸强度		√	
			断裂伸长率		√	
			低温弯折性		√	
		(11) 撕裂强度			√	
		(12) 与混凝土剥离强度			√	
		(13) 与卷材剥离强度			√	
		(14) 加热伸缩率			√	
		(15) 耐碱性			√	

表 11（续）

序号	项目			进场检验项目频次	型式检验项目
6	直接用与防水层的聚氨酯防水涂料	(1)颜色		✓	✓
		(2)拉伸强度		✓	✓
		(3)断裂伸长率		✓	✓
		(4)低温弯折性		✓	✓
		(5)不透水性		✓	✓
		(6)固体含量		✓	✓
		(7)涂膜表干、实干时间		✓	✓
		(8)潮湿基面粘结强度		每批以甲组份不大于 15 t（乙组份以按产品重量配比相应的重量）同厂家、同品种、同批号聚氨酯防水涂料	✓
		(9)与混凝土粘结强度			✓
		(10)撕裂强度			✓
		(11)与混凝土剥离强度			✓
		(12)加热、酸、碱处理	拉伸强度		✓
			断裂伸长率		✓
			低温弯折性		✓
		(13)加热伸缩率			✓
		(14)耐碱性			✓
7	水泥基胶粉	(1)典型黏度		✓	✓
		(2)苯		✓	✓
		(3)甲苯+二甲苯		✓	✓
		(4)游离甲醛		✓	✓
		(5)总挥发性有机物		✓	✓
8	水泥基胶粘剂	(1)初凝时间		✓	✓
		(2)终凝时间		✓	✓
		(3)安定性		✓	✓
		(4)抗折强度	3 d	✓	✓
			28 d	✓	✓
		(5)抗压强度	3 d	✓	✓
			28 d	✓	✓
		(6)冻融循环	强度损失	每批不大于 50 kg 胶粉检验一次	✓
			质量损失		✓
		(7)抗渗性能		✓	✓
		(8)压缩剪切强度（MPa）	无处理		✓
			热老化处理		✓
			冻融循环		✓
			酸处理		✓
			盐处理		✓

型式检验项目（序号6）：任何新选厂家；转厂生产、生产材料和工艺有变化、用户对产品质量有疑问时

型式检验项目（序号7）：任何新选厂家；转厂生产、生产材料和工艺有变化、用户对产品质量有疑问时

型式检验项目（序号8）：任何新选厂家；转厂生产、生产材料和工艺有变化、用户对产品质量有疑问时

表 11（续）

序号	项 目		进场检验项目频次	型式检验项目	
8	水泥基胶粘剂	(9)防水卷材与水泥基层粘结剥离强度	每批不大于50 kg胶粉检验一次	√	任何新选厂家；转厂生产、生产材料和工艺有变化、用户对产品质量有疑问时
		(10)防水卷材与水泥基胶粘剂粘结强度		√	
		(11)水泥基胶粘剂与基层粘结强度		√	
9	聚丙烯腈纤维和聚丙烯纤维网	(1)直径	每批不大于1 t同厂家、同品种，同批号聚丙烯腈纤维和聚丙烯纤维网	√	任何新选厂家；转厂生产、生产材料和工艺有变化、用户对产品质量有疑问时
		(2)长度		√	
		(3)密度		√	
		(4)抗拉强度 √		√	
		(5)弹性模量 √		√	
		(6)极限伸长率 √		√	
		(7)DSC分析法 √		√	
		(8)熔点		√	
10	纤维混凝土保护层	(1)抗压强度 √	每工班1次	√	任何新选厂家；转厂生产、生产材料和工艺有变化、用户对产品质量有疑问时
		(2)劈拉强度 √		√	
		(3)抗冻融循环 √	每批不大于1 500 mm³细石混凝土	√	
		(4)抗渗性 √		√	
		(5)抗氯离子渗透性 √		√	
		(6)抗碱—骨料反应 √	同料场每年一次	√	

6.2 判定规则：产品抽检结果全部符合本技术条件要求者，判为整批合格。若有一项技术要求不合格时，应双倍抽样检验该项目，若仍有一项不合格，则判整批不合格。

6.3 防水涂料应涂刷均匀，无漏刷、无气泡。铺设完成后，用橡胶测厚仪检查涂层厚度，每孔梁检测10处。

6.4 防水卷材的铺设应平整、无破损、无空鼓，搭接处及周边均不应翘起。

6.5 保护层达到设计强度后，应钻取芯样进行混凝土与卷材或涂料的粘结强度检测。测试步骤如下：

 a) 用钻孔取芯设备钻 ϕ50 mm 的芯样，钻孔深度进入桥面基层 5 mm；

 b) 将直径 50 mm 的锭子用胶粘剂固定在被测试芯样保护层表面；

 c) 待胶粘剂固化后，使用便携带附着力试验仪，将附着力试验仪套筒与锭子顶端连接，均匀按动液压手柄，直到锭子与基材脱开，读取测试结果。

 每 10 孔或每 320 m 随机抽取 1 孔或连续的 32 m 桥面进行检测，每孔梁或连续的 32 m 桥面检测3 处；每孔梁或连续的 32 m 桥面 3 处数据最小单值小于 0.08 MPa，判定该孔梁或该 32 m 桥面防水层粘结强度不合格，且应对该批梁进行逐孔检测或 320 m 范围内连续检测；钻芯后的部位用聚氨酯防水涂料填满。

6.6 保护层表面不应出现裂缝。

7 其他要求

7.1 风力四级以上天气不宜进行桥面防水层施工。

7.2 为改善聚氨酯防水涂料的稠度，可用间接蒸汽预热，降低涂料的稠度，两个组份应分开加热，加热温度不应超过 60 ℃，同时应保证蒸汽不应进入涂料中。不应明火加热。

7.3 对于聚丙烯腈纤维和聚丙烯纤维网,应采用高分子材料的热重分析法(DSC),对长丝和短丝纤维进行 DSC 拐点温度对比,两者一致时评定为材质相同。相关要求依据 GB/T 19466.3—2004。

7.4 防水层、保护层施工后,如需要通过运梁车时,应采取有效措施,以避免保护层在运梁车反复碾压下的开裂、破损。

8 保修期

防水层的保修期限从交付运营之日起计算,不少于 10 年。

附　录　A

（规范性附录）

保护层混凝土与防水卷材粘结强度试验方法

A.1　水泥砂浆试块的制备

将符合 GB 175 要求、强度等级为 42.5 级的标准硅酸盐水泥,符合 GB/T 14684 的中砂和水,按 1:2:0.4的比例(质量比)倒入容器内搅拌均匀呈浆状,将砂浆分别倒入 100 mm×100 mm×42 mm 的金属(或其他硬质材料)模具内压实成形,放置 24 h。

A.2　水泥砂浆试块的养护

按照 GB/T 17671—1999 的养护条件,试块成形 24 h 后脱模,放入(20＋1)℃水中养护 28 d,然后 50 ℃×24 h 干燥后备用。

A.3　试样制备

A.3.1　将卷材裁成100 mm×100 mm,按配套材料使用要求粘结在水泥砂浆试块上,卷材四边与试块四边保持平齐。将养护好的试件卷材面朝上放入到 102 mm×102 mm×100 mm 模具中,再按 A.1 中规定配置一定量的水泥砂浆,灌入到上述模具中,捣实抹平,24 h 后脱模。将脱模后的试件放到水泥养护室中养护 168 h,然后取出在标准试验条件下晾干备用。

A.3.2　配置高强度环氧树脂将粘结夹具粘在试件的上下两面,并保证夹具不发生滑动和偏移,在标准试验条件下放置 24 h,试样制备完毕。

A.4　试验方法

按 JC/T 974—2005 中 5.18 进行,制备 4 个试件,将粘有上下夹具的试件安装到试验机上,标准拉力垂直作用于试件,以 10 mm/min 的速度拉伸至粘结破坏。

A.5　结果评价与表示

保护层混凝土与防水卷材粘结强度按式(A.1)计算,精确到 0.01 MPa。

$$\sigma = \frac{F}{A} \qquad\qquad\qquad\cdots\cdots\cdots\cdots\cdots\cdots\cdots (A.1)$$

式中:

σ——保护层混凝土与防水卷材粘结强度,单位为兆帕(MPa);

F——破坏载荷,单位为牛顿(N);

A——试件粘结面积,单位为平方毫米(mm^2)。

与平均值比较,去除 4 个数据中偏离最大的值,取 3 个试件的平均值。

附　录　B

（规范性附录）

水泥基胶粘剂试验方法

B.1　水泥砂浆试块的制备

将符合 GB 175 要求、强度等级为 42.5 级的标准硅酸盐水泥，符合 GB/T 14684 的中砂和水，按 1：2：0.4 的比例（质量比）倒入容器内搅拌均匀呈浆状，将砂浆分别倒入 100 mm×100 mm×25 mm、70 mm×70 mm×20 mm、40 mm×40 mm×10 mm、300 mm×50 mm×8 mm 的金属或其他硬质材料模具内压实成形，放置 24 h。

B.2　水泥砂浆试块的养护

按照 GB/T 17671—1999 的养护条件，试块成形 24 h 后脱模，放入（20±1）℃水中养护 28 d，然后 50 ℃×24 h 干燥后备用。

B.3　制样

试验制样的数量、养护条件及养护期按表 B.1 规定执行。

表 B.1　试件要求与养护条件

项　目		试件规格 mm	试件数量 个	养护条件
抗折强度		40×40×160	6	温度（20±1）℃，相对湿度≥95％，养护 3 d、28 d
抗压强度		70.7×70.7×70.7	6	温度（20±1）℃，相对湿度≥95％，养护 3 d、28 d
冻融循环		70.7×70.7×70.7	6	温度（20±2）℃，相对湿度≥95％，养护 28 d
抗渗性能		按 GB/T 50082 要求	6	温度（20±2）℃，水中养护 28 d
拉伸胶粘强度		水泥砂浆试块规格 下模：70×70×20 上模：40×40×10	5	温度（20±2）℃，相对湿度≥95％，养护 28 d
压缩剪切强度	无处理	水泥砂浆试块规格 下模：100×100×25 上模：100×100×25	5	温度（20±2）℃，相对湿度≥95％，养护 28 d
	热老化处理		5	温度（20±2）℃，相对湿度≥95％，养护 28 d
	冻融循环		5	温度（20±2）℃，相对湿度≥95％，养护 28 d
	酸处理		5	温度（20±2）℃，相对湿度≥95％，养护 28 d
	盐处理		5	温度（20±2）℃，相对湿度≥95％，养护 28 d
水泥基层与防水卷材粘结剥离强度		水泥砂浆试块规格 300×50×8	5	温度（20±2）℃，相对湿度≥95％，养护 28 d

B.4　试验方法

B.4.1　凝结时间

初凝时间和终凝时间按 GB/T 1346—2001 方法进行。

B.4.2　安定性

按 GB/T 1346—2001 方法进行。

B.4.3　抗折强度

按 GB/T 17671—1999 进行，分别测试 3 d 和 28 d 抗折强度。

B.4.4 抗压强度

按 GB/T 17671—1999 进行,分别测试 3 d 和 28 d 抗压强度。

B.4.5 耐冻融循环性能

采用快速冻融法进行试验,依据 GB/T 50082—2009 方法进行,测定 50 次冻融循环后试件强度损失率和质量损失率。

B.4.6 抗渗性能

按 GB/T 50082—2009 方法进行试验。

B.4.7 拉伸胶粘强度

B.4.7.1 按一定比例配制水泥基胶粘剂并充分搅拌后,在每块 70 mm×70 mm 试样的中间部位涂胶粘剂约 3 mm 厚,尺寸约为 40 mm×40 mm,用刮刀平整表面,同时在 40 mm×40 mm 水泥砂浆块上薄刮一层约 0.1 mm~0.2 mm 厚的胶粘剂,然后二者对放,轻轻按压即可。也可以采用硬聚氯乙烯或金属型框置于 70 mm×70 mm×20 mm 砂浆块上,进行涂胶,见图 B.1。

单位为毫米

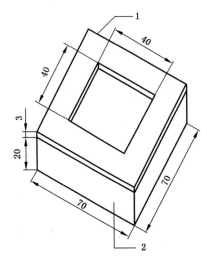

1——型框(内部尺寸 40×40×3);

2——砂浆块(70×70×20)。

图 B.1　硬聚氯乙烯或金属型框

B.4.7.2 钢质夹具的粘接:拉伸胶粘强度试件在养护后,用快固型双组份环氧树脂均匀涂覆于 40 mm×40 mm×10 mm 砂浆块的表面,并在其上面轻放钢质上夹具,示意见图 B.2,适当用力下压,除去周围溢出粘结剂,放置 16 h 以上,进行试验。试验用下夹具见图 B.3。

B.4.7.3 拉伸胶粘强度试验:按 JC/T 547—2005 中 7.5.2,在拉力试验机上,沿试件表面垂直方向以 5 mm/min 拉伸速度测定最大强度,示意见图 B.4。

B.4.7.4 结果评价与表示:试件的拉伸胶粘强度按式(B.1)计算,精确至 0.1 MPa。

$$A_s = \frac{L}{A} \qquad \cdots\cdots\cdots\cdots\cdots\cdots\cdots\cdots\cdots\cdots(B.1)$$

式中:

A_s——拉伸胶粘强度,单位为兆帕(MPa);

L——最大拉力,单位为牛顿(N);

A——胶粘面积,单位为平方毫米(mm²)。

按下列规定确定拉伸胶粘强度:

——求 5 个数据的平均值;

——舍弃超出平均值±20%范围的数据;

单位为毫米

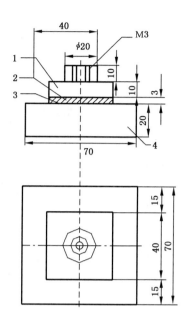

1——钢质上夹具；

2——40×40×10 砂浆块；

3——水泥基胶粘剂；

4——70×70×20 砂浆块。

图 B.2 拉伸胶粘强度用钢质上夹具

单位为毫米

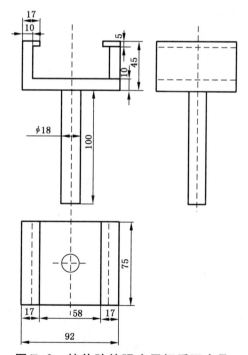

图 B.3 拉伸胶粘强度用钢质下夹具

——若仍有 3 个或更多数据被保留,求新的平均值；

——若少于 3 个数据被保留,重新试验。

B.4.8 无处理压缩剪切强度、热老化处理后压缩剪切强度、冻融循环后压缩剪切强度、酸处理后压缩剪切强度、盐处理后压缩剪切强度。

单位为毫米

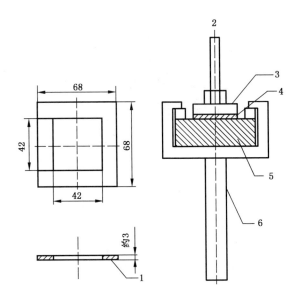

1——钢质垫板；
2——拉力方向；
3——钢质上夹具；
4——40×40×10 砂浆块；
5——70×70×20 砂浆块；
6——钢质下夹具。

图 B.4　拉伸胶粘强度试验的装配

B.4.8.1　按一定比例配制水泥基胶粘剂并充分搅拌后,在每块试样的整个宽度上涂胶粘剂约 3 mm 厚,长度约为 90 mm,用刮刀平整表面,同时在另一块 100 mm×100 mm×25 mm 砂浆块一面薄刮一层约 0.1 mm～0.2 mm 厚的胶粘剂,按图 B.6 所示错位 10 mm 对放,轻轻按压即可。也可以采用硬聚氯乙烯或金属型框置于 100 mm×100 mm×25 mm 砂浆块上,进行涂胶,见图 B.5。

单位为毫米

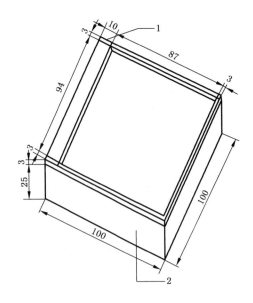

1——型框(内部尺寸 94×87×3);
2——砂浆(100×100×25)。

图 B.5　硬聚乙烯或金属型框

B.4.8.2 试件的养护与处理:试样养护结束后,热老化、冻融循环、酸、盐处理根据表 B.2 规定的条件进行。

表 B.2 试件热老化、冻融循环、酸、盐处理条件

项　　目	处 理 条 件
热老化处理	(70±2)℃鼓风烘箱中 14 d
冻融循环	GB/T 50082—2009,快冻 50 次循环
酸处理	2%H₂SO₄ 溶液中常温浸泡 168 h
盐处理	3%NaCl 溶液中常温浸泡 168 h

B.4.8.3 压缩剪切强度试验

无处理、热老化处理及冻融循环处理的压缩剪切强度的检验按 JC/T 547—2005 中 7.6.2 进行。酸处理与盐处理的试件从 H₂SO₄ 溶液和 NaCl 溶液中取出后应先用清水冲洗 3 min～5 min,擦干表面水分,再按 JC/T 547—2005 中 7.6.2 检测压缩剪切强度。试验速度为 5 mm/min,直到试样破坏,见图 B.6。

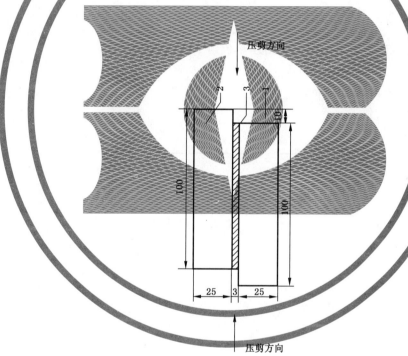

1、2——砂浆块(100×100×25);

3——水泥基胶粘剂。

图 B.6 压缩剪切强度试验

B.4.8.4 结果评价与表示

试件的压缩剪切强度按式(B.2)计算,精确到 0.1 MPa。

$$A_f = \frac{F}{S} \times 100 \qquad\qquad (B.2)$$

式中:

A_f——压缩剪切强度,单位为兆帕(MPa);

F——最大压缩剪切力,单位为牛顿(N);

S——胶粘面积,单位为平方毫米(mm²)。

按下列规定确定每组试样的压缩剪切强度：

——求 5 个数据的平均值；

——舍弃超出平均值±20％范围的数据；

——若有 3 个或更多数据被保留，求新的平均值；

——若少于 3 个数据被保留，重新试验。

B.4.9 水泥基层与防水卷材粘结剥高强度

B.4.9.1 水泥基层尺寸为 300 mm×50 mm×8 mm，卷材尺寸为 500 mm×50 mm×原厚，按一定比例配制水泥基胶粘剂并充分搅拌后，在每块水泥基层的整个宽度上涂胶粘剂约 3 mm 厚，长度为 150 mm，用刮刀平整表面，同时在卷材的整体宽度上薄刮一层约 0.1 mm～0.2 mm 厚的胶粘剂，长度约为 150 mm，然后二者对放，轻轻按压即可。

B.4.9.2 水泥基层与防水卷材粘结剥离强度试验：水泥基层与防水卷材粘结剥离强度的检验按 GB/T 2790—1995 中 7 进行。试验速度为 100 mm/min，直到试样破坏。

B.4.9.3 结果评价与表示

水泥基层与防水卷材粘结剥离强度按式（B.3）计算，精确到 0.1 N/mm。

$$A_{180°}=\frac{F}{S} \quad\quad\quad\quad\quad\quad\quad\quad\quad\quad（B.3）$$

式中：

$A_{180°}$——水泥基层与防水卷材粘结剥离强度，单位为牛顿每毫米（N/mm）；

F——最大剥离力，单位为牛顿（N）；

S——试样宽度，单位为毫米（mm）。

取 5 个试样的算术平均值。